大学数学先修课教程

■ 张贺佳　主编

中国科学技术大学出版社

内 容 简 介

本教材分上、下两篇，分别对应抽象代数和数学分析。每篇有7章，每章都是从中学到大学的衔接内容入手，逐步进入到高等数学的知识内容；每章都设计了章节引言，说明本章学习内容、重点难点或学习者已经具备的知识假定。本教材重视核心概念、重要定理的解释和证明；突出数学直观，让读者对抽象的概念有一个直观的认识。

本书适合作为高三升入大学的衔接课程教材，适合作为高等数学的先修课程教材，也可以作为高三学生准备数学竞赛和强基计划的教材。本教材选材新颖，对一些经典问题体现新的处理方法，是一把帮助读者打开高等数学大门的新钥匙。

图书在版编目(CIP)数据

大学数学先修课教程/张贺佳主编. —合肥：中国科学技术大学出版社，2023.3
ISBN 978-7-312-05606-2

Ⅰ. 大…　Ⅱ. 张…　Ⅲ. 高等数学—高等学校—教材　Ⅳ. O13

中国国家版本馆CIP数据核字(2023)第025135号

大学数学先修课教程
DAXUE SHUXUE XIAN XIU KE JIAOCHENG

出版　中国科学技术大学出版社
安徽省合肥市金寨路96号，230026
http://press.ustc.edu.cn
https://zgkxjsdxcbs.tmall.com
印刷　合肥市宏基印刷有限公司
发行　中国科学技术大学出版社
开本　787 mm×1092 mm　1/16
印张　18.5
字数　449千
版次　2023年3月第1版
印次　2023年3月第1次印刷
定价　68.00元

前　言

为加快建设高质量基础学科人才培养体系，大力培养国家创新发展急需的基础研究人才，目前大学与中学衔接课程在有条件的地区纷纷开展。大学与中学衔接课程的核心在于课程教材，高质量适合青年学生自学的大学与中学衔接教材非常重要，对于系统科学地进行大学与中学衔接课程学习意义重大，尤其是对于没有条件直接开展培养活动的地区的优秀学生而言，拥有一本深入浅出的大学与中学衔接教材就拥有了“武器”。

本教材致力于数学学科拔尖创新人才培养，聚焦于高三升入大学的学生群体，在内容编排上分为上、下两篇，主要介绍抽象代数和数学分析。

本教材在内容选择上以大学学习必备知识能力为准，落实在完善修补和自我提升两方面。首先说明完善修补，完善是将中学教材中涉及一点点的内容系统整理，如数学证明，数学为什么要证明，数学证明经典的推理方法有哪些，本教材逻辑与推理部分有这方面的论述；修补是将《普通高中数学课程标准》(2017年版，2020年修订)中删除而在大学学习中应该掌握的知识内容补充完整，如数学归纳法。其次是自我提升，从高中教材不作为高考重点学习的知识内容开始，循序渐进到大学内容。如“复数”一章中，先介绍复数三角形式，再到指数形式，n 重根，复数与几何，这样编排符合学生的认知规律，在很多内容上与数学竞赛又有关联。自我提升方面就已经涉及了大学知识内容，如“群”一章，介绍了群的概念，循环群和置换群。

本教材非常注重课后练习的选择，题目数量控制在3～5题，其中有一道是针对竞赛或强基计划的。所以本教材除了对低年级大学生友好之外，对于准备数学竞赛和强基计划的高中学生以及教师也非常友好。

由于编者水平有限，错漏之处在所难免，恳请广大读者批评指正。

张贺佳

2022年6月于广东佛山

目　　录

下篇 入门：数学分析

上篇

开启：抽象代数

第1章　逻辑与推理

(1) 严谨的语言非常重要。生活语言经常是模棱两可的,比如以联结词"或"为例,在餐厅点餐时,"米饭或炒粉"通常意味着其中一种食物,而不是两者兼有。

(2) 有些概念很难用言语解释。例如,函数的连续性通常可以用"函数图象可以不用抬起铅笔画出"来解释。然而,这不是一个让人满意的定义。以下是函数 f 连续性的数学定义:"若 $f: I\to\mathbb{R}$, $\forall\,\varepsilon>0$, $\exists\,\delta>0$, $\forall\,\varepsilon\in I$, $|x-x_0|<\delta\Rightarrow|f(x)-f(x_0)|<\varepsilon$ 恒成立,则 f 为 I 上的连续函数。"使定义更清晰,语言更准确,这就是本章的目的,这就是逻辑!

(3) 数学要经常区分真与假。例如,"增加20%然后增加30%比增加50%更有利吗?"你可以认为"是"或"否"("有利"或"无利"),但是要确保遵循一种使结论成立的逻辑方法。这种方法无论是对你还是对别人都要有说服力,这就是我们需要学习的推理。数学可看作是严格表达自己语言的学科,因此其能适应复杂的现象,使计算准确并具有可验证性。推理就是验证或反驳假设并向他人解释的方法。

1.1　逻　　辑

1.1.1　命题

一个或真或假的语句称为命题,命题不能同时是真和假。

例如:

(1) $(x+y)^2=x^2+2xy+y^2$;

(2) 对所有 $z\in\mathbb{C}$,有 $|z|=1$;

(3) 若 $n(n\geqslant3)$ 是整数,则 $a^n+b^n=c^n$ 没有正整数解。

1.1.2　量词

(1) 表示全部(或任意一个、每一个、对任意)的词,称为全称量词,通常记作 $\forall$。

断言 P 的真假可能依赖于参数取值，例如，“$x^2\geqslant 1$”是真是假与 x 的取值有关。“$\forall x\in E$, $P(x)$”是一个命题，真假值唯一。例如，“$\forall x\in[1,+\infty)$, $x^2\geqslant 1$”是真命题，“$\forall x\in\mathbb{R}$, $x^2\geqslant 1$”是假命题。

(2) 表示存在(或有、至少有一个、有些)的词称为存在量词，通常记作$\exists$。

“$\exists x\in E$, $P(x)$”是一个命题。找到至少一个 $P(x)$为真的 x，则为真命题。

例如：

① “$\exists x\in\mathbb{R}$, $x(x-1)<0$”是真命题$\left(\text{如取 } x=\dfrac{1}{2}\right)$；

② “$\exists n\in\mathbb{N}$, $n^2-n>n$”是真命题(有很多选择，如 $n=3$, $n=10$)；

③ “$\exists x\in\mathbb{R}$, $x^2=-1$”是假命题(没有实数的平方是负数)。

1.1.3 量词次序

量词的次序是严格的。例如，考虑下面的语句：

$$\forall x\exists y(x<y) \tag{①}$$

$$\exists y\forall x(x<y) \tag{②}$$

我们分别读作“对所有 x 存在 y 使得 $x<y$”和“存在 y 使得对所有 x, $x<y$”，通常而言量词默认范围是整体实数。注意，我们用 u 和 v 替换 x 和 y，这些语句的含义没有变化。

(1) 语句①是真的。我们可以证明如下：

设 x 是任意一个实数，则 $x<x+1$，若令 y 等于 $x+1$，则 $x<y$ 为真，因此“$\exists y(x<y)$”为真。而 x 是任意一个实数，所以“对所有 x 存在 y 使得 $x<y$”为真。于是①是真的。

(2) 语句②是假的。语句②表明存在 y 使得 $\forall x(x<y)$；但是“$\forall x(x<y)$”意味着 y 是实数集$\mathbb{R}$ 的上界，于是语句②意为“存在 y 使得 y 是实数集$\mathbb{R}$ 的上界”，我们知道这为假。

我们看到改变存在量词和全称量词的接续性能改变命题的真假。然而，仅改变全称量词的接续性，或仅改变存在量词的接续性不改变命题的意义。特别地，若 $P(x,y)$的意义依赖于 x 和 y，则$\forall x\forall yP(x,y)$和$\forall y\forall xP(x,y)$有相同的含义。例如，$\forall x\forall y\exists z(x^2+y^3=z)$和$\forall y\forall x\exists z(x^2+y^3=z)$意义一样。类似地，$\exists x\exists yP(x,y)$和$\exists y\exists xP(x,y)$意义相同。

1.1.4 联结词

逻辑联结词和逻辑量词是用来由旧命题构造新命题的。例如，若 P 为一个命题，Q 为另一个命题，我们将研究由 P 和 Q 构成的新命题。

1. 非

(1) 联结词“非”。

若 P 是一个命题，则 P 的否定记作$\neg P$，读作“非 P”。

命题“非 P”为真，若 P 为假；“非 P”为假，若 P 为真。

注 “非(非 P)”即$\neg\neg P$，就是“P”。

(2) 量词的否定。

① “$\forall x\in E,P(x)$”的否定是“$\exists x\in E$,非 $P(x)$”,记为“$\exists x\in E,\neg P(x)$”;

② “$\exists x\in E,P(x)$”的否定是“$\forall x\in E$,非 $P(x)$”,记为“$\forall x\in E,\neg P(x)$”。

例如:

a. “$\forall x\in[1,+\infty),x^2\geqslant 1$”的否定为“$\exists x\in[1,+\infty),x^2<1$”;

b. “$\exists z\in\mathbb{C},z^2+z+1=0$”的否定为“$\forall z\in\mathbb{C},z^2+z+1\neq 0$”;

c. “$\forall x\in\mathbb{R},\exists y>0,x+y>10$”的否定为“$\exists x\in\mathbb{R},\forall y>0,x+y\leqslant 10$”。

如果我们应用上面的规则,得到命题“$\forall x\in E,\exists y,P(x,y)$”即“$\forall x\exists yP(x,y)$”的否定为“$\exists x\forall y\neg P(x,y)$”,即“$\exists x\in E,\forall y,\neg P(x,y)$”;类似地,“$\exists x\forall yP(x,y)$”的否定为“$\forall x\exists y\neg P(x,y)$”。

2. 且

若 P 和 Q 为两个命题,则 P 和 Q 的合取(conjunction of P and Q)记为 $P\wedge Q$,读作“P 且 Q”。

当 P 为真且 Q 为真,命题“P 且 Q”为真;否则,“P 且 Q”为假。我们可以总结为如表 1.1 所示的真值表。

表 1.1

P	Q	$P\wedge Q$
T	T	T
T	F	F
F	T	F
F	F	F

例如,命题 P“2 是偶数”,命题 Q“2 是质数”,那么“P 且 Q”为真。

3. 或

若 P 和 Q 为两个命题,则 P 和 Q 的析取(disjunction of P and Q)记为 $P\vee Q$,读作“P 或 Q”。

如果两个命题 P 和 Q 中有一个(至少)为真,那么命题“P 或 Q”为真;如果命题 P 和 Q 都为假,那么命题“P 或 Q”为假。

4. 蕴含

蕴含的表示符号为$\Rightarrow$。在数学中蕴含关系有时会引起混乱,若 P 和 Q 是两个命题,则命题 $P\Rightarrow Q$ 的数学定义如下:命题“非 P 或 Q”定义为 P 蕴含 Q。

命题“$P\Rightarrow Q$”,读为“P 推出 Q”,通常也说成“若 P,则 Q”。或者,也说成 P 是 Q 的充分条件,Q 是 P 的必要条件。

若 P 为真且 Q 为假,则“$P\Rightarrow Q$”是假;其他情况“$P\Rightarrow Q$”是真。

例如:

(1) “$0\leqslant x\leqslant 25\Rightarrow\sqrt{x}\leqslant 5$”为真。

(2) “$x\in(-\infty,-4)\Rightarrow x^2+3x-4>0$”为真。

(3) “$\sin\theta=0\Rightarrow\theta=0$”为假(如取反例 $\theta=2\pi$)。

(4) “$2+2=5\Rightarrow\sqrt{2}=2$”为真！是的，若 P 为假命题，则命题“$P\Rightarrow Q$”恒为真。

注

(1) 命题“$P\Rightarrow Q$”等价于“$\neg(P\wedge\neg Q)$”，也就是“$\neg P$ 或 Q”。这一点似乎不容易理解，或许最好的理解方法是列出 P 和 Q 的真/假值。

(2) 命题“$\forall x[P(x)\Rightarrow Q(x)]$”的否定等价于“$\exists x\neg[P(x)\Rightarrow Q(x)]$”，等价于“$\exists x[P(x)\wedge\neg Q(x)]$”。

5. 当且仅当

当且仅当(iff，等价)的表示符号为$\Leftrightarrow$。当且仅当(等价)由下式定义：“$P\Leftrightarrow Q$”为“$P\Rightarrow Q$”且“$Q\Rightarrow P$”。读作“P 当且仅当 Q”；通常称为“P 与 Q 等价”或“P 成立当且仅当 Q 成立”，也记为“P iff Q”。

若 P 和 Q 都为真，或者若 P 和 Q 都为假，则“$P\Leftrightarrow Q$”为真；若 P 为真且 Q 为假，则“$P\Leftrightarrow Q$”为假；或 P 为假且 Q 为真，则“$P\Leftrightarrow Q$”为假。

例如：

(1) “对 $x,x'\in\mathbb{R},x\cdot x'=0\Leftrightarrow x=0$ 或 $x'=0$”为真；

(2) 下面的等价性始终为假：“$P\Leftrightarrow$ 非 P”。

1.1.5 真值表

数学中我们只需依据 P 和 Q 的真或假就可以判断$\neg P$，$P\wedge Q$，$P\vee Q$，$P\Rightarrow Q$ 和 $P\Leftrightarrow Q$ 的真假。由前面讨论得到真值表如表 1.2 和表 1.3 所示。

表 1.2

P	$\neg P$
T	F
F	T

表 1.3

P	Q	$P\wedge Q$	$P\vee Q$	$P\Rightarrow Q$	$P\Leftrightarrow Q$
T	T	T	T	T	T
T	F	F	T	F	F
F	T	F	T	T	F
F	F	F	F	T	T

注

(1) 所有联结词都可由$\neg$和$\wedge$定义。

(2) “$\neg Q\Rightarrow\neg P$”称为“$P\Rightarrow Q$”的逆否命题，与“$P\Rightarrow Q$”意义相同。

(3) 命题“$Q\Rightarrow P$”是“$P\Rightarrow Q$”的逆命题，与“$P\Rightarrow Q$”意义不同。

(4) (再强调)量词的顺序非常重要。例如，两个含逻辑量词的语句“$\forall x\in\mathbb{R},\exists y\in\mathbb{R},x+y>0$”和“$\exists y\in\mathbb{R},\forall x\in\mathbb{R},x+y>0$”是不同的，第一个语句是真的，第二个是假的。事实上，第一个语句，“对于任何实数 x，都有一个实数 y(因此可依赖于 x)，使得 $x+y>0$”(如

取 $y=|x|+1$)，第一句是真的。另外，第二个语句“有一个实数 y，使得对于任何实数 x，$x+y>0$”是错误的，对同一个 y 不可能适用于所有 x，不等式成立。

最后，有几点要说明一下：

(1) 当我们写“$\exists x\in\mathbb{R}, f(x)=0$”时，仅指有一个实数 x 满足 $f(x)=0$。没有说这个 x 是唯一的。其实，读者可以这样理解“至少存在一个实数 x 使得 $f(x)=0$”。若要表示唯一性，需要添加一个“!”，即“$\exists!\ x\in\mathbb{R}, f(x)=0$”。

(2) 对于逻辑语句的否定，不必要知道语句真假。这个过程是算法性的：我们将“对一切”改写为“它存在”，反之亦然，即得到命题 P 的否定。

(3) 对于命题的否定必须精确。对严格不等式“$<$”的否定是广义不等式“$\geqslant$”，反之亦然。

(4) 含量词的命题不能缩写。要么用文字语言“对于任何实数 x，如果 $f(x)=1$，那么 $x\geqslant 0$”，要么用符号语言“$\forall x\in\mathbb{R}, f(x)=1\Rightarrow x\geqslant 0$”；但是不能写为“$\forall$ 实数，若 $f(x)=1\Rightarrow x$ 是正数或 0”。

(5) 禁止使用 $\nexists$，$\nRightarrow$，这是不规范表示。

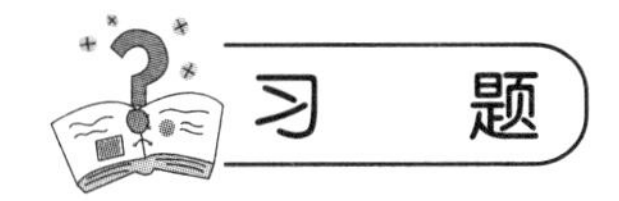

习题

1. 有结论：若 $\varepsilon>0$，则存在正整数 n 使得 $0<\frac{1}{n}<\varepsilon$。用逻辑量词表示：$\forall \varepsilon>0$，$\exists n\in\mathbb{N}, 0<\frac{1}{n}<\varepsilon$，其中对任何正整数 $\frac{1}{n}>0$。于是只要证明：$\forall \varepsilon>0, \exists n\in\mathbb{N}, \frac{1}{n}<\varepsilon$。

2. 利用真值表证明德·摩根运算律(De Morgan's laws)：$\neg(p\wedge q)\Leftrightarrow\neg p\vee\neg q$。

3. 化简 $(p\wedge q)\vee(p\wedge\neg q)$。

4. 不使用真值表证明：$\neg(p\wedge q)\Rightarrow[\neg p\vee(\neg p\vee q)]\Leftrightarrow(\neg p\vee q)$。

5. 证明逻辑等价：$(a\wedge\neg b)\vee(\neg c\wedge\neg a)\equiv(a\Rightarrow b)\Rightarrow\neg(c\vee a)$。

答案

1. **解析**

$$\text{“}\forall \varepsilon>0, \exists n\in\mathbb{N}, \frac{1}{n}<\varepsilon\text{”的否定等价于“}\exists \varepsilon>0, \forall n\in\mathbb{N}, \neg\left(\frac{1}{n}<\varepsilon\right)\text{”} \qquad ①$$

由不等式的性质以及 ε 和 n 是正实数，我们得到 $\neg\left(\frac{1}{n}<\varepsilon\right)$ 成立当且仅当 $\frac{1}{n}\geqslant\varepsilon$，即当且仅当 $n\leqslant\frac{1}{\varepsilon}$；所以命题①等价于“$\exists \varepsilon>0, \forall n\in\mathbb{N}, n\leqslant\frac{1}{\varepsilon}$”，得到正整数集是有界集，矛盾。

即要证命题的否定为假，所以所证命题为真。

2. **解析** 其真值表如表 1.4 所示。

表 1.4

p	q	$\neg p$	$\neg q$	$p\wedge q$	$\neg(p\wedge q)$	$\neg p\vee\neg q$
T	T	F	F	T	F	F
T	F	F	T	F	T	T
F	T	T	F	F	T	T
F	F	T	T	F	T	T

3. **解析** $(p\wedge q)\vee(p\wedge\neg q)\equiv p\wedge(q\vee\neg q)\equiv p$。

4. **解析**

$$\neg(p\wedge q)\Rightarrow[\neg p\vee(\neg p\vee q)]\Leftrightarrow(p\wedge q)\vee(\neg p\vee q)$$
$$\Leftrightarrow(\neg p\vee q\vee p)\wedge(\neg p\vee q\vee q)$$

（利用交换律 $p\vee q=q\vee p$ 以及分配律 $p\vee(q\wedge r)=(p\vee q)\wedge(p\vee r)$）其中 $\neg p\vee q\vee p=\neg p\vee p\vee q=\mathrm{T}$（恒为真），所以

$$\mathrm{T}\wedge(\neg p\vee q\vee q)\Leftrightarrow\neg p\vee q\vee q\Leftrightarrow\neg p\vee q$$

5. **解析** ① 首先，用真值表寻找$(a\wedge\neg b)$和$(a\Rightarrow b)$的联系，如表 1.5 所示。

表 1.5

a	b	$\neg b$	$a\wedge\neg b$	$a\Rightarrow b$
F	F	T	F	T
F	T	F	F	T
T	F	T	T	F
T	T	F	F	T

可以得到$(a\wedge\neg b)=\neg(a\Rightarrow b)$。

② 其次，用德・摩根运算律，我们有$\neg(c\vee a)=\neg c\wedge\neg a$，将其代入逻辑等价式，得到

$$\neg(a\Rightarrow b)\vee\neg(c\vee a)\equiv(a\Rightarrow b)\Rightarrow\neg(c\vee a)$$

③ 再次，"变量"代换，令$\neg(a\Rightarrow b)=\neg d$，$\neg(c\vee a)=\neg e$，则要证等价式为$\neg d\vee\neg e\equiv d\Rightarrow\neg e$。我们可以得到另一个真值表，如表 1.6 所示。

表 1.6

d	e	$\neg d$	$\neg e$	$\neg d\vee\neg e$	$d\Rightarrow\neg e$
F	F	T	T	T	T
F	T	T	F	T	T
T	F	F	T	T	T
T	T	F	F	F	F

由真值表得到$\neg d\vee\neg e\equiv d\Rightarrow\neg e$ 为真。

④ 最后，将 d 和 e 代回原来位置，

$$\neg d = \neg(a \Rightarrow b) = (a \wedge \neg b), \quad \neg e = \neg(c \vee a) = (\neg c \wedge \neg a)$$

得到

$$(a \wedge \neg b) \vee (\neg c \wedge \neg a) \equiv (a \Rightarrow b) \Rightarrow \neg(c \vee a)$$

证毕。

1.2　推　　理

1.2.1　一般定理形式

定理的数学证明可以看成是一系列断言(assertions,或数学命题)的联结,最后一个断言就是要证的结论。每一个断言满足:

(1) 是一个公理或已经证明过的定理;

(2) 或者是定理中的条件假设;

(3) 或者可由前面已证命题“显然”可证。

“显然”是数学证明中的一个问题。重要的是,你应该详细写出证明的完整过程,否则你认为显然的内容,实际上是错误的。经过练习,你的证明将会简洁准确。初学(证明)者常见的问题是在容易的地方大费笔墨,却在困难的关键处一带而过。该问题可以通过多练习来解决。接下来我们将讨论各种数学命题的证明方法。

除了定理,我们也将使用命题、引理和推论表示数学命题。

1. 含联结词命题的证明

(1) 要证明结论为“P 且 Q”形式的定理,我们必须证明 P 为真而且 Q 为真。

(2) 要证明结论为“P 或 Q”形式的定理,我们须证明 P 或 Q 中至少有一个为真。操作的方法有以下三种:

① 假设 P 为假,由其证明 Q 为真;

② 假设 Q 为假,由其证明 P 为真;

③ 假设 P 和 Q 都为假,由其得到矛盾。

(3) 要证明“$P \Rightarrow Q$”(P 推出(蕴含)Q)类型的定理,我们可以用以下方式:

① 假设 P 为真,由其证明 Q 为真;

② 假设 Q 为假,由其证明 P 为假,即证明“$P \Rightarrow Q$”的否定;

③ 假设 P 为真且 Q 为假,由其得到矛盾。

(4) 要证明“$P \Leftrightarrow Q$”(P 当且仅当 Q,P iff Q)类型的定理,我们通常证明 $P \Rightarrow Q$,同时 $Q \Rightarrow P$。

2. 含存在量词命题的证明

为了证明结论含有存在量词的定理“存在 x 使得 $P(x)$ ”,我们通常的做法是:

(1) 对明显的 x 值,证明 $P(x)$为真;

(2) 或更为常见的是,使用一个间接结论,证明某些具有性质 $P(x)$的 x 存在。

3. 涉及"对任意"($\forall$,所有)命题的证明

情况有点复杂,即便在正整数范围讨论问题,我们也不能通过检查每一个正整数 n 进行定理的证明。这时,我们可以假设一个任意对象 x(整数、实数等),对 x 证明 $P(x)$为真。有时,也考虑用反证法。

1.2.2 经典推理方法

1. 直接推理

我们想要证明断言"$P\Rightarrow Q$"是正确的,假设 P 为真,然后证明 Q 为真,这是我们最习惯的方法。

例 1 求证:若 $a,b\in\mathbb{Q}$,则 $a+b\in\mathbb{Q}$。

证明 令 $a\in\mathbb{Q},b\in\mathbb{Q}$,注意到有理数可表示为$\frac{p}{q}$,其中 $p\in\mathbb{Z},q\in\mathbb{N}^*$。于是 $a=\frac{p}{q}$,p 是某个确定的整数,q 为某个正整数,即 $p\in\mathbb{Z},q\in\mathbb{N}^*$;同理,$b=\frac{p'}{q'}$,其中 $p'\in\mathbb{Z},q'\in\mathbb{N}^*$。那么

$$a+b=\frac{p}{q}+\frac{p'}{q'}=\frac{pq'+qp'}{qq'}$$

分子 $pq'+qp'$是整数,分母 qq'是某个正整数,于是 $a+b$ 可形式上非常好地表示为 $a+b=\frac{p''}{q''}$,其中 $p''\in\mathbb{Z},q''\in\mathbb{N}^*$,因此 $a+b\in\mathbb{Q}$。

2. 分情况讨论

如果我们想对集合 E 中的某一个命题 $P(x)$进行证明,我们先在 E 的子集 A 中完成证明,然后再在不属于 A 的范围上进行证明,这种方法就是析取方法或分情况讨论法。

例 2 求证:$\forall x\in\mathbb{R},|x-1|\leqslant x^2-x+1$。

证明 因为 $x\in\mathbb{R}$,分两种情况论证。

① $x\geqslant1$,则 $|x-1|=x-1$,即

$$x^2-x+1-|x-1|=x^2-x+1-(x-1)=(x-1)^2+1\geqslant0$$

所以 $x^2-x+1\geqslant|x-1|$。

② $x<1$,则 $|x-1|=-(x-1)$,即

$$x^2-x+1-|x-1|=x^2-x+1+(x-1)=x^2\geqslant0$$

所以 $x^2-x+1\geqslant|x-1|$。

综上所述,$|x-1|\leqslant x^2-x+1$ 成立。

3. 反面证明(对立证明)

反面证明是基于逆否命题的等价性。命题“$P\Rightarrow Q$”与“$\neg Q\Rightarrow\neg P$”真假值相等。所以如果我们要证明“$P\Rightarrow Q$”,实际上只要证明$\neg Q$ 为真可得到$\neg P$ 为真。

例 3　设 $n\in\mathbb{N}$,求证:若 n^2 为偶数,则 n 为偶数。

证明　用反证法证明。假设命题不成立,即假设 n 不是偶数,下面证明 n^2 不是偶数。因为 n 不是偶数,存在 $k\in\mathbb{N}$,$n=2k+1$,于是 $n^2=(2k+1)^2=4k^2+4k+1=2l+1$,其中 $l=2k^2+2k\in\mathbb{N}$,所以 n^2 为奇数。

综上,我们已经证明若 n 是奇数,则 n^2 是奇数,根据逆否命题的等价性得到若 n^2 是偶数,则 n 是偶数。

4. 归谬法

归谬法证明“若 P 则 Q”形式命题基于以下原则:假设 P 是真的,Q 是假的,寻找矛盾。因此如果 P 为真,则 Q 必须为真,“$P\Rightarrow Q$”为真。

例 4　对于 $a,b\geqslant 0$,求证:若$\dfrac{a}{1+b}=\dfrac{b}{1+a}$,则 $a=b$。

证明　用归谬法证明,假设$\dfrac{a}{1+b}=\dfrac{b}{1+a}$且 $a\neq b$。因为$\dfrac{a}{1+b}=\dfrac{b}{1+a}$,所以 $a(1+a)=b(1+b)$,于是 $a+a^2=b+b^2$,即 $a^2-b^2=b-a$,得到$(a-b)(a+b)=-(a-b)$。由于 $a\neq b$,$a-b\neq 0$,同除以$(a-b)$得到 $a+b=-1$,两个非负数的和不可能为负数,矛盾。所以“若$\dfrac{a}{1+b}=\dfrac{b}{1+a}$,则 $a=b$”成立。

在实践中,我们可以在反面证明或归谬法中选择。但是,注意选择的推理类型在表达过程中完整使用(不要更改)。

5. 举反例

如果我们要证明命题“$\forall x\in E, P(x)$”为真,那么对于 E 中的每一个 x,我们必须证明 $P(x)$为真。另外,为了证明这个命题是错误的,那么找到一个 $x\in E$ 就足够使得 $P(x)$是假的。

注　“$\forall x\in E, P(x)$”的否定是“$\exists x\in E,\neg P(x)$”,找到这样的 x 就是找到命题“$\forall x\in E, P(x)$”的反例。

例 5　求证:任何正整数都是三个整数的平方和(平方数如 $0^2,1^2,2^2,3^2,\cdots$;例如,$6=2^2+1^2+1^2$)。

证明　举一个反例 7。小于 7 的平方数是 0,1,4,但是对于这三个数字我们不能使之和为 7。

6. 数学归纳法

归纳原理表明,关于 n 的命题 $P(n)$对于所有的 $n\in\mathbb{N}$ 都是真的。完成以下三个步骤:

① 首先,验证初始值 n_0,$P(n_0)$为真。

② 其次，归纳过程：假设 $n>n_0$，$P(n)$为真，证明 $P(n+1)$为真。

③ 最后，根据归纳原理，得到结论。

例 6 求证：$n\in\mathbb{N}$，$2^n>n$。

证明 用数学归纳法证明。

① 验证初始值，对 $n=0$，有 $2^0=1>0$，$P(0)$为真。

② 归纳过程：假设 $n\geqslant 0$，$P(n)$为真，即 $2^n>n$ 成立。

$$\begin{aligned}2^{n+1}&=2^n+2^n>n+2^n(\text{因为 }2^n>n)\\&>n+1(\text{因为 }2^n\geqslant 1)\end{aligned}$$

于是 $P(n+1)$为真。

③ 结论，对 $P(n)$根据归纳原理，$n\geqslant 0$ 时 $P(n)$为真，即对 $n\in\mathbb{N}$，$2^n>n$。

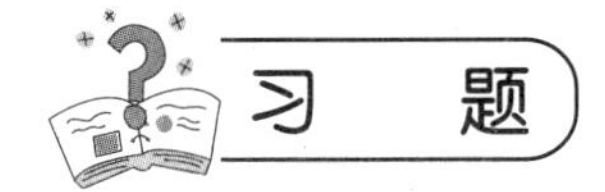

1. 证明：命题"对所有集合 A 和 B，$A\subseteq A\cup B$"。

2. 证明：对任意正整数 n，$3|(n^3-n)$。

3. 对所有正整数 p，证明：$|x_1|+|x_2|+\cdots+|x_p|\leqslant\sqrt{p}\sqrt{x_1^2+x_2^2+\cdots+x_p^2}$。

4†. 利用数学归纳法证明：$2!\ 4!\ 6!\ \cdots(2n)!\geqslant(n+1)!^n$，其中 $n\in\mathbb{N}^*$（"†"标记的习题适合参加强基计划和数学竞赛的读者使用）。

1. **证明** 设 A 和 B 是任意两个集合，令 x 是 A 中任意一个元素，即 $x\in A$（我们假设 $x\in A$）。由 $A\cup B$ 的定义，我们只要证明 $x\in A$ 或 $x\in B$，因为我们已知 $x\in A$（根据我们的假设），$x\in A$ 或 $x\in B$ 立即得证。

2. 略。提示：数学归纳法。

3. **证明**

方法 1 应用 QM-AM 不等式，得到

$$\frac{|x_1|+|x_2|+\cdots+|x_p|}{p}\leqslant\sqrt{\frac{|x_1|^2+|x_2|^2+\cdots+|x_p|^2}{p}}$$

两边同乘 p 得

$$\begin{aligned}|x_1|+|x_2|+\cdots+|x_p|&\leqslant p\sqrt{\frac{|x_1|^2+|x_2|^2+\cdots+|x_p|^2}{p}}\\&=\sqrt{p}\sqrt{|x_1|^2+|x_2|^2+\cdots+|x_p|^2}\end{aligned}$$

即 $|x_1|+|x_2|+\cdots+|x_p|\leqslant\sqrt{p}\sqrt{x_1^2+x_2^2+\cdots+x_p^2}$。

方法 2 应用 Cauchy-Schwarz 不等式，有

$$(|x_1|\cdot 1+|x_2|\cdot 1+\cdots+|x_p|\cdot 1)^2 \leqslant (|x_1|^2+|x_2|^2+\cdots+|x_p|^2)\underbrace{(1+1+\cdots+1)}_{p}$$

或

$$(|x_1|+|x_2|+\cdots+|x_p|)^2 \leqslant p(|x_1|^2+|x_2|^2+\cdots+|x_p|^2)$$

两边开平方得

$$|x_1|+|x_2|+\cdots+|x_p| \leqslant \sqrt{p}\sqrt{|x_1|^2+|x_2|^2+\cdots+|x_p|^2}$$

即

$$|x_1|+|x_2|+\cdots+|x_p| \leqslant \sqrt{p}\ \sqrt{x_1^2+x_2^2+\cdots+x_p^2}$$

方法3　对凸函数 $f(x)=x^2$，应用琴生不等式(Jensen's inequality) $\left(\frac{1}{p}\sum_{k=1}^{p}|x_k|\right)^2 \leqslant \frac{1}{p}\sum_{k=1}^{p}|x_k|^2$，整理即得。

4[†]. **证明**

① 当 $n=1$ 时，结论成立。

② 假设对 $n=k$ 时，有 $2!\ 4!\ 6!\ \cdots(2n)!\ \geqslant (n+1)!^n$ 成立，那么

$$2!4!6!\cdots(2k)![2(k+1)]! \geqslant (k+1)!^k[2(k+1)]!$$

因为

$$[2(k+1)!]=(k+1)\prod_{i=0}^{k}(k+2+i) \geqslant (k+1)!(k+2)^{k+1}$$

所以

$$2!4!6!\cdots(2k)![2(k+1)]! \geqslant (k+2)!^{k+1}$$

即 $n=k+1$ 时命题成立。

③ 综上，$\forall\, n\in\mathbb{N}^*$，$2!\ 4!\ 6!\ \cdots(2n)!\ \geqslant (n+1)!^n$ 成立。

第 2 章　集合与映射

20 世纪初，弗雷格(Frege)教授正在完善一本书第二卷的写作，想要在逻辑基础上重建数学体系。某天，他收到年轻的数学家罗素(Russell)先生的来信："我读过您的第一本书，您假设存在一个包含所有集合的集合。不幸的是，这样的集合是不可能存在的。"据说接下来弗雷格的所有工作都分崩离析了，且永远无法恢复。罗素也成为他那个时代伟大的逻辑学家和哲学家。1950 年，他被授予诺贝尔文学奖。罗素"悖论"通常是指"包含所有集合的集合不可能存在"。它非常简短，但很难掌握。假设这样一个包含所有集合的集合$\mathbb{E}$存在，考虑集合

$$F = \{E \in \mathbb{E} | E \notin E\}$$

让我们解释一下 $E \notin E$。左边的 E 被认为是一个元素，实际上集合$\mathbb{E}$是所有集合的集合，E 是这个集合的一个元素；右边的 E 被认为是一个集合，$\mathbb{E}$的元素是集合！因此我们可以考虑元素 E 是否属于集合E。如果不是，那么根据定义，我们将 E 放在集合F 中。当我们问自己下面问题时矛盾就出现了：我们有 $F \in F$ 还是$F \notin F$？两者必有其一为真。然而，

(1) 如果 $F \in F$，那么根据 F 的定义，F 是集合E 中之一，使得 $F \notin F$，这是矛盾的。

(2) 如果 $F \notin F$，则 F 满足集合F 的属性，于是 $F \in F$，仍然自相矛盾。

这些情况都是不可能的。推导出不可能存在包含所有集合的集合$\mathbb{E}$。通过"理发师悖论"这个结论得到普及。

不用担心(数学根基)，罗素和其他数学家建立了严密的逻辑，并奠定了坚实的基础。我们已有集合的基础知识如下：

(1) 自然数集$\mathbb{N} = \{0,1,2,3,\cdots\}$；

(2) 整数集$\mathbb{Z} = \{\cdots,-2,-1,0,1,2,3,\cdots\}$；

(3) 有理数集$\mathbb{Q} = \left\{\dfrac{p}{q} \mid p \in \mathbb{Z}, q \in \mathbb{N}^*\right\}$；

(4) 实数集$\mathbb{R}$；

(5) 复数集$\mathbb{C}$。

本章我们将学习集合的性质，不关注特定的例子。通过本章学习你将意识到，与集合概念同样重要的是集合之间的关系，即两个集合之间的应用(或函数)的概念。

2.1 集合及应用

2.1.1 集合

1. 集合的概念及其基本运算

集合的概念及其基本运算,如子集、并集、交集、差集和补集,在中学教材中已经详细介绍了,这里不再赘述。

2. 集合的运算法则

若 A,B,C 是全集 E 的子集,则

(1) $A\cap B=B\cap A, A\cup B=B\cup A$;

(2) $A\cap(B\cap C)=(A\cap B)\cap C, A\cup(B\cup C)=(A\cup B)\cup C$;

(3) $A\cap\varnothing=\varnothing, A\cap A=A, A\subseteq B\Leftrightarrow A\cap B=A, A\cup\varnothing=A, A\cup A=A, A\subseteq B\Leftrightarrow A\cup B=B$;

(4) $A\cap(B\cup C)=(A\cap B)\cup(A\cap C)$, $A\cup(B\cap C)=(A\cup B)\cap(A\cup C)$;

(5) $\complement(\complement A)=A, A\subseteq B\Leftrightarrow\complement B\subseteq\complement A$;

(6) $\complement(A\cap B)=\complement A\cup\complement B, \complement(A\cup B)=\complement A\cap\complement B$(德·摩根运算律)。

注 $\complement A$ 表示集合 A 在全集 E 中的补集。

图 2.1 为德·摩根运算律的 Venn 图解释。

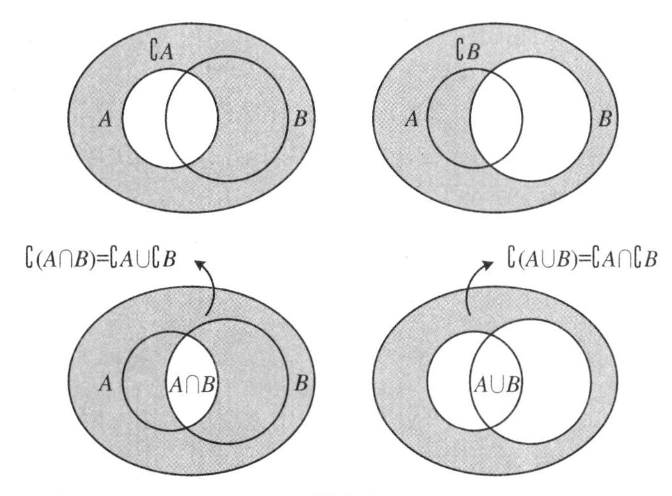

图 2.1

例 1 求证:$A\cap(B\cup C)=(A\cap B)\cup(A\cap C)$。

证明 $x\in A\cap(B\cup C)\Leftrightarrow x\in A$ 且 $x\in(B\cup C)\Leftrightarrow x\in A$ 且($x\in B$ 或 $x\in C$)$\Leftrightarrow$($x\in A$ 且

$x\in B$)或($x\in A$ 且 $x\in C$)$\Leftrightarrow$($x\in A\cap B$)或($x\in A\cap C$)$\Leftrightarrow x\in(A\cap B)\cup(A\cap C)$。

即证 $A\cap(B\cup C)=(A\cap B)\cup(A\cap C)$。

3. 互不相交的集合，集合的分划

定义 1 集合 $A_1,A_2,\cdots,A_n$ 为互不相交的集合当且仅当对任意两个集合 A_i 和 A_j，$A_i\cap A_j=\varnothing$。

例如，$B_1=\{2,4,6\}$，$B_2=\{3,7\}$ 和 $B_3=\{0,5\}$，B_1,B_2,B_3 是互不相交的集合。

定义 2 集合 $\{A_1,A_2,\cdots,A_n\}$ 是集合 E 的一个分划，当且仅当

(1) E 是所有集合 A_i 的并集，即 $E=\bigcup\limits_{i=1}^{n}A_i$；

(2) 并且 $A_1,A_2,\cdots,A_n$ 是互不相交的集合。

例如，设 $E=\{1,2,3,4,5,6\}$，$A_1=\{1,6\}$，$A_2=\{3\}$ 以及 $A_3=\{2,4,5\}$，集合 $\{A_1,A_2,A_3\}$ 是 E 的一个分划。

再如，$\mathbb{Z}$ 是所有整数的集合，令 $T_0=\{n\in\mathbb{Z}\mid n=3k$，对某些整数 $k\}$，$T_1=\{n\in\mathbb{Z}\mid n=3k+1$，对某些整数 $k\}$ 和 $T_2=\{n\in\mathbb{Z}\mid n=3k+2$，对某些整数 $k\}$，集合 $\{T_0,T_1,T_2\}$ 是 $\mathbb{Z}$ 的一个分划。

4. 笛卡尔乘积

若 E 和 F 是两个集合，其笛卡尔乘积，记为 $E\times F$，是所有数对 (x,y) 构成的集合，其中 $x\in E$ 且 $y\in F$，即 $E\times F=\{(x,y)\mid x\in E$ 且 $y\in F\}$。

例如，$\mathbb{R}^2=\mathbb{R}\times\mathbb{R}=\{(x,y)\mid x,y\in\mathbb{R}\}$，$[0,1]\times\mathbb{R}=\{(x,y)\mid 0\leqslant x\leqslant 1,y\in\mathbb{R}\}$，如图 2.2 所示。$[0,1]\times[0,1]\times[0,1]=\{(x,y,z)\mid 0\leqslant x,y,z\leqslant 1\}$，如图 2.3 所示。

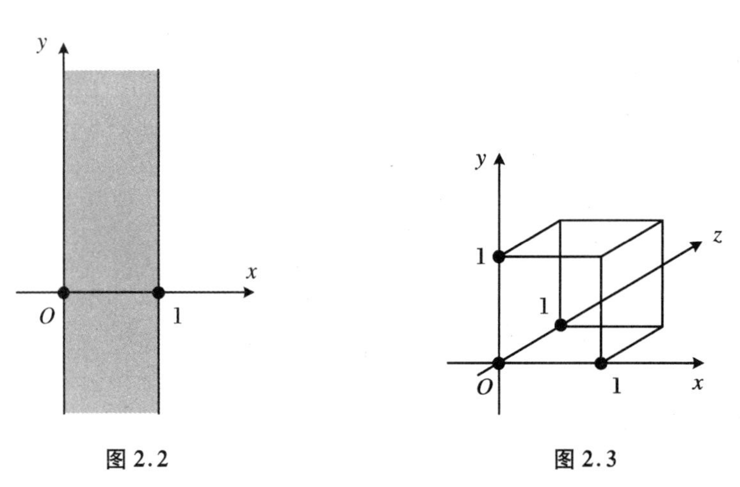

图 2.2　　　　图 2.3

例 2 若 $A=\{1,2,3,4,5\}$，列举 $A\times A$ 的所有元素并给出一般结论。

解析 $A\times A$ 的所有元素如表 2.1 所示。

很明显 $A\times A$ 的元素个数为 $5\times 5=25$。一般地，若 A 含 m 个元素，B 含 n 个元素，则 $A\times B$ 有 mn 个元素。

表 2.1

	1	2	3	4	5
1	(1,1)	(1,2)	(1,3)	(1,4)	(1,5)
2	(2,1)	(2,2)	(2,3)	(2,4)	(2,5)
3	(3,1)	(3,2)	(3,3)	(3,4)	(3,5)
4	(4,1)	(4,2)	(4,3)	(4,4)	(4,5)
5	(5,1)	(5,2)	(5,3)	(5,4)	(5,5)

2.1.2　应用

1. 定义函数

定义3　函数 $f:E\to F$，即一组数据，对于 $\forall x\in E$，F 中存在唯一元素，记为 $f(x)$。我们用两种类型的图示表示函数：① 用椭圆分别表示起始集 E 和终集（到达集）F，其元素用点表示，对应关系 $x\mapsto f(x)$ 用箭头表示。如图2.4所示。② 另一种表示形式是 $\mathbb{R}$ 到 $\mathbb{R}$（或其子集）的连续函数，起始集由 x 轴表示，到达集由 y 轴表示，对应关系 $x\mapsto f(x)$ 用点 $(x,f(x))$ 表示。如图2.5所示。

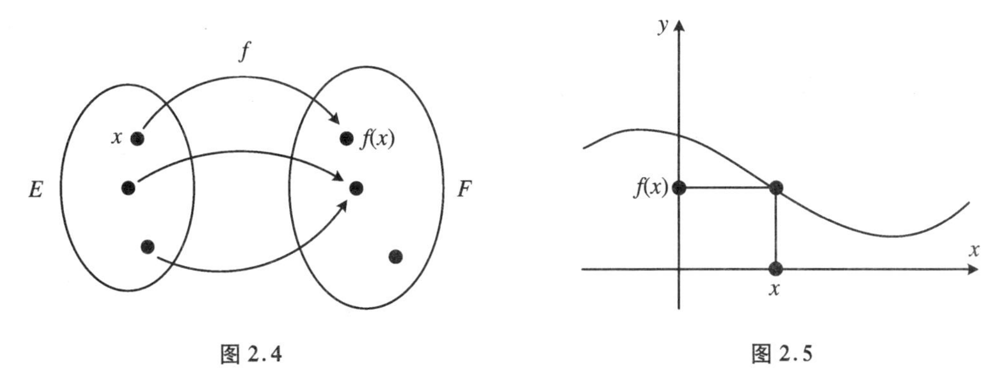

图 2.4　　　图 2.5

(1) 函数相等。两个函数 $f,g:E\to F$ 相等，当且仅当对 $\forall x\in E$，$f(x)=g(x)$，记作 $f=g$。

(2) 函数 $f:E\to F$ 的图象为集合 $\Gamma_f=\{(x,f(x))\in E\times F\mid x\in E\}$。

(3) 复合函数。若 $f:E\to F$ 且 $g:F\to G$，则 $g\circ f:E\to G$ 为函数，$g\circ f(x)=g(f(x))$。如图2.6所示。

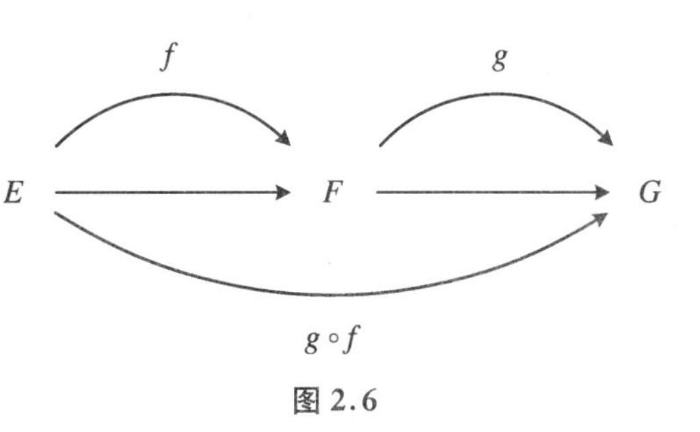

图 2.6

例如，函数 f，g 分别为 $f:(0,+\infty)\to(0,+\infty)$，$x\mapsto\dfrac{1}{x}$；$g:(0,+\infty)\to\mathbb{R}$，$x\mapsto$

$\dfrac{x-1}{x+1}$。

那么 $g\circ f:(0,+\infty)\to\mathbb{R}$ 为

$$g\circ f(x)=g(f(x))=g\left(\frac{1}{x}\right)=\frac{\frac{1}{x}-1}{\frac{1}{x}+1}=\frac{1-x}{1+x}=-g(x)$$

2. 象集,原象集

若 E,F 为两个集合。

定义 4 设 $A\subseteq E$,$f:E\to F$,函数 f 下集合 A 的象为集合 $f(A)=\{f(x)\mid x\in A\}$。如图 2.7、图 2.8 所示。

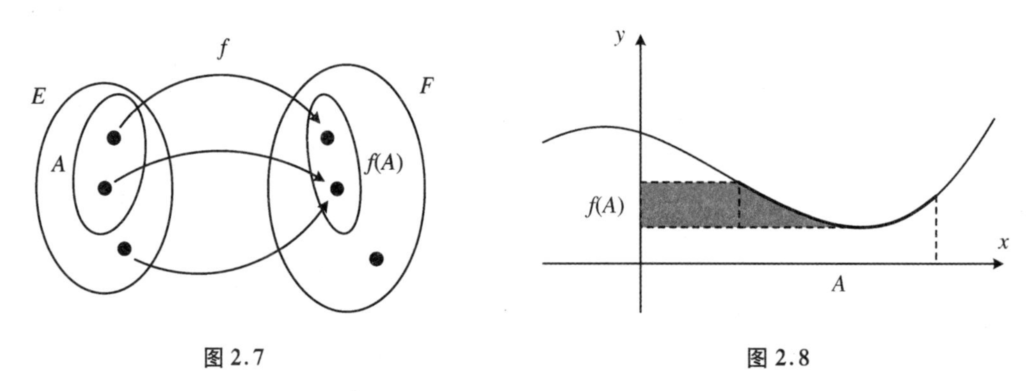

图 2.7 图 2.8

定义 5 设 $B\subseteq F$,$f:E\to F$,函数 f 下集合 B 的原象为集合 $f^{-1}(B)=\{x\in E\mid f(x)\in B\}$。如图 2.9、图 2.10 所示。

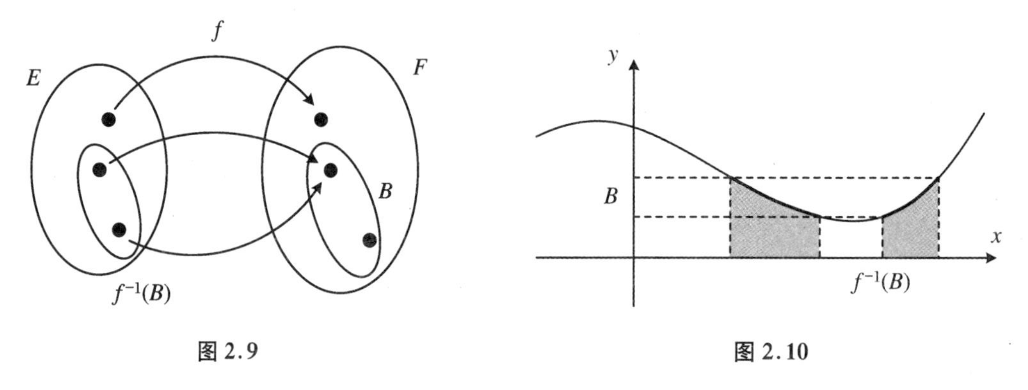

图 2.9 图 2.10

注

(1) $f(A)$是 F 的子集,$f^{-1}(B)$是 E 的子集。

(2) $f^{-1}(B)$是一个整体,不要求 f 是双射函数;无论任何函数,原象都存在。

3. 逆元

固定 $y\in F$,所有满足 $f(x)=y$ 的 $x\in E$ 称为 y 的逆元。显然逆元集为原象集。在图 2.11、图 2.12 中,y 的逆元有 3 个,分别为 x_1,x_2,x_3。

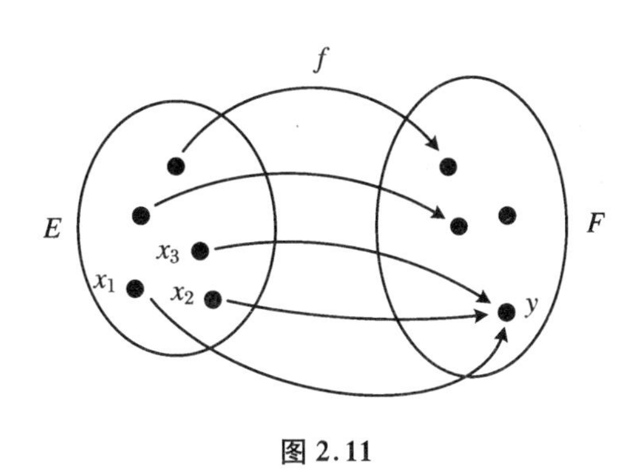

图 2.11

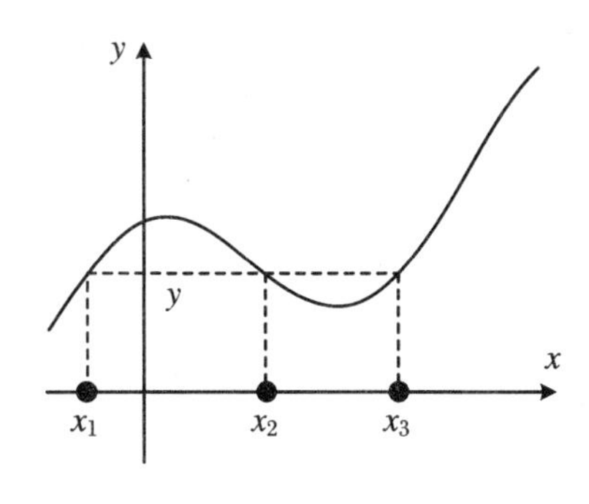

图 2.12

例 3　设函数 $f:\mathbb{R}\to\mathbb{R}$，$A$，$B$ 是 $\mathbb{R}$ 的子集，求证：$f(A\cap B)\subseteq f(A)\cap f(B)$。

证明　令 $y\in f(A\cap B)$，由函数定义，$\exists x\in A\cap B$ 使得 $y=f(x)$。

因为 $x\in A$，得到 $y=f(x)\in f(A)$；同理，$x\in B$ 得到 $y=f(x)\in f(B)$，于是 $y=f(x)\in f(A)\cap f(B)$，所以 $f(A\cap B)\subseteq f(A)\cap f(B)$。

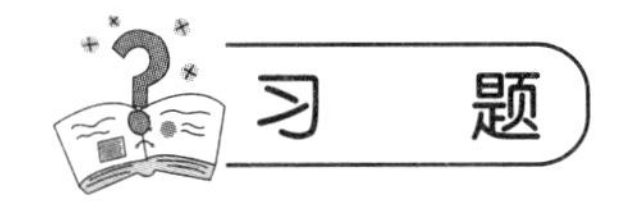

习　题

1. 已知非空集合 A，用 $|A|$ 表示 A 所含元素个数，若 $|A|+20=|A\times A|$，试求 $|A|$。

2. 设集合 A，B，C 和 D，求证：

$$(A\backslash B)\times(C\backslash D)=(A\times C)\backslash[(A\times D)\cup(B\times C)]$$

3. 函数 $f:X\to Y$，令 $\{S_i\mid i\in I\}$ 为 X 的子集（其中 I 为自然数集的子集，为下标集），证明：$f(\bigcup\limits_{i\in I}S_i)=\bigcup\limits_{i\in I}f(S_i)$（例如，$f(A\cup B)=f(A)\cup f(B)$）。

4[†]. 设 $S=\{1,2,\cdots,30\}$，并且 $A_1,A_2,\cdots,A_7$ 是 S 的子集，对所有 $1\leqslant i_1<i_2<i_3<i_4\leqslant 7$ 满足 $|A_{i_1}\cup A_{i_2}\cup A_{i_3}\cup A_{i_4}|=30$，求证：存在 i,j,k，$1\leqslant i<j<k\leqslant 7$ 使得

$$|A_i\cup A_j\cup A_k|=30$$

答　案

1. **解析**　设 $|A|=m$，根据条件有 $m+20=m^2$，解得 $m=|A|=5$。

2. **证明**　设 $(x,y)\in(A\times C)\backslash[(A\times D)\cup(B\times C)]$，则根据差集定义有

$$\begin{aligned}&(x,y)\in(A\times C)\land\neg[(x,y)\in(A\times D)\lor(x,y)\in(B\times C)]\\&\Leftrightarrow x\in A\land y\in C\land\neg(x\in A\land y\in D)\lor(x\in B\land y\in C)\\&\Leftrightarrow x\in A\land y\in C\land\neg[(\mathrm{T}\land y\in D)\lor(x\in B\land\mathrm{T})]\quad(\mathrm{T}\text{ 为真})\\&\Leftrightarrow x\in A\land y\in C\land x\notin B\land y\notin D\\&\Leftrightarrow x\in A\backslash B\land y\in C\backslash D\Leftrightarrow(x,y)\in(A\backslash B)\times(C\backslash D)\end{aligned}$$

所以 $(A\times C)\backslash[(A\times D)\cup(B\times C)]=(A\backslash B)\times(C\backslash D)$。

3. **证明** ① 令 $y\in f(\bigcup_{i\in I}S_i)$,则 $\exists x\in \bigcup_{i\in I}S_i$,使得 $f(x)=y$,即对某些 $i\in I$,$\exists x\in S_i$ 满足 $f(x)=y$,得到 $y\in f(S_i)$,所以 $y\in \bigcup_{i\in I}f(S_i)$,因此 $f(\bigcup_{i\in I}S_i)\subseteq \bigcup_{i\in I}f(S_i)$;

② 令 $y\in \bigcup_{i\in I}f(S_i)$,得到对某些 $i\in I$,$y\in f(S_i)$,所以 $\exists x\in S_i$ 使得 $f(x)=y$,所以 $y\in f(\bigcup_{i\in I}S_i)$,因此 $\bigcup_{i\in I}f(S_i)\subseteq f(\bigcup_{i\in I}S_i)$。

综上可得 $f(\bigcup_{i\in I}S_i)=\bigcup_{i\in I}f(S_i)$。

4[†]. **证明** 用抽屉原理证明。显然集合 S 中的每个元素满足至少在 4 个子集中,因此必定存在一个 A_i,它至少包含 $\left\lceil\frac{30-4}{7}\right\rceil=18$ 个元素,假设它有 x 个元素。移除这个集合及其所有元素。在其他剩余 6 个集合中,有 $30-x$ 个元素,每个元素都出现 4 次(因为这些元素都不在我们删除的集合中出现)。根据抽屉原理,存在一个至少包含 $\left\lceil\frac{4(30-x)}{6}\right\rceil$ 个元素的集合,这些元素在第一个集合中都没有出现。删除这个集合和它的所有元素,因为通过第二个集合中删除的元素数量减少 $\frac{2}{3}x$,而通过第一个集合中移除 x 个元素,移除元素的总数是关于 x 单调递增的,所以当 x 最小(即 $x=18$)时删除最少元素,所以得到移除至少 26 个元素。

现在,记余下 y 个元素,根据抽屉原理,存在一个至少包含 $\left\lceil\frac{4y}{5}\right\rceil$ 个元素的集合,不在前面两个集合中,容易验证 $1\leqslant y\leqslant 4$,这三个集合的并集含 30 个元素,证毕。

2.2 单射,满射,双射

2.2.1 单射,满射

设集合 E,F 及函数 $f:E\to F$。

定义 6 f 是单射函数当且仅当对 $\forall x,x'\in E$,若 $f(x)=f(x')$,则 $x=x'$。换言之,

$$\forall x,x'\in E,f(x)=f(x')\Rightarrow x=x'$$

定义 7 f 是满射函数当且仅当对 $y\in F$,存在 $x\in E$ 使得 $y=f(x)$。换言之,

$$\forall y\in F,\exists x\in E(y=f(x))$$

另一种表达:f 是满射函数当且仅当 $f(E)=F$。

图 2.13、图 2.14 为单射函数 f 图示。

图 2.15、图 2.16 为满射函数 f 图示。

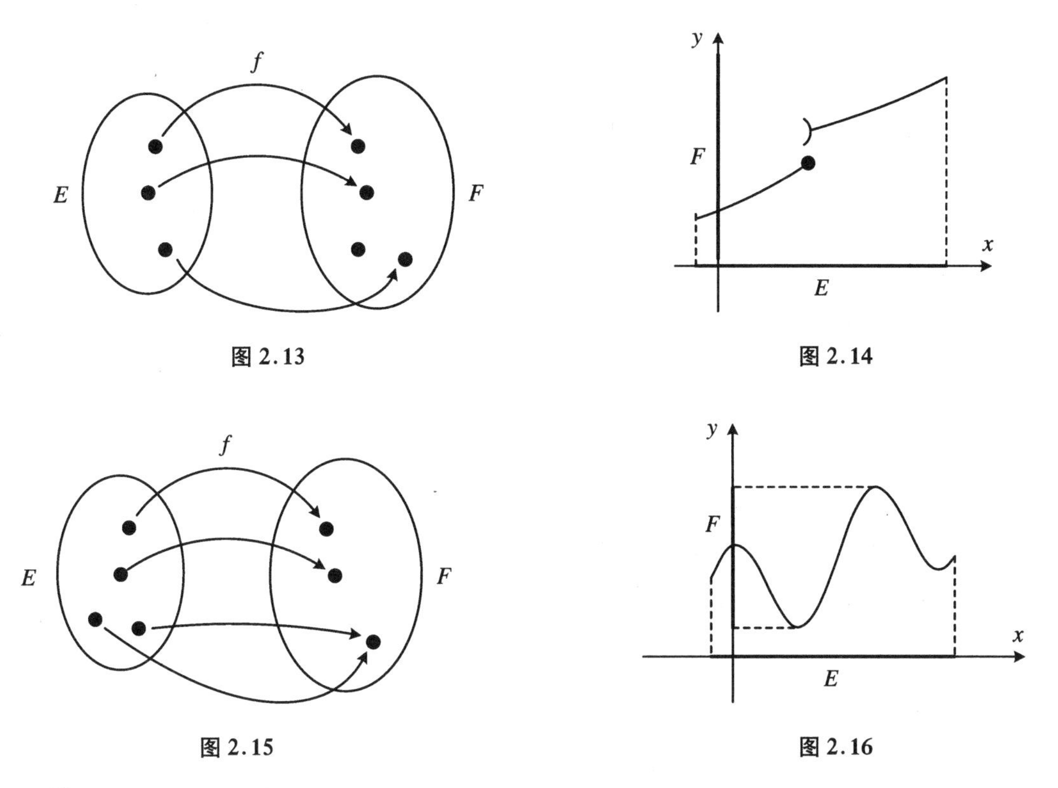

图 2.13 图 2.14

图 2.15 图 2.16

注

(1) 单射函数和满射函数的另一种表述方法如下：

① f 是单射函数当且仅当对 $\forall y \in F$ 至多有一个逆元(也可能没有逆元)；

② f 是满射函数当且仅当对 $\forall y \in F$ 至少有一个逆元。

(2) 如图 2.17 和图 2.18 所示，两个函数都不是单射函数。

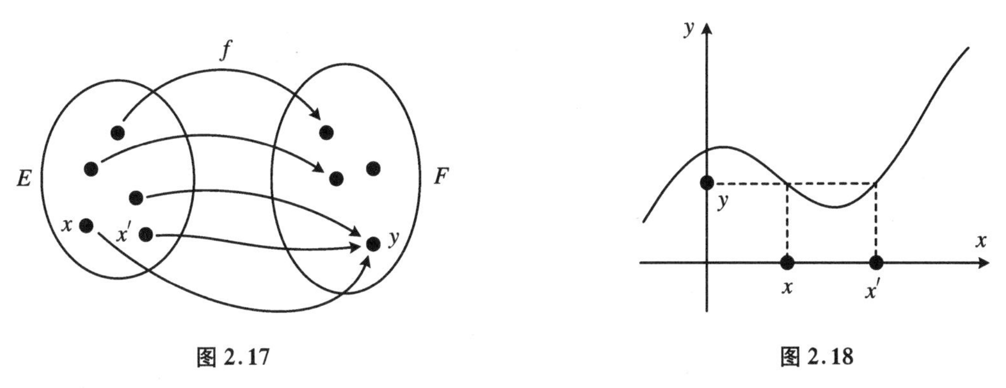

图 2.17 图 2.18

同样，如图 2.19 和图 2.20 所示，两个函数都不是满射函数。

例 4 设 $f_1:\mathbb{N}\to\mathbb{Q}$，其中 $f_1(x)=\dfrac{1}{1+x}$。求证：f_1 是单射函数。

证明 假设 $x, x' \in \mathbb{N}$，满足 $f_1(x)=f_1(x')$，那么 $\dfrac{1}{1+x}=\dfrac{1}{1+x'}$，于是 $x=x'$。由单射函数定义知，f_1 是单射函数。

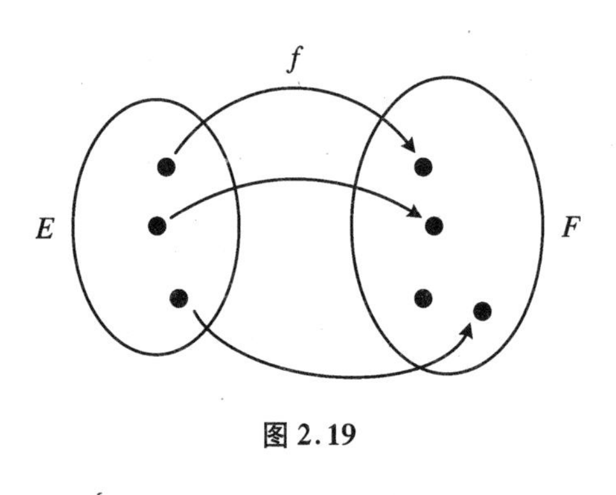

图 2.19

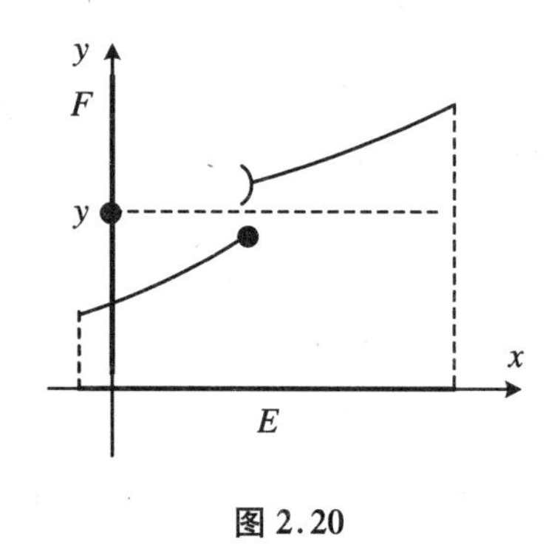

图 2.20

2.2.2 双射

定义 8 若 f 是单射函数又是满射函数，则 f 是双射函数。如图 2.21 和图 2.22 所示。其等价于：对所有 $y\in F$，存在唯一 $x\in E$ 使得 $y=f(x)$。换言之，

$$\forall y \in F, \exists ! x \in E \text{ 使得 } y = f(x)$$

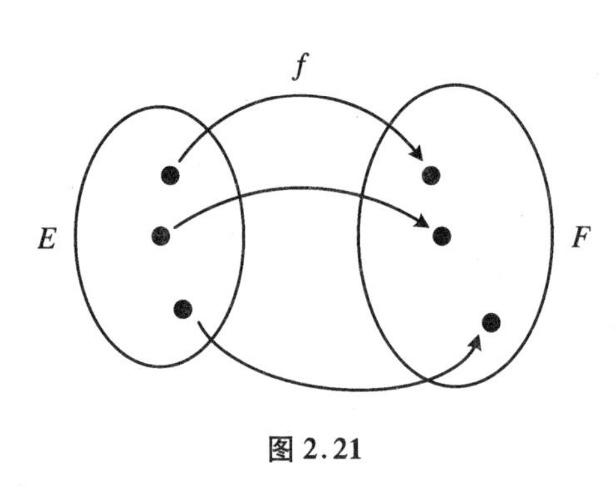

图 2.21

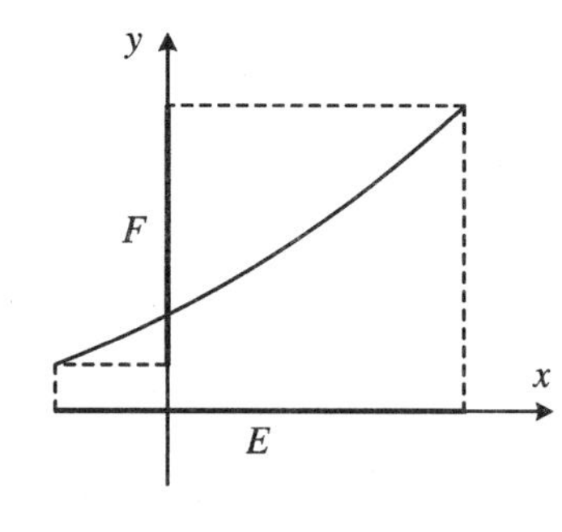

图 2.22

命题 1 集合 E,F 及函数 $f:E\to F$。

(1) f 是双射函数当且仅当存在函数 $g:F\to E$ 以及 $f\circ g=id_F$ 和 $g\circ f=id_E$；

(2) 若 f 是双射函数，g（(1)中的 g）是唯一的双射函数，称 g 为 f 的反（逆）函数（双射函数）并记为 f^{-1}。进一步地，$(f^{-1})^{-1}=f$。

注

① id_E 是 E 到 E 的函数所构成的幺半群的单位元，也即恒等函数 I_E，$I_E(x)=x$；

② $f\circ g=id_F$ 可定义为 $\forall y\in F, f(g(y))=y$，于是 $g\circ f=id_E$ 为 $\forall x\in E$，$g(f(x))=x$。

例如，$f:\mathbb{R}\to(0,+\infty)$，其中 $f(x)=\mathrm{e}^x$。f 为双射函数，逆函数为 $g:(0,+\infty)\to\mathbb{R}$，$g(y)=\ln y$。已知结论：$\mathrm{e}^{\ln y}=y, y\in(0,+\infty)$；$\ln \mathrm{e}^x=x, x\in\mathbb{R}$。

例 5 证明：f 是双射函数当且仅当存在函数 $g:F\to E$ 以及 $f\circ g=id_F$ 和 $g\circ f=id_E$。

证明 ① 先证⇒。假设 f 是双射函数，构造函数 $g:F\to E$，因为 f 是满射，所以对每一个 $y\in F$，都存在 $x\in E$ 使得 $y=f(x)$ 并设 $g(y)=x$；有 $f(g(y))=f(x)=y$，对所有 $y\in F$ 成立，于是 $f\circ g=id_F$。得到 $f\circ g\circ f=id_F\circ f$。于是对 $x\in E$，有 $f(g\circ f(x))=f(x)$ 或 f 是单

射函数，于是 $g\circ f(x)=x$，因此 $g\circ f=id_E$。

综上，$f\circ g=id_F$ 及 $g\circ f=id_E$。

② 再证⇐。假设 g 存在并证明 f 是双射函数。

a. 证明 f 是满射函数。事实上，$y\in F$ 于是 $x=g(y)\in E$，我们有

$$f(x)=f(g(y))=f\circ g(y)=id_F(y)=y$$

于是 f 是满射。

b. 证明 f 是单射函数。假设 $x,x'\in E$ 且 $f(x)=f(x')$，得到 $g\circ f(x)=g\circ f(x')$，于是 $id_E(x)=id_E(x')$，$x=x'$，所以 f 是单射。

命题 2 若 $f:E\to F$ 和 $g:F\to G$ 为双射函数，应用 $g\circ f$ 是双射及其反函数是双射函数，有

$$(g\circ f)^{-1}=f^{-1}\circ g^{-1}$$

证明 根据命题 1，存在 $u:F\to E$ 满足 $u\circ f=id_E$ 及 $f\circ u=id_F$；也存在 $v:G\to F$ 满足 $v\circ g=id_F$ 和 $g\circ v=id_G$。于是

$$(g\circ f)\circ(u\circ v)=g\circ(f\circ u)\circ v=g\circ id_F\circ v=g\circ v=id_E$$

$$(u\circ v)\circ(g\circ f)=u\circ(v\circ g)\circ f=u\circ id_F\circ f=u\circ f=id_E$$

因此 $g\circ f$ 为双射且其反函数为 $u\circ v$。因为 u 为 f 的逆且 v 是 g 的逆，所以

$$u\circ v=f^{-1}\circ g^{-1}$$

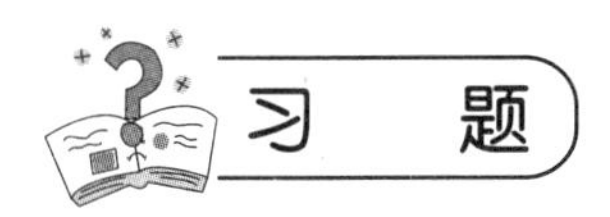

1. 举例说明：

(1) $f\circ g$ 为双射，但是 f 和 g 都不是双射；

(2) $f:\mathbb{R}\to\mathbb{R}$，$g:\mathbb{R}\to\mathbb{R}$ 满足 $g\circ f$ 为双射函数，然而 f 不是单射，并且 g 不是满射。

2. 判断下列函数是单射，满射还是双射：

(1) $f:\mathbb{N}\to\mathbb{N}$，$n\mapsto n+1$；

(2) $g:\mathbb{Z}\to\mathbb{Z}$，$n\mapsto n+1$；

(3) $h:\mathbb{R}^2\to\mathbb{R}^2$，$(x,y)\mapsto(x+y,x-y)$；

(4) $k:\mathbb{R}\backslash\{1\}\to\mathbb{R}$，$x\mapsto\dfrac{x+1}{x-1}$。

3. 证明：任何从 $\{1,2,\cdots,n\}$ 到自身的单射函数都是双射函数。

1. **解析**

(1) 例如，$X=\{0\}$，$Y=\{0,1\}$。$g:X\to Y$，其中 $g(0)=0$，$f:Y\to X$，$f(0)=f(1)=0$，则 $f\circ g$ 为双射函数，但是 f 和 g 都不是双射。

(2) 令

$$f(x)=\begin{cases}\dfrac{x}{1-x^2}, & 若\ x\in(-1,1)\\ 0, & x\in\mathbb{R}\ 且\ x\notin(-1,1)\end{cases},\quad g(x)=\begin{cases}\dfrac{\sqrt{1+4x^2}-1}{2x}, & x\neq 0\\ 0, & 其他\end{cases}$$

显然，显然 f 不是单射，g 不是满射（g 的值域为 $(-1,1)$），但是 $g\circ f=id$。

2. **解析**

(1) f 不是满射，因为 0 没有原象；实际上，不存在 $n\in\mathbb{N}$ 使得 $f(n)=0$。另外 f 是单射，若 $n,n'\in\mathbb{N}$ 满足 $f(n)=f(x')$，则 $n+1=n'+1$，于是 $n=n'$，所以 f 是单射。由于 f 不是满射，因此 f 也不是双射。

(2) g 是双射。可以用两种方法证明其成立。

方法 1　证明 g 既是单射也是满射。事实上，假设 $n,n'\in\mathbb{Z}$ 满足 $g(n)=g(x')$，则 $n+1=n'+1$，于是 $n=n'$，所以 g 是单射；又 g 是满射，因为对于每一个 $m\in\mathbb{Z}$ 都存在原象：假设 $n=m-1\in\mathbb{Z}$，则 $g(n)=m$。

方法 2　假设 $g':\mathbb{Z}\to\mathbb{Z}$ 定义为 $g'(m)=m-1$，于是 $g'\circ g(n)=n$（对任意 $n\in\mathbb{Z}$）。而且 $g\circ g'(m)=m$（$\forall m\in\mathbb{Z}$），于是 g' 是 g 的逆映射（反函数）。而 g' 是双射，所以 g 是双射。

(3) ① 我们先证明 h 是单射。假设 $(x,y),(x',y')\in\mathbb{R}^2$ 满足 $h(x,y)=h(x',y')$，于是

$$(x+y,x-y)=(x'+y',x'-y')$$

即

$$\begin{cases}x+y=x'+y'\\ x-y=x'-y'\end{cases}$$

解得

$$\begin{cases}x=x'\\ y=y'\end{cases}$$

于是 $(x,y)=(x',y')$，得到 h 是单射。

② 再证明 h 是满射。设 $(X,Y)\in\mathbb{R}^2$，通过 h 确定其原象 (x,y)，$h(x,y)=(X,Y)$，于是

$$(x+y,x-y)=(X,Y)$$

解得

$$(x,y)=\left(\frac{X+Y}{2},\frac{X-Y}{2}\right)$$

最后，经检查数对 (x,y) 满足题意。

③ 综上，h 是双射。

(4) 首先，证明 k 是单射。设 $x,x'\in\mathbb{R}\backslash\{1\}$ 使得 $k(x)=k(x')$，于是 $\dfrac{x+1}{x-1}=\dfrac{x'+1}{x'-1}$，解得 $x=x'$。其次，对于 $y=1$ 通过 k 不存在原象，因此 k 不是满射。综上，k 不是双射。

3. **证明**　使用数学归纳法证明。

① 当 $n=1$ 时，单射函数 $f:\{1\}\to\{1\}$ 显然是双射函数。

② 假设任意单射函数 $f:\{1,2,\cdots,n\}\to\{1,2,\cdots,n\}$ 为双射函数，那么

a. 若 $f(n+1)=n+1$，则因为 f 是单射函数，$f(\{1,2,\cdots,n\})\subseteq\{1,2,\cdots,n\}$，所以由

归纳假设，对每一个 $k\in\{1,2,\cdots,n\}$ 等于 $f(l)$，其中 $l\in\{1,2,\cdots,n\}$，因 $f(n+1)=n+1$，所以 f 是双射。

b. 若 $f(n+1)=k$，其中 $k<n+1$，那么 $g\circ f$ 将 $n+1$ 映射到 $n+1$，如上所述 $g\circ f$ 是双射。因为 g 是双射，$f=g^{-1}\circ(g\circ f)$，所以 f 也是双射。

③ 综上，任何从 $\{1,2,\cdots,n\}$ 到自身的单射函数都是双射函数。

2.3 有 限 集

2.3.1 基数

定义 9 若存在整数 n 以及 E 到 $\{1,2,\cdots,n\}$ 的双射，则称 E 为有限集，整数 n 是唯一的，称为 E 的基数(或元素数)，记作 $\mathrm{Card}\,E$。

例如：

(1) $E=\{$红，黑$\}$ 与 $\{1,2\}$ 构成双射，于是基数为 2；

(2) $\mathbb{N}$ 不是有限集；

(3) 根据定义空集的基数为 0。

下面是关于基数的几个性质：

(1) 若 A 是有限集且 $B\subseteq A$，则 B 是有限集且 $\mathrm{Card}\,B\leqslant \mathrm{Card}\,A$。

(2) 若 A,B 为有限集且交集为空集($A\cap B=\varnothing$)，则 $\mathrm{Card}\,(A\cup B)=\mathrm{Card}\,A+\mathrm{Card}\,B$。

(3) 若 A 为有限集及 $B\subseteq A$，则 $\mathrm{Card}\,(A\backslash B)=\mathrm{Card}\,A-\mathrm{Card}\,B$。特别地，若 $B\subseteq A$ 且 $\mathrm{Card}\,A=\mathrm{Card}\,B$，则 $A=B$。

(4) 对于有限集 A,B 有

$$\mathrm{Card}\,(A\cup B)=\mathrm{Card}\,A+\mathrm{Card}\,B-\mathrm{Card}\,(A\cap B)$$

图 2.23 为性质(4)的示意图(Venn 图)。

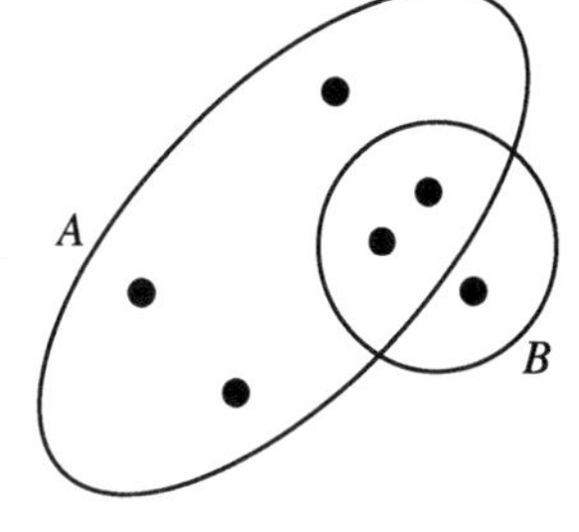

图 2.23

下面给出性质(4)的证明。

证明 因为 $A\cup B=A\cup[B\backslash(A\cap B)]$，集合 A 与 $B\backslash(A\cap B)$ 不相交，于是

$$\begin{aligned}\mathrm{Card}\,(A\cup B)&=\mathrm{Card}\,A+\mathrm{Card}\,[B\backslash(A\cap B)]\\&=\mathrm{Card}\,A+\mathrm{Card}\,B-\mathrm{Card}\,(A\cap B)\end{aligned}$$

2.3.2 单射，满射，双射与有限集

命题 3 若 E,F 为两个有限集，函数 $f:E\rightarrow F$。

(1) 若 f 为单射，则 $\mathrm{Card}\,E\leqslant \mathrm{Card}\,F$；

(2) 若 f 为满射，则 $\mathrm{Card}\,E\geqslant \mathrm{Card}\,F$；

(3) 若 f 为双射,则 $\mathrm{Card}\,E=\mathrm{Card}\,F$。

证明

(1) 假设 f 是单射,$F'=f(E)\subseteq F$,于是 $f_1:E\to F'$(由 $f_1(x)=f(x)$定义)为一个双射。于是对 $\forall\, y\in F'$有唯一$x\in E$ 满足 $y=f(x)$。于是 E 和 F'有相同的元素数。即 $\mathrm{Card}\,F'=\mathrm{Card}\,E$,而 $F'\subseteq F$,于是

$$\mathrm{Card}\,E=\mathrm{Card}\,F'\leqslant \mathrm{Card}\,F$$

(2) 假设 f 是满射,对 $\forall\, y\in F$,E 中至少存在一个元素 x 满足 $y=f(x)$,于是 $\mathrm{Card}\,E\geqslant \mathrm{Card}\,F$。

(3) 可由(1)和(2)中的结论证明。

命题 4 若 E,F 为两个有限集,函数 $f:E\to F$,若 $\mathrm{Card}\,E=\mathrm{Card}\,F$,则以下判断是等价的:

(1) f 是单射;

(2) f 是满射;

(3) f 是双射。

证明 方案为(1)⇒(2)⇒(3)⇒(1),即完成所有的等价性证明。

① (1)⇒(2)。假设 f 是单射函数,于是 $\mathrm{Card}\,f(E)=\mathrm{Card}\,E=\mathrm{Card}\,F$。因此 $f(E)$是与 F 具有相同基数的 F 的子集,得到 $f(E)=F$。

② (2)⇒(3)。假设 f 是满射函数,为证明 f 为双射,还要证明 f 为单射。用反证法,假设 f 不是单射,于是 $\mathrm{Card}\,f(E)<\mathrm{Card}\,E$(因为至少有 2 个元素具有相同的象)或者 $f(E)=F$。因为 f 是双射,所以 $\mathrm{Card}\,F<\mathrm{Card}\,E$,与题设 f 是满射矛盾,所以 f 是单射。因此 f 为双射。

③ (3)⇒(1)。很明显,双射也是单射的。

2.3.3 函数个数

若 E,F 为非空有限集,$\mathrm{Card}\,E=n$ 和 $\mathrm{Card}\,F=p$。

命题 5 E 到 F 的不同函数的个数为 p^n,也即$(\mathrm{Card}\,F)^{\mathrm{Card}\,E}$。

证明 固定 F,对于 $n=\mathrm{Card}\,E$ 用数学归纳法证明。设命题 P_n 为"从一组 n 个元素到一组 p 个元素的所有函数个数为 p^n"。

① 验证初始值。对于 $n=1$,E 到 F 的函数个数由 E 中每一个元素的象定义,E 中仅有唯一的元素,在 F 中有 $p=\mathrm{Card}\,F$ 的可能选择,因此有 p^1 个函数。所以 P_1 为真。

② 递推。对于 $n\geqslant 1$ 假设 P_n 为真。设 E 有 $n+1$ 个元素,任取 $a\in E$,$E'=E\backslash\{a\}$有 n 个元素,由归纳假设 E'到 F 的函数个数 p^n。对于每一个函数 $f:E'\to F$ 可以扩展为新函数 $f:E\to F$,通过规定 a 的象完成,可知 a 的象有 p 种可能,因此 E 到 F 的函数有 $p^n\times p$ 个选择。因此 P_{n+1}得证。

③ 结论。由归纳原理,对 $n\geqslant 1$,P_n 为真。

2.3.4　集合族，交集与并集的拓展

1. 集合族

当处理元素本身就是集合的集合时，普遍的方法是将它们设置为集合族；事实上，从技术层面上说，一系列集合不一定是集合，因为我们允许重复元素出现，所以一个族是一个多集。

例如，$F=\{A_1,A_2,A_3,A_4\}$，其中 $A_1=\{a,b,c\}$，$A_2=\{a\}$，$A_3=\{a,d\}$及 $A_4=\{a\}$是一个集合族。

命题 6　B 为集合族F 中任一集合，则

(1) $\bigcap\limits_{A\in F}A\subseteq B$；

(2) $B\subseteq\bigcup\limits_{A\in F}A$。

证明　(1) 假设 $x\in\bigcap\limits_{A\in F}A$，则 $\forall A\in F, x\in A$。因为 $B\in F$，得到 $x\in B$，于是 $\bigcap\limits_{A\in F}A\subseteq B$。

(2) 现设 $y\in B$，因为 $B\in F$，$y\in\bigcup\limits_{A\in F}A$，于是 $B\subseteq\bigcup\limits_{A\in F}A$。证毕。

2. 交集与并集的拓展

设 F 是一个集合族。

定义 10　集合族 F 上的并集为

$$\bigcup_{A\in F}A=\{x\mid\exists A, A\in F\wedge x\in A\}=\{x\mid\exists A\in F, x\in A\}$$

定义 11　集合族 F 上的交集为

$$\bigcap_{A\in F}A=\{x\mid\forall A, A\in F\Rightarrow x\in A\}=\{x\mid\forall A\in F, x\in A\}$$

例如，若 $F=\{A_1,A_2,A_3,A_4\}$，其中 $A_1=\{a,b,c\}$，$A_2=\{a\}$，$A_3=\{a,d\}$及 $A_4=\{a\}$，则有 $\bigcup\limits_{A\in F}A=\{a,b,c,d\}$，$\bigcap\limits_{A\in F}A=\{a\}$。

结论　设$\{S_i\}_{i\in I}$和$\{S_j\}_{j\in J}$是两个集合族，则

(1) $(\bigcap\limits_{i\in I}S_i)\cap(\bigcap\limits_{j\in J}S_j)=\bigcap\limits_{k\in I\cup J}S_k$；

(2) $(\bigcup\limits_{i\in I}S_i)\cup(\bigcup\limits_{j\in J}S_j)=\bigcup\limits_{k\in I\cup J}S_k$。

2.3.5　幂集(非空子集个数)

定义 12　给定集合 E 的幂集是E 的子集的集合，记作 $P(E)$或 2^E ($2^{\mathrm{Card}\,E}$)。

例如，空集$\varnothing$只有一个子集，即它本身。于是 $P(\varnothing)=\{\varnothing\}$，是单元素集。两个元素的集合$\{\bullet,\circ\}$有四个子集：$P(\{\bullet,\circ\})=\{\varnothing,\{\bullet\},\{\circ\},\{\bullet,\circ\}\}$。

碰巧的是，集合 $P(E)$与我们的“直觉”相冲突，因为它不能包含 E 的所有元素，我们能够证明集合 $P(E)$必然比 E“大”。如果 E 是有限集，显然成立；但是如果 E 是无限集，就要仔细讨论。因此如果 U 是全宇宙集，则它不能包含 $P(U)$。如果 E 是“所有集合的集合”，那么我们将能够构造一个更大的集合 $P(E)$，这是矛盾的。

幸运的是，这些问题在数学的常见实践中是无关紧要的，从某种意义上说，人们在分析、代数、拓扑等足够小的范围，可以避免诸如“罗素悖论”这类的“病态”。

命题 7 设 E 为 n 个元素的有限集。集合 E 的子集有 $2^{\text{Card}\,E}$ 个，即 $\text{Card}\,P(E)=2^n$。

例如，$E=\{1,2,3,4,5\}$，于是 $P(E)=2^5=32$。

命题 7 可用数学归纳法证明(过程略)。

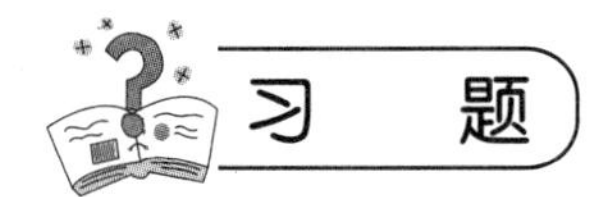

1. 设 $\mathcal{P}(\mathcal{S})$ 表示集合 $\mathcal{S}$ 的幂集，下列判断正确的是(　　)。

A. $\mathcal{P}(\mathcal{P}(\mathcal{S}))=\mathcal{P}(\mathcal{S})$　　　　B. $\mathcal{P}(\mathcal{S})\cap\mathcal{P}(\mathcal{P}(\mathcal{S}))=\varnothing$

C. $\mathcal{P}(\mathcal{S})\cap\mathcal{S}=\mathcal{P}(\mathcal{S})$　　　　D. $\mathcal{S}\notin\mathcal{P}(\mathcal{S})$

2. 证明：若 $\mathcal{R}$ 是非空集合，则 $A\cup(\bigcap\mathcal{R})=\bigcap\{A\cup X\mid X\in\mathcal{R}\}$。

$3^\dagger$. 设 P,Q 是集合 $A=\{1,2,3,4,5\}$ 的子集，求下列事件的概率：

(1) $P\cap Q=\varnothing$；

(2) $P\cup Q=A$；

(3) $\text{Card}\,(P\cap Q)=1$。

4. 已知非空集合 T(指标集)，并且对于每个 $t\in T$，都有一个指定的集 F_t。证明：$\bigcap_t(F_t\cap G_t)\subset\bigcup_t F_t\cap\bigcup_t G_t$，其中 $(F_t)_{t\in T}$ 和 $(G_t)_{t\in T}$ 为集合族。

1. **解析** 取特例，例如，$\mathcal{S}=\{1\}$，则 $\mathcal{P}(\mathcal{S})=\{\varnothing,\{1\}\}$，$\mathcal{P}(\mathcal{P}(\mathcal{S}))=\{\varnothing,\{\varnothing\},\{\{1\}\},\{\varnothing,\{1\}\}\}$，可得到选项 A 和 C 不正确；选项 B 是正确的，$\mathcal{P}(\mathcal{S})\cap\mathcal{P}(\mathcal{P}(\mathcal{S}))=\varnothing$ ($\mathcal{P}(\mathcal{S})$ 和 $\mathcal{P}(\mathcal{P}(\mathcal{S}))$ 是不相交集合)。选项 D 是不正确的，$\mathcal{S}\in\mathcal{P}(\mathcal{S})$ 恒成立。

2. **证明**

$$x\in A\cup(\bigcap\mathcal{R})\Leftrightarrow x\in A\text{ 或 }x\in(\bigcap\mathcal{R})\Leftrightarrow x\in A\text{ 或}(\forall X\in\mathcal{R})(x\in X)$$
$$\Leftrightarrow\mathcal{R}\neq\varnothing\text{ 且}(\forall X\in\mathcal{R})(x\in A\cup X)\Leftrightarrow x\in\bigcap\{A\cup X\mid X\in\mathcal{R}\}$$

$3^\dagger$. **解析** 设 P,Q 是被标记的集合(例如，其元素被涂上颜色，以避免繁琐的讨论)。那么我们的样本空间由有序对 (P,Q) 组成，其中 $P,Q\subseteq A$。由于具有 n 个元素的集合的子集有 2^n 个，因此选取 P 有 2^5 种方法，同样有 2^5 种方法取 Q，于是，样本空间总量为 $2^{10}=1024$。

(1) $P\cap Q=\varnothing$，即 P 和 Q 是不相交集合，则 A 中的每个元素恰好有三种选择，在集合 P,Q 或 $\complement(P\cup Q)$ 中，即有 3^5 种情形，所以概率 $p=\dfrac{3^5}{2^{10}}=\dfrac{243}{1024}$。

(2) 若 $P\cup Q=A$，则 A 中的每一个元素恰好在 $P\setminus Q,P\cap Q$ 或 $Q\setminus P$ 中，同(1)有概率 $p=\dfrac{3^5}{2^{10}}=\dfrac{243}{1024}$。

(3) 若 Card $(P\cap Q)=1$，$P\cap Q$ 中的这一个元素有5种情形可选择，相应的其他四个元素中的每一个都必须恰好在集合 P,Q 以及 $\complement(P\cup Q)$ 中，因此概率 $p=\frac{5\cdot 3^4}{2^{10}}=\frac{405}{1024}$。

4. **证明**　根据定义有

$$\bigcap_{t\in T}F_t=\{x\mid \forall t\in T,x\in F_t\},\quad \bigcup_{t\in T}F_t=\{x\mid \exists t\in T,x\in F_t\}$$

结合 $\forall$ 对 $\wedge$ 的分配律，我们有

$$x\in\bigcap_t(F_t\cap G_t)\Rightarrow(\forall t)(x\in F_t\cap G_t)$$

得到

$$(\forall t)(x\in F_t\wedge x\in G_t)\Rightarrow(\forall t)(x\in F_t)\wedge(\forall t)(x\in G_t)$$

得到 $x\in\bigcup_t F_t\cap\bigcup_t G_t$，证毕。

2.4　等价关系

图2.24所示的是一个 $\mathbb{R}\times\mathbb{R}$ 的子集。

进一步地，$R=\{(x,y)\mid x<y\}$（注意这里是 R，随机取一个集合的名称；并非 $\mathbb{R}$，表示实数集合）。其中要点是这个集合 R 明显包含信息"关系 $x<y$"，即若有两个数 x 和 y，可以通过大小判断来确定是否有 $(x,y)\in R$。

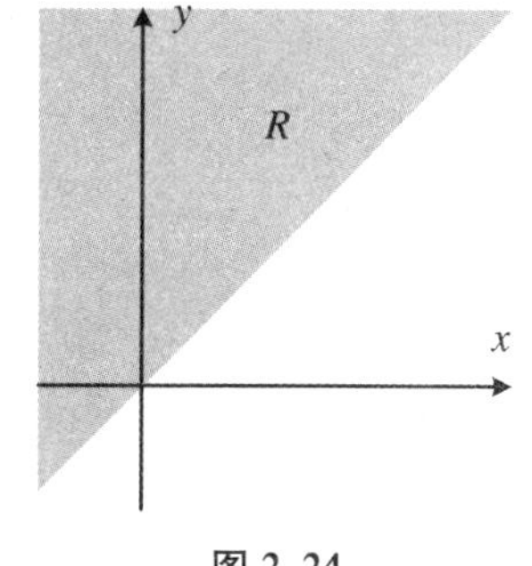

图 2.24

定义13　设 A,B 是两个集合。A 集中的元素与 B 集中的元素的关系 R 是笛卡尔积 $A\times B$ 的子集，即 $R\subseteq A\times B$。我们说"a 相对于 R 与 b 相关"，或者如果 $(a,b)\in R$，那么简称"aRb"；若 $(a,b)\notin R$，我们说 a 与 b 无关（相对于 R）。如果 $A=B$，我们就说是定义在 A 上的关系。

从这个角度看，图2.24所示的集合 R 的名称应该为"$<$"；不得不说，用数学符号表示集合名称有点尴尬，因此我们可以使用类似"$\sim$"的符号表示关系，比如 $a\sim b$。

例6　设 $A=B=\{1,2,3,4\}$，1和4之间（包含1,4）的整数集，定义在 A 上的关系用"$\geqslant$"表示，就是集合

$$\{(1,1),(2,1),(2,2),\{3,1\},(3,2),(3,3),(4,1),(4,2),(4,3),(4,4)\}$$

是所有序对 (a_1,a_2)，其中 $a_1,a_2\in A$ 且 $a_1\geqslant a_2$。

利用关系语言我们能够正式确定几个重要概念：序关系、等价关系和函数（关系）。为了定义这些概念，我们需要考虑某些命题是否被满足。

定义14　设集合 A，称关系 $R\subseteq A\times A$ 满足：

(1) 自反性：若 $\forall a\in A,aRa$；

(2) 对称性：若 $\forall a\in A,\forall b\in A,(aRb)\Rightarrow(bRa)$；

(3) 反对称性：若 $\forall a\in A,\forall b\in A,(aRb)\wedge(bRa)\Rightarrow a=b$；

(4) 传递性：若 $\forall a\in A,\forall b\in A,\forall c\in A,(aRb)\wedge(bRc)\Rightarrow(aRc)$。

定义 15 序关系是一种满足自反的、反对称的和传递性的关系。

例 7 试说明实数集$\mathbb{R}$上的“$<$”关系(即本小节前面定义的子集 R)不是序关系。

解析 首先,实数集$\mathbb{R}$上的“$<$”关系满足传递性(因为对于实数 x,y,z,由 $x<y$ 和 $y<z$ 可得 $x<z$),但是它不是自反的(因为 $x<x$ 不成立),它是不对称的(如果 $x<y$,那么 $y<x$ 不成立)。

其次,反对称性是没有意义的(因为 $x<y$ 和 $y<x$ 同时为真是不可能发生的,前提永远错误),所以“$<$”按上面定义不能看成是序关系。

例 8 说明实数集$\mathbb{R}$上的“$\leqslant$”是序关系。

解析 事实上,对任意 x,$x\leqslant x$,它是自反的;由 $x\leqslant y$ 和 $y\leqslant x$,得到 $x=y$,即它是反对称的;并且它也满足传递性:若 $x\leqslant y$ 和 $y\leqslant z$,则 $x\leqslant z$。

综上,实数集$\mathbb{R}$上的“$\leqslant$”是序关系。

定义 16 设集合 E,R 是一个关系,R 为等价关系当且仅当满足:

(1) 自反性:$\forall x\in E, xRx$;

(2) 对称性:$\forall x,y\in E, xRy\Rightarrow yRx$;

(3) 传递性:$\forall x,y,z\in E, xRy$ 且 $yRz\Rightarrow xRz$。

例 9 在复数集$\mathbb{C}$上定义关系 R:$zRz'\Leftrightarrow |z|=|z'|$。证明 R 是等价关系。

证明 设 z,z',z''为任意三个复数。

① 因为$|z|=|z|$,所以 zRz,满足自反性;

② 因为$|z|=|z'|$,得到$|z'|=|z|$,所以 $zRz'\Rightarrow z'Rz$,满足对称性;

③ zRz'且$z'Rz''$,得到$|z|=|z'|=|z''|$,于是 zRz'',满足传递性。

所以 R 是等价关系。

习　题

1. 规定$\mathbb{R}^2$上的关系:当 $x_1^2+y_1^2\leqslant x_2^2+y_2^2$ 时,定义$(x_1,y_1)\preceq(x_2,y_2)$。判断“$\preceq$”是否为$\mathbb{R}^2$上的序关系。

2. 证明:实数集$\mathbb{R}$上的关系 R:$xRy\Leftrightarrow x\mathrm{e}^y=y\mathrm{e}^x$ 为等价关系。

3. 设 $M=\{1,2,3\}$,有多少等价关系 $R\subset M\times M$?

4†. 设 p 为自然数,$\mathcal{A}=\{A_1,A_2,\cdots,A_p\}$,$\mathcal{B}=\{B_1,B_2,\cdots,B_p\}$为有限集 $\mathcal{M}$ 的分划。已知无论何时 $\mathcal{A}$ 中一个元素与 $\mathcal{B}$ 中另一个元素不同,这两个集合中的元素个数都大于 p,证明:

$$|\mathcal{M}|\geqslant\frac{1}{2}(1+p^2)$$

注 $|\mathcal{M}|=\mathrm{Card}\ \mathcal{M}$。

答　案

1. **解析**　根据题意，$(x_1,y_1)\preceq(x_2,y_2)$就是$(x_1,y_1)$到原点的距离小于等于$(x_2,y_2)$到原点的距离，如图2.25所示，因为$(x,y)$到原点的距离为$\sqrt{x^2+y^2}$。

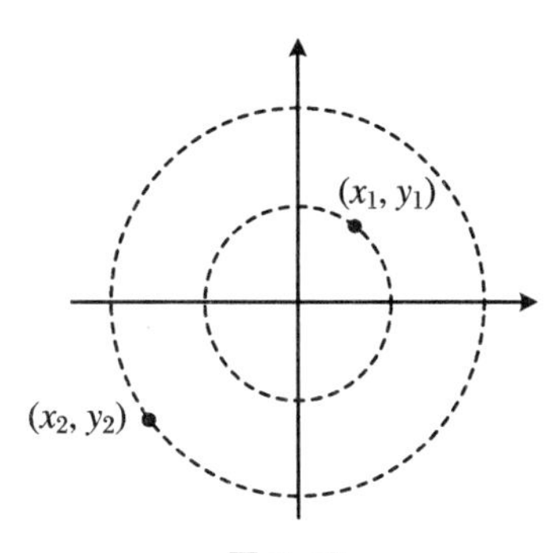

图2.25

这个关系满足自反性和传递性；但是，它不是序关系，因为它不满足反对称性。例如，$(4,3)\preceq(5,0)$和$(5,0)\preceq(4,3)$（$(5,0)$和$(4,3)$在同一个圆$x^2+y^2=25$上），但是$(5,0)\neq(4,3)$。

2. 略。提示：证明方法同例9。

3. **解析**　若$X=\bigcup\limits_i X_i$是集合X的分划，其为不相交集合，则我们可构造等价关系～：若$x,y\in X_i$，称等价关系$x\sim y$，i为某个下标。对称性和自反性显然成立，下面考虑传递性。若$x,y\in X_i$且$y,z\in X_j$，X_i为不相交集合，然而$y\in X_i$且$y\in X_j$，所以对某些下标$kX_i=X_j$，于是$x,z\in X_k$对某些k成立，即～满足传递性。所以任何一个分划对应一个等价关系。因此计算集合M的分划即可。

$$K_1=\{\{1\},\{2\},\{3\}\}\Leftrightarrow\{(1,1),(2,2),(3,3)\}$$
$$K_2=\{\{1,2\},\{3\}\}\Leftrightarrow\{(1,1),(1,2),(2,1),(2,2),(3,3)\}$$
$$K_3=\{\{1,3\},\{2\}\}\Leftrightarrow\{(1,1),(1,3),(3,1),(2,2),(3,3)\}$$
$$K_4=\{\{1\},\{2,3\}\}\Leftrightarrow\{(1,1),(2,3),(3,2),(2,2),(3,3)\}$$
$$K_5=\{1,2,3\}\Leftrightarrow K_5=M^2$$

所以答案为5。

4[†]. **证明**　令$a_i=|A_i|$，$b_i=|B_i|$，不失一般性，设a_i,b_i单调递增。假设$|\mathcal{M}|<\frac{1}{2}(1+p^2)$，则$a_1<\frac{1+p^2}{2p}<p$，所以$B_i$中至少有$\left\lceil p-\frac{1+p^2}{2p}\right\rceil$个集合与$A_1$没有公共元素。则

$$|\mathcal{M}|\geqslant(p+1)\left\lceil p-\frac{1+p^2}{2p}\right\rceil=(p+1)\left\lceil\frac{p^2-1}{2p}\right\rceil$$

考虑$p=2k$和$p=2k+1$的情况，得到

$$|\mathcal{M}|\geqslant(p+1)\left\lceil\frac{p^2-1}{2p}\right\rceil\geqslant\frac{p^2+1}{2}$$

矛盾。

所以要证结论成立。

第3章　复　　数

方程 $x+5=2$ 的系数在自然数集$\mathbb{N}$中，但是其解 $x=-3$ 不是自然数。在此我们考虑更大的整数集$\mathbb{Z}$。类似地，方程 $2x=-3$ 的系数为整数（在整数集$\mathbb{Z}$中），但是其解 $x=-\frac{3}{2}$ 在有理数集$\mathbb{Q}$上。我们继续研究，系数在$\mathbb{Q}$中的方程 $x^2=\frac{1}{2}$ 的解为 $x_1=\frac{1}{\sqrt{2}}$ 和 $x_2=-\frac{1}{\sqrt{2}}$，在实数集$\mathbb{R}$上。随后，方程 $x^2=-\sqrt{2}$ 的系数在实数集$\mathbb{R}$中，其解 $x_1=\sqrt{\sqrt{2}}\mathrm{i}$ 和 $x_2=-\sqrt{\sqrt{2}}\mathrm{i}$ 在复数集$\mathbb{C}$上。如图3.1所示。

$$\mathbb{N}\xhookrightarrow{x+5=2}\mathbb{Z}\xhookrightarrow{2x=-3}\mathbb{Q}\xhookrightarrow{x^2=\frac{1}{2}}\mathbb{R}\xhookrightarrow{x^2=-\sqrt{2}}\mathbb{C}$$

图3.1

这个过程是无止境的吗？不！复数是这个"链条"的末端，因为我们有下面的定理："对于任何多项式方程 $a_nx^n+a_{n-1}x^{n-1}+\cdots+a_2x^2+a_1x+a_0=0$，其中系数 a_i 是复数（或实数），则解 $x_1,x_2,\cdots,x_n$ 在复数集中。"

除了求解方程，复数还普遍应用于三角学、几何学（正如我们将要在本章中学习的），也适用于电子学、量子力学等。

3.1　定　　义

3.1.1　复数概念及运算

1. 定义

定义1　复数是一个序对 $(a,b)\in\mathbb{R}^2$，记作 $a+b\mathrm{i}$。如图3.2所示。

这等价于用$\mathbb{R}^2$中的向量 $(1,0)$ 表示1，用向量 $(0,1)$ 表示i。复数集用$\mathbb{C}$表示，如果 $b=0$，

那么 $z=a$ 位于 x 轴上，该轴用$\mathbb{R}$表示，在这种情况下我们称 z 为实数，$\mathbb{R}$ 为$\mathbb{C}$的子集；如果 $b\neq 0$ 且 $a=0$，则称 z 为纯虚数。

2. 运算

若 $z=a+bi, z'=a'+b'i$，定义以下运算：

(1) 加法：$(a+bi)+(a'+b'i)=(a+a')+(b+b')i$。

(2) 乘法：$(a+bi)\times(a'+b'i)=(aa'-bb')+(ab'+ba')i$。我们按通常乘法法则将其展开，其中 $i^2=-1$。

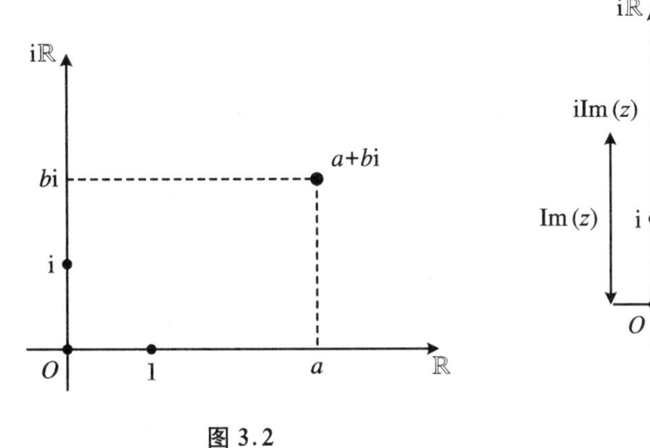

图 3.2

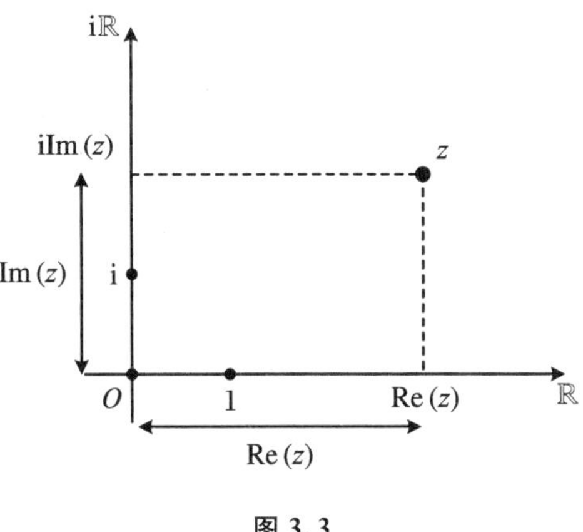

图 3.3

3. 实部和虚部

设 $z=a+bi$ 为复数，其实部为实数 a，记作 $\mathrm{Re}(z)$；它的虚部是实数 b，记作 $\mathrm{Im}(z)$。复数 $z=\mathrm{Re}(z)+i\mathrm{Im}(z)$，则

$$z=z' \Leftrightarrow \begin{cases} \mathrm{Re}(z)=\mathrm{Re}(z') \\ \mathrm{Im}(z)=\mathrm{Im}(z') \end{cases}$$

特别地，当且仅当复数的虚部为零时，复数为实数。当且仅当复数的实部和虚部为零时，复数为零。

4. 几个概念

(1) 相反数。

$z=a+bi$ 的相反数 $-z=(-a)+(-b)i=-a-bi$。

(2) 与实数乘积(乘上标量)。

$\lambda\in\mathbb{R}, \lambda\cdot z=(\lambda a)+(\lambda b)i$。

(3) 倒数。

若 $z\neq 0$，存在唯一 $z'\in\mathbb{C}$ 满足 $zz'=1$；记 $z=a+bi, z'=a'+b'i$，通过 $zz'=1$，得到

$$z'=\frac{1}{z}=\frac{a-bi}{a^2+b^2}$$

(4) 除法。

$\frac{z}{z'}$即复数$z\times\frac{1}{z'}$。

(5) 完整性。

若 $zz'=0$,则 $z=0$ 或 $z'=0$。

(6) 幂。

$z^n=z\times\cdots\times z$($n$ 次幂,$n\in\mathbb{N}$),规定

$$z^0=1,\quad z^{-n}=\left(\frac{1}{z}\right)^n=\frac{1}{z^n}$$

命题 1 对所有 $z\in\mathbb{C},z\neq1$,有

$$1+z+z^2+\cdots+z^n=\frac{1-z^{n+1}}{1-z}$$

注 复数集$\mathbb{C}$上没有自然的序关系,因此永远不应该写 $z\geqslant0$ 或 $z\leqslant z'$。

5. 共轭,模

(1) 共轭。

$z=a+b\mathrm{i}$ 的共轭复数 $\bar{z}=a-b\mathrm{i}$;换言之,$\mathrm{Re}(\bar{z})=\mathrm{Re}(z)$和 $\mathrm{Im}(\bar{z})=-\mathrm{Im}(z)$,$\bar{z}$ 点与 z 点关于实轴对称。

(2) 模。

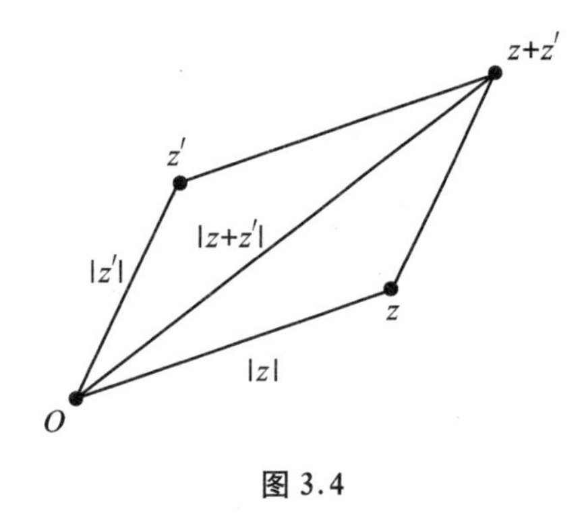

图 3.4

$z=a+b\mathrm{i}$ 的模为实数(非负)$|z|=\sqrt{a^2+b^2}$;因为 $z\times\bar{z}=(a+b\mathrm{i})(a-b\mathrm{i})=a^2+b^2$,复数模也表示为$|z|=\sqrt{z\bar{z}}$。

(3) 一些公式。

① $\overline{z+z'}=\bar{z}+\overline{z'}$,$\bar{\bar{z}}=z$,$\overline{zz'}=\bar{z}\,\overline{z'}$;

② $z=\bar{z}\Leftrightarrow z\in\mathbb{R}$;

③ $|z|^2=z\times\bar{z}$,$|\bar{z}|=|z|$,$|zz'|=|z||z'|$;

④ $|z|=0\Leftrightarrow z=0$。

命题 2 (三角不等式)$|z+z'|\leqslant|z|+|z'|$(如图 3.4 所示)。

注 设 $z=a+b\mathrm{i}\in\mathbb{C}$,其中 $a,b\in\mathbb{R}$。

(1) $|\mathrm{Re}(z)|\leqslant|z|$(同理,$|\mathrm{Im}(z)|\leqslant|z|$),这来自于事实$|a|\leqslant\sqrt{a^2+b^2}$,注意到实数$|a|$既是模又是绝对值。

(2) $z+\bar{z}=2\mathrm{Re}(z)$及 $z-\bar{z}=2\mathrm{i}\mathrm{Im}(z)$。

命题 2 的证明留作习题。

例 1 平行四边形中,对角线的平方和等于边的平方和。若边的长度记为 L 和 l,对角线的长度记为 D 和 d,如图 3.5(a)所示,证明:$D^2+d^2=2l^2+2L^2$。

证明 我们令平行四边形的顶点为 O,z,z',则最后一个顶点为 $z+z'$;平行四边形相邻两边的长分别为$|z|$和$|z'|$,两条对角线长为$|z+z'|$和$|z-z'|$。如图 3.5(b)所示。

$$\begin{aligned}D^2+d^2&=|z+z'|^2+|z-z'|^2\\&=(z+z')\overline{(z+z')}+(z-z')\overline{(z-z')}\\&=z\bar{z}+z\overline{z'}+z'\bar{z}+z'\overline{z'}+z\bar{z}-z\overline{z'}-z'\bar{z}+z'\overline{z'}\end{aligned}$$

$$= 2z\bar{z} + 2z'\overline{z'}$$
$$= 2|z|^2 + 2|z'|^2 = 2l^2 + 2L^2$$

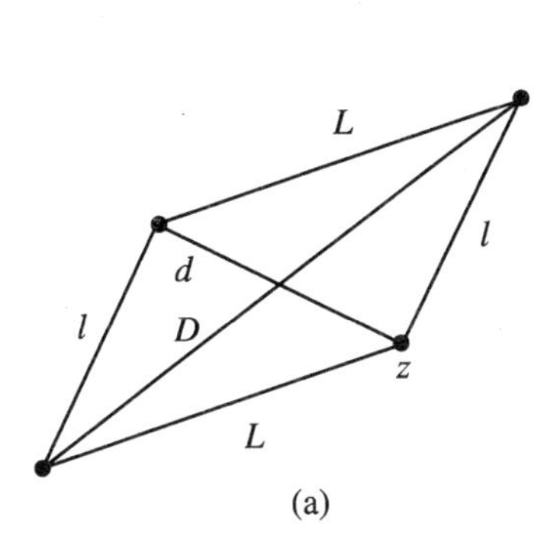

(a)

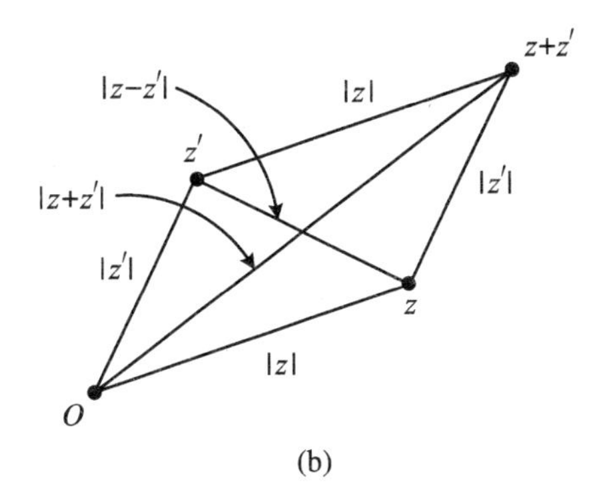

(b)

图 3.5

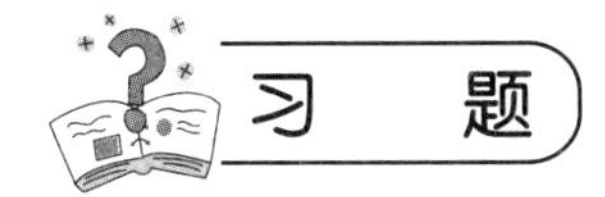

习　题

1. 计算 $1+(1+i)+(1+i)^2+\cdots+(1+i)^7$。
2. 设 $z\in\mathbb{C}$ 满足 $|1+zi|=|1-zi|$，求证：$z\in\mathbb{R}$。
3. 证明命题 2。
4. 确定所有满足条件的复数 $z=x+yi\in\mathbb{C}$，$|z+2-i|\leqslant|\sqrt{2}-\sqrt{2}i|$。

答　案

1. **解析**

$$原式 = \frac{1-(1+i)^8}{1-(1+i)} = \frac{1-(2i)^4}{-i} = -15i$$

2. 略。提示：$\mathrm{Im}(z)=0$。
3. **证明**

$$|z+z'|^2 = (z+z')\overline{(z+z')} = z\bar{z} + z'\overline{z'} + z\overline{z'} + z'\bar{z}$$
$$= |z|^2 + |z'|^2 + 2\mathrm{Re}(z'\bar{z}) \leqslant |z|^2 + |z'|^2 + 2|z'\bar{z}|$$
$$= |z|^2 + |z'|^2 + 2|zz'| = (|z|+|z'|)^2$$

4. **解析**　因为 $|\sqrt{2}-\sqrt{2}i|=2$，所求复数是以 $-2+i$ 为圆心，2 为半径的圆及其内部，其中圆为 $\{(x,y)\in\mathbb{R}^2 \mid (x+2)^2+(y-1)^2=2^2\}$。

3.1.2 平方根,代数基本定理

1. 复数的平方根

对 $z\in\mathbb{C}$,z 的平方根是复数 ω,满足 $\omega^2=z$。

命题 3 设 $z\in\mathbb{C}$,z 有两个平方根 ω 和 $-\omega$。

注 与实数情况不同的是,我们没有首选(预先判断)的方法来确定 z 的根是其中一个(如 w)而不是另外一个(如 $-w$),没有根的函数(关于 z)。我们不说“设 ω 是 z 的根”。若 $z\neq 0$,则两个平方根是不同的;若 $z=0$,则 $\omega=0$ 是重根。对于 $z=a+b\mathrm{i}$,我们需计算 ω 和 $-\omega$,它们是关于 a 和 b 的函数。

证明 记 $\omega=x+y\mathrm{i}$,我们将计算 x,y 以满足 $\omega^2=z$。

$$\omega^2=z\Leftrightarrow (x+y\mathrm{i})^2=a+b\mathrm{i}\Leftrightarrow\begin{cases}x^2-y^2=a\\2xy=b\end{cases}$$

附加一个等式 $|\omega|^2=|z|$,也记作 $x^2+y^2=\sqrt{a^2+b^2}$。得到方程组

$$\begin{cases}x^2-y^2=a\\2xy=b\\x^2+y^2=\sqrt{a^2+b^2}\end{cases}\Leftrightarrow\begin{cases}2x^2=\sqrt{a^2+b^2}+a\\2y^2=\sqrt{a^2+b^2}-a\\2xy=b\end{cases}$$

解得

$$\begin{cases}x=\pm\dfrac{1}{\sqrt{2}}\sqrt{\sqrt{a^2+b^2}+a}\\y=\pm\dfrac{1}{\sqrt{2}}\sqrt{\sqrt{a^2+b^2}-a}\\2xy=b\end{cases}$$

下面对 b 的正负进行讨论:

① 若 $b\geqslant 0$,x 和 y 同号或为零(因为 $2xy=b\geqslant 0$),则

$$\omega=\pm\frac{1}{\sqrt{2}}\left(\sqrt{\sqrt{a^2+b^2}+a}+\sqrt{\sqrt{a^2+b^2}-a}\,\mathrm{i}\right)$$

② 若 $b\leqslant 0$,则

$$\omega=\pm\frac{1}{\sqrt{2}}\left(\sqrt{\sqrt{a^2+b^2}+a}-\sqrt{\sqrt{a^2+b^2}-a}\,\mathrm{i}\right)$$

③ 若 $b=0$,结果取决于 a。若 $a\geqslant 0$,$\sqrt{a^2}=a$,则 $\omega=\pm\sqrt{a}$;若 $a<0$,$\sqrt{a^2}=-a$,则 $\omega=\pm\sqrt{-a}\,\mathrm{i}=\pm\sqrt{|a|}\,\mathrm{i}$。

不必记忆这些公式,但是要知道如何计算。

例 2 求证:i 的平方根为 $\dfrac{\sqrt{2}}{2}(1+\mathrm{i})$ 和 $-\dfrac{\sqrt{2}}{2}(1+\mathrm{i})$。

证明

$$\omega^2=\mathrm{i}\Leftrightarrow (x+y\mathrm{i})^2=\mathrm{i}\Leftrightarrow\begin{cases}x^2-y^2=0\\2xy=1\end{cases}$$

因为$|\omega|^2=|\mathrm{i}|$,则

$$\begin{cases}x^2-y^2=0\\2xy=1\\x^2+y^2=1\end{cases}$$

解得

$$\begin{cases}x=\pm\dfrac{1}{\sqrt{2}}\\y=\pm\dfrac{1}{\sqrt{2}}\\2xy=1\end{cases}$$

x 和 y 符号相同,得到两个解:$x+y\mathrm{i}=\frac{1}{\sqrt{2}}+\frac{1}{\sqrt{2}}\mathrm{i}$ 或 $x+y\mathrm{i}=-\frac{1}{\sqrt{2}}-\frac{1}{\sqrt{2}}\mathrm{i}$。

2. 二次方程

命题 4 二次方程 $az^2+bz+c=0$,其中 $a,b,c\in\mathbb{C}$ 且 $a\neq0$,有两个根 $z_1,z_2\in\mathbb{C}$。设 $\Delta=b^2-4ac$ 为判别式,$\delta\in\mathbb{C}$ 是 Δ 的一个平方根,那么 $z_1=\frac{-b+\delta}{2a}$ 和 $z_2=\frac{-b-\delta}{2a}$。

如果 $\Delta=0$,那么解 $z=z_1=z_2=-\frac{b}{2a}$ 是唯一的(重根)。

例 3

(1) $z^2+z+1=0$,$\Delta=-3$,$\delta=\sqrt{3}\mathrm{i}$,根为 $z=\frac{-1\pm\sqrt{3}\mathrm{i}}{2}$;

(2) $z^2+z+\frac{1-\mathrm{i}}{4}=0$,$\Delta=\mathrm{i}$,$\delta=\frac{\sqrt{2}}{2}(1+\mathrm{i})$,根为

$$z=\frac{-1\pm\frac{\sqrt{2}}{2}(1+\mathrm{i})}{2}=-\frac{1}{2}\pm\frac{\sqrt{2}}{4}(1+\mathrm{i})$$

推论 1 若系数 a,b,c 为实数,$\Delta\in\mathbb{R}$,方程 $az^2+bz+c=0$ 的根有三种情形:

(1) 若 $\Delta=0$,两个重根为实数 $-\frac{b}{2a}$;

(2) 若 $\Delta>0$,两个实数根 $\frac{-b\pm\sqrt{\Delta}}{2a}$;

(3) 若 $\Delta<0$,两个复数根,无实数根,$\frac{-b\pm\sqrt{-\Delta}\mathrm{i}}{2a}$。

证明

$$\begin{aligned}az^2+bz+c&=a\left(z^2+\frac{b}{a}z+\frac{c}{a}\right)=a\left[\left(z+\frac{b}{2a}\right)^2-\frac{b^2}{4a^2}+\frac{c}{a}\right]\\&=a\left[\left(z+\frac{b}{2a}\right)^2-\frac{\Delta}{4a^2}\right]=a\left[\left(z+\frac{b}{2a}\right)^2-\frac{\delta^2}{4a^2}\right]\end{aligned}$$

$$= a\left[\left(z+\frac{b}{2a}\right)-\frac{\delta}{2a}\right]\left[\left(z+\frac{b}{2a}\right)+\frac{\delta}{2a}\right]$$
$$= a\left(z-\frac{-b+\delta}{2a}\right)\left(z-\frac{-b-\delta}{2a}\right)$$
$$= a(z-z_1)(z-z_2)$$

所以 $az^2+bz+c=0 \Leftrightarrow z=z_1$ 或 $z=z_2$。

3. 代数基本定理

定理 1 （达朗贝尔-高斯定理）设 $p(z)=a_nz^n+a_{n-1}z^{n-1}+\cdots+a_1z+a_0$ 是系数为复数的 n 次多项式，则方程 $p(z)=0$ 恰有 n 个复数根（含重合的根）。换句话说，存在复数 $z_1,z_2,\cdots,z_n$ 满足

$$p(z)=a_n(z-z_1)(z-z_2)\cdots(z-z_n)$$

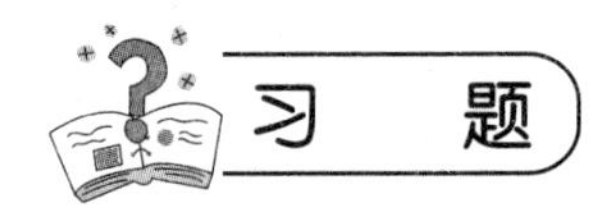

习　题

1. 解方程：$z^6-z^3(1+\mathrm{i})+\mathrm{i}=0$。
2. 证明：$p(z)=2z^4-3z^3+3z^2-z+1=0$ 无实数根。
3. 求下面方程的所有复数根：$z\mathrm{i}=\bar{z}(4-z)$。
4. 设复数函数 $\omega=f(z)=-\dfrac{1}{2}\left(z+\dfrac{1}{z}\right)$，其中 f 由集合 $\{z=x+y\mathrm{i}\,|\,|z|<1\}$ 到 $\{\omega\,|\,\mathrm{Im}(\omega)>0\}$，证明：$f$ 是单射函数。

答　案

1. **解析**　观察得到方程为 $(z^3-1)(z^3-\mathrm{i})=0$，分别求解二项方程 $z^3-1=0$ 和 $z^3-\mathrm{i}=0$，得到

$$\varepsilon_k=\cos\frac{2k\pi}{3}+\mathrm{i}\sin\frac{2k\pi}{3},\quad k\in\{0,1,2\}$$

$$z_k=\cos\frac{\frac{\pi}{2}+2k\pi}{3}+\mathrm{i}\sin\frac{\frac{\pi}{2}+2k\pi}{3},\quad k\in\{0,1,2\}$$

2. **证明**　**方法 1**　假设 $p(z)$ 有一个实数根，则 $p(x)=2x^4-3x^3+3x^2-x+1=0$，其中 $x\in\mathbb{R}$，而对于实数 x 有

$$p(x)=2x^4-3x^3+3x^2-x+1=\underbrace{x^2(2x^2-3x+2)}_{\geqslant 0}+\underbrace{x^2-x+1}_{>0}>0$$

所以 $p(z)$ 无实数根。

方法 2　注意到对于多项式 $p(x)=a_nx^n+a_{n-1}x^{n-1}+\cdots+a_1x+a_0$，在 $p\left(x-\dfrac{a_{n-1}}{na_n}\right)$

中 x^{n-1} 的系数恒为 0。

对于实数 x，注意到

$$p\left(x+\frac{3}{8}\right)=2x^4+\frac{21x^2}{16}+\frac{13x}{32}+\frac{1901}{2048}$$

因为 $\frac{21x^2}{16}+\frac{13x}{32}+\frac{1901}{2048}$ 的判别式为负数，所以 $\frac{21x^2}{16}+\frac{13x}{32}+\frac{1901}{2048}>0$，因此 $\forall x\in\mathbb{R}, p(x)>0$，则 $p(z)$ 无实数根。

3. **解析**　**方法 1**　显然 0 是一个解，现在假设 $z\neq0$，则

$$zi=\bar{z}(4-z)\Rightarrow|zi|=|\bar{z}(4-z)|$$

得到 $|z-4|=1$，所以方程若存在不同于 0 的根，一定具有 $z=4+\omega$ 的形式，其中 $\omega\in\mathbb{C}$ 且 $|\omega|=1$，那么

$$zi=\bar{z}(4-z)\Leftrightarrow 4i+\omega i=-(4+\bar{\omega})\omega=-4\omega-1\Leftrightarrow\omega=-\frac{8}{17}-\frac{15i}{17}$$

检验 $\left|-\frac{8}{17}-\frac{15i}{17}\right|=1$，我们取 $\omega=-\frac{8}{17}-\frac{15i}{17}$，得到方程的另一个解为 $4-\frac{8}{17}-\frac{15i}{17}=\frac{60}{17}-\frac{15i}{17}$。

方法 2

$$zi=\bar{z}(4-z) \tag{①}$$

取共轭得到

$$-\bar{z}i=z(4-\bar{z}) \tag{②}$$

由式①得 $\bar{z}=\frac{zi}{4-z}$，代入式②式有

$$\frac{z}{4-z}=z\left(4-\frac{zi}{4-z}\right)$$

其中一个根为 $z=0$；$z\neq0$ 时，同除以 z，得到 $1=4(4-z)-zi$。即另一个根为 $z=\frac{15}{4+i}=\frac{60}{17}-\frac{15}{17}i$。

4. **证明**　设 $f(z_1)=f(z_2)$，则

$$(z_1-z_2)+\left(\frac{\overline{z_1}}{|z_1|^2}-\frac{\overline{z_2}}{|z_2|^2}\right)=0$$

注意到 f 仅在 $\{z\mid 0<|z|<1\}$ 上有定义，$|z|^2=z\bar{z}$，所以上式为

$$(z_1-z_2)+\left(\frac{1}{z_1}-\frac{1}{z_2}\right)=0$$

即

$$\frac{1}{z_1z_2}(1-z_1z_2)(z_1-z_2)=0$$

因为 $|z_1z_2|<1$，所以 $1-z_1z_2\neq0$，因此 $z_1=z_2$。得证。

3.2 辐角与三角形式

3.2.1 辐角

1. 辐角

若复数 $z=x+y\mathrm{i}$ 的模为1，即 $x^2+y^2=|z|^2=1$，那么点 (x,y) 在复平面的单位圆上，其横坐标 x 表示为 $\cos\theta$，其纵坐标 y 表示为 $\sin\theta$，其中 θ 是实轴和 z 之间的角度（实数值）。更为一般地，如果 $z\neq0$，则 $\frac{z}{|z|}$ 的模为1。

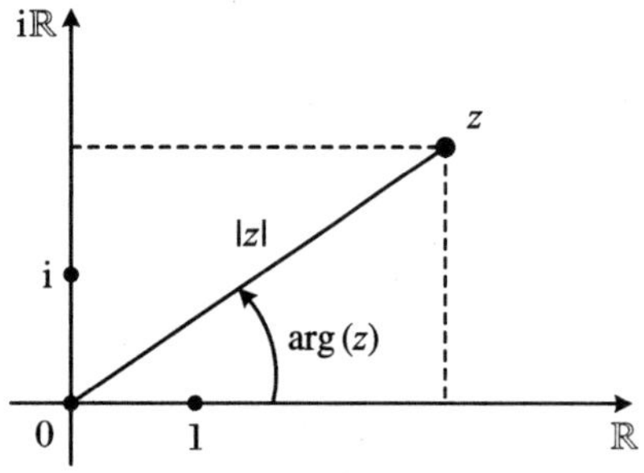

图 3.6

定义 2 对任何 $z\in\mathbb{C}^*=\mathbb{C}\setminus\{0\}$，实数 $\theta\in\mathbb{R}$ 满足 $z=|z|(\cos\theta+\mathrm{i}\sin\theta)$，称 θ 为复数 z 的一个辐角，记作 $\theta=\arg(z)$。

从辐角的定义可以看出辐角值不唯一，如果我们添加条件 $\theta\in(-\pi,\pi]$，辐角为唯一的。

注

$$\theta\equiv\theta'(\mathrm{mod}\,2\pi)\Leftrightarrow\exists\,k\in\mathbb{Z},\theta=\theta'+2k\pi\Leftrightarrow\begin{cases}\cos\theta=\cos\theta'\\\sin\theta=\sin\theta'\end{cases}$$

2. 辐角满足的性质

命题 5 辐角满足下面性质：

(1) $\arg(zz')\equiv\arg(z)+\arg(z')(\mathrm{mod}\,2\pi)$；

(2) $\arg(z^n)\equiv n\arg(z)(\mathrm{mod}\,2\pi)$；

(3) $\arg\left(\frac{1}{z}\right)\equiv-\arg(z)(\mathrm{mod}\,2\pi)$；

(4) $\arg(\bar{z})\equiv-\arg(z)(\mathrm{mod}\,2\pi)$。

证明

$$\begin{aligned}zz'&=|z|(\cos\theta+\mathrm{i}\sin\theta)|z'|(\cos\theta'+\mathrm{i}\sin\theta')\\&=|zz'|[\cos\theta\cos\theta'-\sin\theta\sin\theta'+\mathrm{i}(\cos\theta\sin\theta'+\sin\theta\cos\theta')]\\&=|zz'|[\cos(\theta+\theta')+\mathrm{i}\sin(\theta+\theta')]\end{aligned}$$

于是 $\arg(zz')\equiv\arg(z)+\arg(z')(\mathrm{mod}\,2\pi)$。

我们证明了性质(1)，其他性质的证明留作思考，性质(2)的证明可用数学归纳法。

3.2.2 棣莫佛公式,指数形式

1. 棣莫佛公式

棣莫佛(de Moivre)公式为

$$(\cos\theta+\mathrm{i}\sin\theta)^n=\cos(n\theta)+\mathrm{i}\sin(n\theta)$$

证明 通过递归,我们证得

$$\begin{aligned}(\cos\theta+\mathrm{i}\sin\theta)^n&=(\cos\theta+\mathrm{i}\sin\theta)^{n-1}\times(\cos\theta+\mathrm{i}\sin\theta)\\&=\{\cos[(n-1)\theta]+\mathrm{i}\sin[(n-1)\theta]\}\times(\cos\theta+\mathrm{i}\sin\theta)\\&=\{\cos[(n-1)\theta]\cos\theta-\sin[(n-1)\theta]\sin\theta\}\\&\quad+\mathrm{i}\{\cos[(n-1)\theta]\sin\theta+\sin[(n-1)\theta]\cos\theta\}\\&=\cos(n\theta)+\mathrm{i}\sin(n\theta)\end{aligned}$$

2. 指数形式

我们通过以下方式定义复数的指数形式:$\mathrm{e}^{\mathrm{i}\theta}=\cos\theta+\mathrm{i}\sin\theta$。因此任何复数都可以写作

$$z=\rho\mathrm{e}^{\mathrm{i}\theta}$$

其中 $\rho=|z|$ 为复数的模,$\theta=\arg(z)$是一个辐角。

利用指数表示,我们可以重新处理复数的运算,$z=\rho\mathrm{e}^{\mathrm{i}\theta}$和$z'=\rho'\mathrm{e}^{\mathrm{i}\theta'}$,则

$$\begin{cases}zz'=\rho\rho'\mathrm{e}^{\mathrm{i}\theta}\mathrm{e}^{\mathrm{i}\theta'}=\rho\rho'\mathrm{e}^{\mathrm{i}(\theta+\theta')}\\z^n=(\rho\mathrm{e}^{\mathrm{i}\theta})^n=\rho^n(\mathrm{e}^{\mathrm{i}\theta})^n=\rho^n(\mathrm{e}^{\mathrm{i}n\theta})\\\dfrac{1}{z}=\dfrac{1}{\rho\mathrm{e}^{\mathrm{i}\theta}}=\dfrac{1}{\rho}\mathrm{e}^{-\mathrm{i}\theta}\\\bar{z}=\rho\mathrm{e}^{-\mathrm{i}\theta}\end{cases}$$

棣莫佛公式可简化为等式$(\mathrm{e}^{\mathrm{i}\theta})^n=\mathrm{e}^{\mathrm{i}n\theta}$,以及 $\rho\mathrm{e}^{\mathrm{i}\theta}=\rho'\mathrm{e}^{\mathrm{i}\theta'}$(其中 $\rho,\rho'>0$)当且仅当 $\rho=\rho'$且$\theta\equiv\theta'\pmod{2\pi}$。

3.2.3 n 重根

定义 3 对于 $z\in\mathbb{C}$ 及 $n\in\mathbb{N}$,第 n 重根是一个复数$\omega\in\mathbb{C}$,满足 $\omega^n=z$。

命题 6 复数 $z=\rho\mathrm{e}^{\mathrm{i}\theta}$存在$n$ 个根,n 个根为$\omega_0,\omega_1,\cdots,\omega_{n-1}$,即

$$\omega_k=\rho^{1/n}\mathrm{e}^{\frac{\mathrm{i}\theta+2\mathrm{i}k\pi}{n}},\quad k=0,1,\cdots,n-1$$

证明 令 $z=\rho\mathrm{e}^{\mathrm{i}\theta}$,求解 $\omega=r\mathrm{e}^{\mathrm{i}t}$使得$z=\omega^n$。我们有 $\rho\mathrm{e}^{\mathrm{i}\theta}=\omega^n=(r\mathrm{e}^{\mathrm{i}t})^n=r^n\mathrm{e}^{\mathrm{i}nt}$,首先考虑模 $\rho=|\rho\mathrm{e}^{\mathrm{i}\theta}|=|r^n\mathrm{e}^{\mathrm{i}nt}|=r^n$,于是 $r=\rho^{1/n}$(都为实数);对于辐角我们得到 $\mathrm{e}^{\mathrm{i}nt}=\mathrm{e}^{\mathrm{i}\theta}$,所以 $nt\equiv\theta\pmod{2\pi}$(别忘记模数 2π)。因此我们求解得 $nt=\theta+2k\pi(k\in\mathbb{Z})$,所以 $t=\dfrac{\theta}{n}+\dfrac{2k\pi}{n}$,方程 $\omega^n=z$ 的解为$\omega_k=\rho^{1/n}\mathrm{e}^{\frac{\mathrm{i}\theta+2\mathrm{i}k\pi}{n}}$。但是,实际上只有 n 个不同的解,因为 $\omega_n=\omega_0$,$\omega_{n+1}=\omega_1,\cdots$,所以这 n 重根(n 个解)为 $\omega_0,\omega_1,\cdots,\omega_{n-1}$。

例如：

(1) 对于 $z=1$，求得 n 个根 $\mathrm{e}^{2\mathrm{i}k\pi/n}$，$k=0,1,\cdots,n-1$，构成乘法群。如图 3.7 所示，为 1 的 3 重单位根；如图 3.8 所示，为 −1 的 3 重单位根。

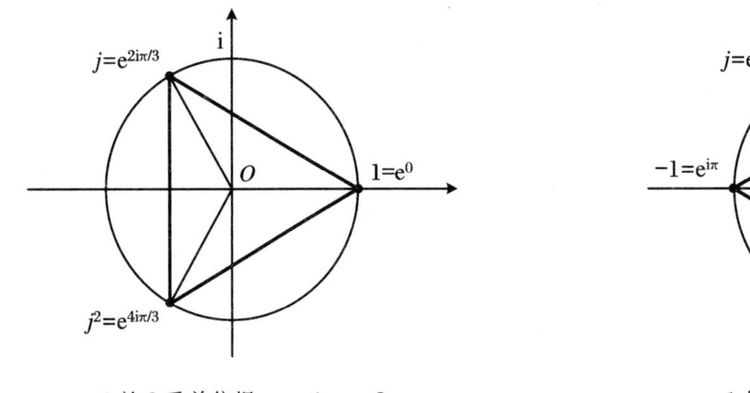

1 的 3 重单位根；$z=1$，$n=3$

图 3.7

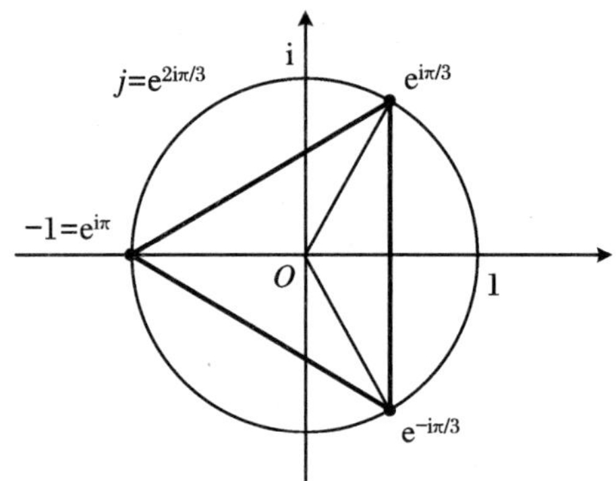

−1 的 3 重单位根；$z=-1$，$n=3$

图 3.8

(2) 1 的 5 重单位根（$z=1$，$n=5$）形成一个正五边形，如图 3.9 所示。

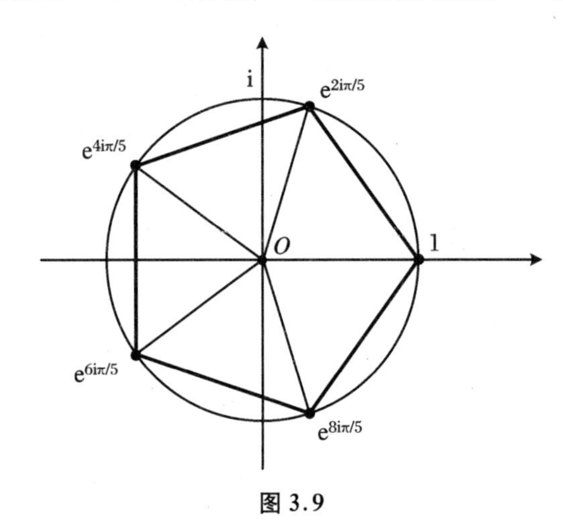

图 3.9

3.2.4 在三角中的应用

(1) 给出欧拉公式。对于 $\theta\in\mathbb{R}$，

$$\cos\theta=\frac{\mathrm{e}^{\mathrm{i}\theta}+\mathrm{e}^{-\mathrm{i}\theta}}{2},\quad \sin\theta=\frac{\mathrm{e}^{\mathrm{i}\theta}-\mathrm{e}^{-\mathrm{i}\theta}}{2\mathrm{i}}$$

使用指数形式的定义可以轻松得到上面公式。

(2) 在以下两个问题中我们还将使用复数指数形式的定义：展开和降次（线性化）。

① 展开：我们将 $\sin(n\theta)$ 或 $\cos(n\theta)$ 表示为 $\cos\theta$ 和 $\sin\theta$ 的幂形式函数。

方法：使用棣莫佛公式 $\cos(n\theta)+\mathrm{i}\sin(n\theta)=(\cos\theta+\mathrm{i}\sin\theta)^n$，再使用牛顿二项式定理展开。

例 4

$$\begin{aligned}\cos 3\theta + \mathrm{i}\sin 3\theta &= (\cos\theta + \mathrm{i}\sin\theta)^3 \\ &= \cos^3\theta + 3\mathrm{i}\cos^2\theta\sin\theta - 3\cos\theta\sin^2\theta - \mathrm{i}\sin^3\theta \\ &= (\cos^3\theta - 3\cos\theta\sin^2\theta) + \mathrm{i}(3\cos^2\theta\sin\theta - \sin^3\theta)\end{aligned}$$

对应实部和虚部相等，我们得到

$$\cos 3\theta = \cos^3\theta - 3\cos\theta\sin^2\theta,\quad \sin 3\theta = 3\cos^2\theta\sin\theta - \sin^3\theta$$

② 线性化(降次)：我们将$\cos^n\theta$ 和$\sin^n\theta$ 表示为 $\cos(k\theta)$和 $\sin(k\theta)$的函数，并且 k 从 0 到 n 取值。

方法：使用欧拉公式 $\sin^n\theta = \left(\dfrac{\mathrm{e}^{\mathrm{i}\theta} - \mathrm{e}^{-\mathrm{i}\theta}}{2\mathrm{i}}\right)^n$，并使用牛顿二项式定理展开。

例 5

$$\begin{aligned}\sin^3\theta &= \left(\frac{\mathrm{e}^{\mathrm{i}\theta} - \mathrm{e}^{\mathrm{i}\theta}}{2\mathrm{i}}\right)^3 \\ &= \frac{1}{-8\mathrm{i}}[(\mathrm{e}^{\mathrm{i}\theta})^3 - 3(\mathrm{e}^{\mathrm{i}\theta})^2\mathrm{e}^{-\mathrm{i}\theta} + 3\mathrm{e}^{\mathrm{i}\theta}(\mathrm{e}^{-\mathrm{i}\theta})^2 - (\mathrm{e}^{-\mathrm{i}\theta})^3] \\ &= \frac{1}{-8\mathrm{i}}(\mathrm{e}^{3\mathrm{i}\theta} - 3\mathrm{e}^{\mathrm{i}\theta} + 3\mathrm{e}^{-\mathrm{i}\theta} - \mathrm{e}^{-3\mathrm{i}\theta}) \\ &= -\frac{1}{4}\left(\frac{\mathrm{e}^{3\mathrm{i}\theta} - \mathrm{e}^{-3\mathrm{i}\theta}}{2\mathrm{i}} - 3\,\frac{\mathrm{e}^{\mathrm{i}\theta} - \mathrm{e}^{-\mathrm{i}\theta}}{2\mathrm{i}}\right) \\ &= -\frac{\sin 3\theta}{4} + \frac{3\sin\theta}{4}\end{aligned}$$

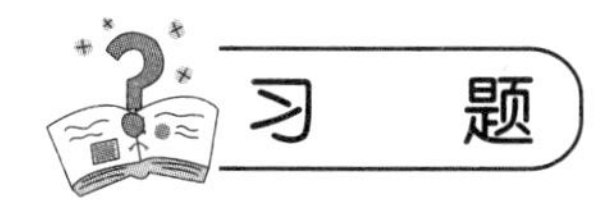

习　题

1. 求 2－2i 的立方根。
2. 使用复数的指数形式展开 $\sin^5\theta$。
3. 复数 z 满足 $\arg(z-2\mathrm{i}) = \dfrac{\pi}{6}$，求$|z-3+\mathrm{i}|$的最小值。

4[†]. 设 $z_k = \cos\left[\dfrac{(2k+1)\pi}{36}\right] + \mathrm{i}\sin\left[\dfrac{(2k+1)\pi}{36}\right]$，$k\in\mathbb{N}$，求 $S = \sum\limits_{m=13}^{21}(z_m)$。

答　案

1. 略。
2. $\sin^5\theta = \dfrac{1}{16}\sin 5\theta - \dfrac{5}{16}\sin 3\theta + \dfrac{5}{8}\sin\theta$。

3. **解析**　不失一般性，令 $z = x + y\mathrm{i}$，$x - 3 + (y+1)\mathrm{i} = r(\cos t + \mathrm{i}\sin t)$，其中 $t\in\mathbb{R}$，$r\geqslant 0$。由已知有

$$\tan\frac{\pi}{6}=\frac{y-2}{x}=\frac{r\sin t-3}{r\cos t+3}$$

得到

$$\sqrt{3}(r\sin t-3)=r\cos t+3\Rightarrow 2r\cos\left(t-\frac{\pi}{3}\right)=-3(\sqrt{3}+1)$$

$$\Rightarrow r=\frac{3(\sqrt{3}+1)\sec(t+2\pi/3)}{2}\geqslant\frac{3(\sqrt{3}+1)}{2}$$

4†. **解析** $z_k=u^{2k+1}$,其中 $u=\mathrm{e}^{\mathrm{i}\frac{\pi}{36}}$,那么

$$S=\sum_{k=13}^{21}u^{2k+1}=u^{27}\frac{u^{18}-1}{u^2-1}=\frac{\sqrt{2}}{2}(-1+\mathrm{i})\frac{-1+\mathrm{i}}{\cos\frac{\pi}{18}-1+\mathrm{i}\sin\frac{\pi}{18}}$$

所以 $S=\frac{\sqrt{2}}{2}\left(-\cot\frac{\pi}{36}+\mathrm{i}\right)$。

3.3 复数与几何

我们对仿射平面$\mathbb{R}^2$ 上的所有点 M 和坐标(x,y)建立双射,复数 $z=x+y\mathrm{i}$ 是其标记。

3.3.1 直线的复数方程

a,b,c 是参数(未知数,a 和 b 不同时为零),变量$(x,y)\in\mathbb{R}^2$,直线 $\mathcal{D}$ 的复数方程记作 $z=x+y\mathrm{i}\in\mathbb{C}$,于是 $x=\frac{z+\bar{z}}{2}$,$y=\frac{z-\bar{z}}{2\mathrm{i}}$,所以 $\mathcal{D}$ 也记作

$$a(z+\bar{z})-b\mathrm{i}(z-\bar{z})=2c,\quad 或(a-b\mathrm{i})z+(a+b\mathrm{i})\bar{z}=2c$$

设 $\omega=a+b\mathrm{i}\in\mathbb{C}^*$,$k=2c\in\mathbb{R}$,那么直线 $\mathcal{D}$(图 3.10)的复数方程为

$$\bar{\omega}z+\omega\bar{z}=k$$

其中 $\omega\in\mathbb{C}^*$ 及 $k\in\mathbb{R}$。

3.3.2 圆的复数方程

设 $\mathcal{C}(\Omega,r)$是中心在 Ω 半径为r 的圆(如图 3.11 所示),即点 M 的集合,其中 M 满足 $|\Omega M|=r$($|\Omega M|$表示两点间距离)。用 ω 来表示Ω 的复数,用 z 表示M 的复数,得到

$$|\Omega M|=r\Leftrightarrow|z-\omega|=r\Leftrightarrow|z-\omega|^2=r^2\Leftrightarrow(z-\omega)\overline{(z-\omega)}=r^2$$

通过整理运算,得到圆心为 ω 半径为r 的圆为

$$z\bar{z}-\bar{\omega}z-\omega\bar{z}=r^2-|\omega|^2$$

其中 $\omega\in\mathbb{C}$,$r\in\mathbb{R}$。

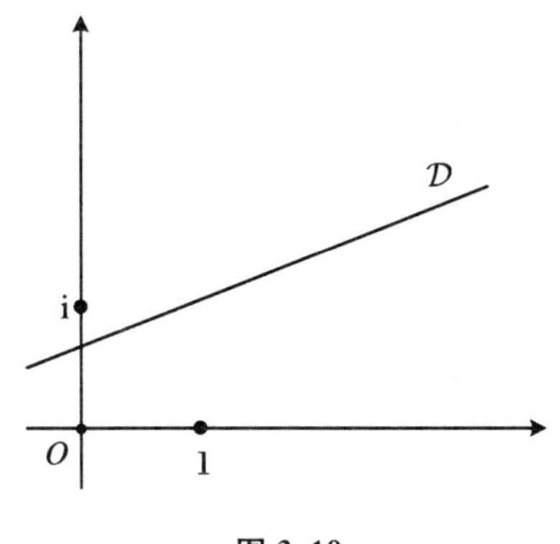

图 3.10

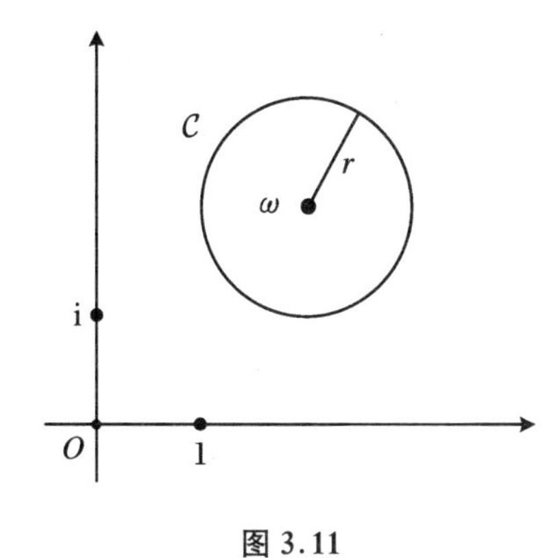

图 3.11

3.3.3 方程$\dfrac{|z-a|}{|z-b|}=k$

命题 7 设 A,B 为平面上的两个点，$k\in\mathbb{R}_+$，满足$\dfrac{|MA|}{|MB|}=k$ 的点的集合，

(1) 若 $k=1$，则为线段 AB 的中垂线；

(2) 否则，为一个圆。

例 6 让 A 与 $+1$ 对应，B 与 -1 对应，图 3.12 是 k 的若干值对应的图形，如对于 $k=2$，点 M 符合 $|MA|=2|MB|$。

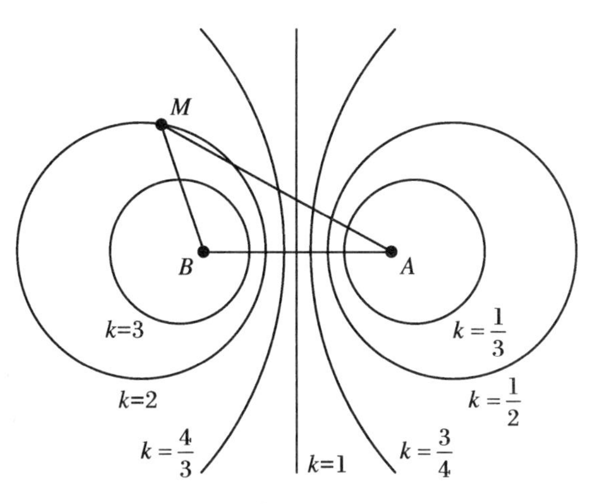

图 3.12

下面是命题 7 的证明。

证明 如果 A,B,M 对应的复数分别为 a,b,z，问题等价于求解方程$\dfrac{|z-a|}{|z-b|}=k$。

$$\frac{|z-a|}{|z-b|}=k\Leftrightarrow |z-a|^2=k^2|z-b|^2$$

$$\Leftrightarrow (z-a)\overline{(z-a)}=k^2(z-b)\overline{(z-b)}$$

$$\Leftrightarrow (1-k^2)z\bar{z}-z(\bar{a}-k^2\bar{b})-\bar{z}(a-k^2b)+|a|^2-k^2|b|^2=0$$

① 若 $k=1$，设 $\omega=a-k^2b$，方程为 $z\bar{\omega}+\bar{z}\omega=|a|^2-k^2|b|^2$，即为直线；当然，满足 $|MA|=|MB|$ 的点集是线段 AB 的中垂线。

② 若 $k\neq1$，设 $\omega=\dfrac{a-k^2b}{1-k^2}$，于是方程为 $\omega=\dfrac{-|a|^2+k^2|b|^2}{1-k^2}$，是圆心为 ω，半径为 r 的圆，满足

$$r^2-|\omega|^2=\frac{-|a|^2+k^2|b|^2}{1-k^2},\quad \text{或者}\quad r^2=\frac{|a-k^2b|^2}{(1-k^2)^2}+\frac{-|a|^2+k^2|b|^2}{1-k^2}$$

这些公式可以根据具体情况推导得到，没有必要记忆。

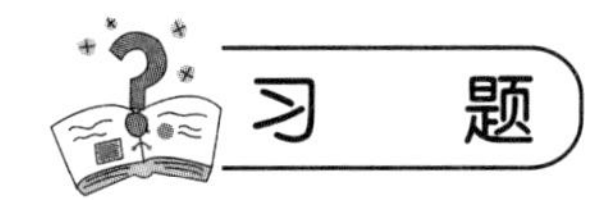

习　题

1. 设 $A_1,A_2,\cdots,A_n$ 是正 n 边形的顶点，中心在原点 O。若 $OA_1=OA_2=\cdots=OA_n=1$，求 $|A_1A_2||A_1A_3|\cdots|A_1A_n|$ 的值。

2. 若 $\omega=\dfrac{1-z}{1+z}$，$z=1+y\mathrm{i}$（即 z 是在直线 $x=1$ 上运动的复数），问：ω 对应的轨迹是什么？

3. 证明：过 z_1 和 z_2 的直线方程为 $z(\overline{z_1}-\overline{z_2})-\bar{z}(z_1-z_2)+z_1\overline{z_2}-z_2\overline{z_1}=0$。

4[†]. （1984 年，罗马尼亚数学奥林匹克决赛）设 z_1,z_2,z_3 为复数且 $|z_1|=|z_2|=|z_3|=R$，$z_2\neq z_3$，证明：

$$\min_{a\in\mathbb{R}}|az_2+(1-a)z_3-z_1|=\frac{1}{2R}|z_1-z_2||z_1-z_3|$$

答　案

1. **解析**　对于 $n>0$，令 $\omega=\mathrm{e}^{\mathrm{i}\frac{2\pi}{n}}$，$\prod\limits_{k=1}^{n}(z-\omega^k)=z^n-1$，因为两边同为 n 次首一多项式且有相同的 n 个根，于是

$$\prod_{k=1}^{n-1}(z-\omega^k)=\lim_{t\to z}\frac{t^n-1}{t-1}=\sum_{k=0}^{n-1}z^k$$

特别地，对角线（包含两条边）的乘积为 $|n|=n$。

2. **解析**　**方法 1**　由 $\omega=\dfrac{1-z}{1+z}$ 得到

$$z=\frac{1-\omega}{1+\omega}=\frac{1-u-v\mathrm{i}}{1+u+v\mathrm{i}}\cdot\frac{1+u-v\mathrm{i}}{1+u-v\mathrm{i}}$$

z 实数部分为 1，所以

$$\frac{1-u^2-v^2}{(1+u)^2+v^2}=1$$

即 $u^2+v^2+u=0$，因此轨迹为

$$\left(u+\frac{1}{2}\right)^2+v^2=\left(\frac{1}{2}\right)^2$$

方法2

$$\omega=\frac{1-z}{1+z}(z\neq-1)\Leftrightarrow z=\frac{1-\omega}{1+\omega}(\omega\neq-1)$$

则条件 $\mathrm{Re}(z)=1$ 转换为

$$\begin{aligned}2=2\mathrm{Re}(z)&=z+\bar{z}=\frac{1-\omega}{1+\omega}+\frac{1-\bar{\omega}}{1+\bar{\omega}}\\&=\frac{(1-|\omega|^2-\omega+\bar{\omega})+(1-|\omega|^2+\omega-\bar{\omega})}{1+|\omega|^2+\omega+\bar{\omega}}\\&\Leftrightarrow 4|\omega|^2+2\omega+2\bar{\omega}=0\Leftrightarrow(2\omega+1)(2\bar{\omega}+1)=1\end{aligned}$$

最后的等式可写成 $\left|\omega+\dfrac{1}{2}\right|^2=\dfrac{1}{4}$，即轨迹为圆。

3. 略。提示：设 $a=z_1-z_2$，则 $\bar{a}=\overline{z_1}-\overline{z_2}$，所证方程为 $\bar{a}z-\bar{z}a+z_1\overline{z_2}-z_2\overline{z_1}=0$，其中 $z_1\overline{z_2}-z_2\overline{z_1}$ 为纯虚数。不妨设 $z_1\overline{z_2}-z_2\overline{z_1}=k\mathrm{i}$，所证方程可转化为直线的复数形式。

$4^\dagger$. **解析** 令 $z=az_2+(1-a)z_3,a\in\mathbb{R}$，考虑点 A_1,A_2,A_3,A 对应的复数分别为 z_1,z_2,z_3,z。如图3.13所示，根据已知得到 $\triangle A_1A_2A_3$ 的外接圆圆心是复数平面的原点。注意到点 A 在直线 A_2A_3 上，所以 $A_1A=|z-z_1|$ 大于等于 $\triangle A_1A_2A_3$ 边上的高 A_1B（点 B 为垂足），所以只需证明

$$A_1B=\frac{1}{2R}|z_1-z_2||z_1-z_3|=\frac{1}{2R}A_1A_2\cdot A_1A_3$$

事实上，因为 R 是 $\triangle A_1A_2A_3$ 外接圆半径，我们有

$$A_1B=\frac{2[A_1A_2A_3]}{A_2A_3}=\frac{2\,\dfrac{A_1A_2\cdot A_2A_3\cdot A_3A_1}{4R}}{A_2A_3}=\frac{A_1A_2\cdot A_3A_1}{2R}$$

其中 $[A_1A_2A_3]$ 表示 $\triangle A_1A_2A_3$ 的面积。证毕。

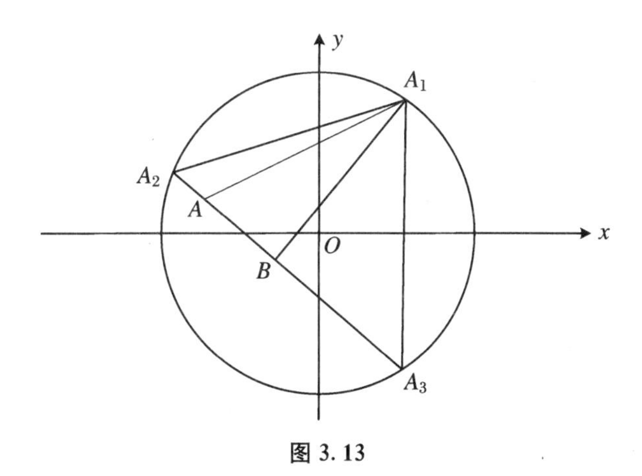

图3.13

第4章　算　　术

算术是通信加密的核心。要加密消息，首先将其转换为一个或多个数字。编码和解码的过程涉及本章的几个概念：

(1) 选择两个素数 p 和 q（保密），公布 $n = p \times q$。其原理是即便知道 n，也很难找到 p 和 q（它们是具有数百位数字的数）。

(2) 密匙和公匙是使用欧几里得算法和 Bézout 系数计算的。

(3) 加密计算是模 n 运算。

(4) 解码工作要用到费马小定理的变式。

4.1　欧几里得算法和最大公因数

4.1.1　欧几里得可除性和除法

定义 1　给定 $a, b \in \mathbb{Z}$，如果存在 $q \in \mathbb{Z}$ 使得 $a = bq$ 成立，我们就说 b 整除 a，记作 $b \mid a$。

例 1

(1) 对 $a \in \mathbb{Z}$，我们有 $a \mid 0$ 及 $1 \mid a$；

(2) 若 $a \mid 1$，则 $a = 1$ 或 $a = -1$；

(3) $a \mid b$ 且 $b \mid a \Rightarrow b = \pm a$；

(4) $a \mid b$ 且 $b \mid c \Rightarrow a \mid c$；

(5) $a \mid b$ 且 $a \mid c \Rightarrow a \mid (b + c)$。

定理 1　（欧几里得除法）若 $a \in \mathbb{Z}$ 且 $b \in \mathbb{N}^*$，则存在 $q, r \in \mathbb{Z}$ 满足 $a = bq + r$ 且 $0 \leqslant r < b$。进一步地，q 和 r 是唯一的。

证明

① 存在性。为简化问题我们可以假设 $a > 0$。设 $N = \{n \in \mathbb{N} \mid bn \leqslant a\}$，因 $n = 0 \in N$，所以 N 不是空集。此外，对于 $n \in N$，我们有 $n \leqslant a$，所以 N 为有限集。我们注意 $q = \max N$

是最大元素。因为 $q\in N$，于是 $qb\leqslant a$；因为 $(q+1)\notin N$，则 $(q+1)b>a$，于是 $qb\leqslant a<(q+1)b=qb+b$。定义 $r=a-qb$，可验证 $0\leqslant r=a-qb<b$。

② 唯一性。q'，r' 是满足定理条件的两个整数。$a=bq+r=bq'+r'$，于是 $b(q-q')=r'-r$；另外，$0\leqslant r'<b$ 及 $0\leqslant r<b$，得到 $-b<r'-r<b$。而 $r'-r=b(q-q')$，我们得到 $b<b(q-q')<b$，同除以 $b(>0)$，得到 $-1<q-q'<1$。由于 $q-q'$ 是整数，唯一的可能性是 $q-q'=0$，因此 $q=q'$。由 $r'-r=b(q-q')$，得到 $r=r'$。

注 术语：q 称为商，r 称为余数。

于是我们有定理1的等价表示：$r=0$ 当且仅当 b 整除 a。

4.1.2 最大公因数

定义2 设 $a,b\in\mathbb{Z}$ 且不同时为0，整除 a 和 b 的最大整数称为 a,b 的最大公因数（或最大公约数），记作 $\gcd(a,b)$。

例2

(1) 对所有 $k\in\mathbb{Z}$ 及 $a\geqslant 0$，$\gcd(a,ka)=a$；

(2) 特别地，对 $a\geqslant 0$，有 $\gcd(a,0)=a$，$\gcd(a,1)=1$。

4.1.3 欧几里得算法

引理1 设 $a,b\in\mathbb{N}^*$，根据欧几里得除法 $a=bq+r$，得到 $\gcd(a,b)=\gcd(b,r)$。

事实上，我们甚至有 $\gcd(a,b)=\gcd(b,a-qb)$，$q\in\mathbb{Z}$。为了优化欧几里得算法，我们应用同引理一样的商式 q。

证明 我们将证明 a 和 b 的除数与 b 和 r 的除数完全相同。这即得到最终结果，因为最大的除数是相同的。

① 若 d 为 a 和 b 的除数。于是 d 整除 b，d 也整除 bq，又 d 整除 a，因此 d 整除 $a-bq=r$。

② 若 d 是 b 和 r 的除数，则 d 整除 $bq+r=a$。

人们有时要计算 $\gcd(a,b)$，$a,b\in\mathbb{N}$。可假设 $a\geqslant b$，连续进行欧几里得除法计算，最终得到 $\gcd(a,b)$ 为剩余的非零数。欧几里得算法具体的计算过程如下：

用 b 除 a，$a=bq_1+r_1$，由引理1，$\gcd(a,b)=\gcd(b,r_1)$，若 $r_1=0$，则 $\gcd(a,b)=b$；否则，继续。

$$
\begin{aligned}
b &= r_1q_2+r_2, \quad \gcd(a,b)=\gcd(b,r_1)=\gcd(r_1,r_2)\\
r_1 &= r_2q_3+r_3, \quad \gcd(a,b)=\gcd(r_2,r_3)\\
&\cdots\\
r_{k-2} &= r_{k-1}q_k+r_k, \quad \gcd(a,b)=\gcd(r_{k-1},r_k)\\
r_{k-1} &= r_kq_{k+1}+0, \quad \gcd(a,b)=\gcd(r_k,0)=r_k
\end{aligned}
$$

因为每一个过程，余数都小于商，即 $0\leqslant r_{i+1}<r_i$，因此该算法最终会结束，得到余数为零。而且剩余部分构成递减的整数数列 $b>r_1>r_2>\cdots\geqslant 0$。

例 3 计算 gcd (9945,3003)。

解析

$$
\begin{aligned}
9945 &= 3003 \times 3 + 936 \\
3003 &= 936 \times 3 + 195 \\
936 &= 195 \times 4 + 156 \\
195 &= 156 \times 1 + 39 \\
156 &= 39 \times 4 + 0
\end{aligned}
$$

所以 gcd (9945,3003) = 39。

4.1.4 互素

定义 3 如果 $\gcd(a,b)=1$，那么两个整数 a,b 互素。

例 4 对 $a\in\mathbb{Z}$，a 和 $a+1$ 互素。

解析 假设 d 是 a 和 $a+1$ 的除数（因数），那么 d 也整除 $a+1-a$。于是 d 整除 1，得到 $d=1$ 或 $d=-1$，$\gcd(a,a+1)=1$，于是 a 和 $a+1$ 互素。

如果两个整数非互素，那么我们可以通过 $\gcd(a,b)$，转化为互素的情形。

例 5 如果两个整数不是互素的，注意到 $d=\gcd(a,b)$，下面分解很有用：

$$
\begin{cases} a = a'd \\ b = b'd \end{cases} \quad 且 \quad a',b' \in \mathbb{Z}, \gcd(a',b') = 1
$$

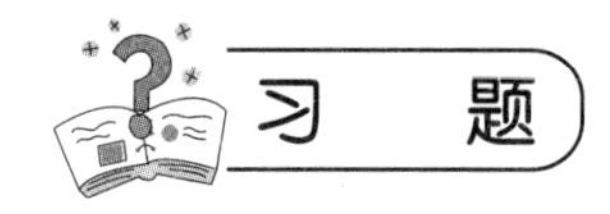

1. 证明：对 $\forall\, n\in\mathbb{N}$，$n(n+1)(n+2)(n+3)$ 能被 24 整除。

2. 证明：如果 n 为两个整数的平方和，那么 n 被 4 除的欧几里得余数不可能为 3。

3. 证明：若 n 为奇数，则 7^n+1 能被 8 整除；在 n 为偶数的条件下，求 7^n+1 被 8 除的余数。

4[†]. 证明：不存在正整数三元组 (a,b,c) 同时满足：

(1) $a+c$，$b+c$，$a+b$ 互素；

(2) $\dfrac{c^2}{a+b}$，$\dfrac{b^2}{a+c}$，$\dfrac{a^2}{c+b}$ 为整数。

1. **证明** 注意到，对于 4 个连续自然数，必定存在 2 的倍数、3 的倍数和 4 的倍数（与 2 的倍数不同）。因此 4 个连续自然数的乘积被 $2\times3\times4=24$ 整除。

2. 略。提示：记 $n=p^2+q^2$，并研究 n 被 4 除的欧几里得余数，对 p 和 q 按奇偶性讨论即可。

3. **证明**　$7\equiv -1 \pmod 8$，于是 $7^n+1\equiv(-1)^n+1 \pmod 8$，$7^n+1$ 被8除的欧几里得余数为 $(-1)^n+1$。因此当 n 为奇数时 7^n+1 被8整除；若 n 为偶数，7^n+1 不能被8整除，余数为2。

4[†]. **证明**　反证法。

假设(1)和(2)同时成立，不妨设 $\dfrac{c^2}{a+b}$ 为整数，即 $(a+b)\mid c^2$，那么 $(a+b)\mid (a+b+c)^2$；同理，$(a+c)\mid(a+b+c)^2$，$(b+c)\mid(a+b+c)^2$，得到

$$(a+b)(a+c)(b+c)\mid(a+b+c)^2$$

于是 $(a+b)(a+c)(b+c)\leqslant(a+b+c)^2$。

由条件(2)的 $a,b,c\geqslant 2$，于是

$$b^2c+c^2b\geqslant 2(b^2+c^2)>\frac{b^2}{2}+\frac{c^2}{2}+2bc$$

同理，可得两个类似不等式，相加得到 $(a+b)(a+c)(b+c)\geqslant(a+b+c)^2$，矛盾。即证。

4.2　Bézout　定　理

4.2.1　Bézout 定理

定理2　设 a,b 为整数，那么存在整数 $u,v\in\mathbb{Z}$，使得 $au+bv=\gcd(a,b)$。

定理2可由欧几里得算法得到。整数 u,v 不是唯一的，整数 u,v 是 Bézout 系数，可以通过欧几里得算法提炼得到。

例6　计算 $a=600$ 和 $b=124$ 的 Bézout 系数。

解析　重复计算得到 $\gcd(600,124)=4$。如图4.1所示，左边是欧几里得算法，右边从下到上得到最后结果。

$$600=124\times4+104$$
$$124=104\times1+20$$
$$20=4\times5+0$$

$$4=\begin{cases}600\times6+124\times(-29)\\124\times(-5)+(600-124\times4)\times6\end{cases}$$
$$4=\begin{cases}124\times(-5)+104\times6\\104-(124-104\times1)\times5\end{cases}$$
$$4=104-20\times5$$

图4.1

gcd 在最后一行，其余部分不为零。然后，替换上一行的其余部分，依此类推，直到上面第一行。于是对于 $u=6$ 和 $v=-29$，$600\times6+124\times(-29)=4$。

注

(1) 此处是一种算法：要得到最后结果，右边部分，每一行都需要重新表示。例如，$104-(124-104\times1)\times5$ 重新写作 $124\times(-5)+104\times6$，以便能够替换104。

(2) 不要忘记检查计算。此处，我们最后检查 $600\times6+124\times(-29)=4$。

例 7　计算 9945 和 3003 的 Bézout 系数。

解析　如图 4.2 所示。

$$
\begin{aligned}
9945 &= 3003\times 3+936\\
3003 &= 936\times 3+195\\
936 &= 195\times 4+156\\
195 &= 156\times 1+39\\
156 &= 39\times 4+0
\end{aligned}
$$

$$
\begin{aligned}
39 &= 9945\times(-16)+3003\times 53\\
39 &= \cdots\\
39 &= \cdots\\
39 &= 195-156\times 1
\end{aligned}
$$

图 4.2

得到 $9945\times(-16)+3003\times 53=39$。

4.2.2　Bézout 定理的推论

推论 1　若 $d\mid a$ 且 $d\mid b$，则 $d\mid \gcd(a,b)$。

例如，$4\mid 16$，$4\mid 24$，于是 $4\mid \gcd(16,24)$；实际上，$\gcd(16,24)=8$。

推论 2　两个整数 a 和 b 互素的充要条件是存在 $u,v\in\mathbb{Z}$，使得 $au+bv=1$。

证明　若整数 a 和 b 互素，根据 Bézout 定理，得到 $au+bv=1$。若对于两个整数 a,b，存在 $u,v\in\mathbb{Z}$，使得 $au+bv=1$ 成立。因为 $\gcd(a,b)\mid a$，那么 $\gcd(a,b)\mid au$。同理，$\gcd(a,b)\mid bv$，于是 $\gcd(a,b)\mid(au+bv)$，而 $(au+bv)=1$，因此 $\gcd(a,b)=1$。

注　若两个整数 u',v' 满足 $au'+bv'=d$，并非意味着 $d=\gcd(a,b)$，只能说 $\gcd(a,b)\mid d$。例如，$a=12$，$b=8$，$12\times 1+8\times 3=36$，得到 $\gcd(a,b)=4$。

推论 3　（高斯引理）设 $a,b,c\in\mathbb{Z}$，若 $a\mid bc$ 且 $\gcd(a,b)=1$，则 $a\mid c$。

例如，若 $4\mid 7c$，因为 4 和 7 互素，则 $4\mid c$。

证明　因为 $\gcd(a,b)=1$，于是存在 $u,v\in\mathbb{Z}$ 使得 $au+bv=1$。等式两边同乘 c，得到 $acu+bcv=c$，而 $a\mid acu$，根据条件 $a\mid bcv$，所以 a 整除 $acu+bcv=c$。

4.2.3　不定方程 $ax+by=c$

命题 1　考虑方程 $ax+by=c$，其中 $a,b,c\in\mathbb{Z}$。

(1) 当且仅当 $\gcd(a,b)\mid c$，方程 $ax+by=c$ 有解 $(x,y)\in\mathbb{Z}^2$；

(2) 若 $\gcd(a,b)\mid c$，则方程 $ax+by=c$ 甚至有无穷个解。其解为 $(x,y)=(x_0+\alpha k,y_0+\beta k)$，其中 $x_0,y_0,\alpha,\beta\in\mathbb{Z}$ 为常数，k 取遍所有整数 $\mathbb{Z}$。

命题(1)是 Bézout 定理的结果。我们将在下面的例子中看到命题(2)的证明和计算方法。

例 8　求方程 $161x+368y=115$ 的整数解。

解析　① 第一步，有解决方案吗？有，欧几里得算法。根据欧几里得算法进行计算，求 $a=161$ 和 $b=368$ 的 gcd。

$$
\begin{aligned}
368 &= 161\times 2+46\\
161 &= 46\times 3+23\\
46 &= 23\times 2+0
\end{aligned}
$$

于是 gcd (368,161) = 23。因为 115 = 5×23，于是 gcd (368,161)|115，根据 Bézout 定理知，方程有整数解。

② 第二步，求解特殊解。欧几里得算法升级。欧几里得算法被用于计算 Bézout 系数。如图 4.3 所示。

$$\begin{aligned} 368 &= 161\times 2+46 \\ 161 &= 46\times 3+23 \\ 46 &= 23\times 2+0 \end{aligned} \qquad 23 = \begin{cases} 161\times 7+368\times(-3) \\ 161+(368-2\times 161)\times(-3) \end{cases} \quad 23 = 161-3\times 46$$

图 4.3

于是得到 $161\times 7+368\times(-3)=23$。因为 $115=5\times 23$，则将前面等式两边都乘以 5 得 $161\times 35+368\times(-15)=115$。因此 $(x_0,y_0)=(35,-15)$ 是一个特殊解。

③ 第三步，找到所有的解。设 $(x,y)\in\mathbb{Z}^2$ 是不定方程的解，我们已经解得 (x_0,y_0) 是一个解，于是有 $161x+368y=115$ 及 $161x_0+368y_0=115$，两式相减得到

$$\begin{aligned} 161(x-x_0)+368(y-y_0)=0 &\Rightarrow 23\times 7\times(x-x_0)+23\times 16\times(y-y_0)=0 \\ &\Rightarrow 7(x-x_0)=-16(y-y_0) \qquad ① \end{aligned}$$

于是 $7|16(y-y_0)$。又 gcd (7,16) = 1，根据高斯引理得到 $7|(y-y_0)$，所以存在 $k\in\mathbb{Z}$ 满足 $y-y_0=7k$。代入到不定方程①，得到 $7(x-x_0)=-16\times 7k$，即 $x-x_0=-16k$（代入 x 和代入 y 相同），于是得到

$$(x,y)=(x_0-16k,y_0+7k)$$

不难看出，这种形式的任何一对数都是原不定方程的解。所以用 (x_0,y_0) 替换得到 $161x+368y=115$ 的所有整数解为

$$(x,y)=(35-16k,-15+7k),\quad k\in\mathbb{Z}$$

4.2.4 最小公倍数

定义 4 lcm (a,b) 为两个整数的最小公倍数，是能被 a 和 b 整除的最小非负整数。

例如，lcm (12,9) = 36。

最大公约数和最小公倍数通过下面式子联系：

命题 2 设 a,b 为整数（不同时为零），则

$$\gcd(a,b)\times \operatorname{lcm}(a,b)=|ab|$$

证明 设 $d=\gcd(a,b)$，$m=\dfrac{|ab|}{\gcd(a,b)}$，为了简化，令 $a>0,b>0$，记 $a=da',b=db'$，则 $ab=d^2a'b'$，$m=da'b'$，于是 $m=ab'=a'b$。接下来再证明，这是最小的倍数。

如果 n 是 a 和 b 的另一倍数，则 $n=ka=lb$，于是 $kda'=ldb'$ 即 $ka'=lb'$，而 $\gcd(a',b')=1$，$a'|lb'$，于是 $a'|l$。所以 $a'b|lb$，于是 $m=a'b|lb=n$。

下面的命题 3 是使用分解质因数得到的 lcm 的另一个结果。

命题 3 若 $a|c$ 且 $b|c$，则 $\operatorname{lcm}(a,b)|c$。

$ab|c$ 是错误的，例如，$6|36$，$9|36$，但是 $6\times 9\nmid 36$。另外，$\operatorname{lcm}(6,9)=18|36$。

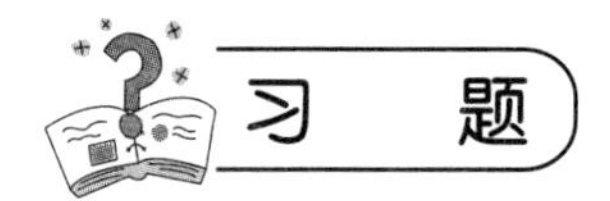

1. 设 $a=1111111111$，$b=123456789$。

(1) 求 $p=\gcd(a,b)$；

(2) 求整数 a 和 b 的 Bézout 系数 u 和 v，使得 $au+bv=p$。

2. 求下列 gcd 的值：

(1) $(2018!+1,2017!+1)$；

(2) $(2^{400}-1,2^{340}-1)$。

3. 求证：对任意 $a,b\in\mathbb{N}$，$a\neq b$，$\gcd(a,b)\leqslant\dfrac{a+b}{3}$。

4[†]. (2000 年，普特南数学竞赛)证明：对任意整数 $n\geqslant m\geqslant 1$，$\dfrac{\gcd(m,n)}{n}\dbinom{n}{m}$是整数。

1. **解析**

(1) 由欧几里得算法，$a=9b+10$，$b=12345678\times10+9$，$10=1\times9+1$，所以

$$p=\gcd(a,b)=1$$

(2) 从最后的方程 $1=10-9$ 开始，然后用欧几里得算法的第二个方程替换 9 得

$$1=10-(b-12345678\times10)=-b+12345679\times10$$

现在用前面方程替换 10 得

$$1=-b+12345679\times(a-9b)=12345679a-111111112b$$

2. **解析** (1)

$$\gcd(2018!+1,2017!+1)=\gcd(2017!+1,-2017)=\gcd(-2017,1)=\gcd(1,0)=1。$$

(2)
$$\begin{aligned}\gcd(2^{400}-1,2^{340}-1)&=\gcd(2^{340}-1,2^{60}-1)=\gcd(2^{280}-1,2^{60}-1)\\&=\gcd(2^{220}-1,2^{60}-1)=\gcd(2^{160}-1,2^{60}-1)\\&=\gcd(2^{100}-1,2^{60}-1)=\gcd(2^{60}-1,2^{40}-1)\\&=\gcd(2^{40}-1,2^{20}-1)=\gcd(2^{20}-1,2^{20}-1)\\&=\gcd(2^{20}-1,0)=2^{20}-1=1048575。\end{aligned}$$

或者，使用定理 $\gcd(x^a-1,x^b-1)=x^{\gcd(a,b)}-1$，得到 $2^{20}-1$。

3. **证明** **方法 1** 不失一般性，设 $a\geqslant b$，$a=b+k$，$k\in\mathbb{N}$，则只要证

$$\gcd(a,b)=\gcd(b,k)\leqslant\frac{2b+k}{3}$$

① 若 $k\geqslant b$，则 $\gcd(b,k)\leqslant b\leqslant\dfrac{2b+k}{3}$；

② 若 $k\leqslant b$，则 $\gcd(b,k)\leqslant k\leqslant\dfrac{2b+k}{3}$。得证。

方法 2　设 $\gcd(a,b)=d, a=dx, b=dy$ 满足 $\gcd(x,y)=1$。不失一般性，设 $x>y$，则有

$$1+2\leqslant y+x\Leftrightarrow 3\leqslant \frac{a}{d}+\frac{b}{d}\Leftrightarrow d\leqslant \frac{a+b}{3}$$

证毕。

方法 3　提示：$\dfrac{a}{\gcd(a,b)}+\dfrac{b}{\gcd(a,b)}\geqslant 3$。

4[†]. **证明**　**方法 1**　由 Bézout 定理，$\gcd(m,n)=an+bm$，其中 a 和 b 是整数，为 Bézout 系数，于是

$$\begin{aligned}\frac{\gcd(m,n)}{n}\binom{n}{m}&=a\binom{n}{m}+\frac{bm}{n}\binom{n}{m}=a\binom{n}{m}+\frac{bmn!}{nm!(n-m)!}\\&=a\binom{n}{m}+\frac{b(n-1)!}{(m-1)!(n-m)!}\\&=a\binom{n}{m}+b\binom{n-1}{m-1}\end{aligned}$$

因为 $1\leqslant m\leqslant n$，$\binom{n-1}{m-1}$是整数，$\binom{n}{m}$也是整数，得证。

方法 2　问题即证$\dfrac{n}{\gcd(n,m)}\,\Big|\,\binom{n}{m}$，我们知道$\dfrac{m}{n}\binom{n}{m}=\binom{n-1}{m-1}$，分子分母同除以 $\gcd(n,m)$，整理得到

$$\frac{m/\gcd(n,m)}{n/\gcd(n,m)}\binom{n}{m}=\binom{n-1}{m-1}$$

因为$\binom{n-1}{m-1}$是整数，且为既约分数，所以$\dfrac{n}{\gcd(n,m)}\,\Big|\,\binom{n}{m}$。得证。

4.3　素　　数

从某种意义上说，素数是整数的基石：任何整数都可以写成素数的乘积。

4.3.1　素数的无穷性

定义 5　素数 p 是大于等于 2 的整数，其正因数只有 1 和 p。

例如，2，3，5，7，11 是素数；$4=2\times2$，$6=2\times3$，$8=2\times4$ 不是素数。

引理 2　任何大于等于 2 的整数都有一个素数因子。

证明　设 $\mathcal{D}$ 是 n 的除数（因数）的集合，这些除数大于等于 2，即 $\mathcal{D}=\{k\geqslant2\mid k\mid n\}$。

集合 $\mathcal{D}$ 是非空的（因为 $n\in\mathcal{D}$），我们注意到 $p=\min\mathcal{D}$。假设 p 不是素数，那么 p 有一个因子 q，使得 $1<q<p$，但是 q 也是 n 的因子，因此 $q\in\mathcal{D}$，$q<p$，矛盾，因为 p 为最小

值。得到 p 是一个素数，$p\in\mathcal{D}$，所以 $p|n$。

命题 4 素数有无穷多个。

证明 用反证法。假设只有有限个素数，我们注意到 $p_1=2,p_2=3,p_3,\cdots,p_n$，考虑整数 $N=p_1\times p_2\times\cdots\times p_n+1$。若 p 是 N 的素数因子(由上面的引理 p 存在)，那么一方面 p 是整数 p_i 之一，所以 $p|p_1\times\cdots\times p_n$；另一方面 $p|N$，所以 p 整除差值。

$N-p_1\times p_2\times\cdots\times p_n=1$，意味着 $p=1$，这与 p 是素数矛盾。

这就证明了素数有无穷多个。

4.3.2 埃拉托斯特尼筛法和欧几里得引理

如何查找素数？埃拉托斯特尼筛法使人们有可能得到第一个素数，以 2 到 25 之间的整数为例，2,3,4,5,6,7,8,9,10,11,12,13,14,15,16,17,18,19,20,21,22,23,24,25。

我们知道，整数 n 的正因数小于或等于 n。所以 2 只能有除数 1 和 2，因此是素数，得到素数 2。然后我们划去以下所有 2 的倍数，余下$\boxed{2}$,3,5,7,9,11,13,15,17,19,21,23,25。

列表中第一个剩余的数字是 3，并且它为素数，它不能被较小的除数整除(否则它被划掉)，得到素数 3。我们划掉所有 3 的倍数，余下$\boxed{2}$,$\boxed{3}$,5,7,11,13,17,19,23,25。

同上，余下第一个数 5 是素数，划去其倍数……最终得到余下的素数列为 2,3,5,7,11,13,17,19,23。

注 如果一个数 n 不是素数，那么它的一个因子小于等于$\sqrt{n}$。事实上，如果 $n=a\times b$，且 $a,b\geqslant2$，于是 $a\leqslant\sqrt{n}$或 $b\leqslant\sqrt{n}$。例如，要检查小于等于 100 的整数是否是素数，只要检查它是否有小于等于 10 的因数，那么实际上只要检查被 2,3,5 和 7 的整除性就可以。例如，89 不能被 2,3,5,7 整除，因此 89 是素数。

命题 5 (欧几里得引理)设 p 为素数，若 $p|ab$，则 $p|a$或$p|b$。

证明 如果 p 不整除a，那么 p 和a 互素(事实上，p 只有除数 1 和 p，只有 1 也整除 a，所以 $\gcd(a,p)=1$)。因此通过高斯引理得到 $p|b$。

例 9 若 p 为素数，则$\sqrt{p}$不是有理数。

证明 用反证法。设$\sqrt{p}=\dfrac{a}{b}$，其中 $a\in\mathbb{Z},b\in\mathbb{N}^*$，且 $\gcd(a,b)=1$，于是 $p=\dfrac{a^2}{b^2}$，得到 $pb^2=a^2$，所以 $p|a^2$，由欧几里得引理得到 $p|a$。于是 $a=pa'$，其中 a'为整数，由方程 $pb^2=a^2$，得到 $b^2=pa'^2$，所以 $p|b^2$，于是 $p|b$。现在 $p|a$且 $p|b$，于是 a 和 b 不为互素，与 $\gcd(a,b)=1$矛盾。得到结论，$\sqrt{p}$不是有理数。

4.3.3 素因数(质因数)分解

定理 3 若整数 $n\geqslant2$，则存在素数 $p_1<p_2<\cdots<p_r$ 以及幂指数(整数)$\alpha_1,\alpha_2,\cdots,\alpha_r$，使得 $n=p_1^{\alpha_1}\times p_2^{\alpha_2}\times\cdots\times p_r^{\alpha_r}$。进一步地，其中 p_i 和α_i 是唯一的。

例如，$24=2^3\times3$ 即为质因数分解；$36=2^2\times9$ 就不是质因数分解，它的质因数分解应该是 $2^2\times3^2$。

注 我们规定1不是素数的主要原因是，若1是素数则质因数分解便不唯一。例如：

$$24 = 2^3 \times 3 = 1 \times 2^3 \times 3 = 1^2 \times 2^3 \times 3 = \cdots$$

下面是定理3的证明。

证明 ① 存在性。用归纳法来证明分解的存在性。

a. $n=2$ 时已经分解。

b. 若 $n \geqslant 3$，注意到 p_1 是整除 n 的最小的素数(引理2)，如果 n 为素数，那么 $n=p_1$，分解完成；否则，我们规定 $n' = \dfrac{n}{p_1} < n$，对 n' 应用归纳假设，n' 存在质因数分解，于是 $n = p_1 \times n'$ 也有质因数分解。

② 唯一性。我们将证明这种分解是唯一的，这次是对指数之和 $\sigma = \sum_{i=1}^{r} \alpha_i$ 进行归纳证明。

a. 若 $\sigma = 1$，意味着 $n = p_1$，表达形式是唯一的。

b. 若 $\sigma \geqslant 2$，假设指数之和小于 σ 的整数都具有唯一的质因数分解。设 n 为指数之和为 σ 的整数，我们用两种形式分解：

$$n = p_1^{\alpha_1} \times p_2^{\alpha_2} \times \cdots \times p_r^{\alpha_r} = q_1^{\beta_1} \times q_2^{\beta_2} \times \cdots \times q_s^{\beta_s} \quad (\text{其中 } p_1 < p_2 < \cdots \text{ 且 } q_1 < q_2 < \cdots)$$

若 $p_1 < q_1$，则 $p_1 < q_j$ 对所有 $j = 1, \cdots, s$ 成立，于是 p_1 整除 $p_1^{\alpha_1} \times p_2^{\alpha_2} \times \cdots \times p_r^{\alpha_r} = n$ 但不整除 $q_1^{\beta_1} \times q_2^{\beta_2} \times \cdots \times q_s^{\beta_s} = n$，这是矛盾的，因此 $p_1 \geqslant q_1$。

若 $p_1 > q_1$，同理，可得到矛盾，所以有结论 $p_1 = q_1$。于是

$$n' = \frac{n}{p_1} = p_1^{\alpha_1 - 1} \times p_2^{\alpha_2} \times \cdots \times p_r^{\alpha_r} = q_1^{\beta_1 - 1} \times q_2^{\beta_2} \times \cdots \times q_s^{\beta_s}$$

根据对 n' 的归纳假设，这两种分解是相同的，所以 $r = s$，且 $p_i = q_i$，$\alpha_i = \beta_i$，$i = 1, \cdots, r$。

例10 $504 = 2^3 \times 3^2 \times 7$，$300 = 2^2 \times 3 \times 5^2$，求 gcd (504,300)和 lcm (504,300)。

解析 ① 为计算 gcd，将504和300重新表达为

$$504 = 2^3 \times 3^2 \times 5^0 \times 7^1, \quad 300 = 2^2 \times 3 \times 5^2 \times 7^0$$

gcd 可以通过取每个质因数的最小指数得到 $\gcd(504,300) = 2^2 \times 3^1 \times 5^0 \times 7^0 = 12$。

② $\operatorname{lcm}(504,300) = 2^3 \times 3^2 \times 5^2 \times 7^1 = 12600$。

习 题

1. 求证：若 $\gcd(a,b) = 1$，则 $\gcd(a+b, ab) = 1$。

2. 证明：存在无穷多个形如 $4n+3$ 的素数，其中 n 为正整数。

3. 已知 $N \in \mathbb{Z}_+$，$\dfrac{N}{5}$ 为某个整数的7次幂，$\dfrac{N}{7}$ 为某个整数的5次幂，问：这样的 N 有多少个？

4[†]. (2014年，爱尔兰数学奥林匹克)已知正整数 N，$N+1$，$N+2$，$N+3$ 均有六个正约数，且这四个数的所有正约数恰有20个(不计重复)，其中之一为27，求所有满足条件的 N。

答　案

1. **证明**　**方法1**　因为 $\gcd(a,b)=1$，由 Bézout 定理有

$$ma+nb=1 \qquad ①$$

整理式①得

$$(n-m)b=1-m(a+b) \qquad ②$$

式①两边同减 $n(a+b)$ 得到

$$(m-n)a=1-n(a+b) \qquad ③$$

②和③两式相乘得

$$-(m-n)^2ab=1-(m+n)(a+b)+mn(a+b)^2$$

整理为

$$1=[(m+n)-mn(a+b)](a+b)-(m-n)^2ab$$

证毕。

方法2　注意到恒等式

$$(a+b)(ai^2+bj^2)=(ai+bj)^2+ab(i-j)^2$$

若 $n\mid(a+b)$，$n\mid ab$，又因为 $\gcd(a,b)=1$，根据 Bézout 定理，有 $ai+bj=1$，所以 $n\mid(ai+bj)^2=1$，所以 $\gcd(a+b,ab)=1$。

2. **证明**　① 首先证明一个引理：若 a,b 都是形如 $4n+1$ 的整数，那么乘积 ab 也是这种形式的数。

由于 a,b 都是形如 $4n+1$ 的整数，所以存在整数 r,s 使得 $a=4r+1$，$b=4s+1$，计算得

$$ab=(4r+1)(4s+1)=4(4rs+r+s)+1$$

引理得证。

② 下面我们应用反证法。假设只存在有限个形如 $4n+3$ 的素数，不妨设为 $p_0=3,p_1,p_2,\cdots,p_r$，设 $Q=4p_1p_2\cdots p_r+3$，则在 Q 的分解中至少存在一个形如 $4n+3$ 的素数。否则，所有分解的素数都是形如 $4n+1$，根据引理 Q 也是这种形式，矛盾。

另外，素数 $p_0,p_1,p_2,\cdots,p_r$ 中任何一个都不能整除 Q，素数 3 不能整除 Q，否则 $3\mid(Q-3)=4p_1p_2\cdots p_r$，矛盾。同理，任何一个素数 p_i 都不能整除 Q，因为 $p_i\mid Q$ 表示 $p_i\mid(Q-4p_1p_2\cdots p_r)=3$，又得到矛盾。

综上，存在无穷多个形如 $4n+3$ 的素数。

3. 无穷个。

提示：令 $N=5^{15}\times7^{21}t^{35}(t\in\mathbb{Z}_+)$，则 N 满足条件，故 N 有无穷个。

4[†]. **解析**　显然，这四个正整数均有约数 1，且其中恰有两个正整数有约数 2，于是这四个正整数的约数至多有 $6\times4-3-1=20$ 个，由题意，约数恰有 20 个，故这四个数中恰有一个被 3 整除，即 $3\mid(N+1)$ 或 $3\mid(N+2)$。

又 27 为这四个正整数中某一个的约数，且该正整数恰有六个约数，故该数只能为 $3^5=243$（可由 $p_1^{\alpha_1}p_2^{\alpha_2}\cdots p_n^{\alpha_n}$ 的约数个数公式 $(\alpha_1+1)(\alpha_2+1)\cdots(\alpha_n+1)$ 得到）；于是 $N+1=243$，或 $N+2=243$，而 $243-2=241$ 为素数，故 $N+1=243$，$N=242$。

容易验证 $242=2\times11^2$，$243=3^5$，$244=2^2\times61$，$245=5\times7^2$，共有 20 个正约数。

4.4 同　　余

4.4.1 定义

定义 6　设整数 $n \geqslant 2$，当 n 整除 $a-b$ 时，我们定义 a 同余于 b 模 n，记作

$$a \equiv b \pmod{n}$$

也记作 $a = b \pmod{n}$ 或者 $a \equiv b[n]$。其等价形式为

$$a \equiv b \pmod{n} \Leftrightarrow \exists k \in \mathbb{Z}, a = b + kn$$

注　a 整除 n 当且仅当 $a \equiv 0 \pmod{n}$。

命题 6

(1) "模 n 同余"关系是等价关系。

a. 自身性：$a \equiv a \pmod{n}$；

b. 对称性：若 $a \equiv b \pmod{n}$，则 $b \equiv a \pmod{n}$；

c. 传递性：若 $a \equiv b \pmod{n}$ 且 $b \equiv c \pmod{n}$，则 $a \equiv c \pmod{n}$。

(2) 若 $a \equiv b \pmod{n}$ 且 $c \equiv d \pmod{n}$，则 $a+c \equiv b+d \pmod{n}$。

(3) 若 $a \equiv b \pmod{n}$ 且 $c \equiv d \pmod{n}$，则 $a \times c \equiv b \times d \pmod{n}$。

(4) 若 $a \equiv b \pmod{n}$，则对所有 $k \geqslant 0$，$a^k \equiv b^k \pmod{n}$。

例如：

(1) $15 \equiv 1 \pmod{7}$，$72 \equiv 2 \pmod{7}$，$3 \equiv -11 \pmod{7}$；

(2) $5x+8 \equiv 3 \pmod{5}$ 对任意 $x \in \mathbb{Z}$；

(3) $11^{20xx} \equiv 1^{20xx} \equiv 1 \pmod{10}$，其中 $20xx$ 是年份，例如 2022 年。

命题 6 的证明提示：

(1) 利用定义。

(2) 利用定义。

(3) 我们证明乘法性质。$a \equiv b \pmod{n}$，于是存在 $k \in \mathbb{Z}$ 使得 $a = b + kn$；$c \equiv d \pmod{n}$，所以存在 $l \in \mathbb{Z}$ 满足 $c = d + nl$，于是

$$a \times c = (a + kn) \times (d + nl) = bd + (bl + dk + knl)n$$

即为 $bd + mn$ 的形式，其中 $m \in \mathbb{Z}$，于是 $a \times c \equiv b \times d \pmod{n}$。

(4) 是(3)的结果。由 $a = c$ 和 $b = d$ 得到 $a^2 \equiv b^2 \pmod{n}$，再由递归得到结论。

例 11　(被 9 整除的数) N 可被 9 整除，当且仅当其数字之和可被 9 整除。

证明　为了证明这一点，我们使用同余概念。首先我们注意到 $9 \mid N$ 等价于 $N \equiv 0 \pmod{9}$，又注意到 $10 \equiv 1 \pmod{9}$，$10^2 \equiv 1 \pmod{9}$，$10^3 \equiv 1 \pmod{9}$，等等；我们计算 N 模 9，以 10 为基数(十进制数)，$N = a_k \cdots a_2 a_1 a_0$（$a_0$ 为个位数，a_1 为十位数……），于是 $N = 10^k a_k + \cdots + 10^2 a_2 + 10^1 a_1 + a_0$，所以

$$N = 10^k a_k + \cdots + 10^2 a_2 + 10^1 a_1 + a_0 \equiv a_k + \cdots + a_2 + a_1 + a_0 \pmod{9}$$

于是 N 与其数字之和模 9 同余。因此 N 可被 9 整除当且仅当 N 数字和同余于 0 模 9，即 $N\equiv 0 \pmod 9$。

让我们通过一个例子来看这一点。$N=488889$，其中 $a_0=9$ 为个位数，$a_1=8$ 是十位数……十进制表示为 $N=4\times 10^5+8\times 10^4+8\times 10^3+8\times 10^2+8\times 10^1+9$，

$$\begin{aligned} N &= 4\times 10^5+8\times 10^4+8\times 10^3+8\times 10^2+8\times 10^1+9 \\ &\equiv 4+8+8+8+8+9 \pmod 9 \equiv 45 \pmod 9 \equiv 9 \pmod 9 \\ &\equiv 0 \pmod 9 \end{aligned}$$

因此我们得到 488889 可以被 9 整除。这里并没有使用欧几里得除法。

注 为了找到“最佳”的 a 模 n 的同余，我们可以采用欧几里得除法，$a=bn+r$ 于是 $a\equiv r \pmod n$，其中 $0\leqslant r<n$。

例 12 同余计算通常比较快，例如，我们要计算 $2^{21} \pmod{37}$（准确地说，我们要找到 $0\leqslant r<37$ 使得 $2^{21}\equiv r \pmod{37}$）。

解析 有 3 种方法。

方法 1 计算 2^{21}，然后利用欧几里得除法，将 2^{21} 除以 37，余数为我们需要的结果。这很费力！

方法 2 我们依次计算 2^k 模 37。

$$2^1\equiv 2 \pmod{37},\quad 2^2\equiv 4 \pmod{37},\quad 2^3\equiv 8 \pmod{37},$$
$$2^4\equiv 16 \pmod{37},\quad 2^5\equiv 32 \pmod{37}$$

然后利用同余式有

$$2^6\equiv 64\equiv 27 \pmod{37}$$
$$2^7\equiv 2\times 2^6\equiv 2\times 27\equiv 54\equiv 17 \pmod{37}$$

依次类推，每一步都使用前面的运算结果。这非常有效，我们还可以改进如下：如我们发现 $2^8\equiv 34 \pmod{37}$，所以

$$2^8\equiv -3 \pmod{37}$$

所以

$$2^9\equiv 2\times 2^8\equiv 2\times(-3)\equiv -6\equiv 31 \pmod{37}$$

…

方法 3 还有一种更有效的方法，我们以 2 为基数(表示为 2 的幂)，

$$21=2^4+2^2+2^0=16+4+1$$

于是 $2^{21}=2^{16}\times 2^4\times 2^1$，并且很容易计算这些项中的每一个，因为指数是 2 的幂。所以

$$2^8\equiv (2^4)^2\equiv 16^2\equiv 256\equiv 34\equiv -3 \pmod{37}$$
$$2^{16}\equiv (2^8)^2\equiv (-3)^2\equiv 9 \pmod{37}$$

我们得到

$$2^{21}\equiv 2^{16}\times 2^4\times 2^1\equiv 9\times 16\times 2\equiv 288\equiv 29 \pmod{37}$$

4.4.2 同余方程 $ax\equiv b \pmod n$

命题 7 设 $a\in\mathbb{Z}^*$，$b\in\mathbb{Z}$ 为常数，$n\geqslant 2$，考虑关于 x 的方程 $ax\equiv b \pmod n$，其中 $x\in\mathbb{Z}$。

(1) 当且仅当 $\gcd(a,n) \mid b$ 时方程有解;

(2) 解的形式为

$$x = x_0 + l\frac{n}{\gcd(a,n)}, \quad l \in \mathbb{Z}$$

其中 x_0 是方程的一个特殊解。

例 13 求解方程 $9x \equiv 6 \pmod{24}$。

解析 因为 $\gcd(9,24)=3$ 整除 6,由命题 7 知方程有解,我们接下来求解方程的解(快速重复计算胜于记忆公式)。找到 x 使得 $9x \equiv 6 \pmod{24}$ 等价于求得 x 和 k 满足

$$9x = 6 + 24k$$

是形如 $9x-24k=6$ 的方程(详见第 4.2.3 节)。有很多解决方案,因为 $\gcd(9,24)=3$ 整除 6,该方程两边同除以 $\gcd(9,24)$ 得到 $3x-8k=2$。对于 gcd 和特殊解的计算通常用欧几里得算法。这里容易计算得到一个特殊解($x_0=6, k_0=2$)。若 (x,k) 是 $3x-8k=2$ 的解,通过减法得到

$$3(x-x_0)-8(k-k_0)=0$$

所以 $x=x_0+8l$,其中 $l \in \mathbb{Z}$(我们并不关注 k 的值)。所以我们找到 $3x-8k=2$ 的解 x,相当于 $9x-24k=6$,等价于 $9x \equiv 6 \pmod{24}$,解的形式为

$$x_1 = 6+24m, \quad x_2 = 14+24m, \quad x_3 = 22+24m, \quad 其中\ m \in \mathbb{Z}$$

注 在这里解释一下"类"的概念,$9x \equiv 6 \pmod{24}$ 是整数方程,我们可以考虑 $9, x, 6$ 是模 24 的等价类。注意到 $\overline{9}\overline{x}=\overline{6}$,我们找到三类等价剩余类作为方程的解,即

$$\overline{x_1}=\overline{6}, \quad \overline{x_2}=\overline{14}, \quad \overline{x_3}=\overline{22}$$

下面给出命题 7 的证明。

证明 (1)

$x \in \mathbb{Z}$ 是方程 $ax \equiv b \pmod n$ 的解 $\Leftrightarrow \exists k \in \mathbb{Z}, ax=b+kn \Leftrightarrow \exists k \in \mathbb{Z}, ax-kn=b$

$\Leftrightarrow \gcd(a,n) \mid b$ (由命题 1)

我们将方程 $ax \equiv b \pmod n$ 转化为 $ax-kn=b$(见 4.2.3 节),只有符号的变化,即 $au+bv=c$ 变为 $ax-kn=b$。

(2) 假设方程有解,记 $d=\gcd(a,n)$,$a=da'$,$n=dn'$ 及 $b=db'$(由前面知 $d \mid b$)。方程 $ax-kn=b$ 的未知数 $x,k \in \mathbb{Z}$,等价于

$$a'x-kn'=b' \quad ①$$

我们知道方程的解法(见命题 1),若 (x_0,k_0) 是方程①的特殊解,那么就可以得到所有解。特别地,$x=x_0+n'l$($l \in \mathbb{Z}$)(这里 k 的值不重要)。

因此解 $x \in \mathbb{Z}$ 的形式 $x=x_0+l\dfrac{n}{\gcd(a,n)}$,$l \in \mathbb{Z}$,其中 x_0 是 $ax \equiv b \pmod n$ 的一个特解,给出模 n 的不同剩余类。

4.4.3 费马小定理

定理 4 (费马小定理)若 p 为素数,$a \in \mathbb{Z}$,则 $a^p \equiv a \pmod p$。

证明 对 $a \geqslant 0$ 我们用数学归纳法证明。

① 若 $a=0$，则 $0\equiv 0 \pmod p$。

② $a\geqslant 0$ 且假设 $a^p\equiv a \pmod p$，利用二项式定理计算 $(a+1)^p$，

$$(a+1)^p = a^p + \binom{p}{p-1}a^{p-1} + \binom{p}{p-2}a^{p-2} + \cdots + \binom{p}{1} + 1$$

模 p 运算：

$$\begin{aligned}(a+1)^p &\equiv a^p + \binom{p}{p-1}a^{p-1} + \binom{p}{p-2}a^{p-2} + \cdots + \binom{p}{1} + 1 \pmod p \\ &\equiv a^p + 1 \pmod p \text{（由引理 3）} \\ &\equiv a + 1 \pmod p \text{（由归纳假设）}\end{aligned}$$

根据归纳原理，对 $a\geqslant 0$ 我们已证费马小定理，由此不难推断出 $a\leqslant 0$ 情况。

推论 4 若 p 不整除 a，则 $a^{p-1}\equiv 1 \pmod p$。

引理 3 对 $1\leqslant k\leqslant p-1$，$p$ 整除 $\binom{p}{k}$，即 $\binom{p}{k}\equiv 0 \pmod p$。

证明 $\binom{p}{k}=\dfrac{p!}{k!\,(p-k)!}$，则 $p!=k!\,(p-k)!\,\binom{p}{k}$，因此 $p\,\Big|\,k!\,(p-k)!\,\binom{p}{k}$。因为 $1\leqslant k\leqslant p-1$，于是 p 不整除 $k!$（否则 p 整除 $k!$ 中的因子，而它们恒小于 p）。同理，p 不整除 $(p-k)!$，因此由欧几里得引理 p 整除 $\binom{p}{k}$。

例 14 计算 $14^{3141} \pmod{17}$。

解析 17 为素数，根据费马小定理 $14^{16}\equiv 1 \pmod{17}$，应用欧几里得除法 $3141=16\times 196+5$，于是

$$14^{3141} \equiv 14^{16\times 196+5} \equiv 14^{16\times 196} \times 14^5 \equiv (14^{16})^{196} \times 14^5 \equiv 1^{196} \times 14^5 \equiv 14^5 \pmod{17}$$

剩下的就是计算 14^5 模 17。这就可以速算。

$$\begin{aligned}&14 \equiv -3 \pmod{17}\\ &14^2 \equiv (-3)^2 \equiv 9 \pmod{17}\\ &14^3 \equiv 14^2\times 14 \equiv 9\times(-3) \equiv -27 \equiv 7 \pmod{17}\\ &14^5 \equiv 14^2\times 14^3 \equiv 9\times 7 \equiv 63 \equiv 12 \pmod{17}\end{aligned}$$

结论：$14^{3141}\equiv 14^5\equiv 12 \pmod{17}$。

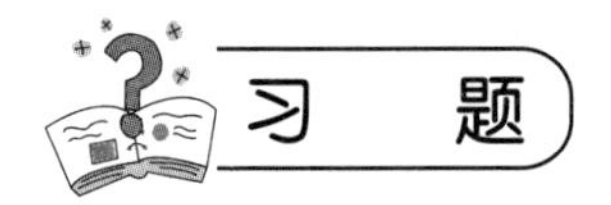

习　题

1. 求 3^{31} 模 7 的值。
2. 解同余方程 $8x\equiv 3 \pmod{41}$。
3. 证明：存在无限多个正整数 n，使得 $n\mid (2^n-8)$。

4†. 设 a 是正整数，求证：a^2+1 的任何大于 2 的素因数（素数）都具有 $4m+1$ 的形式。

答　案

1. **解析**　由费马小定理，$3^6\equiv1 \pmod 7$，于是 $3^{31}\equiv3^1\equiv3 \pmod 7$。

2. **解析**　**方法1**

$$8x\equiv3 \pmod{41} \Leftrightarrow 8x\equiv3+41 \pmod{41}$$

即 $8x\equiv44 \pmod{41}$，$\gcd(4,41)=1$，所以得到 $2x\equiv11 \pmod{41}$，同理，有

$$2x\equiv11+41 \pmod{41} \Rightarrow x\equiv26 \pmod{41} \Rightarrow x=41q+26$$

方法2　注意到 $5\times8\equiv-1 \pmod{41}$，得到 $36\times8\equiv1 \pmod{41}$。同乘36，得到

$$x\equiv26 \pmod{41}$$

注

(1) 在求解 a 模 m 的逆元时，一个好想法是观察是否有 $a\mid(m-1)$ 或 $a\mid(m+1)$；若是，则有一个速解逆元的方法，即

$$a^{-1}\equiv-\frac{m-1}{a} \pmod m \quad 或 \quad a^{-1}\equiv\frac{m+1}{a} \pmod m$$

回到习题2，$8\mid(41-1)$，则 $8^{-1}\equiv-\dfrac{41-1}{8} \pmod{41}$。

(2) 求解 $8^{-1} \pmod{41}$ 的备用方法。

因为41为素数且 $\gcd(41,8)=1$，由费马小定理，得到 $8^{39}\equiv8^{-1} \pmod{41}$，再用平方求幂法计算 $8^{39} \pmod{41}$。

$$8^1\equiv8 \pmod{41}, \quad 8^2\equiv23 \pmod{41}（平方）$$
$$8^4\equiv37 \pmod{41}（平方）, \quad 8^8\equiv16 \pmod{41}（平方）$$
$$8^9\equiv5 \pmod{41}（乘法）, \quad 8^{18}\equiv25 \pmod{41}（平方）$$
$$8^{19}\equiv36 \pmod{41}（乘积）, \quad 8^{38}\equiv25 \pmod{41}（平方）$$
$$8^{39}\equiv36 \pmod{41}（乘积）$$

因此

$$8^{-1}\equiv36 \pmod{41}$$

平方求幂法是基于观察，对于正整数 n，我们有 $x^n=\begin{cases}x(x^2)^{\frac{n-1}{2}}, & 若 n 为奇数\\ (x^2)^{\frac{n}{2}}, & 若 n 为偶数\end{cases}$。

3. **证明**　只要证明 $n=3p$（素数 $p>3$）满足 $n\mid(2^n-8)$，由费马小定理，得 $2^p\equiv2 \pmod p$。故

$$2^{3p}-8=(2^p)^3-8\equiv2^3-8\equiv0 \pmod p \tag{①}$$

类似地，由 $3p$ 为奇数得

$$2^{3p}-8\equiv(-1)^{3p}-2\equiv-3\equiv0 \pmod 3 \tag{②}$$

因为 $\gcd(3,p)=1$，所以由式①和式②得

$$2^{3p}-8\equiv0 \pmod{3p}$$

从而有无限多个大于3的素数，使得结论成立。

4[†]. **证明** 利用反证法。假设 $p\mid(a^2+1)$ 且 $p=4m+3$,其中 m 为整数,那么

$$a^2\equiv-1(\bmod p)$$

$$a^{p-1}=(a^2)^{2m+1}\equiv(-1)^{2m+1}\equiv-1(\bmod p)$$

与费马小定理矛盾。得证。

第5章　多　项　式

多项式是非常简单的数学对象,但它具有极其丰富的属性。你已经知道如何求解二次方程 $ax^2+bx+c=0$,而求解三次方程 $ax^3+bx^2+cx+d=0$ 曾经是16世纪意大利的数学竞赛的主题。一个年轻的意大利人,Tartaglia,找到了解三次方程的一般公式,并在一夜之间解决了比赛的三十个方程!Tartaglia 想要保密的这种方法在几年后发表在《大术》中。

在本章中,对一些基本概念进行定义之后,我们将研究多项式,多项式的算术和整数的算术之间的类比;我们还将继续研究代数的基本定理"任何 n 次多项式都具有 n 个复根";最后,以有理式结尾:有理式是两个多项式的商。

本章中将用$\mathbb{K}$表示集合$\mathbb{Q}$,$\mathbb{R}$或$\mathbb{C}$。

5.1　定　　义

5.1.1　定义

定义1　系数在$\mathbb{K}$上的多项式是以下形式的表达式:

$$P(x)=a_nx^n+a_{n-1}x^{n-1}+\cdots+a_2x^2+a_1x+a_0$$

其中 $n\in\mathbb{N}, a_0, a_1, \cdots, a_n\in\mathbb{K}$;多项式的集合表示为$\mathbb{K}[x]$。

注

(1) a_i 称为多项式的系数。

(2) 若所有系数 a_i 都为0,则 P 为零多项式,记作0。

(3) 满足 $a_i\neq0$ 的最大整数 i,为多项式 P 的次数,记作 $\deg P$。通常规定零多项式的次数 $\deg 0=-\infty$。

(4) 形如 $P=a_0$(其中 $a_0\in\mathbb{K}$)的多项式为常数多项式。若 $a_0\neq0$,则其次数为0。

例1　(1) $x^3-5x+\dfrac{3}{4}$是次数为3的多项式;

(2) x^n+1是次数为 n 的多项式;

(3) 2是常数多项式,次数为0。

5.1.2 多项式的运算

(1) 相等。

设 $P=a_nx^n+a_{n-1}x^{n-1}+\cdots+a_1x+a_0$ 及 $Q=b_nx^n+b_{n-1}x^{n-1}+\cdots+b_1x+b_0$ 为两个系数在$\mathbb{K}$上的多项式,则

$$P = Q \Leftrightarrow \forall i, a_i = b_i$$

读作 P 和 Q 相等。

(2) 加法。

设 $P=a_nx^n+a_{n-1}x^{n-1}+\cdots+a_1x+a_0$ 及 $Q=b_nx^n+b_{n-1}x^{n-1}+\cdots+b_1x+b_0$,我们定义

$$P+Q=(a_n+b_n)x^n+(a_{n-1}+b_{n-1})x^{n-1}+\cdots+(a_1+b_1)x+(a_0+b_0)$$

(3) 乘法。

设 $P=a_nx^n+a_{n-1}x^{n-1}+\cdots+a_1x+a_0$ 及 $Q=b_mx^m+b_{m-1}x^{m-1}+\cdots+b_1x+b_0$,定义

$$P\times Q=c_rx^r+c_{r-1}x^{r-1}+\cdots+c_1x+c_0$$

其中 $r=n+m, c_k=\sum\limits_{i+j=k}a_ib_j, k\in\{0,\cdots,r\}$。

(4) 标量积(乘以标量)。

若 $\lambda\in\mathbb{K}$,则 $\lambda\cdot P$ 是第 i 项系数为 λa_i 的多项式。

例 2 设 $P=ax^3+bx^2+cx+d, Q=\alpha x^2+\beta x+\gamma$,那么

$$P+Q=ax^3+(b+\alpha)x^2+(c+\beta)x+(d+\gamma)$$

$$P\times Q=(a\alpha)x^5+(a\beta+b\alpha)x^4+(a\gamma+b\beta+c\alpha)x^3+(b\gamma+c\beta+d\alpha)x^2+(c\gamma+d\beta)x+d\gamma$$

最后,当且仅当 $a=0, b=\alpha, c=\beta$ 及 $d=\gamma$ 时,$P=Q$。

注 多项式乘以标量 $\lambda\cdot P$ 等价于常数多项式乘以多项式 P。

命题 1 对于 $P,Q,R\in\mathbb{K}[x]$,有

(1) $0+P=P, P+Q=Q+P, (P+Q)+R=P+(Q+R)$;

(2) $1\times P=P, P\times Q=Q\times P, (P\times Q)\times R=P\times(Q\times R)$;

(3) $P\times(Q+R)=P\times Q+P\times R$。

命题 2 设 P 和 Q 是$\mathbb{K}$上的两个多项式,则

$$\deg(P\times Q)=\deg P+\deg Q$$

$$\deg(P+Q)\leqslant\max(\deg P, \deg Q)$$

我们注意到$\mathbb{R}_n[x]=\{P\in\mathbb{R}[x]\mid\deg P\leqslant n\}$。若 $P,Q\in\mathbb{R}_n[x]$,则 $P+Q\in\mathbb{R}_n[x]$。

5.1.3 概念

我们继续完善多项式的概念。

定义 2

(1) 只有一个非零项的多项式(形如 a_kx^k)为单项式;

(2) 设 $P=a_nx^n+a_{n-1}x^{n-1}+\cdots+a_1x+a_0, a_n\neq0$,称 a_nx^n 为最高次项(首项),系数 a_n 为多项式P 的最高项系数;

(3) 若首项系数为1,我们称 P 为首一多项式。

例 3 $P(x)=(x-1)(x^n+x^{n-1}+\cdots+x+1)$,展开得到

$$P(x)=(x^{n+1}+x^n+\cdots+x^2+x)-(x^n+x^{n-1}+\cdots+x+1)=x^{n+1}-1$$

所以 $P(x)$是次数为 $n+1$ 的多项式,含有 x^{n+1}和-1 两项,我们又称其为首一多项式。

注 任何多项式都是单项式的有限和。

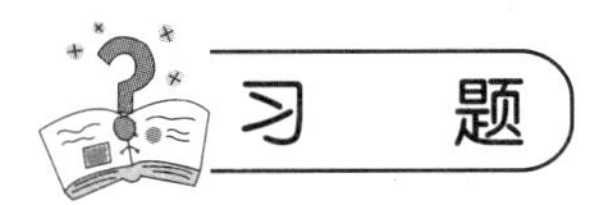

1. 确定次数小于或等于3次的多项式 P,使得 $P(0)=1, P(1)=0, P(-1)=-2$ 以及 $P(2)=4$。

2. 已知 $\alpha(x)=-x^2-5x+3, \beta(x)=-x^3+5$ 和 $\gamma(x)=2x+6$,求 $\alpha(x)\cdot\beta(x)-2\gamma(x)$。

3. 求所有实系数线性或二次多项式 $f(x)$满足 $f(x)f(-x)=f(x^2)$。

4†. 设 $f(x)=a_nx^n+\cdots+a_1x+a_0\in\mathbb{R}[x]$,满足 $0\leqslant a_i\leqslant a_0(i=1,2,\cdots,n)$,又设 b_i $(i=0,1,2,\cdots,2n)$满足$[f(x)]^2=b_{2n}x^{2n}+b_{2n-1}x^{2n-1}+\cdots+b_1x+b_0$,证明:

$$b_{n+1}\leqslant\frac{1}{2}[f(1)]^2$$

1. **解析** 设所求多项式为 $P(x)=ax^3+bx^2+cx+d$,得到下面方程组:

$$\begin{cases}d=1\\a+b+c+d=0\\-a+b-c+d=-2\\8a+4b+2c+d=4\end{cases}。计算得\begin{cases}a=\dfrac{3}{2}\\b=-2\\c=-\dfrac{1}{2}\\d=1\end{cases},所以\ P(x)=\frac{3}{2}x^3-2x^2-\frac{1}{2}x+1。$$

2. **解析**

$$\begin{aligned}\alpha(x)\cdot\beta(x)-2\gamma(x)&=(-x^2-5x+3)(-x^3+5)-2(2x+6)\\&=x^5+5x^4-3x^3-5x^2-29x+3\end{aligned}$$

3. **解析** 分类讨论:

① 若 $f(x)=ax+b(a\neq0)$,则$(ax+b)(-ax+b)=ax^2+b$,即得$-a^2=a, b^2=b$,解得 $f(x)=-x$ 或$f(x)=-x+1$。

② 若 $f(x)=ax^2+bx+c(a\neq 0)$，则

$$(ax^2+bx+c)(ax^2-bx+c)=ax^4+bx^2+c$$

对应系数相等得到 $a^2=a,2ac-b^2=b,c=c^2$，解得 $f(x)=x^2-2x+1$ 或 $f(x)=x^2+x+1,x^2-x,x^2$。

4†. **证明**　根据多项式的乘法，可知 $b_{n+1}=a_1a_n+a_2a_{n-1}+\cdots+a_na_1$，因为 $f(1)=a_0+a_1+\cdots+a_n$，利用条件 $0\leqslant a_i\leqslant a_0$ 有

$$\frac{1}{2}[f(1)]^2=\frac{1}{2}(a_0+a_1+\cdots+a_n)^2=\frac{1}{2}\Big(\sum_{k=0}^{n}a_k^2+2\sum_{0\leqslant k<j\leqslant n}a_ka_j\Big)$$
$$\geqslant\sum_{0\leqslant k<j\leqslant n}a_ka_j\geqslant a_0a_1+a_0a_2+\cdots+a_0a_n\geqslant b_{n+1}$$

5.2　多项式算术

数域$\mathbb{Z}$上的算术与$\mathbb{K}[x]$上的算术有很多相似之处，这使得我们能够省略一些证明。

5.2.1　欧几里得除法

定义 3　设 $A,B\in\mathbb{K}[x]$，若存在 $Q\in\mathbb{K}[x]$，使得 $A=BQ$，则称 B 整除 A，也记作 $B\mid A$。也称 A 是 B 的倍数或 A 能被 B 整除。

根据定义，显然有 $A\mid A,1\mid A$ 及 $A\mid 0$。

命题 3　设 $A,B,C\in\mathbb{K}[x]$，

(1) 若 $A\mid B$ 且 $B\mid A$，则存在 $\lambda\in\mathbb{K}^*$，使得 $A=\lambda B$；

(2) 若 $A\mid B$ 且 $B\mid C$，则 $A\mid C$；

(3) 若 $C\mid A$ 且 $C\mid B$，则 $C\mid(AU+BV)$，对任意 $U,V\in\mathbb{K}[x]$成立。

定理 1　（多项式的欧几里得除法）设 $A,B\in\mathbb{K}[x]$，其中 $B\neq 0$，那么存在唯一的多项式 Q 和 R，满足

$$A=BQ+R,\quad \deg R<\deg B$$

称 Q 为商式，R 为余项，上式为 A 被 B 除的欧几里得除法。注意条件 $\deg R<\deg B$ 表示 $R=0$或 $0\leqslant\deg R<\deg B$，当且仅当 $B\mid A$时 $R=0$。

证明

① 唯一性。若 $A=BQ+R$ 及 $A=BQ'+R'$ 都成立，那么 $B(Q-Q')=R'-R$，$\deg(R'-R)<\deg B$，得到 $Q'-Q=0$，所以 $Q=Q',R=R'$。

② 存在性。假设 $\deg A\leqslant n-1$ 时，存在性满足，设次数为 n 的多项式 $A=a_nx^n+\cdots+a_0(a_n\neq 0)$，$B=b_mx^m+\cdots+b_0$，$b_m\neq 0$。

a. 若 $n<m$，得 $Q=0$ 且 $R=A$。

b. 若 $n\geqslant m$，记

$$A=B\cdot\frac{a_n}{b_m}x^{n-m}+A_1$$

其中 $\deg A_1 \leqslant n-1$。对 A_1 应用归纳假设：存在 $Q_1, R_1 \in \mathbb{K}[x]$ 满足

$$A_1 = BQ_1 + R_1, \quad \deg R_1 < \deg B$$

得到

$$A = B\left(\frac{a_n}{b_m}x^{n-m} + Q_1\right) + R_1$$

于是 $Q = \dfrac{a_n}{b_m}x^{n-m} + Q_1$，且 $R = R_1$ 成立。

例 4　对于多项式的除法，我们就像处理两个整数的欧几里得除法一样。例如，设 $A = 2x^4 - x^3 - 2x^2 + 3x - 1$，$B = x^2 - x + 1$，那么，可得 $Q = 2x^2 + x - 3$，且 $R = -x + 2$；不要忘记检查 $A = BQ + R$ 成立。

$$\begin{array}{rrrrrr|l}
 & 2x^4 & -x^3 & -2x^2 & +3x & -1 & x^2-x+1 \\
- & 2x^4 & -2x^3 & +2x^2 & & & \\ \hline
 & & x^3 & -4x^2 & +3x & -1 & 2x^2+x-3 \\
 & - & x^3 & -x^2 & +x & & \\ \hline
 & & & -3x^2 & +2x & -1 & \\
 & & - & -3x^2 & +3x & -3 & \\ \hline
 & & & & -x & +2 &
\end{array}$$

例 5　$x^4 - 3x^3 + x + 1$ 被 $x^2 + 2$ 除，可得商式 $x^2 - 3x - 2$，余项 $7x + 5$。

$$\begin{array}{rrrrrr|l}
 & x^4 & -3x^3 & + & x & +1 & x^2+2 \\
- & x^4 & & +2x^2 & & & \\ \hline
 & & -3x^3 & -2x^2 & +x & +1 & x^2-3x-2 \\
 & - & -3x^3 & & -6x & & \\ \hline
 & & & -2x^2 & +7x & +1 & \\
 & & - & -2x^2 & & -4 & \\ \hline
 & & & & 7x & +5 &
\end{array}$$

5.2.2　最大公因式

命题 4　设 $A, B \in \mathbb{K}[x]$，其中 $A \neq 0$，$B \neq 0$，存在唯一的次数最高的多项式，能够整除 A 和 B；这个唯一的多项式为 A 和 B 的最大公因式，记作 $\gcd(A, B)$。

注

(1) $\gcd(A, B)$ 是单一多项式；

(2) 若 $A \mid B$ 且 $A \neq 0$，$\gcd(A, B) = \dfrac{1}{\lambda}A$，其中 λ 是 A 的最高项系数；

(3) 对任何 $\lambda \in \mathbb{K}^*$，$\gcd(\lambda A, B) = \gcd(A, B)$；

(4) 对于整数,若 $A=BQ+R$,则有 $\gcd(A,B)=\gcd(B,R)$,可运用欧几里得除法证明。

设 A,B 为多项式,且 $B\neq 0$,连续计算欧几里得除法有

$$\begin{aligned} A &= BQ_1+R_1, \quad \deg R_1<\deg B \\ B &= R_1Q_2+R_2, \quad \deg R_2<\deg R_1 \\ &\cdots \\ R_{k-2} &= R_{k-1}Q_k+R_k, \quad \deg R_k<\deg R_{k-1} \\ R_{k-1} &= R_kQ_{k+1} \end{aligned}$$

余式的次数递减,当余式次数为 0 时,停止算法,最大公因式就是最后的非零项 R_k。

例 6　计算 $A=x^4-1$ 和 $B=x^3-1$ 的最大公因式。

解析　由欧几里得算法有

$$\begin{aligned} x^4-1 &= (x^3-1)\times x+x-1 \\ x^3-1 &= (x-1)\times(x^2+x+1)+0 \end{aligned}$$

最大公因式为最后的非零项,于是

$$\gcd(x^4-1,x^3-1)=x-1$$

例 7　计算 $A=x^5+x^4+2x^3+x^2+x+2$ 和 $B=x^4+2x^3+x^2-4$ 的最大公因式。

解析

$$x^5+x^4+2x^3+x^2+x+2=(x^4+2x^3+x^2-4)\times(x-1)+3x^3+2x^2+5x-2$$

$$x^4+2x^3+x^2-4=(3x^3+2x^2+5x-2)\times\frac{1}{9}(3x+4)-\frac{14}{9}(x^2+x+2)$$

$$3x^3+2x^2+5x-2=(x^2+x+2)\times(3x-1)+0$$

所以 $\gcd(A,B)=x^2+x+2$。

命题 5　设 $A,B\in\mathbb{K}[x]$,若 $\gcd(A,B)=1$,则称 A 和 B 互素。

对于任何 A,B,如果 $\gcd(A,B)=D$,那么 $A=DA'$,$B=DB'$,其中 $\gcd(A',B')=1$。

5.2.3　Bézout 定理

定理 2　(Bézout 定理)设 $A,B\in\mathbb{K}[x]$为两个多项式,$A\neq 0$,$B\neq 0$,记 $D=\gcd(A,B)$,则存在多项式 $U,V\in\mathbb{K}[x]$,满足 $AU+BV=D$。

这个定理来自于欧几里得算法,特别地,通过例题说明。

例 8　我们已经知道 $\gcd(x^4-1,x^3-1)=x-1$,回到欧几里得算法,只有一行,即

$$x^4-1=(x^3-1)\cdot x+x-1$$

得到

$$x-1=(x^4-1)\times 1+(x^3-1)\times(-x)$$

于是 $U=1$,$V=-x$。

例 9　对于 $A=x^5+x^4+2x^3+x^2+x+2$,$B=x^4+2x^3+x^2-4$,我们发现

$$D=\gcd(A,B)=x^2+x+2$$

从欧几里得算法的倒数第二行开始,我们首先得到

$$B = (3x^3+2x^2+5x-2)\times\frac{1}{9}(3x+4)-\frac{14}{9}D$$

因此

$$-\frac{14}{9}D = B-(3x^3+2x^2+5x-2)\times\frac{1}{9}(3x+4)$$

$$A = B\times(x-1)+3x^3+2x^2+5x-2$$

代换得

$$-\frac{14}{9}D = B-[A-B\times(x-1)]\times\frac{1}{9}(3x+4)$$

$$-\frac{14}{9}D = -A\times\frac{1}{9}(3x+4)+B\left[1+(x-1)\times\frac{1}{9}(3x+4)\right]$$

设 $U=\frac{1}{14}(3x+4)$,

$$V = -\frac{1}{14}[9+(x-1)(3x+4)] = -\frac{1}{14}(3x^2+x+5)$$

则 $AU+BV=D$。

下面推论有时也称作 Bézout 定理。

推论 1 设 A 和 B 是两个多项式,当且仅当存在两个多项式 U 和 V,使得 $AU+BV=1$,则称 A,B 互素。

推论 2 设 $A,B,C\in\mathbb{K}[x]$,其中 $A\neq 0,B\neq 0$,若 $C\mid A$且$C\mid B$,则 $C\mid \gcd(A,B)$。

推论 3 (高斯引理)设 $A,B,C\in\mathbb{K}[x]$,若 $A\mid BC$且 $\gcd(A,B)=1$,则 $A\mid C$。

5.2.4 最小公倍式

命题 6 设 $A,B\in\mathbb{K}[x]$为非零多项式,存在唯一的次数最低的多项式 M,使得 $A\mid M$以及$B\mid M$;这个唯一的多项式称为 A 和 B 的最小公倍式,记为 $\mathrm{lcm}(A,B)$。

例 10

$$\mathrm{lcm}(x(x-2)^2(x^2+1)^4,(x+1)(x-2)^3(x^2+1)^3) = x(x+1)(x-2)^3(x^2+1)^4$$

命题 7 设 $A,B\in\mathbb{K}[x]$为非零多项式,$M\equiv\mathrm{lcm}(A,B)$,若 $C\in\mathbb{K}[x]$是一多项式满足 $A\mid C$及$B\mid C$,则 $M\mid C$。

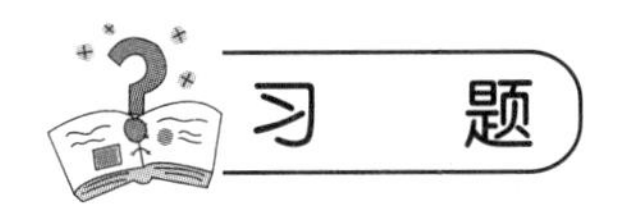

1. 计算下列 A 被 B 除的结果:

(1) $A=3x^5+4x^2+1,B=x^2+2x+3$;

(2) $A=x^5-7x^4-x^2-9x+9,B=x^2-5x+4$。

2. $a,b,c\in\mathbb{R}$,若 x^4+ax^2+bx+c 被 x^2+x+1 整除,求 a,b,c 满足的条件。

3. 求下面多项式的 gcd:

(1) x^3-x^2-x-2 和 $x^5-2x^4+x^2-x-2$；

(2) $nx^{n+1}-(n+1)x^n+1$ 和 $x^n-nx+n-1(n\in\mathbb{N}^*)$。

4[†]. 多项式 $x^{2k}+1+(x+1)^{2k}$ 不能被 x^2+x+1 整除，求自然数 k 的值。

答　案

1. **解析**

(1) $3x^5+4x^2+1=(x^2+2x+3)(3x^3-6x^2+3x+16)-41x-47$；

(2) $x^5-7x^4-x^2-9x+9=(x^2-5x+4)(x^3-2x^2-14x-63)-268x+261$。

2. **解析**　用 x^2+x+1 除 x^4+ax^2+bx+c，由欧几里得除法得到

$$x^4+ax^2+bx+c=(x^2+x+1)(x^2-x+a)+(b-a+1)x+c-a$$

当且仅当余项 $R=(b-a+1)x+c-a$ 是零多项式，即 $b-a+1=0$ 和 $c-a=0$ 时成立。

3. **解析**　(1)

$$x^5-2x^4+x^2-x-2=(x^3-x^2-x-2)(x^2-x)+2x^2-3x-2$$

于是

$$x^3-x^2-x-2=(2x^2-3x-2)\left(\frac{1}{2}x+\frac{1}{4}\right)+\frac{3}{4}x-\frac{3}{2}$$

$$2x^2-3x-2=\left(\frac{3}{4}x-\frac{3}{2}\right)\left(\frac{8}{3}x+\frac{4}{3}\right)$$

gcd 是最后一个非零余式，

$$\gcd(x^3-x^2-x-2,x^5-2x^4+x^2-x-2)=x-2$$

(2)

$$nx^{n+1}-(n+1)x^n+1=(x^n-nx+n-1)[nx-(n+1)]+n^2(x-1)^2$$

① 若 $n=1$，则 $x^n-nx+n-1=0$，gcd 是 $(x-1)^2$，发现 1 是 $x^n-nx+n-1$ 的根，

$$x^n-nx+n-1=(x-1)[x^{n-1}+x^{n-2}+\cdots+x^2+x-(n-1)]$$

② 若 $n\geqslant 2$，1 是 $x^{n-1}+x^{n-2}+\cdots+x^2+x-(n-1)$ 的根，

$$\begin{aligned}&x^{n-1}+x^{n-2}+\cdots+x^2+x-(n-1)\\&=(x-1)[x^{n-2}+2x^{n-3}+\cdots+(n-1)x^2+nx+(n+1)]\end{aligned}$$

得到 $(x-1)^2$ 整除 $x^n-nx+n-1$（注意到 1 是重根，因为它是多项式 $x^n-nx+n-1$ 和其导数的根）。

于是 $n\geqslant 2$ 时，$\gcd(nx^{n+1}-(n+1)x^n+1,x^n-nx+n-1)=(x-1)^2$。

4[†]. 略。提示：设 α 是 $x^2+x+1=0$ 的根，则 $\alpha^2+\alpha+1=0$，$\alpha^3=1$；记 $P(x)=x^{2k}+1+(x+1)^{2k}$，根据整除性，由 Bézout 定理得 $P(\alpha)=0$，即

$$P(\alpha)=\alpha^{2k}+1+(\alpha+1)^{2k}=\alpha^{2k}+1+(\alpha^2+2\alpha+1)^k=\alpha^{2k}+\alpha^k+1$$

后面分情况讨论：$k=3m,3m+1,3m+2$。

5.3　多项式的根和因式分解

5.3.1　多项式的根

定义4　设 $p=a_nx^n+a_{n-1}x^{n-1}+\cdots+a_1x+a_0\in\mathbb{K}[x]$,对于 $x\in\mathbb{K}$,记函数 $p(x)=a_nx^n+a_{n-1}x^{n-1}+\cdots+a_1x+a_0$,因而我们将多项式与多项式函数(仍记为 p)相关联。

定义5　设 $p\in\mathbb{K}[x]$,$\alpha\in\mathbb{K}$,若 $p(\alpha)=0$,则称 α 是多项式的根(或函数的零点)。

命题8　$p(\alpha)=0\Leftrightarrow x-\alpha$ 整除 p。

证明　对于 p 应用欧几里得除法,除数 $x-\alpha$,得到 $p=Q\cdot(x-\alpha)+R$,其中 R 为常数项,所以 $\deg R<\deg(x-\alpha)=1$,因此

$$p(\alpha)=0\Leftrightarrow R(\alpha)=0\Leftrightarrow R=0\Leftrightarrow(x-\alpha)\mid p$$

定义6　若 $k\in\mathbb{N}^*$,称 α 为 p 的 k 重根,如果 $(x-\alpha)^k$ 整除 p,但是 $(x-\alpha)^{k+1}$ 不能整除 p。$k=1$ 时称根为单根,$k=2$ 时称根为2重根,等等。k 重根也称根的阶为 k。

命题9　下列论述等价:

(1) α 是 p 的 k 重根;

(2) 存在 $Q\in\mathbb{K}[x]$ 满足 $p=(x-\alpha)^kQ$,其中 $Q(\alpha)\neq0$;

(3) $p(\alpha)=p'(\alpha)=\cdots=p^{(k-1)}(\alpha)=0$,且 $p^{(k)}(\alpha)\neq0$。

命题9的证明留作习题。

注　与函数的导数相似,若 $p(x)=a_0+a_1x+\cdots+a_nx^n\in\mathbb{K}[x]$,多项式 $p'(x)=a_1+2a_2x+\cdots+na_nx^{n-1}$ 是 $p(x)$ 的导数。

5.3.2　达朗贝尔-高斯定理

定理3　(达朗贝尔-高斯定理)任何次数 $n\geqslant1$ 的复系数多项式在复数集 $\mathbb{C}$ 上至少有一个根;如果重根被计算多次,那么它恰好有 n 个根。

例11　设 $p(x)=ax^2+bx+c$ 是次数为2的实系数多项式,$a,b,c\in\mathbb{R}$ 且 $a\neq0$。

(1) 若 $\Delta=b^2-4ac>0$,则 p 有两个不同的实数根 $\dfrac{-b+\sqrt{\Delta}}{2a}$ 和 $\dfrac{-b-\sqrt{\Delta}}{2a}$;

(2) 若 $\Delta<0$,则 p 有两个不同的复数根 $\dfrac{-b+\mathrm{i}\sqrt{|\Delta|}}{2a}$ 和 $\dfrac{-b-\mathrm{i}\sqrt{|\Delta|}}{2a}$;

(3) 若 $\Delta=0$,则 p 有一个重实根 $\dfrac{-b}{2a}$。

考虑到重根,我们说总有两个根。

例12　$p(x)=x^n-1$ 有 n 个不同的根。

证明　我们知道 p 的次数为 n,那么根据达朗贝尔-高斯定理,n 重根以多重性计数。

现在的问题是这些根为单根。用反证法证明,假设 $\alpha\in\mathbb{C}$ 是阶数大于等于 2 的根(重根),那么 $p(\alpha)=0$ 且 $p'(\alpha)=0$,于是 $\alpha^n-1=0$, $n\alpha^{n-1}=0$。从第二个等式得到 $\alpha=0$,这与第一个等式矛盾。所以所有的根都是单根,n 个根是不同的。

注 在此例中,我们也可以求出根,即 1 的单位根。

5.3.3 不可约多项式

定义 7 设 $p\in\mathbb{K}[x]$,是次数大于等于 1 的多项式,若对于任何 $Q\in\mathbb{K}[x]$,p 整除 Q,即 $Q\in\mathbb{K}^*$,若存在 $\lambda\in\mathbb{K}^*$ 满足 $Q=\lambda p$,则称 p 为不可约多项式。

注

(1) 不可约多项式 p 是一个非常数多项式,p 的唯一除数是常数或 p 本身;

(2) $\mathbb{K}[x]$上不可约多项式的算术对应于整数集$\mathbb{Z}$上的素数概念;

(3) 与之相反,若存在多项式 $A,B\in\mathbb{K}[x]$满足 $p=AB$,其中 $\deg A\geqslant 1$, $\deg B\geqslant 1$,则称 p 为可约的。

例 13

(1) 所有次数为 1 的多项式为不可约多项式,因此存在次数为无穷的不可约多项式;

(2) $x^2-1=(x-1)(x+1)\in\mathbb{R}[x]$是可约多项式;

(3) $x^2+1=(x-\mathrm{i})(x+\mathrm{i})$是$\mathbb{C}[x]$上的可约多项式,但在$\mathbb{R}[x]$上不可约;

(4) $x^2-2=(x-\sqrt{2})(x+\sqrt{2})$是$\mathbb{R}[x]$上的可约多项式,但在$\mathbb{Q}[x]$上不可约。

对于多项式,我们有等同于$\mathbb{Z}$上的欧几里得引理。

命题 10 (欧几里得引理)设 $p\in\mathbb{K}[x]$为不可约多项式,且 $A,B\in\mathbb{K}[x]$,若 $p\mid AB$,则 $p\mid A$或$p\mid B$。

证明 若 p 不整除 A,那么因为 p 为不可约多项式,于是 $\gcd(p,A)=1$。所以由高斯引理有,p 整除 B。

5.3.4 因式分解定理

定理 4 任何非零次多项式 $A\in\mathbb{K}[x]$可以表示为不可约多项式的乘积,即 $A=\lambda p_1^{k_1}p_2^{k_2}\cdots p_r^{k_r}$,其中 $\lambda\in\mathbb{K}^*$, $r\in\mathbb{N}^*$, $k_i\in\mathbb{N}^*$,且 p_i 为不同的不可约多项式。

进一步地,这种分解是唯一的;这是将整数分解为质因数的模型。

5.3.5 $\mathbb{C}[x]$和$\mathbb{R}[x]$上的因式分解

定理 5 $\mathbb{C}[x]$上的不可约多项式是次数为 1 的多项式。于是,对于 $\deg n\geqslant 1$ 的 $p\in\mathbb{C}[x]$,因式分解表示为 $p=\lambda(x-\alpha_1)^{k_1}(x-\alpha_2)^{k_2}\cdots(x-\alpha_r)^{k_r}$,其中 $\alpha_1,\cdots,\alpha_r$ 分别是 p 的不同的根,$k_1,\cdots,k_r$ 为其阶数。

该定理可直接由达朗贝尔-高斯定理证得。

定理 6 $\mathbb{R}[x]$上的不可约多项式是次数为 1 的多项式,以及次数为 2 判别式 $\Delta<0$ 的不可约多项式。设 $p\in\mathbb{R}[x]$,次数 $n\geqslant 1$,分解因式为 $p=\lambda(x-\alpha_1)^{k_1}(x-\alpha_2)^{k_2}\cdots$

$(x-\alpha_r)^{k_r}Q_1^{l_1}\cdots Q_s^{l_s}$。其中 α_i 恰为阶数为 k_i 的不同实数根；Q_i 是次数为 2 的不可约多项式，$Q_i=x^2+\beta_i x+\gamma_i$，且 $\Delta=\beta_i^2-4\gamma_i<0$。

例 14 $p(x)=2x^4(x-1)^3(x^2+1)^2(x^2+x+1)$是$\mathbb{R}[x]$上已经分解的不可约形式的多项式，而它在$\mathbb{C}[x]$上的因式分解为

$$p(x)=2x^4(x-1)^3(x+\mathrm{i})^2(x-\mathrm{i})^2(x-j)(x-j^2)$$

其中 $j=\mathrm{e}^{\frac{2\mathrm{i}\pi}{3}}=\dfrac{-1+\mathrm{i}\sqrt{3}}{2}$。

例 15 已知 $p(x)=x^4+1$，

(1) 在$\mathbb{C}$上，我们可以先分解为 $p(x)=(x^2+\mathrm{i})(x^2-\mathrm{i})$，因此 p 的根就是 i 和 −i 的复数根。因此 p 在$\mathbb{C}[x]$上分解为

$$p(x)=\left[x-\frac{\sqrt{2}}{2}(1+\mathrm{i})\right]\left[x+\frac{\sqrt{2}}{2}(1+\mathrm{i})\right]\left[x-\frac{\sqrt{2}}{2}(1-\mathrm{i})\right]\left[x+\frac{\sqrt{2}}{2}(1-\mathrm{i})\right]$$

(2) 在$\mathbb{R}$上，对于实系数多项式，若 α 是多项式的根，则 $\bar{\alpha}$ 也是根。在因式分解中，对于上式，将具有共轭根的因式进行分组，可得实多项式

$$\begin{aligned}p(x)&=\left\{\left[x-\frac{\sqrt{2}}{2}(1+\mathrm{i})\right]\left[x-\frac{\sqrt{2}}{2}(1-\mathrm{i})\right]\right\}\left\{\left[x+\frac{\sqrt{2}}{2}(1+\mathrm{i})\right]\left[x+\frac{\sqrt{2}}{2}(1-\mathrm{i})\right]\right\}\\&=(x^2+\sqrt{2}x+1)(x^2-\sqrt{2}x+1)\end{aligned}$$

即为$\mathbb{R}[x]$上的分解因式。

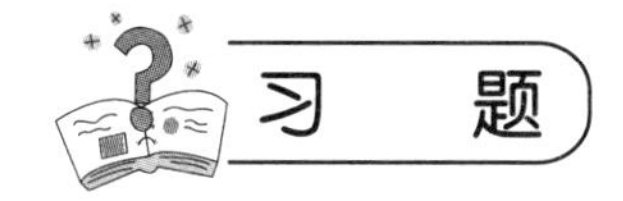

习 题

1. 在$\mathbb{R}[x]$和$\mathbb{C}[x]$上分解因式：

(1) x^3-3； (2) $x^9+x^6+x^3+1$。

2. 求 a 的值，使得多项式$(x+1)^7-x^7-a$ 有实重根。

3. 求满足下列条件的多项式 P：$P+1$ 能被$(x-1)^4$ 整除，$P-1$ 能被$(x+1)^4$ 整除。

4†. 求所有的多项式 $P(x)$，满足

$$\left[P(x)+P\left(\frac{1}{x}\right)\right]^2=P(x^2)P\left(\frac{1}{x^2}\right)$$

答 案

1. **解析** (1) $x^3-3=(x-3^{1/3})(x^2+3^{1/3}x+3^{2/3})$，其中 $x^2+3^{1/3}x+3^{2/3}$ 在$\mathbb{R}[x]$上不可约。在$\mathbb{C}$上求多项式的根，得到$\mathbb{C}[x]$上的分解

$$x^3-3=(x-3^{1/3})\left(x+\frac{1}{2}3^{1/3}-\frac{\mathrm{i}}{2}3^{5/6}\right)\left(x+\frac{1}{2}3^{1/3}+\frac{\mathrm{i}}{2}3^{5/6}\right)$$

(2) $x^9+x^6+x^3+1=P(x^3)$，其中 $P(x)=x^3+x^2+x+1=\dfrac{x^4-1}{x-1}$，$P$ 的根是三个不同的 1 的 4 次单位根($\mathrm{i},-\mathrm{i},-1$)，则

$$\begin{aligned}x^9+x^6+x^3+1&=P(x^3)=(x^3+1)(x^3-\mathrm{i})(x^3+\mathrm{i})\\&=(x^3+1)(x^6+1)\end{aligned}$$

我们已经知道如何分解 x^6+1，因此要继续分解 x^3+1，

$$x^3+1=(x+1)(x^2-x+1)$$

其中 x^2-x+1 无实数根。于是

$$x^9+x^6+x^3+1=(x+1)(x^2-x+1)(x^2+1)(x^2-\sqrt{3}x+1)(x^2+\sqrt{3}x+1)$$

为在$\mathbb{C}[x]$上分解多项式，x^2-x+1 的根是 $\mathrm{e}^{\mathrm{i}\pi/3}$ 和 $\mathrm{e}^{5\mathrm{i}\pi/3}$，

$$\begin{aligned}x^9+x^6+x^3+1=&(x+1)(x-\mathrm{e}^{\mathrm{i}\pi/3})(x-\mathrm{e}^{5\mathrm{i}\pi/3})(x-\mathrm{e}^{\mathrm{i}\pi/6})(x-\mathrm{e}^{3\mathrm{i}\pi/6})(x-\mathrm{e}^{5\mathrm{i}\pi/6})\\&\cdot(x-\mathrm{e}^{7\mathrm{i}\pi/6})(x-\mathrm{e}^{9\mathrm{i}\pi/6})(x-\mathrm{e}^{11\mathrm{i}\pi/6})\end{aligned}$$

2. **解析** 设 $x\in\mathbb{R}$，当且仅当 $P(x)=0$ 且 $P'(x)=0$ 时，x 是 P 的实重根。

$$P(x)=P'(x)=0\Leftrightarrow\begin{cases}(x+1)^7-x^7-a=0\\7(x+1)^6-7x^6=0\end{cases}\Leftrightarrow\begin{cases}(x+1)^7-x^7-a=0\\(x+1)^6=x^6\end{cases}$$

$$\Leftrightarrow\begin{cases}x^6=a\\(x+1)^3=\pm x^3\end{cases}$$

则有$\begin{cases}x^6=a\\x+1=\pm x\end{cases}$，即 $a=\dfrac{1}{64}$。

3. **解析** 注意到，如果 P 是一个解，那么 $P+1=(x-1)^4A$，又因为 $P-1=(x+1)^4B$，因此

$$1=\frac{A}{2}(x-1)^4+\frac{-B}{2}(x+1)^4$$

下面求解合适的多项式 A 和 B。对$(x-1)^4$ 和$(x+1)^4$ 应用 Bézout 定理，有

$$\frac{A}{2}=\frac{5}{32}x^3+\frac{5}{8}x^2+\frac{29}{32}x+\frac{1}{2},\quad \frac{-B}{2}=-\frac{5}{32}x^3+\frac{5}{8}x^2-\frac{29}{32}x+\frac{1}{2}$$

通过构造

$$(x-1)^4A-1=2\left[1+(x+1)^4\frac{B}{2}\right]-1=1+(x+1)^4B$$

$P_0=(x-1)^4A-1$ 是一个特殊解，

$$P_0=\frac{5}{16}x^7-\frac{21}{16}x^5+\frac{35}{16}x^3-\frac{35}{16}x$$

若$(x-1)^4$ 整除 $P+1$，那么 1 是 $P+1$ 的至少四重根，是 P'的至少三重根，于是$(x-1)^3$ 整除 P'；同理，$(x+1)^3$ 整除 P'，因为$(x+1)^3$ 和$(x-1)^3$ 互素，所以$(x-1)^3(x+1)^3$ 整除 P'。

下面计算最低次数多项式：

$$\lambda(x-1)^3(x+1)^3=\lambda(x^2-1)^3=\lambda(x^6-3x^4+3x^2-1)$$

$$P(x)=\lambda\left(\frac{1}{7}x^7-\frac{3}{5}x^5+x^3-x+a\right)$$

若 P 是满足题意的解，则 1 是 $P+1$ 的根且 -1 是 $P-1$ 的根，则 $\lambda\left(\frac{-16}{35}+a\right)=-1$ 且 $\lambda\left(\frac{16}{35}+a\right)=1$，其中 $\lambda a=0$。因为是求解非零多项式 P，$a=0$ 且 $\lambda=\frac{35}{16}$。

$$P_0(x)=\frac{35}{16}\left(\frac{1}{7}x^7-\frac{3}{5}x^5+x^3-x\right)=\frac{5}{16}x^7-\frac{21}{16}x^5+\frac{35}{16}x^3-\frac{35}{16}x$$

恰为问题的解，多项式 $A=P_0+1$ 有根 1，即 $A(1)=0$；1 为其导数的三重根，$A'(1)=A''(1)=A'''(1)=0$；同理，1 至少为 A 的四重根，$(x-1)^4$ 整除 $A=P+1$。$(x+1)^4$ 整除 $P-1$，假设 P 是解，注意到上面得到的特殊解 P_0，那么 $P+1$，P_0+1 可被 $(x-1)^4$ 整除，$P-1$ 和 P_0-1 可被 $(x+1)^4$ 整除。因此

$$P-P_0=(P+1)-(P_0+1)=(P-1)-(P_0-1)$$

可被 $(x-1)^4$ 整除，可被 $(x+1)^4$ 整除；因为 $(x+1)^4$ 与 $(x-1)^4$ 互素，得到 $P-P_0$ 被 $(x-1)^4(x+1)^4$ 整除。若 $P=P_0+(x-1)^4(x+1)^4A$，$P+1$ 恰能整除 $(x-1)^4$，$P-1$ 被 $(x+1)^4$ 整除。因此所有的解的形式为 $P_0(x)+(x-1)^4(x+1)^4A(x)$，其中 P_0 是上面的特殊解，A 为任意一个多项式。

4[†]. **解析** 结论：唯一解为 $P(x)=0$。

(1) 在求解 $p(x)$ 之前，我们先来看一个与之相关的引理。

令 $P(x)=\sum_k a_k x^k$ 是满足题意的多项式，记 $d=\deg P$。

引理 1 $P(x)$ 是偶多项式。

证明 若 $P(x)$ 是常值函数，显然成立，下面只考虑 $P(x)$ 为非常值多项式。

① 首先，我们证明 $P(x)$ 不是偶数次多项式，也不是奇数次多项式。否则，存在最小正奇数 m 使得 $a_{d-m}\neq 0$，那么通过比较等式两边 x^{2d-m} 的系数，得到 $2a_d a_{d-m}=0,\cdots,a_{d-m}=0$，矛盾。

② 其次，通过比较 x^{2d} 的系数，得到 $a_d^2=a_d a_0,\cdots,a_0=a_d$，若 $P(x)$ 为奇数次多项式，这是不可能发生的。因此引理得证。

(2) 现在，假设 $P(x)$ 是方程的解。

① 假设 $P(x)$ 不是常数多项式，由上面引理，$P(x)$ 为偶数次多项式。特别地，$Q(x)=P(\sqrt{x})$ 仍是关于 x 的多项式，即

$$[Q(x)+Q(x^{-1})]^2=[P(x^{1/2})+P(x^{-1/2})]^2=P(x)P(x^{-1})=Q(x^2)Q(x^{-2})$$

所以 $Q(x)$ 也是方程的解。特别地，$\deg Q=\frac{1}{2}\deg P$ 为偶数，重复此过程，得到 $\frac{1}{2^k}\deg P$ 为偶数，$k\geqslant 0$，矛盾。

② 由上面的矛盾，我们得到 $P(x)$ 必定为常值多项式。将 $P(x)=a$ 代入到题目中的方程，得到 $4a^2=a^2$，因此 $a=0$，所以 $P(x)=0$。

5.4 有理分式

定义 8 系数在$\mathbb{K}$上的有理分式是形如下面的表达式：$F=\dfrac{P}{Q}$，其中多项式 $P,Q\in\mathbb{K}[x]$ 且 $Q\neq 0$。

任何有理分式均可分解为基本有理分式的和，即“真”分式，只是在$\mathbb{C}$上或$\mathbb{R}$上基本分式是不同的。

5.4.1 集合$\mathbb{C}$上分解分式

定理 7 设$\dfrac{P}{Q}$是有理分式，$P,Q\in\mathbb{C}[x]$，$\gcd(P,Q)=1$ 且 $Q=(x-a_1)^{k_1}\cdots(x-a_r)^{k_r}$，那么$\dfrac{P}{Q}$有且仅有一种形式表示，即

$$\frac{P}{Q}=E+\frac{a_{1,1}}{(x-a_1)^{k_1}}+\frac{a_{1,2}}{(x-a_1)^{k_1-1}}+\cdots+\frac{a_{1,k_1}}{(x-a_1)}$$

$$+\frac{a_{2,1}}{(x-a_2)^{k_2}}+\cdots+\frac{a_{2,k_2}}{(x-a_2)}+\cdots$$

其中多项式 E 称为多项式部分(整式部分)，$\dfrac{a}{(x-a)^i}$为$\mathbb{C}$上的真分式。

例 16

(1) 验证

$$\frac{1}{x^2+1}=\frac{a}{x+\mathrm{i}}+\frac{b}{x-\mathrm{i}}$$

其中 $a=\dfrac{1}{2}\mathrm{i}$，$b=-\dfrac{1}{2}\mathrm{i}$；

(2) 验证

$$\frac{x^4-8x^2+9x-7}{(x-2)^2(x+3)}=x+1+\frac{-1}{(x-2)^2}+\frac{2}{x-2}+\frac{-1}{x+3}$$

解析 这种分解的计算，首先确定多项式(整式部分)。

① 若 $\deg Q>\deg P$，则 $E(x)=0$。

② 若 $\deg P\leqslant\deg Q$，P 对 Q 进行欧几里得算法：$P=QE+R$。于是$\dfrac{P}{Q}=E+\dfrac{R}{Q}$，其中 $\deg R<\deg Q$。商式为整式部分，对于$\dfrac{R}{Q}$，$\deg R<\deg Q$。

例 17 分解$\dfrac{P}{Q}=\dfrac{x^5-2x^3+4x^2-8x+11}{x^3-3x+2}$。

解析　① 计算多项式部分。计算出 P 除以 Q 的欧几里得算法。

$$P(x)=(x^2+1)Q(x)+2x^2-5x+9$$

则多项式(整式)部分 $E(x)=x^2+1$;分式表示为

$$\frac{P(x)}{Q(x)}=x^2+1+\frac{2x^2-5x+9}{Q(x)}$$

注意分式$\dfrac{2x^2-5x+9}{Q(x)}$分子的次数严格小于分母的次数。

② 分母的因式分解。显然分母 Q 有一个根 $+1$(2 重根)和另一根 -2(单根),因此 Q 分解为 $Q(x)=(x-1)^2(x+2)$。

③ 应用定理分解为真分式。分解定理告诉我们,存在唯一的分解式

$$\frac{P(x)}{Q(x)}=E(x)+\frac{a}{(x-1)^2}+\frac{b}{x-1}+\frac{c}{x+2}$$

我们已知 $E(x)=x^2+1$,所以只要求解 a,b,c。

④ 确定系数。

方法 1　下面是第一种确定 a,b,c 的方法:通分,公分母 $Q(x)$。

$$\frac{a}{(x-1)^2}+\frac{b}{x-1}+\frac{c}{x+2}=\frac{(b+c)x^2+(a+b-2c)x+2a-2b+c}{(x-1)^2(x+2)}=\frac{2x^2-5x+9}{Q(x)}$$

得到 $b+c=2,a+b-2c=-5$ 以及 $2a-2b+c=9$。解得 $a=2,b=-1,c=3$。于是

$$\frac{P}{Q}=\frac{x^5-2x^3+4x^2-8x+11}{x^3-3x+2}=x^2+1+\frac{2}{(x-1)^2}+\frac{-1}{x-1}+\frac{3}{x+2}$$

方法 2　还有另外一种更有效率的方法求系数。注意到

$$\frac{P_1(x)}{Q(x)}=\frac{2x^2-5x+9}{(x-1)^2(x+2)} \tag{①}$$

理论上可分解为

$$\frac{a}{(x-1)^2}+\frac{b}{x-1}+\frac{c}{x+2}$$

为确定 a,式①两边同乘$(x-1)^2$,得到

$$F_1(x)=(x-1)^2\frac{P_1(x)}{Q(x)}=a+b(x-1)+c\frac{(x-1)^2}{x+2}$$

于是 $F_1(1)=a$。另外

$$F_1(x)=(x-1)^2\frac{P_1(x)}{Q(x)}=(x-1)^2\frac{2x^2-5x+9}{(x-1)^2(x+2)}=\frac{2x^2-5x+9}{x+2}$$

于是 $F_1(1)=a=2$。

同理,求 c。式①两边同时乘$(x+2)$得到

$$F_2(x)=(x+2)\frac{P_1(x)}{Q(x)}=\frac{2x^2-5x+9}{(x-1)^2}=a\frac{x+2}{(x-1)^2}+b\frac{x+2}{x-1}+c$$

令 $x=-2,F_2(-2)=3=c$。由于系数唯一,因此在求解时可以运用任何灵活的方法,如在

$$\frac{P_1(x)}{Q(x)}=\frac{a}{(x-1)^2}+\frac{b}{x-1}+\frac{c}{x+2}$$

中令 $x=0$,得到

$$\frac{P_1(0)}{Q(0)}=a-b+\frac{c}{2}=\frac{9}{2}$$

于是 $b=a+\frac{c}{2}-\frac{9}{2}=-1$。

5.4.2 在$\mathbb{R}$上分解分式

定理 8 设$\frac{P}{Q}$是有理分式,其中 $P,Q\in\mathbb{R}[x]$,$\gcd(P,Q)=1$,那么$\frac{P}{Q}$唯一地表示为

(1) 整式部分(多项式)$E(x)$;

(2) 真分式形式 $\frac{a}{(x-\alpha)^i}$;

(3) 真分式形式 $\frac{ax+b}{(x^2+\alpha x+\beta)^i}$。

其中 $x-\alpha$ 和$x^2+\alpha x+\beta$ 为$Q(x)$中的不可约因式,指数 i 小于等于因式分解中的相应幂。

例 18 将下面的分式分解为最简分式:

$$\frac{P(x)}{Q(x)}=\frac{3x^4+5x^3+11x^2+5x+3}{(x^2+x+1)^2(x-1)}$$

解析 因为 $\deg P<\deg Q$,于是 $E(x)=0$。在$\mathbb{R}$上 x^2+x+1 是不可约多项式,因而分母已经完成分解,根据定理有

$$\frac{P(x)}{Q(x)}=\frac{ax+b}{(x^2+x+1)^2}+\frac{cx+d}{x^2+x+1}+\frac{e}{x-1}$$

计算得

$$\frac{P(x)}{Q(x)}=\frac{2x+1}{(x^2+x+1)^2}+\frac{-1}{x^2+x+1}+\frac{3}{x-1}$$

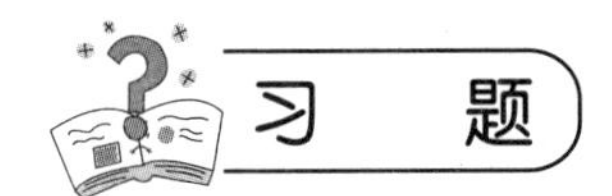

1. 在$\mathbb{R}$上分解下列有理多项式:

(1) $F=\frac{x}{x^2-4}$; (2) $G=\frac{x^3-3x^2+x-4}{x-1}$。

2. 在$\mathbb{C}$上分解多项式$\frac{(3-2\mathrm{i})x-5+3\mathrm{i}}{x^2+x\mathrm{i}+2}$。

3. 设 $Q_0=(x-1)(x-2)^2$, $Q_1=x(x-2)^2$ 以及 $Q_2=x(x-1)$,应用分解$\frac{1}{x(x-1)(x-2)^2}$为基本分式的方法,确定 A_0,A_1,A_2 满足 $A_0Q_0+A_1Q_1+A_2Q_2=1$,从中可以推断出 Q_1,Q_2 和 Q_3 有什么性质?

4. 设 $T_n(x)=\cos(n\arccos x)$,$x\in[-1,1]$。

(1) 证明:对任意 $\theta\in[0,\pi]$,$T_n(\cos\theta)=\cos(n\theta)$;

(2) 计算 T_0 和 T_1；

(3) 对任意 $n\geqslant 0$，证明：$T_{n+2}(x)=2xT_{n+1}(x)-T_n(x)$；

(4) 确定 T_n 是 n 次多项式函数。

5†.(2017年，中国台湾数学奥林匹克TST)求所有实系数多项式 P，使得对于任意的 $x\in\mathbb{R}$，均有

$$P(x)P(x+1)=P(x^2-x+3)$$

答　案

1. **解析**　(1) 首先，分解分母 $x^2-4=(x-2)(x+2)$，因此 $F=\frac{a}{x-2}+\frac{b}{x+2}$，通分运算有

$$\frac{x}{x^2-4}=\frac{(a+b)x+2(a-b)}{x^2-4}$$

通过比较系数有 $\begin{cases}a+b=1\\2(a-b)=0\end{cases}$，所以 $a=b=\frac{1}{2}$，即

$$\frac{x}{x^2-4}=\frac{1/2}{x-2}+\frac{1/2}{x+2}$$

(2) $\frac{x^3-3x^2+x-4}{x-1}=x^2-2x-1-\frac{5}{x-1}$。

2. $\frac{(3-2\mathrm{i})x-5+3\mathrm{i}}{x^2+x\mathrm{i}+2}=\frac{2+\mathrm{i}}{x-\mathrm{i}}+\frac{1-3\mathrm{i}}{x+2\mathrm{i}}$。

3. **解析**

$$\frac{1}{x(x-1)(x-2)^2}=\frac{-\frac{1}{4}}{x}+\frac{1}{x-1}+\frac{\frac{1}{2}}{(x-2)^2}+\frac{-\frac{3}{4}}{x-2}$$

两端同乘分母 $x(x-1)(x-2)^2$，得到

$$1=-\frac{1}{4}Q_0+Q_1+\left[\frac{1}{2}-\frac{3}{4}(x-2)\right]Q_2$$

因而 $A_0=-\frac{1}{4}$，$A_1=1$ 及 $A_2=\left(2-\frac{3}{4}x\right)$。

我们得到 Q_1，Q_2 和 Q_3 之间的 Bézout 关系，证明这三个多项式作为一个整体是互素的：$\gcd(Q_1,Q_2,Q_3)=1$。

4. (1) **证明**　若设 $x=\cos\theta$，则 $T_n(x)=\cos(n\arccos x)$ 为 $T_n(\cos\theta)=\cos(n\theta)$，因为对 $\theta\in[0,\pi]$，$\arccos(\cos\theta)=\theta$。

(2) $T_0(x)=1$，$T_1(x)=x$。

(3) **证明**　记 $(n+2)\theta=(n+1)\theta+\theta$ 及 $n\theta=(n+1)\theta-\theta$，得到

$$\cos[(n+2)\theta]=\cos[(n+1)\theta]\cos\theta-\sin[(n+1)\theta]\sin\theta$$

$$\cos(n\theta)=\cos[(n+1)\theta]\cos\theta+\sin[(n+1)\theta]\sin\theta$$

对两个等式求和,得到

$$\cos[(n+2)\theta]+\cos(n\theta)=2\cos[(n+1)\theta]\cos\theta,\quad x=\cos\theta$$

得到

$$T_{n+2}(x)+T_n(x)=2xT_{n+1}(x)$$

(4) T_0 和 T_1 是多项式,接下来用归纳法不难证明。

5[†]. **解析** 显然,零多项式符合题中条件(将题中条件记为式①)。下面假设多项式 $P(x)$不为零多项式。

若 $P(x)$有零点 α,将 $x=\alpha$ 代入已知有

$$P(\alpha^2-\alpha+3)=P(\alpha)P(\alpha+1)=0$$

则 $\beta=\alpha^2-\alpha+3$ 也为 $P(x)$的零点。显然

$$\beta=\alpha^2-\alpha+3=\left(\alpha-\frac{1}{2}\right)^2+\frac{11}{4}>2$$

考虑无穷数列 $\beta,f(\beta),f(f(\beta)),f(f(f(\beta))),\cdots,(f(x)=x^2-x+3)$;如同上述方法分别将 $\beta,f(\beta),f(f(\beta)),f(f(f(\beta))),\cdots$代入式①,得到此数列的每一项均为 $P(x)$的零点。

当 $x\geqslant 2$ 时,显然有 $f(x)>x$。于是此数列严格单调递增,即 $P(x)$有无穷多个实根,这与 $P(x)$为多项式矛盾,即证明了 $P(x)$无实根。故其次数必为偶数次。

考虑 $P(x)$的首项系数 t,比较式①的最高次项系数得到

$$t^2=t\Rightarrow t=1$$

所以 $P(x)$为首一多项式,设 $P(x)$的次数为 $2n$,记 $P(x)=(x^2-2x+3)^n+Q(x)$。

因为 $P(x)$是首一多项式,所以 $Q(x)$的次数小于 $2n$,代入式①得到

$$\begin{aligned}&[(x^2-2x+3)^n+Q(x)]\{[(x+1)^2-2(x+1)+3]^n+Q(x+1)\}\\&=[(x^2-2x+3)^2-2(x^2-x+3)+3]^n+Q(x^2-x+3)\end{aligned}$$

展开得到

$$\begin{aligned}&Q(x)Q(x+1)+Q(x)[(x+1)^2-2(x+1)+3]^n+Q(x+1)(x^2-2x+3)^n\\&=Q(x^2-2x+3)\end{aligned}\qquad ②$$

若 $Q(x)$不为零多项式,设 $Q(x)$次数为 q,系数为 k,因为 $q<2n$,式②左边最高次数至多为 $2n+q$,且其 $2n+q$ 次项系数为 $2k\neq 0$,所以左边最高次数为 $2n+q$,而右边最高次数显然为 $2q$,故 $q=2n$,矛盾。

因此 $Q(x)$只能为零多项式,即 $P(x)$的所有可能值只能是零多项式和$(x^2-2x+3)^n$。

第6章　群

伽罗瓦(Évariste Galois)是他那个时代非常伟大的数学家,因为他不到十七岁就引入了群的概念。不幸的是,他在二十岁的时候死于一场决斗。

你已经知道如何求解次数为2的方程 $ax^2+bx+c=0$,其根可表示为 a,b,c 的函数。对于次数为3的方程 $ax^3+bx^2+cx+d=0$,仍然存在求根公式。如方程 $x^3+3x+1=0$, $x_0=\sqrt[3]{\frac{\sqrt{5}-1}{2}}-\sqrt[3]{\frac{\sqrt{5}+1}{2}}$。对于次数为4的方程,也存在这样的公式。

20世纪初,数学中有一个重要问题,即对于5次或更高次的方程,是否存在类似的公式。伽罗瓦和阿贝尔(Abel)给出了否定的答案,即不存在这样的公式。当时的伽罗瓦也没法说出哪些多项式存在一般的求根公式,哪些多项式不存在求根公式。他为了证明自己的想法引入了群的概念。

群是其他数学概念的基础,如环、场、矩阵、向量空间,等等。当然你还可以在算术、几何、密码学中找到它!在本章中我们将先介绍群和子群的概念。接着,我们将研究两个群间的应用:群的同态(group morphisms)。最后,我们将详细介绍两个重要的群:$\mathbb{Z}/n\mathbb{Z}$ 和置换群。

6.1　定　　义

6.1.1　定义

定义1　群$(G,*)$是一个集合 G 连同其上的运算 $*$(形成运算律),满足下面四个性质:

(1) 对任意 $x,y\in G$,$x*y\in G$(封闭性);

(2) 对任意 $x,y,z\in G$,$(x*y)*z=x*(y*z)$(结合律);

(3) 存在 $e\in G$,使得 $\forall x\in G$,$x*e=x$,$e*x=x$(e 为单位元);

(4) 对任意 $\forall x\in G$,存在 $x'\in G$,使得 $x*x'=x'*x=e$(x'为 x 的逆元,记为 x^{-1})。

此外，若满足对 $x,y\in G$，$x*y=y*x$，我们称 G 为交换群（或阿贝尔群）。

注

(1) 单位元是唯一的。事实上，如果 e' 也满足性质(3)，那么 $e'*e=e$（因为 e 是单位元），且 $e'*e=e'$（e' 也为单位元），得到 $e=e'$。另外，单位元的逆元是其自身。若有几个群，我们将用 e_G 表示 G 的单位元。

(2) 元素 $x\in G$ 的逆元是唯一的。事实上，如果 x' 和 x'' 都满足性质(4)，那么有 $x*x''=e$，于是 $x'*(x*x'')=x'*e$，根据结合律性质(2)和单位元性质(3)，得到 $(x'*x)*x''=x'$，而 $x'*x=e$，所以 $e*x''=x'$，于是 $x''=x'$。

6.1.2 举例

1. 下面的集合是常规集合，对于给定的运算定义群结构

(1) $(\mathbb{R}^*,\times)$ 是一个交换群，"×"是通常的乘法。下面我们验证群定义的四个性质：

① 若 $x,y\in\mathbb{R}^*$，则 $x\times y\in\mathbb{R}^*$。

② 对任意 $x,y,z\in\mathbb{R}^*$，有 $x\times(y\times z)=(x\times y)\times z$，即实数乘法的结合律。

③ 1 是乘法运算的单位元，事实上，$1\times x=x$ 且 $x\times 1=x$，这与 $x\in\mathbb{R}^*$ 无关。

④ $x\in\mathbb{R}^*$ 的逆元为 $x'=\frac{1}{x}$（因为 $x\times\frac{1}{x}$ 恰好等于单位元 1），因此 x 的逆元为 $x^{-1}=\frac{1}{x}$。应注意到此群集合排出了 0，因为 0 没有逆元。

综上，$(\mathbb{R}^*,\times)$ 构成一个群。

⑤ 最后，$x\times y=y\times x$，即实数乘法构成交换群。

(2) $(\mathbb{Q}^*,\times)$ 构成交换群。

(3) $(\mathbb{Z},+)$ 是交换群，这里"+"是一般意义上的加法。

① 若 $x,y\in\mathbb{Z}$，则 $x+y\in\mathbb{Z}$。

② 对于所有 $x,y,z\in\mathbb{Z}$，有 $x+(y+z)=(x+y)+z$。

③ 0 是加法运算的单位元，事实上，$0+x=x$ 且 $x+0=x$。

④ $x\in\mathbb{Z}$ 的逆元为 $x'=-x$，因为 $x+(-x)=0$，恰为单位元 0。当群的运算为 + 时，逆通常被称为相反(数)。

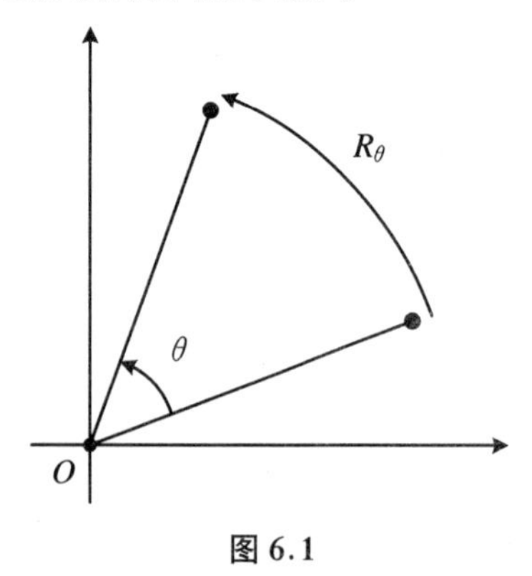

图 6.1

⑤ 最后 $x+y=y+x$，因此 $(\mathbb{Z},+)$ 为交换群。

(4) $(\mathbb{Q},+)$，$(\mathbb{R},+)$，$(\mathbb{C},+)$ 均为交换群。

(5) 设 $\mathfrak{R}$ 是中心位于原点 O 的平面旋转集合，如图 6.1 所示。

于是对于两个旋转 R_θ 和 R'_θ，复合运算 $R_\theta\circ R'_\theta$ 仍然是一个中心在原点的旋转，且旋转的角度为 $\theta+\theta'$，这里$\circ$为复合运算。因此 $(\mathfrak{R},\circ)$ 构成一个群（且是一个交换群）。对于此运算单位元是角度为 0 的旋转：这是平面旋转的恒等式。角度是 θ 的旋转的逆元为 $-\theta$ 的旋转。

(6) 若 $\mathfrak{I}$ 是平面的等距变换（如平移、旋转、对称及其

复合)集合,则$(\Im,\circ)$是一个群,但是这个群不是交换群。事实上,记平面集合$\mathbb{R}^2$,假设R表示中心在原点$O(0,0)$,角度为$\frac{\pi}{2}$的旋转变换;T为按向量$(1,0)$的平移,那么分别等距变换$T\circ R$(图6.2)和$R\circ T$(图6.3),考虑点$A(1,1)$在这些变换下的象:

$$T\circ R(1,1)=T(-1,1)=(0,1),\quad R\circ T(1,1)=R(2,1)=(-1,2)$$

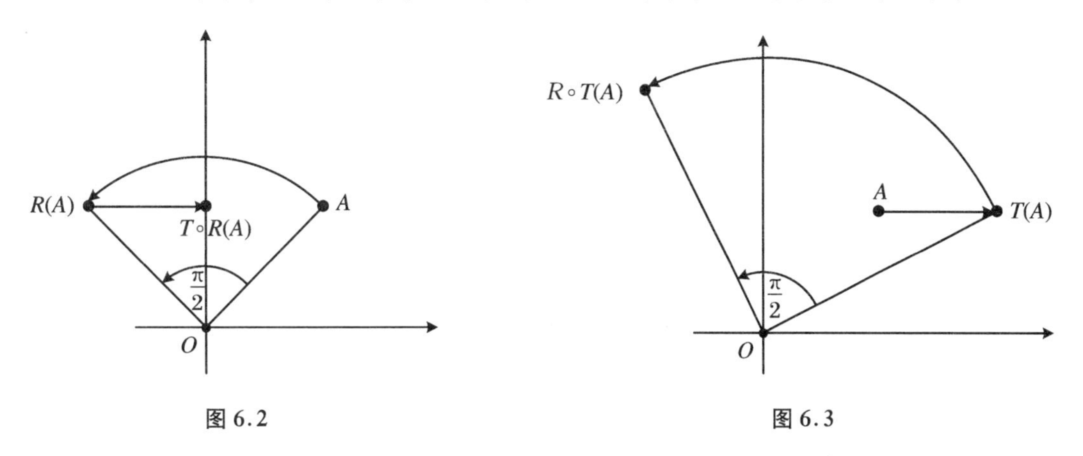

图6.2　　图6.3

2. 下面的两个例子不能构成群

(1) $(\mathbb{Z}^*,\times)$不是群。因为如果2存在一个逆元(对于乘法$\times$),那么其将是$\frac{1}{2}$,这不是整数。

(2) $(\mathbb{N},+)$不是群。事实上,3的逆元(对于加法+)为-3,而$-3\notin\mathbb{N}$。

我们将在6.4节和6.5节研究两个重要的群:循环群和置换群。

6.1.3 幂

对于群$(G,*)$,$x\in G$,用x^2表示$x*x$,x^3表示$x*x*x$。更为一般地,

(1) $x^n=\underbrace{x*x*\cdots*x}_{n\text{次}}$;

(2) $x^0=e$;

(3) $x^{-n}=\underbrace{x^{-1}*x^{-1}*\cdots*x^{-1}}_{n\text{次}}$。

x^{-1}是x的逆元。运算律与实数幂的运算相同。对于$x,y\in G$,$m,n\in\mathbb{Z}$,我们有

(1) $x^m*x^n=x^{m+n}$;

(2) $(x^m)^n=x^{mn}$;

(3) $(x*y)^{-1}=y^{-1}*x^{-1}$;(注意顺序!)

(4) 若$(G,*)$是交换群,则$(x*y)^n=x^n*y^n$。

6.1.4 2×2 矩阵示例

2×2 矩阵类似 4 个数字(对于我们而言为实数)的表格$\begin{pmatrix} a & b \\ c & d \end{pmatrix}$。我们定义两个矩阵的乘积×,$\boldsymbol{M}=\begin{pmatrix} a & b \\ c & d \end{pmatrix}$,$\boldsymbol{M}'=\begin{pmatrix} a' & b' \\ c' & d' \end{pmatrix}$:

$$\boldsymbol{M}\times\boldsymbol{M}' = \begin{pmatrix} a & b \\ c & d \end{pmatrix}\times\begin{pmatrix} a' & b' \\ c' & d' \end{pmatrix} = \begin{pmatrix} aa'+bc' & ab'+bd' \\ ca'+dc' & cb'+dd' \end{pmatrix}$$

下面说明如何计算:将 $\boldsymbol{M}$ 放左侧,$\boldsymbol{M}'$放在结果的上方,$\boldsymbol{M}$ 的第一行与 $\boldsymbol{M}'$的第一列作乘积 $a\times a'$和 $b\times c'$,相加得到 $\boldsymbol{M}\times\boldsymbol{M}'$的第一项;第二项也是如此,$\boldsymbol{M}$ 的第一行与 $\boldsymbol{M}'$的第二列作乘积并相加 $ab'+bd'$。如图 6.4 所示。

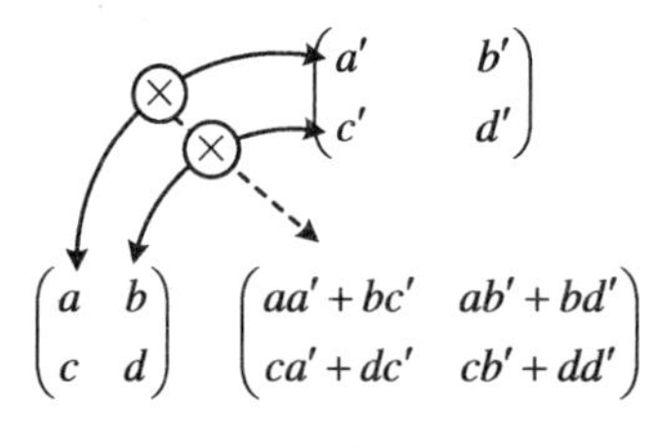

图 6.4

例如,若 $\boldsymbol{M}=\begin{pmatrix} 1 & 1 \\ 0 & -1 \end{pmatrix}$,$\boldsymbol{M}'=\begin{pmatrix} 1 & 0 \\ 2 & 1 \end{pmatrix}$,如图 6.5 所示,(a)为 $\boldsymbol{M}\times\boldsymbol{M}'$,(b)为 $\boldsymbol{M}'\times\boldsymbol{M}$。

$$\begin{matrix} & \begin{pmatrix} 1 & 0 \\ 2 & 1 \end{pmatrix} \\ \begin{pmatrix} 1 & 1 \\ 0 & -1 \end{pmatrix} & \begin{pmatrix} 3 & 1 \\ -2 & -1 \end{pmatrix} \end{matrix} \qquad \begin{matrix} & \begin{pmatrix} 1 & 1 \\ 0 & -1 \end{pmatrix} \\ \begin{pmatrix} 1 & 0 \\ 2 & 1 \end{pmatrix} & \begin{pmatrix} 1 & 1 \\ 2 & 1 \end{pmatrix} \end{matrix}$$

(a) (b)

图 6.5

于是 $\boldsymbol{M}\times\boldsymbol{M}'=\begin{pmatrix} 3 & 1 \\ -2 & -1 \end{pmatrix}$,$\boldsymbol{M}'\times\boldsymbol{M}=\begin{pmatrix} 1 & 1 \\ 2 & 1 \end{pmatrix}$。请注意,一般而言 $\boldsymbol{M}\times\boldsymbol{M}'\neq\boldsymbol{M}'\times\boldsymbol{M}$。

二阶矩阵的行列式定义为 $\det \boldsymbol{M}=ad-bc$。

命题 1 具有非零行列式的 2×2 矩阵以及矩阵乘法,构成非交换群,记为$(G_2,\times)$。

我们引入一个初级结论:

引理 1 $\det(\boldsymbol{M}\times\boldsymbol{M}')=\det\boldsymbol{M}\cdot\det\boldsymbol{M}'$。

证明 证明引理 1 只要检查计算

$(aa'+bc')(cb'+dd')-(ab'+bd')(ca'+dc')=(ad-bc)(a'd'-b'c')$

下面证明命题 1。

证明 ① 验证运算的封闭性。若 $\boldsymbol{M},\boldsymbol{M}'$是 2×2 矩阵,$\boldsymbol{M}\times\boldsymbol{M}'$也是 2×2 矩阵。现设 $\boldsymbol{M},\boldsymbol{M}'$的行列式不为零,则 $\det(\boldsymbol{M}\times\boldsymbol{M}')=\det\boldsymbol{M}\cdot\det\boldsymbol{M}'$也不为零,所以 $\boldsymbol{M},\boldsymbol{M}'\in G_2$,$\boldsymbol{M}\times\boldsymbol{M}'\in G_2$。

② 验证结合律。对于任何三个矩阵 $\boldsymbol{M},\boldsymbol{M}',\boldsymbol{M}''$,要证明

$$(\boldsymbol{M}\times\boldsymbol{M}')\times\boldsymbol{M}''=\boldsymbol{M}\times(\boldsymbol{M}'\times\boldsymbol{M}'')$$

③ 存在单位元。单位矩阵 $\boldsymbol{I}=\begin{pmatrix}1&0\\0&1\end{pmatrix}$是乘法中的单位元。事实上,

$$\begin{pmatrix}a&b\\c&d\end{pmatrix}\times\begin{pmatrix}1&0\\0&1\end{pmatrix}=\begin{pmatrix}a&b\\c&d\end{pmatrix},\quad \begin{pmatrix}1&0\\0&1\end{pmatrix}\times\begin{pmatrix}a&b\\c&d\end{pmatrix}=\begin{pmatrix}a&b\\c&d\end{pmatrix}$$

④ 存在逆元。若 $\boldsymbol{M}=\begin{pmatrix}a&b\\c&d\end{pmatrix}$是行列式不为零的矩阵,$\boldsymbol{M}^{-1}=\dfrac{1}{ad-bc}\begin{pmatrix}d&-b\\-c&a\end{pmatrix}$是 $\boldsymbol{M}$ 的逆。验证 $\boldsymbol{M}\times\boldsymbol{M}^{-1}=\boldsymbol{I}$ 及 $\boldsymbol{M}^{-1}\times\boldsymbol{M}=\boldsymbol{I}$。

⑤ 最后,我们已经看到这种乘法不是可交换的。

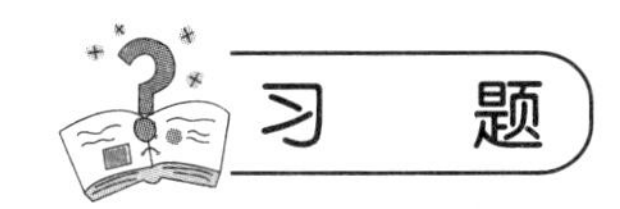

习　题

1. 设 $G=\mathbb{Z}$,运算 $a*b=a-b$(普通减法),G 是一个群吗?说明理由。

2. 设 $G=\{a+b\sqrt{2}\mid a,b\in\mathbb{Q}\}$,求证:

(1) 在“+”运算下,G 是一个群;

(2) $G^*=\{x\in G\mid x\neq 0\}$在“×”意义下,是群。

3. 若 $\boldsymbol{A}=\begin{pmatrix}2&-1\\-4&2\end{pmatrix}$,$\boldsymbol{B}=\begin{pmatrix}3&-1\\1&5\end{pmatrix}$和 $\boldsymbol{C}=\begin{pmatrix}4&-3\\3&1\end{pmatrix}$,计算 $\boldsymbol{A}\times\boldsymbol{B}$ 和 $\boldsymbol{A}\times\boldsymbol{C}$。

$4^{\dagger}$. 设 n 是正整数,考虑小于或等于 n 的正整数集合 G,它们分别与 n 互素。G 中元素的个数称为欧拉 φ 函数(Euler phi-function),记为 $\varphi(n)$。例如,$\varphi(1)=1,\varphi(2)=1,\varphi(3)=2,\varphi(4)=2$,等等。

(1) 证明:G 是乘法模 n 下的群;

(2) 若 m 和 n 是互素的正整数,证明:$m^{\varphi(n)}\equiv 1\pmod{n}$。

答　案

1. **解析**　不是。它不满足结合律。对任意 $a,b,c\in G$,我们有 $(a*b)*c=(a-b)-c$,而

$$a*(b*c)=a-(b-c)=a-b+c\neq(a*b)*c$$

2. **证明**　显然 G 和 G^* 不是空集。

(1) 令 $a+b\sqrt{2},c+d\sqrt{2}\in G$,则

$$(a+b\sqrt{2})+(c+d\sqrt{2})=(a+c)+(b+d)\sqrt{2}\in G$$

0 是 G 中的单位元,$a+b\sqrt{2}$的逆元为 $-a+(-b)\sqrt{2}$,显然结合律成立。

(2) 令 $a+b\sqrt{2},c+d\sqrt{2}\in G^*$,则

$$0\neq(a+b\sqrt{2})(c+d\sqrt{2})=(ac+2bd)+(ad+bc)\sqrt{2}\in G^*$$

1 是 G^* 中的单位元,$a+b\sqrt{2}(a+b\sqrt{2}\neq 0)$的逆元为

$$\frac{1}{a+b\sqrt{2}}=\frac{a-b\sqrt{2}}{(a+b\sqrt{2})(a-b\sqrt{2})}=\frac{a}{a^2-2b^2}-\frac{b}{a^2-2b^2}\sqrt{2}\in G^*$$

其中 $a-b\sqrt{2}\neq 0$,否则$\frac{a}{b}=\sqrt{2}$,而$\frac{a}{b}\in\mathbb{Q}$,矛盾。结合律显然成立。证毕。

3. **解析**

$$\boldsymbol{A}\times\boldsymbol{B}=\begin{pmatrix}2 & -1\\ -4 & 2\end{pmatrix}\times\begin{pmatrix}3 & -1\\ 1 & 5\end{pmatrix}=\begin{pmatrix}2\times 3+(-1)\times 1 & 2\times(-1)+(-1)\times 5\\ (-4)\times 3+2\times 1 & (-4)\times(-1)+2\times 5\end{pmatrix}$$

$$=\begin{pmatrix}5 & -7\\ -10 & 14\end{pmatrix}$$

$$\boldsymbol{A}\times\boldsymbol{C}=\begin{pmatrix}2 & -1\\ -4 & 2\end{pmatrix}\times\begin{pmatrix}4 & -3\\ 3 & 1\end{pmatrix}=\begin{pmatrix}2\times 4+(-1)\times 3 & 2\times(-3)+(-1)\times 1\\ (-4)\times 4+2\times 3 & (-4)\times(-3)+2\times 1\end{pmatrix}$$

$$=\begin{pmatrix}5 & -7\\ -10 & 14\end{pmatrix}$$

可以看到,$\boldsymbol{B}\neq\boldsymbol{C}$,而 $\boldsymbol{A}\times\boldsymbol{B}=\boldsymbol{A}\times\boldsymbol{C}$。

$4^{\dagger}$. **证明** (1) 设 $x,y\in G$,因为它们与 n 互素,它们的乘积也是如此。所以对某些 $z\in G$,$xy\equiv z\pmod n$,元素 1 可用作单位元。并且由于 G 是有限集,如果假设 $x,y,a\in G$,满足 $xa\equiv ya\pmod n$,那么 n 整除 $xa-ya=(x-y)a$。因为 a 是与 n 互素的,我们有 $n\mid(x-y)$,而 x 和 y 都是小于或等于 n 的正整数,所以 $x-y=0$,$x=y$。因此存在逆元。

(2) 因为 m 与 n 互素,所以存在 $x\in G$,其中 $x\equiv m\pmod n$,x 对模 n 的阶(记为 $\delta_n(x)$)整除$|G|=\varphi(n)$,所以 $x^{\varphi(n)}\equiv 1\pmod n$,得到 $m^{\varphi(n)}\equiv 1\pmod n$。

注 x 对模 n 的阶 $\delta_n(x)$有定理:若 $n>1$ 且 $\gcd(x,n)=1$,$x^r\equiv 1\pmod n$,$r>0$,则 $\delta_n(x)\mid r$。

6.2 子 群

从定义的方法证明一个集合是一个群过程可能会很长。这里有另一种证明方法,即证明一个集合的非空子集是群,那么该集合是群:这就涉及子群的概念。

6.2.1 定义

若$(G,*)$是一个群。

定义 2 集合 $H\subset G$ 为 G 的子群,若

(1) $e\in H$;

(2) 对任意 $x,y\in H$,$x*y\in H$;

(3) 对任意 $x\in H$,$x^{-1}\in H$。

请注意,子群也是一个群$(H,*)$,运算律由 G 的运算律决定。例如,若 $x\in H$,则对 $n\in\mathbb{Z}$,有 $x^n\in H$。

注　证明 H 是 G 的子群的实用快捷的方法是：
(1) H 至少包含一个元素；
(2) 对任意 $x,y\in H$, $x*y^{-1}\in H$。

6.2.2　例题

(1) $(\mathbb{R}_+^*,\times)$是$(\mathbb{R}^*,\times)$的子群,因为
① $1\in\mathbb{R}_+^*$；
② 若 $x,y\in\mathbb{R}_+^*$,则 $x\times y\in\mathbb{R}_+^*$；
③ 若 $x\in\mathbb{R}_+^*$,于是 $x^{-1}=\dfrac{1}{x}\in\mathbb{R}_+^*$；
(2) $(\mathbb{U},\times)$是$(\mathbb{C}^*,\times)$的子群,其中$\mathbb{U}=\{z\in\mathbb{C}\mid |z|=1\}$；
(3) $(\mathbb{Z},+)$是$(\mathbb{R},+)$的子群。

6.2.3　$\mathbb{Z}$ 的子群

命题 2　$(\mathbb{Z},+)$的子群为 $n\mathbb{Z}$, $n\in\mathbb{Z}$;集合 $n\mathbb{Z}$ 表示 n 的倍数的集合,即

$$n\mathbb{Z}=\{k\cdot n\mid k\in\mathbb{Z}\}$$

例如：
(1) $2\mathbb{Z}=\{\cdots,-4,-2,0,+2,+4,+6,\cdots\}$是偶数(整数)的集合；
(2) $7\mathbb{Z}=\{\cdots,-14,-7,0,+7,+14,+21,\cdots\}$是 7 的倍数的集合。
下面证明命题 2。
证明　① 固定 $n\in\mathbb{Z}$,集合 $n\mathbb{Z}$ 是$(\mathbb{Z},+)$的子群,事实上,有
a. $n\mathbb{Z}\subset\mathbb{Z}$;
b. 单位元 $0\in n\mathbb{Z}$;
c. 对于 $x=kn$ 和 $y=k'n$,形如 $x+y=(k+k')n$ 的元素是$n\mathbb{Z}$ 中的元素；
d. 最后,若 $x=kn$ 是$n\mathbb{Z}$ 的元素,则 $-x=(-k)n$ 也是$n\mathbb{Z}$ 的一个元素。
② 同理,若 H 是$(\mathbb{Z},+)$的子群,如果 $H=\{0\}$,那么 $H=0\mathbb{Z}$,问题结束;否则,H 至少包含一个非零元素,且为正(因为任何元素都有其相反的元素)。注意到 $n=\min\{h>0\mid h\in H\}$, $n>0$。当 $n\in H$ 时,$-n\in H$, $2n=n+n\in H$;更为一般地,对于 $k\in\mathbb{Z}$, $kn\in H$,则 $n\mathbb{Z}\subset H$。现在,我们证明 H 包含逆元。假设 $h\in H$,由欧几里得除法:$h=kn+r$,其中 $k,r\in\mathbb{Z}$ 以及 $0\leqslant r<n$。$h\in H$ 且 $kn\in H$,于是 $r=h-kn\in H$,我们有整数 $r>0$,它是 H 的一个元素,严格小于 n。根据 n 的定义,必然有 $r=0$,即 $h=kn$,因此 $h\in n\mathbb{Z}$。
结论:$H=n\mathbb{Z}$。

6.2.4　生成子群

设$(G,*)$是一个群,$E\subset G$ 是 G 的一个子群。E 生成的子群是包含 E 的 G 的最小子群。

例如,若 $E=\{2\}$,群为($\mathbb{R}^*$,×),由 E 生成子群为 $H=\{2^n \mid n\in\mathbb{Z}\}$。为了证明这一点,必须证明 H 是一个子群,$2\in H$;且若 H' 是另一个包含 2 的子群,则 $H\subset H'$。

群的另一个例子是($\mathbb{Z}$,+)。若 $E_1=\{2\}$,那么由 E_1 生成的子群为 $H_1=2\mathbb{Z}$;若 $E_2=\{8,12\}$,则 $H_2=4\mathbb{Z}$。更为一般地,若 $E=\{a,b\}$,则 $H=n\mathbb{Z}$,其中 $n=\gcd(a,b)$。

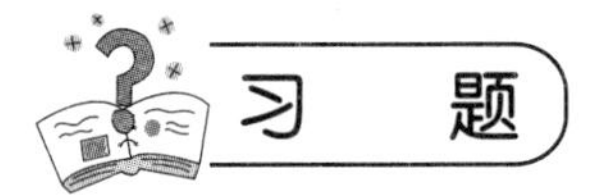

1. 设 G 是一个交换群,n 为给定的正整数,令 $H=\{x\in G \mid x^n=e\}$,证明:H 是 G 的子群。

2. 证明:$2\mathbb{Z}\cup 3\mathbb{Z}$ 不是 $\mathbb{Z}$ 的子群。

3[†]. 考虑以下形式的所有 2×2 矩阵的集合:

$$\begin{pmatrix} \cos\alpha & -\sin\alpha \\ \sin\alpha & \cos\alpha \end{pmatrix}$$

其中 $\alpha\in\mathbb{R}$。证明:这是在矩阵乘法下具有非零行列式的所有 2×2 矩阵群的子群。

4. 设 m 和 n 是群 $\mathbb{Z}$ 的元素,求由 $\{m\}\cap\{n\}$ 生成的群。此处 $\{m\}$ 表示 m 的倍数构成的集合。

1. **证明** 令 $x,y\in H$,那么 $x^n=e$,$y^n=e$,于是 $(xy)^n=x^ny^n=ee=e$,所以 $xy\in H$。同理,因为 $e^n=e$,$e\in H$。最后,对所有 $x\in H$,$(x^{-1})^n=(x^n)^{-1}=e^{-1}=e$,即 $x^{-1}\in H$,所以 H 对于逆封闭,因此 H 是 G 的子群。

2. **证明** 我们有 $2\in 2\mathbb{Z}$ 且 $3\in 3\mathbb{Z}$,所以 2 和 3 是 $2\mathbb{Z}\cup 3\mathbb{Z}$ 的元素,但是其和 $5=2+3$ 不是 $2\mathbb{Z}\cup 3\mathbb{Z}$ 的元素,因为 5 既不是 2 的倍数也不是 3 的倍数。

3[†]. **证明** 事实上,当 $\alpha=0$ 时,题目中的矩阵是恒等矩阵。又因为

$$\begin{pmatrix} \cos\alpha & -\sin\alpha \\ \sin\alpha & \cos\alpha \end{pmatrix}\begin{pmatrix} \cos\beta & -\sin\beta \\ \sin\beta & \cos\beta \end{pmatrix}=\begin{pmatrix} \cos(\alpha+\beta) & -\sin(\alpha+\beta) \\ \sin(\alpha+\beta) & \cos(\alpha+\beta) \end{pmatrix}$$

(可以由公式 $\sin(\alpha+\beta)$ 和 $\cos(\alpha+\beta)$ 得到)

并且

$$\begin{pmatrix} \cos\alpha & -\sin\alpha \\ \sin\alpha & \cos\alpha \end{pmatrix}^{-1}=\begin{pmatrix} \cos(-\alpha) & -\sin(-\alpha) \\ \sin(-\alpha) & \cos(-\alpha) \end{pmatrix}$$

对所有实数 α 和 β 成立,这就符合子群定义。证毕。

注 相应的几何意义是,绕原点的平面旋转变换是平面所有线性变换群 $(x,y)\mapsto(ax+by,cx+dy)$ $(a,b,c,d\in\mathbb{R}$ 且 $ad-bc\neq 0)$ 的子群。

4. **解析** 令 $\mathbb{H}=\{m\}\cap\{n\}$,那么 $\mathbb{H}$ 是 $\mathbb{Z}$ 的子群。因为 $\mathbb{Z}$ 是置换群,$\mathbb{H}=\{k\}$ 也是由 k 生成的置换群,由于 $\{k\}=\{-k\}$,我们不妨设 k 是非负数。

一方面,$k=\operatorname{lcm}(m,n)$(最小公倍数),$\mathbb{H}=\{\operatorname{lcm}(m,n)\}$。因为 $k\in\{m\}$,则 $m\mid k$;

同理，$n \mid k$，并且 $\mathrm{lcm}(m,n) \mid k$。于是 $k \in \{\mathrm{lcm}(m,n)\}$，$\mathbb{H}=\{k\} \subseteq \{\mathrm{lcm}(m,n)\}$。

另一方面，若有 $m \mid \mathrm{lcm}(m,n)$，则 $\mid \mathrm{lcm}(m,n) \in \{m\}$，同理，有 $\mid \mathrm{lcm}(m,n) \in \{n\}$。因此 $\mathrm{lcm}(m,n) \in \{m\} \cap \{n\} = \mathbb{H}$，$\{\mathrm{lcm}(m,n)\} \subseteq \mathbb{H}$。

所以$\mathbb{H}=\{\mathrm{lcm}(m,n)\}$。

6.3　群　同　态

6.3.1　定义

定义 3　设$(G,*)$和$(G',\circ)$为两个群，映射 $f: G \to G'$为群同态，若对所有 $x, x' \in G$，$f(x * x') = f(x) \circ f(x')$成立。

已经知道的一个例子：设 G 为群 $G(\mathbb{R},+)$，G'为群 $G'(\mathbb{R}_+^*,\times)$，若映射 $f: \mathbb{R} \to \mathbb{R}_+^*$ 定义为 $f(x)=\mathrm{e}^x$，我们有 $f(x+x') = \mathrm{e}^{x+x'} = \mathrm{e}^x \times \mathrm{e}^{x'} = f(x) \times f(x')$，$f$ 即为群同态。

6.3.2　命题

命题 3　设 $f: G \to G'$是一个群同态，那么

(1) $f(e_G) = e_{G'}$；

(2) 对任意 $x \in G$，$f(x^{-1}) = (f(x))^{-1}$。

要注意研究元素所在的集合。e_G 是G 中的单位元，$e_{G'}$是 G'的单位元，它们不相等（甚至不在同一个集合中）；同样，x^{-1}是 G 中元素 x 的逆，于是$(f(x))^{-1}$是 G'中元素$f(x)$的逆。以映射 $f: \mathbb{R} \to \mathbb{R}_+^*$ 为例，其中 $f(x)=\mathrm{e}^x$。我们有 $f(0)=1$，0 是$(\mathbb{R},+)$的单位元，其象恰为$(\mathbb{R}_+^*,\times)$的单位元。对任意 $x \in \mathbb{R}$，在$(\mathbb{R},+)$上的逆为$-x$，于是

$$f(-x) = \frac{1}{\mathrm{e}^x} = \frac{1}{f(x)}$$

恰为 $f(x)$在$(\mathbb{R}_+^*,\times)$上的逆。

证明　(1)

$$f(e_G) = f(e_G * e_G) = f(e_G) \circ f(e_G)$$

将其两边同时乘（如右乘）$f(e_G)^{-1}$得到

$$e_{G'} = f(e_G)$$

(2) 设 $x \in G$，$x * x^{-1} = e_G$，于是 $f(x * x^{-1}) = f(e_G)$，得到

$$f(x) \circ f(x^{-1}) = e_{G'}$$

左边复合$(f(x))^{-1}$，得到

$$f(x^{-1}) = (f(x))^{-1}$$

命题 4

(1) 设两个群同态 $f: G \to G'$和$g: G' \to G''$，则 $g \circ f: G \to G''$是群同态；

(2) 若 $f:G\to G'$为双射群同态,则 $f^{-1}:G'\to G$ 也为群同态。

证明 (1)的证明简单,这里就不详细讲述了。下面我们证明(2)。设 $y,y'\in G'$,因为 f 为双射,存在 $x,x'\in G$ 满足$f(x)=y$ 及$f(x')=y'$,于是

$$f^{-1}(y\circ y')=f^{-1}(f(x)\circ f(x'))=f^{-1}(f(x*x'))=x*x'=f^{-1}(y)*f^{-1}(y')$$

所以 f^{-1}是 $G'\to G$ 的群同态。

定义 4 双射同态是同构。若存在一个双射同态 $f:G\to G'$,则两个群 G,G'为同构。

继续我们的例子,$f(x)=\mathrm{e}^x$,$f:\mathbb{R}\to\mathbb{R}_+^*$ 是一个双射。其逆映射 $f^{-1}:\mathbb{R}_+^*\to\mathbb{R}$ 也为双射,定义为 $f^{-1}(x)=\ln x$。根据命题 4,得到 f^{-1}为$(\mathbb{R}_+^*,\times)$到$(\mathbb{R},+)$的同态映射,于是

$$f^{-1}(x\times x')=f^{-1}(x)+f^{-1}(x')$$

这里可以用我们熟知的公式表示,即

$$\ln(x\times x')=\ln x+\ln x'$$

因此 f 是同构,即群$(\mathbb{R},+)$和$(\mathbb{R}_+^*,\times)$同构。

6.3.3 核与象

设 $f:G\to G'$是群同态,我们定义两个重要子集,它们将成为子群。

定义 5 f 的核为 $\ker f=\{x\in G\mid f(x)=e_{G'}\}$,因而它是 G 的子集。根据定义就逆映射的象我们有 $\ker f=f^{-1}(\{e_{G'}\})$(此处的记号 f^{-1}表示逆映射的象,不表示 f 为双射)。因此核是 G 的元素(集合),由 f 映射到G'上的单位元。

定义 6 f 的象为 $\operatorname{Im} f=\{f(x)\mid x\in G\}$,所以它是 G'的子集。就 f 的象而言,它们是 G'的元素,由 f 对应于原象。

命题 5 若 $f:G\to G'$为群同态,

(1) $\ker f$ 是G 的子群;

(2) $\operatorname{Im} f$ 是G'的子群;

(3) 当且仅当 $\ker f=\{e_G\}$,f 为内射;

(4) 当且仅当 $\operatorname{Im} f=G'$,f 为满射。

证明

(1) 我们证明核是 G 的子群。

① $f(e_G)=e_{G'}$,于是 $e_G\in\ker f$;

② 若 $x,x'\in\ker f$,则

$$f(x*x')=f(x)\circ f(x')=e_{G'}\circ e_{G'}=e_{G'}$$

所以 $x*x'\in\ker f$;

③ 若 $x\in\ker f$,则

$$f(x^{-1})=f(x)^{-1}=e_{G'}^{-1}=e_{G'}$$

于是 $x^{-1}\in\ker f$。

(2) 证明象是 G'的子群。

① $f(e_G)=e_{G'}$,所以 $e_{G'}\in\operatorname{Im} f$;

② 若 $y,y'\in\operatorname{Im} f$,存在 $x,x'\in G$,满足 $f(x)=y$,$f(x')=y'$,于是

$$y\circ y'=f(x)\circ f(x')=f(x*x')\in\operatorname{Im} f$$

③ 设 $y \in \operatorname{Im} f$ 且 $x \in G$ 满足 $y=f(x)$，则

$$y^{-1} = f(x)^{-1} = f(x^{-1}) \in \operatorname{Im} f$$

(3) 假设 f 是内射，若 $x \in \ker f$，于是 $f(x)=e_{G'}$，则 $f(x)=f(e_G)$，根据 f 是内射得到 $x=e_G$，于是 $\ker f=\{e_G\}$。假设 $\ker f=\{e_G\}$，若 $x,x' \in G$，满足 $f(x)=f(x')$，于是

$$f(x) \circ (f(x'))^{-1} = e_{G'}, \quad f(x) \circ f(x'^{-1}) = e_{G'}$$

于是 $f(x * x'^{-1})=e_{G'}$，由此得到 $x * x'^{-1} \in \ker f$。因为 $\ker f=\{e_G\}$，于是 $x * x'^{-1}=e_G$，$x=x'$，所以 f 为内射。

(4) 显然成立。

6.3.4 举例

例1 (1) 设 $f:\mathbb{Z} \to \mathbb{Z}$ 定义为 $f(k)=3k$。$(\mathbb{Z},+)$ 是映射的始集和终集。于是 f 是群 $(\mathbb{Z},+)$ 到自身的同态映射，因为

$$f(k+k') = 3(k+k') = 3k+3k' = f(k)+f(k')$$

计算群同态的核

$$\ker f = \{k \in \mathbb{Z} \mid f(k)=0\}$$

若 $f(k)=0$，则 $3k=0$，于是 $k=0$，这样 $\ker f=\{0\}$ 为单位元素，所以 f 为内射。现计算同态象

$$\operatorname{Im} f = \{f(k) \mid k \in \mathbb{Z}\} = \{3k \mid k \in \mathbb{Z}\} = 3\mathbb{Z}$$

我们发现 $3\mathbb{Z}$ 是 $(\mathbb{Z},+)$ 的子群。

更为一般地，对于给定 $n \in \mathbb{Z}, n \neq 0$，$f$ 定义为 $f(k)=kn$，$\ker f=\{0\}$ 及 $\operatorname{Im} f=n\mathbb{Z}$。

(2) 假设群 $(\mathbb{R},+)$ 和 $(\mathbb{U},\times)$（这里 $\mathbb{U}=\{z \in \mathbb{C} \mid |z|=1\}$），映射 $f:\mathbb{R} \to \mathbb{U}$，即 $f(t)=\mathrm{e}^{\mathrm{i}t}$。下面我们证明 f 为群同态：

$$f(t+t') = \mathrm{e}^{\mathrm{i}(t+t')} = \mathrm{e}^{\mathrm{i}t} \times \mathrm{e}^{\mathrm{i}t'} = f(t) \times f(t')$$

计算群同态核

$$\ker f = \{t \in \mathbb{R} \mid f(t)=1\}$$

若 $f(t)=1$，则 $\mathrm{e}^{\mathrm{i}t}=1$，得到 $t=0 \pmod{2\pi}$。

$$\ker f = \{2k\pi \mid k \in \mathbb{Z}\} = 2\pi\mathbb{Z}$$

于是 f 不是内射。映射 f 的象为 $\mathbb{U}$，因为所有模为1的复数均可表示为 $f(t)=\mathrm{e}^{\mathrm{i}t}$。

(3) 假设群 $(G_2,\times)$ 和 $(\mathbb{R}^*,\times)$，$f:G_2 \to \mathbb{R}^*$ 定义为 $f(\boldsymbol{M})=\det \boldsymbol{M}$，根据引理1

$$\det(\boldsymbol{M} \times \boldsymbol{M}') = \det \boldsymbol{M} \times \det \boldsymbol{M}'$$

表示 f 为群的同态。因为若 $t \in \mathbb{R}^*$，$\det\begin{pmatrix}1 & 0\\ 0 & t\end{pmatrix}=t$，此同态映射不是内射，例如，$\det\begin{pmatrix}1 & 0\\ 0 & t\end{pmatrix}=\det\begin{pmatrix}t & 0\\ 0 & 1\end{pmatrix}$。

注 不要将下面的符号和幂混淆：$-1, x^{-1}, f^{-1}, f^{-1}(\{e_{G'}\})$。

(1) x^{-1} 表示群 $(G,*)$ 中元素 x 的逆，此符号与群 $(\mathbb{R}^*,\times)$ 中 $x^{-1}=\dfrac{1}{x}$ 是一致的。

(2) 作为双射记法应用 f^{-1} 表示逆双射。

(3) 适用于任何映射 $f:E\to F$，象集合 $B\subset F$ 的逆 $f^{-1}(B)=\{x\in E\mid f(x)\in B\}$，是 E 的子集。对于群同态 f，同态核 $\ker f=f^{-1}\{e_{G'}\}$是 G 的元素，$x\in G$，满足在 f 下的象为 $e_{G'}$，即使 f 不是双射，也定义了核。

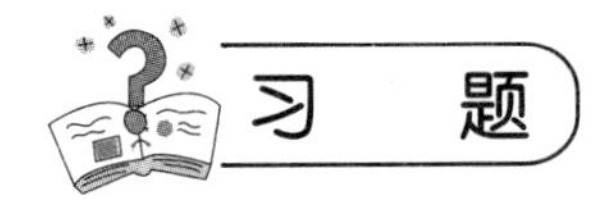

1. 证明经典映射(canonical map)$\mathbb{Z}\to\mathbb{Z}_n$，$x\mapsto[x]_n$ 是一个群同态，并求它的核。

2. 假设$(G,*)$和$(H,\triangle)$是群，满足 $f:(G,*)\to(H,\triangle)$是同态映射。

(1) 设 e_G 和 e_H 分别是 G 和 H 的单位元，证明：$f(e_G)=e_H$；

(2) 证明：对 $a\in G$，$f(a^{-1})=f(a)^{-1}$。

3. 证明：自同构群的集合在复合(函数)运算下是一个群。

4[†]. 令 G 是一个群，H 和 K 是 G 的两个子群，定义：$H\vee K$ 表示由 H 和 K 的并集生成的子群。证明：若 G 是一个群，H 是一个子群，N 是常规子群，则

$$H\vee N=HN=\{hn\mid h\in H,n\in N\}$$

1. **证明** 我们知道$[x+y]_n=[x]_n+[y]_n$，所以 $x\mapsto[x]_n$ 是群同态，核为 $n\mathbb{Z}=\{nk\mid k\in\mathbb{Z}\}$。

2. **证明** (1)

$$f(e_G)=f(e_G*e_G)=f(e_G)\triangle f(e_G)$$

同乘 $f(e_G)^{-1}$得到

$$e_H=f(e_G)$$

(2) 设 $a\in G$，由(1)得到

$$f(a)\triangle f(a^{-1})=f(a*a^{-1})=f(e_G)=e_H$$

所以 $f(a^{-1})$是 $f(a)$的逆，即 $f(a^{-1})=f(a)^{-1}$。

3. 问题为：设 G 为一个群，$Aut(G)$是 G 的自同构群的集合，证明：在复合(函数)运算下 $Aut(G)$是一个群。

证明 由定义 $Aut(G)=\{f:G\to G\mid f$ 是 G 的一个自同构$\}$。已知两个自同构 $f,g\in Aut(G)$，我们证明$(Aut(G),\circ)$是群。

① 证明 $g\circ f$ 是自同构，即一个同态是双射。由于 g 和 f 为双射，$g\circ f$ 为双射。进一步地，对所有 $a,b\in G$，有

$$(g\circ f)(ab)=g(f(ab))=g(f(a)f(b))=g(f(a))g(f(b))=(g\circ f)(a)(g\circ f)(b)$$

所以 $g\circ f$ 是群同态映射。

② 证明“$\circ$”满足结合律，即$(h\circ g)\circ f=h\circ(g\circ f)$，只要在 $a\in G$ 时，验证两个态射。由于 G 满足结合律，所以两个结果相等。

③ 验证对于“$\circ$”，存在单位元。显然，$id_G:G\to G$，$a\mapsto a$，是自同构。因为 $f\circ id_G=id_G\circ f$

对于$f\in Aut(G)$成立，id_G 是单位元。

④ 对于"∘"，$f\in Aut(G)$存在逆元。考虑逆映射 f^{-1}，显然有

$$f^{-1}\circ f = id_G = f\circ f^{-1}$$

证明了 f^{-1}是群同态映射。

4[†]. **证明**　H 和N 的成对的乘积一定是$H\vee N$ 的元素，于是要证式子的右边是左边的子集。右边明显不是空集，所以只要证明右边对乘积运算封闭，且存在逆元。

① 假设 $x,y\in\{hn\mid h\in H,n\in N\}$，则 $x=h_1n_1$ 以及 $y=h_2n_2$，其中 $h_i\in H,n_i\in N$，现在 $h_2^{-1}n_1h_2=n_3\in N$，因为 N 是G 常规集合，所以 $n_1h_2=h_2n_3$，这种情况下，

$$xy = (h_1n_1)(h_2n_2) = h_1(n_1h_2)n_2 = h_1(h_2n_3)n_2 = (h_1h_2)(n_3n_2)$$

即 xy 有正确形式。

② 设 $x=hn$，则 $hnh^{-1}=m\in N$，由已知 N 是常规集，$hn^{-1}h^{-1}=m^{-1}$，得到 $x^{-1}=n^{-1}h^{-1}=hm^{-1}$，所以 x^{-1}是所求形式。

6.4　群　$\mathbb{Z}/n\mathbb{Z}$

6.4.1　集合和群$\mathbb{Z}/n\mathbb{Z}$

给定 $n\geqslant 1$，回顾$\mathbb{Z}/n\mathbb{Z}$ 为集合$\mathbb{Z}/n\mathbb{Z}=\{\overline{0},\overline{1},\overline{2},\cdots,\overline{n-1}\}$，其中 $\overline{p}$ 表示 p 模 n 的等价类。换言之，

$$\overline{p} = \overline{q}\Leftrightarrow p\equiv q(\mathrm{mod}\ n),\quad 或者\quad \overline{p} = \overline{q}\Leftrightarrow \exists k\in\mathbb{Z},p = q + kn$$

在$\mathbb{Z}/n\mathbb{Z}$ 上定义加法：$q'=q(\mathrm{mod}\ n)$。例如，在$\mathbb{Z}/60\ \mathbb{Z}$ 上，我们有

$$\overline{31}+\overline{46} = \overline{31+46} = \overline{77} = \overline{17}$$

我们还需证明这种加法定义是明确的。若$\overline{s'}=\overline{p}$，$\overline{q'}=\overline{q}$，即 $p'\equiv p(\mathrm{mod}\ n)$，$q'=q(\mathrm{mod}\ n)$，于是

$$p'+q'\equiv p+q(\mathrm{mod}\ n)$$

即

$$\overline{p'+q'} = \overline{p+q},\quad \overline{p'+q'} = \overline{p}+\overline{q}$$

我们已经证明加法与代表元素选择无关。

下面是日常生活中的一个例子：只考虑手表的分钟指针数，这些分钟数的范围是从 0 到 59。当针头到达 60 时，它也指向 0(我们不考虑小时数)，即 61 写作 1，62 写作 2，等等，因此其对应于集合$\mathbb{Z}/60\ \mathbb{Z}$。我们也可以对分钟数作加法运算：50 分钟加 15 分钟得到 65 分钟，也记作 5 分钟；我们还可以继续在$\mathbb{Z}/60\ \mathbb{Z}$ 上表示：$\overline{135}+\overline{50}=\overline{185}=\overline{5}$。请注意，如果先写成$\overline{135}=\overline{15}$，那么

$$\overline{135}+\overline{50} = \overline{15}+\overline{50} = \overline{65} = \overline{5}$$

甚至可以写$\overline{50}=-\overline{10}$，于是

$$\overline{135}+\overline{50} = \overline{15}-\overline{10} = \overline{5}$$

这事实上证明了加法是明确定义的。

命题 6 ($\mathbb{Z}/n\,\mathbb{Z}$)是可交换群。

容易证明,单位元是 $\overline{0}$,$\overline{k}$ 的相反 $-\overline{k}=\overline{n-k}$,结合性和可交换性与($\mathbb{Z}$, +)一样。

6.4.2 有限基数的循环群

定义 7 群(G, $*$)为循环群,若存在元素 $a\in G$ 满足对任意 $x\in G$,存在 $k\in\mathbb{Z}$ 使得 $x=a^k$ 成立。

换言之,群 G 可由一个元素 a 生成。

群($\mathbb{Z}/n\,\mathbb{Z}$)是一个循环群,事实上,它是由 $a=\overline{1}$ 生成,因为任意元素 $\overline{k}$ 都可以写作

$$\overline{k}=\underbrace{\overline{1}+\overline{1}+\cdots+\overline{1}}_{k}=k\cdot\overline{1}$$

这里有一个有趣的结果:在同构下,只有一个具有 n 个元素的循环群,即$\mathbb{Z}/n\mathbb{Z}$。

定理 1 若(G, $*$)是基数为 n 的循环群,则(G, $*$)与($\mathbb{Z}/n\,\mathbb{Z}$)同构。

证明 因为 G 是循环群,于是 $G=\{\cdots,a^{-2},a^{-1},e,a,a^2,a^3,\cdots\}$,这里有一些冗余(无论如何 G 只有 n 个元素)。我们将证明 $G=\{e,a,a^2,a^3,\cdots,a^{n-1}\}$,$a^n=e$。

① 首先集合 $\{e,a,a^2,a^3,\cdots,a^{n-1}\}$ 包含于 G。此外,它正好有 n 个元素。事实上,如果 $a^p=a^q$ 并且 $0\leqslant q<p\leqslant n-1$,于是 $a^{p-q}=e$(其中 $p-q>0$),于是 $a^{p-q+1}=a^{p-q}*a=a$,$a^{p-q+2}=a^2$,那么群 G 等于 $\{e,a,a^2,\cdots,a^{p-q-1}\}$,不会有 n 个元素。因此 $\{e,a,a^2,\cdots,a^{p-q-1}\}\subset G$,两个集合具有相同数量的 n 个元素,因此它们相等。

② 现在验证 $a^n=e$。因为 $a^n\in G$,$G=\{e,a,a^2,\cdots,a^{n-1}\}$,于是存在 $0\leqslant p\leqslant n-1$ 满足 $a^n=a^p$。同样地,如果 $p>0$,那么得到 $a^{n-p}=e$,矛盾。因此 $p=0$,$a^n=a^0=e$。

③ 我们现在可以在($\mathbb{Z}/n\,\mathbb{Z}$)和(G, $*$)之间构造同构。假设 $f:\mathbb{Z}/n\mathbb{Z}\to G$,其中 f 定义为 $f(\overline{k})=a^k$。

a. 我们首先证明 f 定义良好,因为 f 的定义取决于代表 k 而不是类 $\overline{k}$。若 $\overline{k}=\overline{k'}$(分别由两个不同的代表定义同一类),则 $k\equiv k'\pmod n$,于是存在 $l\in\mathbb{Z}$ 满足 $k=k'+nl$,因此

$$f(\overline{k})=a^k=a^{k'+nl}=a^{k'}*(a^n)^l=a^{k'}*e^l=a^{k'}=f(\overline{k'})$$

所以 f 定义良好。

b. f 是群同态,因为

$$f(\overline{k}+\overline{k'})=f(\overline{k+k'})=a^{k+k'}=a^k*a^{k'}=f(\overline{k})*f(\overline{k'})\quad(\text{对所有 }\overline{k},\overline{k'}\text{ 成立})$$

c. 显然 f 是满射,因为所有 G 的元素均可以表示为 a^k。

d. 由于始集和终集具有相同的元素数,并且 f 是满射,那么 f 就是双射。

结论:f 是($\mathbb{Z}/n\,\mathbb{Z}$)和(G, $*$)之间的同构。

6.5 置换群 $\mathbb{S}_n$

对于给定的正整数 $n \geqslant 2$。

6.5.1 置换群

命题 7 集合$\{1,2,\cdots,n\}$到其自身的所有双射，与集合一起组成一个群，记作$\{\mathbb{S}_n,\circ\}$。$\{1,2,\cdots,n\}$上的双射称为置换。群$\{\mathbb{S}_n,\circ\}$称为置换群(或对称群)。

证明

① $\{1,2,\cdots,n\}$上的双射的合成是双射；

② 置换满足结合律(通过函数复合的结合性得证)；

③ 单位元是恒等变换；

④ 双射函数的反函数是其逆映射 f^{-1}的双射。

引理 2 $\mathbb{S}_n$ 的基数为 $n!$。

证明 证明很简单。对于元素 1，其象属于$\{1,2,\cdots,n\}$，所以我们有 n 个选择。对于 2 的象，只有 $n-1$ 个选择(1 和 2 不能具有相同的象，因为我们的函数是双射)……对于最后一个元素 n 的象，只有一种可能性。最后有 $n\times(n-1)\times\cdots\times2\times1=n!$ 种构造$\{1,2,\cdots,n\}$上的双射的方法。

6.5.2 记法和例题

描述一个排列 $f:\{1,2,\cdots,n\}\to\{1,2,\cdots,n\}$等价于给出从 1 到 n 的每一个数的象，因此我们通过以下方式表示：

$$\begin{bmatrix} 1 & 2 & \cdots & n \\ f(1) & f(2) & \cdots & f(n) \end{bmatrix}$$

例如，$\mathbb{S}_7$ 的置换记为

$$\begin{bmatrix} 1 & 2 & 3 & 4 & 5 & 6 & 7 \\ 3 & 7 & 5 & 4 & 6 & 1 & 2 \end{bmatrix} f$$

这是一个双射，$f:\{1,2,\cdots,7\}\to\{1,2,\cdots,7\}$，定义如下：$f(1)=3$，$f(2)=7$，$f(3)=5$，$f(4)=4$，$f(5)=6$，$f(6)=1$，$f(7)=2$。这确实是一个双射，因为从 1 到 7 的每个数字在第二行上出现一次，而且只出现一次。

群的单位元是恒等变换 id。对于$\mathbb{S}_7$ 即为

$$\begin{bmatrix} 1 & 2 & 3 & 4 & 5 & 6 & 7 \\ 1 & 2 & 3 & 4 & 5 & 6 & 7 \end{bmatrix}$$

用这种记法很容易计算两个置换 f 和 g 的复合，若

$$f=\begin{bmatrix}1&2&3&4&5&6&7\\3&7&5&4&6&1&2\end{bmatrix},\quad g=\begin{bmatrix}1&2&3&4&5&6&7\\4&3&2&1&7&5&6\end{bmatrix}$$

于是 $g\circ f$ 就是通过复合置换，先 f，然后 g。

$$g\circ f=\begin{bmatrix}1&2&3&4&5&6&7\\\not 3&\not 7&\not 5&\not 4&\not 6&\not 1&\not 2\\2&6&7&1&5&4&3\end{bmatrix}\begin{matrix}\downarrow f\\\downarrow g\end{matrix}\quad g\circ f=\begin{bmatrix}1&2&3&4&5&6&7\\2&6&7&1&5&4&3\end{bmatrix}$$

然后，消去中间的一行，因而得到 $g\circ f$，记作

$$\begin{bmatrix}1&2&3&4&5&6&7\\2&6&7&1&5&4&3\end{bmatrix}$$

计算一个置换的逆同样简单，只需交换顶部和底部的行并重新排序即可，例如：

$$\begin{bmatrix}1&2&3&4&5&6&7\\3&7&5&4&6&1&2\end{bmatrix}\circlearrowright f^{-1}$$

记作

$$f^{-1}=\begin{bmatrix}3&7&5&4&6&1&2\\1&2&3&4&5&6&7\end{bmatrix}$$

重新排列后为

$$\begin{bmatrix}1&2&3&4&5&6&7\\6&7&1&4&3&5&2\end{bmatrix}$$

6.5.3 群$\mathbb{S}_3$

我们将详细研究{1,2,3}的置换群。我们知道$\mathbb{S}_3$ 有 $3!=6$ 个元，我们列出如下：

(1) $id=\begin{bmatrix}1&2&3\\1&2&3\end{bmatrix}$是恒等置换；

(2) $\tau_1=\begin{bmatrix}1&2&3\\1&3&2\end{bmatrix}$为一个置换；

(3) $\tau_2=\begin{bmatrix}1&2&3\\3&2&1\end{bmatrix}$为第二个置换；

(4) $\tau_3=\begin{bmatrix}1&2&3\\2&1&3\end{bmatrix}$为第三个置换；

(5) $\sigma=\begin{bmatrix}1&2&3\\2&3&1\end{bmatrix}$为一个循环群；

(6) $\sigma^{-1}=\begin{bmatrix}1&2&3\\3&1&2\end{bmatrix}$是上面循环群的逆。

于是$\mathbb{S}_3=\{id,\tau_1,\tau_2,\tau_3,\sigma,\sigma^{-1}\}$。

下面计算 $\tau_1\circ\sigma$ 和$\sigma\circ\tau_1$：

$$\tau_1\circ\sigma=\begin{bmatrix}1&2&3\\2&3&1\\3&2&1\end{bmatrix}=\begin{bmatrix}1&2&3\\3&2&1\end{bmatrix}=\tau_2$$

$$\sigma \circ \tau_1 = \begin{bmatrix} 1 & 2 & 3 \\ 1 & 3 & 2 \\ 2 & 1 & 3 \end{bmatrix} = \begin{bmatrix} 1 & 2 & 3 \\ 2 & 1 & 3 \end{bmatrix} = \tau_3$$

于是 $\tau_1 \circ \sigma = \tau_2$，与 $\sigma \circ \tau_1 = \tau_3$ 不同，所以群$\mathbb{S}_3$ 不是交换群。

引理 3 对 $n \geqslant 3$，群$\mathbb{S}_n$ 不是交换群。

我们通过表 6.1 对群$\mathbb{S}_3$ 进行计算。

表 6.1

$g \circ f$	id	τ_1	τ_2	τ_3	σ	σ^{-1}
id	id	τ_1	τ_2	τ_3	σ	σ^{-1}
τ_1	τ_1	id	σ	σ^{-1}	$\tau_1 \circ \sigma = \tau_2$	τ_3
τ_2	τ_2	σ^{-1}	id	σ	τ_3	τ_1
τ_3	τ_3	σ	σ^{-1}	id	τ_1	τ_2
σ	σ	$\sigma \circ \tau_1 = \tau_3$	τ_1	τ_2	σ^{-1}	id
σ^{-1}	σ^{-1}	τ_2	τ_3	τ_1	id	σ

我们是如何得到上面表格的呢？已经计算出 $\tau_1 \circ \sigma = \tau_2$ 和 $\sigma \circ \tau_1 = \tau_3$，由于 $f \circ id = f$，$id \circ f = f$，所以可以得到第一列和第一行。剩下的就是计算！

我们发现$\mathbb{S}_3 = \{id, \tau_1, \tau_2, \tau_3, \sigma, \sigma^{-1}\}$是一个群。特别地，列表中的两个置换的复合仍然是列表中的置换。我们也从表中看到每一个元的逆。例如，在 τ_2 所在行上哪一列是恒等置换 id？从表中发现它是 τ_2 这一列，所以 τ_2 的逆就是它本身。

6.5.4 三角形的等距群

设$\triangle ABC$ 为等边三角形，如图 6.6 所示，考虑平面上保留三角形等距的集合，也就是说，寻找所有的等距变换 f 满足$f(A) \in \{A, B, C\}$，$f(B) \in \{A, B, C\}$，$f(C) \in \{A, B, C\}$。我们找到以下等距变换：恒等变换 id，关于轴 $\mathcal{D}_1$，$\mathcal{D}_2$，$\mathcal{D}_3$ 的反射变换 t_1, t_2, t_3，旋转角为$\dfrac{2\pi}{3}$的旋转变换以及旋转角为$-\dfrac{2\pi}{3}$的旋转变换（旋转中心为 O）。

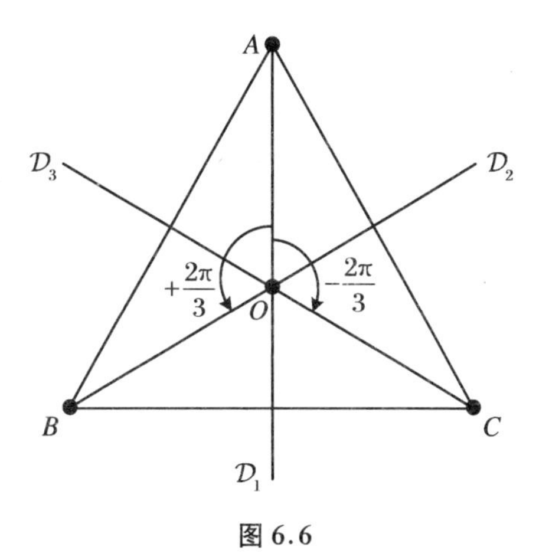

图 6.6

命题 8 等边三角形的等距集合以及等距变换构成群，这个群同构于$(\mathbb{S}_3, \circ)$。

6.5.5 置换群的分解

1. 轮换

我们将定义什么是轮换。它是一个置换，固定某些元素（$\sigma(i)=i$），以及没有固定的元素通过迭代获得

$$j,\quad \sigma(j),\quad \sigma^2(j),\quad \cdots$$

通过下面的例子更容易理解：

（1）

$$\sigma=\begin{bmatrix}1&2&3&4&5&6&7&8\\1&8&3&5&2&6&7&4\end{bmatrix}$$

是一个轮换。因为元素 1,3,6,7 是固定的，其他元素可以通过迭代获得。

$$2\mapsto\sigma(2)=8\mapsto\sigma(8)=\sigma^2(2)=4\mapsto\sigma(4)=\sigma^3(2)=5$$

最后我们找到 $\sigma^4(2)=\sigma(5)=2$。

① 我们记上面轮换为

$$(2\ \ 8\ \ 4\ \ 5)$$

可以理解如下：2 的象为 8，8 的象为 4，4 的象为 5，5 的象为 2。未出现的元素（此处为 1,3,6,7）是固定的。同理，轮换也可以认为是$(8\ \ 4\ \ 5\ \ 2)$，$(4\ \ 5\ \ 2\ \ 8)$或$(5\ \ 2\ \ 8\ \ 4)$。

② 为了计算轮换的逆，反转其数字 $\sigma=(2\ \ 8\ \ 4\ \ 5)$的逆 $\sigma^{-1}=(5\ \ 4\ \ 8\ \ 2)$。

③ 轮换的长度（或阶）为不固定元素的个数，例如，$(5\ \ 4\ \ 8\ \ 2)$是长度为 4 的轮换。

（2）另外的例子：$\sigma=\begin{bmatrix}1&2&3\\2&3&1\end{bmatrix}=(1\ \ 2\ \ 3)$是长度为 3 的轮换；$\tau=\begin{bmatrix}1&2&3&4\\1&4&3&2\end{bmatrix}=(2\ \ 4)$是长度为 2 的轮换，也称为转置（转置轮换）。

（3）相反地，$f=\begin{bmatrix}1&2&3&4&5&6&7\\7&2&5&4&6&3&1\end{bmatrix}$不是一个轮换。它可以写成两个轮换的乘积，$f=(1\ \ 7)\circ(3\ \ 5\ \ 6)$。这是更一般结果的一部分。

2. 置换群的分解

定理 2 $\mathbb{S}_n$ 的任何置换都可分解为不相交的轮换的乘积，而且分解成的轮换是唯一的。

有必要理解唯一性：每一个轮换是唯一的（例如，$(3\ \ 5\ \ 6)$和$(5\ \ 6\ \ 3)$是同一个轮换），并且乘积的次序性是一样的（例如，$(1\ \ 7)\circ(3\ \ 5\ \ 6)=(3\ \ 5\ \ 6)\circ(1\ \ 7)$）。

例如，分解 $f=\begin{bmatrix}1&2&3&4&5&6&7&8\\5&2&1&8&3&7&6&4\end{bmatrix}$为不相交的轮换的乘积，结果为$(1\ \ 5\ \ 3)\circ(4\ \ 8)\circ(6\ \ 7)$。

注 如果这些轮换没有公共元素，那么将不再分解。

下面用数学归纳法证明定理 2。

证明 假设$|\mathbb{S}_n|=n$。

① 当 $n=1$ 时，$\tau=(1)$。

② 假设 $n-1$ 时结论成立，即 α^{n-1} 可以写成 $\alpha_1\circ\alpha_2\circ\cdots\circ\alpha_r$ 的形式，其中 $\alpha_i(i=1,2,\cdots,r)$ 是一个轮换，$\alpha_i,\alpha_j(i\neq j)$ 不相交。

现在证明 n 时结论成立。取置换

$$\alpha^n=\begin{Bmatrix}1\\i_1\end{Bmatrix},\begin{Bmatrix}2\\i_2\end{Bmatrix},\cdots,\begin{Bmatrix}n-1\\i_{n-1}\end{Bmatrix},\begin{Bmatrix}n\\i_n\end{Bmatrix}$$

有两种情况：

a. $i_n=n$，这种情况直接得到 $\alpha^n=\alpha^{n-1}\circ(n)=\alpha_1\circ\alpha_2\circ\cdots\circ\alpha_r\circ(n)$，为不相交的乘积的形式。

b. $i_n\neq n$，那么 $\exists k\in\{1,2,\cdots,n-1\},i_k=n$，

$$\alpha^n=\begin{Bmatrix}1\\i_1\end{Bmatrix},\begin{Bmatrix}2\\i_2\end{Bmatrix},\cdots,\begin{Bmatrix}k-1\\i_{k-1}\end{Bmatrix},\begin{Bmatrix}k\\i_k\end{Bmatrix},\begin{Bmatrix}k+1\\i_{k+1}\end{Bmatrix},\cdots,\begin{Bmatrix}n-1\\i_{n-1}\end{Bmatrix},\begin{Bmatrix}n\\i_n\end{Bmatrix}$$

这样 $i_k=n,i_n\in\{1,2,\cdots,n-1\}$，有 $\alpha^n=(i_k,i_n)\alpha^{n-1}\circ(n)$，即先把 i_n 换到前 $n-1$ 个对应关系中，然后就和前面一种可能一样。展开后，即

$$\alpha^n=(i_k,i_n)\circ\alpha_1\circ\alpha_2\circ\cdots\circ\alpha_r$$

在 $\alpha_1,\alpha_2,\cdots,\alpha_r$ 中必定存在一个且只存在一个 α_i 包含 i_n，即 α_i 与 (i_k,i_n) 相交。

假设 α_1 可以写成 $\alpha_1=(i_n,a,\cdots,b)$，那么 $(i_k,i_n)\circ\alpha_1=(i_k,i_n,a,\cdots,b)$，

$$\alpha^n=(i_k,i_n)\circ\alpha_1\circ\cdots\circ\alpha_r=(i_k,i_n,a,\cdots,b)\circ\alpha_2\circ\cdots\circ\alpha_r$$

是互不相交的轮换，证毕。

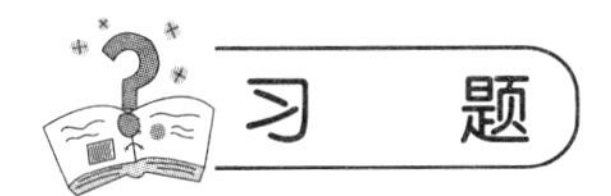

习　题

1. 计算 $(\mathbb{Z}_{12},+)$ 的所有子群。
2. 设 $G=(\mathbb{Z}/n\mathbb{Z},\times)$ 是一个群，证明它是交换群。
3. 设 G_1,G_2 是两个群，$\varphi:G_1\to G_2$ 是一个群同态，证明下面的结论或举反例：
(1) 若 G_2 是交换群且 φ 为满射，则 G_1 是交换群；
(2) 若 G_1 是交换群且 φ 为单射，则 G_2 为交换群。
4. 求不平凡的从 $\mathbb{Z}/6\mathbb{Z}$ 到 $\mathbb{S}_3$ 的群同态，或者证明不存在这样的群同态。

答　案

1. **解析**　$\mathbb{Z}_{12}$ 是轮换群，意味着其所有子群为轮换群。$\mathbb{Z}_{12}$ 有 $\phi(12)=4$ 个生成元，即 1，5，7 和 11，所以 $\mathbb{Z}_{12}=\langle 1\rangle=\langle 5\rangle=\langle 7\rangle=\langle 11\rangle$。

注　$\phi(n)$ 是欧拉商函数，即小于 n 且与 n 互素的数。

2. **证明**

① 首先，我们证明乘法满足结合律。对于 $\bar{a},\bar{b}\in G$，$\gcd(a,n)=1=\gcd(b,n)$，于是 $\gcd(ab,n)=1$，$\overline{ab}\in G$。对于 $\bar{a},\bar{b},\bar{c}\in G$，则 $(\bar{a}\cdot\bar{b})\cdot\bar{c}=\overline{abc}=\bar{a}\cdot(\bar{b}\cdot\bar{c})$，乘法满足结合律。

② 下面我们证明 $\bar{1}$ 是单位元。显然有 $\gcd(1,n)=1$，所以 $\bar{1}\in G$。进一步地，若 $\bar{a}\in G$，则 $\bar{a}\cdot\bar{1}=\bar{a}=\bar{1}\cdot\bar{a}$，所以 $\bar{1}$ 为单位元。

③ 令 $\bar{a}\in G$，所以 $\gcd(a,n)=1$，则存在 $x,y\in\mathbb{Z}$ 使得 $ax+ny=1$。由 $\mathbb{Z}/n\mathbb{Z}$ 上的定义，$\overline{ax}+\overline{ny}=\bar{1}$。因为 $\overline{ny}=\bar{0}$，所以 $\overline{ax}=\bar{1}$，由结合律 $\bar{x}\cdot\bar{a}=\bar{1}\in G$。显然由 $ax+ny=1$ 得到 $xa+ny=1$，所以 $\gcd(x,n)=1$，$\bar{x}\in G$，证毕。

3. **解析** (1) 错误。一个反例是取 G_1 为 2×2 实数矩阵，运算为矩阵的乘法。我们知道 2×2 矩阵不是交换群。设 $G_2=(\mathbb{R},\times)$，非零实数集，则知 G_2 是交换群。令 $\varphi(\boldsymbol{A})=\det(\boldsymbol{A})$，我们知道行列式函数是同态的，

$$\det\begin{pmatrix}x & 0\\ 0 & 1\end{pmatrix}=x$$

说明 $x\in\mathbb{R}^*$ 为某个矩阵的行列式值，证明了同态映射是满射。

(2) 错误。一个反例是 $\mathbb{Z}/3\mathbb{Z}$ 到 $\mathbb{S}_3$。令 $\varphi(0)=e$，$\varphi(1)=(123)$ 和 $\varphi(2)=(132)$。

4. **解析** 这里有 5 种可能的群同态，虽然同态不能是双射，可能的同态由 $\varphi(1)$ 确定。

	φ_1	φ_2	φ_3	φ_4	φ_5
0	$0\to e$	$0\to e$	$0\to e$	$0\to e$	$0\to e$
1	$1\to(12)$	$1\to(13)$	$1\to(23)$	$1\to(123)$	$1\to(132)$
2	$2\to e$	$2\to e$	$2\to e$	$2\to(132)$	$2\to(123)$
3	$3\to(12)$	$3\to(13)$	$3\to(23)$	$3\to e$	$3\to e$
4	$4\to e$	$4\to e$	$4\to e$	$4\to(123)$	$4\to(132)$
5	$5\to(12)$	$5\to(13)$	$5\to(23)$	$5\to(132)$	$5\to(123)$

第7章　环　和　域

在本章中,$\mathbb{K}$表示$\mathbb{R}$或$\mathbb{C}$。我们引进一个新记法——克罗内克符号(任意两个正交单位向量数量积),对任意$(i,j)\in\mathbb{N}^2$,规定$\delta_{i,j}=\begin{cases}1, & i=j\\0, & i\neq j\end{cases}$,于是$\delta_{1,0}=0$,$\delta_{1,1}=1$。这个符号非常实用。

7.1　定　　义

7.1.1　环的定义和例子

定义1　环由集合A及其上的两个运算构成,其中加法$(x,y)\mapsto x+y$和乘法$(x,y)\mapsto x\times y$,满足以下公理:

(1) 加法满足交换群的运算律;

(2) 乘法满足结合律,并存在单位元,记为1_A或1,称为单位元素;

(3) 乘法对加法满足分配律。

进一步地,如果乘法是可交换的,也就是说,如果我们有$\forall x,y\in A$,$xy=yx$成立,称环为交换环。如果A是一个任意的环,若$xy=yx$,则我们称A的两个元素x和y可交换或可互换。伪环(pseudo-ring)是具有加法的集合A,满足环公理的乘法,但是不存在乘法中的单位元素。将环A中用于加法的单位元素表示为0,称为A的零元。

例1

(1) 添加普通加法和乘法的集合$\mathbb{Z}$,$\mathbb{Q}$,$\mathbb{R}$和$\mathbb{C}$是交换环。

(2) 设A可简化为单元素集,该元素始终可以记为0:$A=\{0\}$;且有运算:$0+0=0$,$0\times0=0$;则A是零环。在这个环中,$1_A=0$(单位元为0)。

如果一个环不是$\{0\}$,称其为非零;若A是一个非零环,则记为$A^*=A-\{0\}$。

例2　设A为一个环,E为非空集合,假设$\mathcal{F}(E,A)$为E到A的函数集合。对$f,g\in\mathcal{F}(E,A)$,对任意$x\in E$,由以下等式定义加法$f+g$和乘法fg:

$$(f+g)(x) = f(x) + g(x)$$
$$(fg)(x) = f(x)g(x)$$
那么集合 $\mathcal{F}(E,A)$，加上上面两个运算 $(f,g)\mapsto f+g$ 和 $(f,g)\mapsto fg$ 构成环（当且仅当 A 为可交换环，其为可交换环）。$\mathcal{F}(E,A)$ 的单位元素是恒等于 1 的常数函数。

7.1.2 环的运算律

设 A 为一个环，所有交换群中的有效运算法则显然适用于 A，即考虑 A 为一个交换群。例如，$x\in A$ 的逆元可记作 $-x$，且注意到 $x+(-y)=x-y$。

(1) 对于环 A 中的所有元素 x，有

$$x\cdot 0 = 0\cdot x = 0 \tag{①}$$

事实上，我们有

$$x\cdot 0 = x(0+0) = x\cdot 0 + 0\cdot x$$

由于 A 中所有元素对加法运算是常规的，有 $x\cdot 0=0$。表明 $0\cdot x=0$。

(2) 对于所有 $x\in A$ 和 $y\in A$，有

$$x(-y) = (-x)y = -(xy) \tag{②}$$

事实上，对 $y\in A$，有 $y+(-y)=0$。于是

$$x[y+(-y)] = xy + x(-y) = x\cdot 0 = 0$$

因此 $x(-y)$ 和 xy 相反；同理，$(-x)y$ 与 xy 相反。由此推断

$$(-x)(-y) = -[(-x)y] = -[-(xy)] = xy \tag{③}$$

请注意，如果 A 不是空环，则 $1_A\neq 0$。事实上，这种关系在式①中表明，如果存在 $x\in A$ 使得 $x\neq 0$，则 $x\cdot 0=0\neq x$，于是 0 不是乘法中的单位元。因此空环是唯一的环：$1=0$。

(3) 对所有 $x\in A$，通过整数集上的递归定义 $n\in\mathbb{N}$，元素 x^n 和 $n\cdot x$ 为

$$x^0 = 1,\quad x^n = x^{n-1}\cdot x$$
$$0\cdot x = 0,\quad n\cdot x = (n-1)x + x$$

通过归纳法，我们可得以下性质：

$$x^m\cdot x^n = x^{m+n} \tag{④}$$
$$(m+n)x = m\cdot x + n\cdot x \tag{⑤}$$

其中 $m,n\in\mathbb{N}$，$x\in A$。

(4) 对所有 $x\in A$ 及 $n\in\mathbb{N}$，我们有

$$n\cdot x = (n\cdot 1)x = x\cdot(n\cdot 1) \tag{⑥}$$

对 $n=0$ 时，根据式①等式成立，即定义 $0\cdot x$。

假设对整数 n 式⑥成立，我们有

$$\begin{aligned}(n+1)\cdot x &= nx + x = (n\cdot 1)x + 1\cdot x = (n\cdot 1+1)x\\ &= (n\cdot 1 + 1\cdot 1)x = [(n+1)\cdot 1]x\end{aligned}$$

还可得到

$$(n+1)x = x[(n+1)\cdot 1]$$

这些运算律（运算规则）允许我们在考虑项顺序的情况下计算环 A 元素总和的乘积。如果 A 是可交换的，那么可以将乘积进行简化。

定理 1 假设 A 为环，a 和 b 为 A 的两个可置换的元素。对于整数 $n\geqslant 1$，我们有所谓的二项式定理

$$(a+b)^n=\sum_{k=0}^{n}\mathrm{C}_n^k a^{n-k}b^k \tag{7}$$

7.1.3 环的基本性质

1. 零因子

设 A 为一个环，我们知道 $a\cdot 0=0\cdot a=0$。因此我们看到，在环中，当一个因子是零时，两个因数的乘积为零。反之，则不成立，如下面例子所示。

设 $A=\mathbb{R}\times\mathbb{R}$，对于 $(a,b)\in A$，$(c,d)\in A$，定义

$$(a,b)+(c,d)=(a+c,b+d),\quad (a,b)(c,d)=(ac,bd)$$

那么 A 是交换环，单位元为 $(1,1)$，零元为 $0=(0,0)$，我们有 $(1,0)(0,1)=(0,0)=0$，然而 $(1,0)\neq 0$，$(0,1)\neq 0$。

定义 2 设 A 为一个不能简化为 $\{0\}$ 的环。称元素 $a\in A$ 为左零元（或右零元），若存在非零元素 b 满足 $ab=0$（或者 $ba=0$）。

(1) 若 A 为交换环，左零元和右零元的概念是一致的。

(2) 若 a 为左零元，也就是说 $a\neq 0$，并且对于 A 左侧乘法不正则。实际上，若 a 是非零元素，并且是左零元，存在 A 中非零元 b 使得 $ab=0$。于是有关系式 $ab=0=a,0$ 表示 a 对于环 A 的乘法是左侧不正则的。反之，若 $ax=ay$（其中 $x\neq y$），于是有 $a(x-y)=0$，其中 $x-y\neq 0$，a 为左零元。

(3) a 为右零元，当且仅当 $a\neq 0$ 且对于 A 右侧乘法不正则。

定义 3 若 A 是非零可交换环且不含有零因子，则称 A 为整环。即如果 $ab=0$，那么 $a=0$ 或 $b=0$，则 A 为整环。

2. 幂零元素

定义 4 设 A 为一个环，对于 A 中元素 $x\in A$，若存在正整数 $n\geqslant 1$，满足 $x^n=0$，则称 x 为幂零元素。若 A 存在非零的幂零元素，则 A 包含零因子，因为

$$a\cdot a^{n-1}=0=a^{n-1}\cdot a$$

3. 逆元（可逆元素）

定义 5 设 A 为一个环，$a\in A$，若 a 具有对于乘法的对称性（$ab=ba$），则称 a 为 A 的可逆元素（可逆），我们记 A 的可逆元素的集合为 $A^{\times}$。

定理 2 设 A 为非零环，A 的可逆元素的集合 $A^{\times}$ 是 A 的乘法运算群。（证明留作习题）

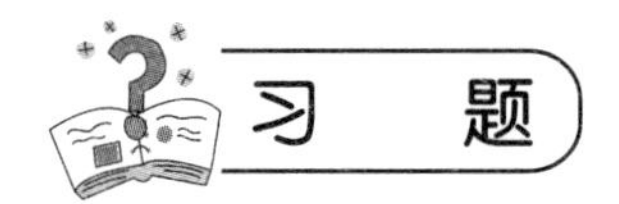

1. 设 $A=\left\{\frac{m}{n}\mid m\in\mathbb{Z},n\in2\mathbb{N}+1\right\}$（也就是说 A 是分母为奇数的分数集），证明：$(A,+,\times)$是一个环。其逆元素是什么？

2. 考虑$\mathbb{Z}[\sqrt{2}]=\{a+b\sqrt{2}\mid a,b\in\mathbb{Z}\}$。

(1) 证明：$(\mathbb{Z}[\sqrt{2}],+,\times)$是一个环；

(2) 我们设 $N(a+b\sqrt{2})=a^2-2b^2$，证明：对于任意 $x,y\in\mathbb{Z}[\sqrt{2}]$，有

$$N(xy)=N(x)\cdot N(y)$$

(3)† 推导$\mathbb{Z}[\sqrt{2}]$的可逆元，是可记作 $a+b\sqrt{2}$且 $a^2-2b^2=\pm1$ 的元素。

3. 环 A 中的元素x 为幂零元素，若存在正整数 $n\geqslant1$ 使得 $x^n=0$ 成立。假设 A 是交换环，取 x,y 为两个幂零元素。

(1) 证明：xy 是幂零元素；

(2) 证明：$x+y$ 是幂零元素；

(3) 证明：$1-x$ 是可逆元素。

4. 设 A 为非零环，证明：A 的可逆元素的集合 $A^\times$ 是 A 的乘法运算群。

1. **证明** 我们证明 A 是$(\mathbb{Q},+,\times)$的子环。为此，设 $x=\frac{m}{n}$及 $y=\frac{m'}{n'}\in A$，于是

$$x-y=\frac{mn'-m'n}{nn'},\quad xy=\frac{mm'}{nn'}$$

因为 nn'是两个奇数的乘积，为奇数，并且 A 非空，包含 1，推断 A 确实是$(\mathbb{Q},+,\times)$的子环。

接下来我们确定 A 的可逆元素，设 $x=\frac{m}{n}\in A$ 为可逆元，$y=\frac{m'}{n'}\in A$ 满足$xy=1$。可以证明 $mm'=nn'$，特别地，m 必为奇数。

反之，若 $x=\frac{m}{n}$，其中 m 为奇数，于是 $y=\frac{n}{m}$在集合A 上（如果恒有$m<0$，为了证明在A 上满足定义，只需记 $y=\frac{-n}{-m}$），而 $xy=1$。

综上所述，A 的可逆元素为$\frac{m}{n}$，其中 $m\in\mathbb{Z},n\in\mathbb{N}^*$，$m,n$ 为奇数。

2. **证明**

(1) 只要证明它是$(\mathbb{R},+,\times)$的子环。而$\mathbb{Z}[\sqrt{2}]$满足：

① 加法运算律：$(a+b\sqrt{2})+(a'+b'\sqrt{2})=(a+a')+(b+b')\sqrt{2}$；

② 乘法运算律：$(a+b\sqrt{2})\times(a'+b'\sqrt{2})=(aa'+2bb')+(ab'+a'b)\sqrt{2}$；

③ 逆元存在：$-(a+b\sqrt{2})=-a+(-b)\sqrt{2}$。

进一步地，$1\in\mathbb{Z}[\sqrt{2}]$，这便完成了$\mathbb{Z}[\sqrt{2}]$是$(\mathbb{R},+,\times)$的子环的证明。

(2) 设 $x=a+b\sqrt{2}$，$y=a'+b'\sqrt{2}$，考虑到(1)中的结论有

$$\begin{aligned}N(xy)&=(aa'+2bb')^2-2(ab'+a'b)^2\\&=(aa')^2-2(ab')^2-2(a'b)^2+4(bb')^2\end{aligned}$$

另外，有

$$\begin{aligned}N(x)N(y)&=(a^2-2b^2)(a'^2-2b'^2)\\&=(aa')^2-2(ab')^2-2(a'b)^2+4(bb')^2\end{aligned}$$

证毕。

(3)† 设 $x=a+b\sqrt{2}$，首先假设 x 是可逆元，其逆元素为 y。于是 $N(xy)=N(1)=1$，所以 $N(x)N(y)=1$。因为 $N(x)$和 $N(y)$为两个整数，于是得到 $N(x)=\pm1$。另外，若 $N(x)=\pm1$，于是根据

$$\frac{1}{a+b\sqrt{2}}=\frac{a-b\sqrt{2}}{a^2-2b^2}=\pm(a-b\sqrt{2})$$

即证明了 $a+b\sqrt{2}$可逆，其可逆元素为$\pm(a-b\sqrt{2})$，且 $a^2-2b^2=\pm1$。

3. **证明** 假设 n 和m 满足$x^n=0$ 及 $y^m=0$。

(1) 因为 x 和y 相关，我们有$(xy)^n=x^ny^n=0\times y^n=0$。证毕。

(2) 首先，记 $p\geqslant n$，我们有 $x^p=x^{p-n}x^n=0$，根据二项式定理有

$$(x+y)^{n+m}=\sum_{k=0}^{n+m}\binom{n+m}{k}x^ky^{n+m-k}$$

一方面，对于 $k\geqslant n$，$x^k=0\Rightarrow x^ky^{n+m-k}=0$；另一方面，对于 $k<n$，有 $n+m-k\geqslant m$ 且 $y^{n+m-k}=0$，得到 $x^ky^{n+m-k}=0$。因此$(x+y)^{n+m}=0$ 成立，我们甚至可以证明 $n+m-1$ 为幂。

(3) 证明思路是利用如下恒等式(在环中也成立)：$1-x^p=(1-x)(1+x+\cdots+x^{p-1})$。

令 $p=n$，于是有 $1=(1-x)(1+x+\cdots+x^{n-1})$，即$1-x$ 是$1+x+\cdots+x^{n-1}$的逆元。

4. **证明** 若 $x\in A^\times$及 $y\in A^\times$，则 $xy\in A^\times$。在 $A^\times$上定义乘法$(x,y)\mapsto xy$，因为在 A 中乘法满足结合律，所以在 $A^\times$中这乘法也满足结合律。

显然，我们有 $1\in A^\times$，且 1 是 $A^\times$中乘法运算的单位元，于是若 $a\in A^\times$，则

$$aa^{-1}=a^{-1}\cdot a=1$$

即证明了 $a^{-1}\in A^\times$，所以 $A^\times$是关于乘法运算的群。证毕。

7.2　多项式环$(\mathbb{K}[x],+,\times)$

7.2.1　$\mathbb{K}[x]$的定义以及$\mathbb{K}[x]$上的运算

定义 6　一个$\mathbb{K}$上的多项式是系数在$\mathbb{K}$上的序列$(a_n)_{n\in\mathbb{N}}$，序列值(属于$\mathbb{K}$)从某一确定项开始为0；若$P=(a_n)_{n\in\mathbb{N}}$是一个多项式，对于$n\in\mathbb{N}$，a_n是多项式P第n项的系数；我们记多项式x为$(0,1,0,0,0,\cdots)=(\delta_n,1)_{n\in\mathbb{N}}$，记$\mathbb{K}[x]$为系数在$\mathbb{K}$上的多项式的集合。

这样，多项式可以看成是其系数的序列，该序列从某一个确定项开始为0。于是，根据定义，一个多项式最多具有有限项非零元素，例如，$2x^3-x+1$就是序列$(1,-1,0,2,0,0,0,\cdots)$。通过对多项式的介绍，我们可以得到定理3。

定理 3　当且仅当其系数相等，两个多项式相等。

现在，我们在$\mathbb{K}[x]$上定义三个运算：多项式加法(+)，实数与多项式的乘法(·)和多项式的乘法(×)。

(1) 多项式加法：若$P=(a_n)_{n\in\mathbb{N}}$和$Q=(b_n)_{n\in\mathbb{N}}$是$\mathbb{K}[x]$的两个元素，其中序列$(a_n)_{n\in\mathbb{N}}$和$(b_n)_{n\in\mathbb{N}}$从某确定项起均为0，定义

$$P+Q=(a_n+b_n)_{n\in\mathbb{N}}$$

(2) 实数与多项式的乘法：设$P=(a_n)_{n\in\mathbb{N}}\in\mathbb{K}[x]$，$\lambda\in\mathbb{K}$，定义

$$\lambda\cdot P=(\lambda a_n)_{n\in\mathbb{N}}$$

(3) 多项式的乘法：若$P=(a_n)_{n\in\mathbb{N}}$和$Q=(b_n)_{n\in\mathbb{N}}$是$\mathbb{K}[x]$的两个元素，定义

$$P\times Q=(c_n)_{n\in\mathbb{N}}$$

其中$\forall\, n\in\mathbb{N}$，

$$c_n=\sum_{k=0}^{n}a_kb_{n-k}=\sum_{\substack{(i,j)\in 0,n^2\\ i+j=n}}a_ib_j$$

定理 4　$(\mathbb{K}[x],+,\times)$是交换环。

证明

(1) 证明$(\mathbb{K}[x],+)$是交换群。

① 验证"+"是$\mathbb{K}[x]$上的运算。

设$(P,Q)\in\mathbb{K}[x]^2$，规定$P=(a_n)_{n\in\mathbb{N}}$和$Q=(b_n)_{n\in\mathbb{N}}$，其中$(a_n)_{n\in\mathbb{N}}$和$(b_n)_{n\in\mathbb{N}}$从某确定项开始为0。根据假设，存在$(n_1,n_2)\in\mathbb{N}^2$满足，对于$n\geqslant n_1$，$a_n=0$；对$n\geqslant n_2$，$b_n=0$。设$n_0=\max\{n_1,n_2\}$，n_0是正整数，并且对于$n\geqslant n_0$，$a_n=0$且$b_n=0$，所以$a_n+b_n=0$，这表明$P+Q$是$\mathbb{K}[x]$的元素。

即证明了"+"是$\mathbb{K}[x]$上的运算。

② 证明"+"满足交换律。

设$(P,Q)\in\mathbb{K}[x]^2$，规定$P=(a_n)_{n\in\mathbb{N}}$和$Q=(b_n)_{n\in\mathbb{N}}$，其中$(a_n)_{n\in\mathbb{N}}$和$(b_n)_{n\in\mathbb{N}}$从某确定项开始为0。

$$P+Q=(a_n+b_n)_{n\in\mathbb{N}}=(b_n+a_n)_{n\in\mathbb{N}}=Q+P$$

那么“+”满足交换律得证。

③ 证明“+”满足结合律。

设$(P,Q,R)\in\mathbb{K}[x]^3$，规定 $P=(a_n)_{n\in\mathbb{N}}$，$Q=(b_n)_{n\in\mathbb{N}}$及 $R=(c_n)_{n\in\mathbb{N}}$，其中序列$(a_n)_{n\in\mathbb{N}}$，$(b_n)_{n\in\mathbb{N}}$和$(c_n)_{n\in\mathbb{N}}$从某确定项开始为 0。

$$\begin{aligned}(P+Q)+R&=((a_n+b_n)_{n\in\mathbb{N}}+c_n)_{n\in\mathbb{N}}=((a_n+b_n)+c_n)_{n\in\mathbb{N}}\\&=(a_n+(b_n+c_n))_{n\in\mathbb{N}}=P+(Q+R)\end{aligned}$$

我们已经证明“+”满足结合律(我们现在可以写成 $P+Q+R$)。

④ 证明“+”运算存在单位元。

令$0=(0)_{n\in\mathbb{N}}$(0 为$\mathbb{K}[x]$中的元素)。设 $P\in\mathbb{K}[x]$，$P=(a_n)_{n\in\mathbb{N}}$，其中序列$(a_n)_{n\in\mathbb{N}}$从某确定项起为 0。设 $Q=(-a_n)_{n\in\mathbb{N}}$是$\mathbb{K}[x]$的元素，且

$$P+Q=(a_n)_{n\in\mathbb{N}}+(-a_n)_{n\in\mathbb{N}}=(a_n+(-a_n))_{n\in\mathbb{N}}=(0)_{n\in\mathbb{N}}=0$$

于是对所有 $P=(a_n)_{n\in\mathbb{N}}$都有相反的多项式，可记为$-P$，因此$(\mathbb{K}[x],+)$是一个交换群。

(2) 研究乘法运算。

① 验证“×”是$\mathbb{K}[x]$上的运算。

设$(P,Q)\in\mathbb{K}[x]^2$，令 $P=(a_n)_{n\in\mathbb{N}}$和 $Q=(b_n)_{n\in\mathbb{N}}$，其中$(a_n)_{n\in\mathbb{N}}$和$(b_n)_{n\in\mathbb{N}}$从某确定项开始为 0。根据假设，存在$(n_1,n_2)\in\mathbb{N}^2$ 满足：

a. 对 $n\geqslant n_1$，$a_n=0$；

b. 对 $n\geqslant n_2$，$b_n=0$。

$$P\times Q=(c_n)_{n\in\mathbb{N}}=\Big(\sum_{k=0}^{n}a_kb_{n-k}\Big)_{n\in\mathbb{N}}$$

设 $n_0=n_1+n_2$，$n\geqslant n_0=n_1+n_2$，有 $c_n=\sum\limits_{k=0}^{n}a_kb_{n-k}$，在此求和。

若 $k\geqslant n_1$，则 $a_k=0$，于是 $a_kb_{n-k}=0$；

若 $k<n_1$，于是

$$n-k>n-n_1\geqslant n_0-n_1=n_2$$

即 $b_{n-k}=0$，所以 $a_kb_{n-k}=0$。最后，所有项的总和为 0，于是 $c_n=0$，即证明了 $P\times Q\in\mathbb{K}[x]$。

我们证明了“×”是$\mathbb{K}[x]$中的运算。

② 证明“×”满足交换律。

设$(P,Q)\in\mathbb{K}[x]^2$，令 $P=(a_n)_{n\in\mathbb{N}}$和 $Q=(b_n)_{n\in\mathbb{N}}$，其中$(a_n)_{n\in\mathbb{N}}$和$(b_n)_{n\in\mathbb{N}}$从某确定项开始为 0，记 $l=n-k$。

$$P\times Q=\Big(\sum_{k=0}^{n}a_kb_{n-k}\Big)_{n\in\mathbb{N}}=\Big(\sum_{l=0}^{n}b_la_{n-l}\Big)_{n\in\mathbb{N}}=Q\times P$$

所以“×”满足交换律。

③ 证明“×”满足结合律。

设$(P,Q,R)\in\mathbb{K}[x]^3$，令 $P=(a_n)_{n\in\mathbb{N}}$，$Q=(b_n)_{n\in\mathbb{N}}$和 $R=(c_n)_{n\in\mathbb{N}}$，其中$(a_n)_{n\in\mathbb{N}}$，$(b_n)_{n\in\mathbb{N}}$和$(c_n)_{n\in\mathbb{N}}$从某确定项开始为 0。

$$(P\times Q)\times R=\Big(\sum_{i=0}^{n}a_ib_{n-i}\Big)_{n\in\mathbb{N}}\times(c_n)_{n\in\mathbb{N}}=\Big(\sum_{\substack{(i,j)\in 0,n^2\\ i+j=n}}a_ib_j\Big)_{n\in\mathbb{N}}\times(c_n)_{n\in\mathbb{N}}$$

$$=\Big(\sum_{k=0}^{n}\Big(\sum_{\substack{(i,j)\in 0,n^2\\ i+j=n-k}}a_ib_j\Big)c_k\Big)_{n\in\mathbb{N}}=\Big(\sum_{k=0}^{n}\Big(\sum_{\substack{(i,j)\in 0,n^2\\ i+j+k=n}}a_ib_jc_k\Big)\Big)_{n\in\mathbb{N}}$$

$$=\Big(\sum_{\substack{(i,j,k)\in 0,n^3\\ i+j+k=n}}^{n}a_ib_jc_k\Big)_{n\in\mathbb{N}}$$

根据对称性,得到

$$P\times(Q\times R)=(Q\times R)\times P=\Big(\sum_{\substack{(i,j,k)\in 0,n^3\\ i+j+k=n}}a_ib_jc_k\Big)_{n\in\mathbb{N}}$$

于是

$$(P\times Q)\times R=P\times(Q\times R)$$

即证明了“×”满足结合律(现在我们可以写 $P\times Q\times R$)。

④ 证明“×”运算存在单位元。

设 $1=(1,0,0,0,\cdots)=(\delta_n,o)_{n\in\mathbb{N}}$,$P\in\mathbb{K}[x]$,$P=(a_n)_{n\in\mathbb{N}}$,其中序列 $(a_n)_{n\in\mathbb{N}}$ 从某确定项后为0。

$$P\times 1=(a_n)_{n\in\mathbb{N}}\times(\delta_n,o)_{n\in\mathbb{N}}=\Big(\sum_{k=0}^{n}a_k\delta_{0,n-k}\Big)=(a_n)_{n\in\mathbb{N}}=P$$

于是,“×”提供一个单位元,即表示为1的多项式,等于 $(\delta_n,o)_{n\in\mathbb{N}}$。

(3) 证明“×”对“+”满足分配律。

设 $(P,Q,R)\in\mathbb{K}[x]^3$,令 $P=(a_n)_{n\in\mathbb{N}}$,$Q=(b_n)_{n\in\mathbb{N}}$ 和 $R=(c_n)_{n\in\mathbb{N}}$,其中 $(a_n)_{n\in\mathbb{N}}$,$(b_n)_{n\in\mathbb{N}}$ 和 $(c_n)_{n\in\mathbb{N}}$ 从某确定项开始为0。

$$(P+Q)\times R=(a_n+b_n)_{n\in\mathbb{N}}\times(c_n)_{n\in\mathbb{N}}=\Big(\sum_{k=0}^{n}(a_k+b_k)c_{n-k}\Big)_{n\in\mathbb{N}}$$

$$=\Big(\sum_{k=0}^{n}a_kc_{n-k}+\sum_{k=0}^{n}b_kc_{n-k}\Big)_{n\in\mathbb{N}}=\Big(\sum_{k=0}^{n}a_kc_{n-k}\Big)_{n\in\mathbb{N}}+\Big(\sum_{k=0}^{n}b_kc_{n-k}\Big)_{n\in\mathbb{N}}$$

$$=P\times R+Q\times R$$

这表明“×”对“+”的分配律成立。

这样,我们完成了 $(\mathbb{K}[x],+,\times)$ 是交换环的证明。

上面详细的证明已经完成,我们现在转向多项式的一般表示,即 $P=a_nX^n+a_{n-1}X^{n-1}+\cdots+a_1X+a_0$ 表示为序列形式 $P=(a_n)_{n\in\mathbb{N}}$。X 是多项式 $(0,1,0,0,0,0,\cdots)=(\delta_{n,1})_{n\in\mathbb{N}}$($X$ 不是一个数字,X 有时也称作“不定式”),设 $P=(a_k)_{n\in\mathbb{N}}$ 为多项式,对 $k>n$,有 $a_k=0$,其中 n 是某个自然数,我们已经可以记

$$\begin{aligned}P&=(a_0,a_1,\cdots,a_n,0,0,\cdots)\\&=(a_0,0,0,0,\cdots)+(0,a_1,0,0,\cdots)+\cdots+(0,0,\cdots,0,a_n,0,0,\cdots)\\&=a_0(1,0,0,0,\cdots)+a_1(0,1,0,0,\cdots)+\cdots+a_n(0,0,,\cdots,0,1,0,0,\cdots)\\&=a_0(\delta_{k,0})_{k\in\mathbb{N}}+a_1(\delta_{k,1})_{k\in\mathbb{N}}+\cdots+a_n(\delta_{k,n})_{k\in\mathbb{N}}\qquad①\end{aligned}$$

现在我们用数学归纳法证明：$\forall k\in\mathbb{N}^*, X^k=(\delta_{m,k})_{m\in\mathbb{N}^*}$。

证明

① 根据定义对 $k=1$ 结论为真。

② 设 $k\geqslant 1$，假设 $X^k=(\delta_{m,k})_{m\in\mathbb{N}^*}$ 成立。于是

$$\begin{aligned}X^{k+1} &= X^k\times X=(\delta_{m,k})_{m\in\mathbb{N}^*}\times(\delta_{m,1})_{m\in\mathbb{N}} \quad (\text{根据归纳假设})\\ &= \Big(\sum_{i=0}^{m}\delta_{i,1}\delta_{m-i,k}\Big)_{m\in\mathbb{N}}=(\delta_{m-1,k})_{m\in\mathbb{N}} \quad (\text{当 } i\neq 1, \delta_{i,1}\delta_{m-i,k}=0)\\ &= (\delta_{m,k+1})_{m\in\mathbb{N}} \quad (\text{因为 } m-1=k\Leftrightarrow m=k+1)\end{aligned}$$

综上，由数学归纳法得证。

进一步地，按照约定，$X^0=1$（多项式），然后 $a_0X^0=a_0$（此时 a_0 是一个称作“常量”的多项式），因此我们确定了$\mathbb{K}$的一个元素和一个常数多项式。等式①写作

$$P=a_0+a_1X+\cdots+a_nX^n=\sum_{k=0}^{n}a_kX^k$$

因此$\mathbb{K}[X]$的任何元素 P 都可以写成 $P=\sum_{k=0}^{n}a_kX^k$，其中 $n\in\mathbb{N}$，$(a_0,a_1,\cdots,a_n)\in(\mathbb{K}[X])^{n+1}$。$n$ 不一定表示 P 的次数（将在后面讨论）；仅当 $a_n\neq 0$ 时，n 为 P 的次数。若 a_k 在某确定的 n 之后为 0 且 p 为大于或等于 n 的整数，我们就可以记

$$P=\sum_{k=0}^{n}a_kX^k=\sum_{k=0}^{p}a_kX^k$$

也可以记 $P=\sum_{k=0}^{+\infty}a_kX^k$，后一种的和实际上是有限的。

各种不同的运算可以重新用以下的形式表示：

(1) $P+Q=\sum_{k=0}^{+\infty}a_kX^k+\sum_{k=0}^{+\infty}b_kX^k=\sum_{k=0}^{+\infty}(a_k+b_k)X^k$；

(2) $\lambda P=\lambda\sum_{k=0}^{+\infty}a_kX^k=\sum_{k=0}^{+\infty}(\lambda a_k)X^k$；

(3) $P\times Q=\sum_{k=0}^{+\infty}a_kX^k\times\sum_{k=0}^{+\infty}b_kX^k=\sum_{k=0}^{+\infty}\Big(\sum_{i=0}^{k}a_ib_{k-i}\Big)X^k=\sum_{k=0}^{+\infty}\Big(\sum_{\substack{(i,j)\in 0,k^2\\ i+j=k}}a_ib_j\Big)X^k$。

例如，在 $(3X^2-7X+1)(X^2+4X+5)$ 的展开式中 X^2 的系数为

$$a_2b_0+a_1b_1+a_0b_2=3\times 5+(-7)\times 4+1\times 1=-12$$

更为完整地，$(3X^2-7X+1)(X^2+4X+5)$ 的展开式为

$$\begin{aligned}&(3X^2-7X+1)(X^2+4X+5)\\ &\quad=(3\times 1)X^4+[3\times 4+(-7)\times 1]X^3+[3\times 5+(-7)\times 4+1\times 1]X^2\\ &\qquad+[(-7)\times 5+1\times 4]X+(1\times 5)\\ &\quad=3X^4+5X^3-12X^2-31X+5\end{aligned}$$

或者只是形式计算

$$\begin{aligned}&(3X^2-7X+1)(X^2+4X+5)\\ &\quad=3X^4+12X^3+15X^2-7X^3-28X^2-35X+X^2+4X+5\\ &\quad=3X^4+5X^3-12X^2-31X+5\end{aligned}$$

7.2.2 多项式的次数和非零多项式的首项系数

1. 定义

设 P 为$\mathbb{K}[X]$的非零元素，$(a_k)_{n\in\mathbb{N}}$是 P 的系数序列，$\varepsilon=\{k\in\mathbb{N}\mid a_k\neq0\}$。因为 P 是非零多项式，集合 ε 是$\mathbb{N}$ 的非空子集。另外，根据定义，序列$(a_k)_{n\in\mathbb{N}}$从某确定项 n_0 起为零，因此集合 ε 增加(随 n_0 增大)。总之，ε 是一个随n_0 增大的非空集合。我们知道，ε 含有最大元素，由此我们提出：

定义 7 P 是非空集$\mathbb{K}[X]$的元素，$(a_k)_{n\in\mathbb{N}}$是 P 的系数数列。P 的次数，记作 $\deg(P)$(或记作 $d\circ(P)$，$\partial(P)$)。

$$\deg(P)=\max\{k\in\mathbb{N}\mid a_k\neq0\}$$

规定，如果 P 是零多项式，那么 P 的次数为$-\infty$，即 $\deg(0)=-\infty$。约定零多项式的次数后可以找到次数公式的正当性：

$$\deg(P\times Q)=\deg(P)+\deg(Q)$$

公式对所有多项式 P 和Q 成立。

注 在$\mathbb{K}$ 上次数小于或等于 n 的多项式系数，记作$\mathbb{K}_n[X]$：

$$\mathbb{K}_n[X]=\left\{\sum_{k=0}^{n}a_kX^k,(a_0,\cdots,a_n)\in\mathbb{K}^{n+1}\right\}$$

因此$\mathbb{R}_2[X]=\{aX^2+bX+c,(a,b,c)\in\mathbb{R}^3\}$。

① 若 $a\neq0$，则$\mathbb{R}_2[X]$中次数为 2 的元素为 aX^2+bX+c；

② 若 $a=0$ 且 $b\neq0$，得到次数为 1 的元素；

③ 若 $a=b=0$ 且 $c\neq0$，则对应元素次数为 0；

④ 若 $a=b=c=0$，多项式次数为$-\infty$。

$\mathbb{K}_0[X]$是常数多项式的集合，由非零常多项式组成，这些多项式的次数为 0 或$-\infty$。

定义 8 设 $P=\sum\limits_{k=0}^{n}a_kX^k$，其中 $a_n\neq0$，是$\mathbb{K}[X]$中的一个元素，次数为 n；P 的首项系数，即 a_n。

当且仅当首项系数为 1，非零多项式是一元(或正规化)多项式。

2. 次数和首项系数的性质

本小节中，我们对已经定义的首项系数和次数的特性进行分析。

定理 5 对所有$\sum\limits_{k=0}^{n}a_kX^k$ $(P,Q)\in(\mathbb{K}[X])^2$ 有

$$\deg(P+Q)\leqslant\max\{\deg(P),\deg(Q)\}$$

进一步地，若 $\deg(P)\neq\deg(Q)$，则

$$\deg(P+Q)=\max\{\deg(P),\deg(Q)\}$$

证明 ① 若 $P=0$，则 $\deg(P)=-\infty$，于是

$$\max\{\deg(P),\deg(Q)\}=\deg(Q)$$

此外，$P+Q=Q$，所以

$$\deg(P+Q)=\deg(Q)$$

此时

$$\deg(P+Q)=\max\{\deg(P),\deg(Q)\}\leqslant\max\{\deg(P),\deg(Q)\}$$

若 $Q=0$，同理。

② 若 $P\neq 0$ 且 $Q\neq 0$，我们设 $n=\deg(P)\in\mathbb{N}$，$p=\deg(Q)\in\mathbb{N}$，记 $(a_k)_{k\in\mathbb{N}}$ 为 P 的系数序列。对于 $k>\max(n,p)$，$a_k=0$ 且 $b_k=0$，则 $a_k+b_k=0$，于是

$$\deg(P+Q)\leqslant\max\{n,p\}=\max\{\deg(P),\deg(Q)\}$$

进一步地，假设 $\deg(P)\neq\deg(Q)$，如假设 $p<n$，使得 $\max\{\deg(P),\deg(Q)\}=n$。我们已经知道若 $k>n$，有 $a_k+b_k=0$。除此之外，$a_n+b_n=a_n\neq 0$，于是

$$\deg(P+Q)=n=\max\{\deg(P),\deg(Q)\}$$

定理6　对所有 $(\lambda,P)\subset\mathbb{K}\times\mathbb{K}[X]$，$\deg(\lambda P)\leqslant\deg(P)$。具体而言，

$$\deg(\lambda P)=\begin{cases}\deg(P), & \lambda\neq 0\\ -\infty, & \lambda=0\end{cases}\leqslant\deg(P)$$

证明　① 若 $P=0$，对所有 $\lambda\in\mathbb{K}$，

$$\deg(\lambda P)=-\infty=\deg(P)=\begin{cases}\deg(P), & \lambda\neq 0\\ -\infty, & \lambda=0\end{cases}$$

② 若 $P\neq 0$，可设 $n=\deg(P)\in\mathbb{N}$，记 $(a_k)_{k\in\mathbb{N}}$ 为 P 的系数序列。

若 $\lambda=0$，

$$\deg(\lambda P)=-\infty\leqslant\deg(P)$$

若 $\lambda\neq 0$，对 $k>n$，我们有 $\lambda a_k=0$，于是

$$\deg(\lambda P)\leqslant n=\deg(P)$$

其他情况下 $\lambda a_n\neq 0$，则 $\deg(\lambda P)=n=\deg(P)$。

注

① 顺便指出，若 $\lambda\neq 0$，$P\neq 0$，则 λP 的首项系数为 P 的首项系数的 λ 倍；

② 结合定理5和定理6的结果，可以得到对任意 $(\lambda,\mu)\in\mathbb{K}^2$ 以及 $(P,Q)\in(\mathbb{K}[X])^2$，则有

$$\deg(\lambda P+\mu Q)\leqslant\max\{\deg(P),\deg(Q)\}$$

定理7　对所有 $(P,Q)\in(\mathbb{K}[X])^2$，$\deg(P\times Q)=\deg(P)+\deg(Q)$（按照通常惯例，$\forall n\in\mathbb{N}$，$(-\infty)+n=-\infty$，$(-\infty)+(-\infty)=-\infty$）。若 $P\neq 0$ 且 $Q\neq 0$，则 $P\times Q$ 的首项系数为 P 的首项系数与 Q 的首项系数的乘积。特别地，$\forall n\in\mathbb{N}^*$，$\forall P\in\mathbb{K}[X]$，$\deg(P^n)=n\deg(P)$。

证明

① 若 $P=0$，则 $P\times Q=0$，

$$\deg(P\times Q)=-\infty=-\infty+\deg(Q)=\deg(P)+\deg(Q)$$

若 $Q=0$，同理。

② 若 $P\neq 0$，$Q\neq 0$，设 $n=\deg(P)\in\mathbb{N}$，$p=\deg(Q)\in\mathbb{N}$，记 $(a_k)_{k\in\mathbb{N}}$ 为 P 的系数序列（同理，$(b_k)_{k\in\mathbb{N}}$，$(c_k)_{k\in\mathbb{N}}$ 分别为 Q 和 $P\times Q$ 的系数序列）。

若 $k > n + p$(因而特别地,$k > n$),我们有 $c_k = \sum_{i=0}^{k} a_i b_{k-i}$。在此和式中,若 $i>n$,则 $a_i = 0$,进而 $a_i b_{k-i} = 0$;若 $i \leqslant n$,则

$$k - i \geqslant k - n > n + p - n = p$$

则 $b_{k-i} = 0$,进而 $a_i b_{k-i} = 0$。所以和的所有项都等于 c_k,为零,即 $c_k = 0$,即证明了

$$\deg(P \times Q) \leqslant n + p = \deg(P) + \deg(Q)$$

接下来,$c_{n+p} = \sum_{i=0}^{n+p} a_i b_{n+p-i}$。在此求和式中,若 $i>n$,$a_i = 0$,于是 $a_i b_{n+p-i} = 0$;若 $i<n$,则

$$n + p - i > n + p - n = p$$

有 $b_{n+p-i} = 0$,得到 $a_i b_{n+p-i} = 0$,仅保留下标 $i = n$,$c_{n+p} = a_n b_p \neq 0$。在此证明了

$$\deg(P \times Q) = \deg(P) + \deg(Q)$$

进一步地,可知 $P \times Q$ 的首项系数为 P 的首项系数与 Q 的首项系数的乘积。

等式 $\deg(P^n) = n\deg(P)$ 可以由数学归纳法证明。

注 在应用中我们将看到多项式乘积的次数公式是"畅通无阻"的公式,而其他公式都有使用条件。例如,(λP) 的次数不是 P 的次数,事实上,当 $\lambda \neq 0$ 时 (λP) 的次数为 P 的次数;当 $\lambda = 0$ 时,(λP) 的次数为 $-\infty$。

例 3 对于 $n \geqslant 2$,设 $P_n = (X+1)^n - (X-1)^n$,确定 P_n 的次数和首项系数。

解析 $\deg((X+1)^n) = n$,$\deg((X-1)^n) = n$,所以 $\deg(P_n) \leqslant n$;具体而言,根据牛顿二项式定理,两个多项式 Q_1 和 Q_2 的次数不超过 $n-2$,且

$$\begin{aligned} P_n &= (X + 1)^n - (X - 1)^n = (X^n + nX^{n-1} + Q_1) - (X^n - nX^{n-1} + Q_2) \\ &= 2nX^{n-1} + Q_1 - Q_2 \end{aligned}$$

因为

$$\deg(Q_1 - Q_2) \leqslant \max\{\deg(Q_1), \deg(Q_2)\} \leqslant n - 2$$

从而得到

$$\deg(P_n) = \deg(2nX^{n-1}) = n - 1$$

同时,P_n 的首项系数为 $2n$。

7.2.3 环($\mathbb{K}[X]$, +, ×)的完备性

定理 8 在环($\mathbb{K}[X]$, +, ×)中,当且仅当其因子之一为零,因子乘积为零(即交换环($\mathbb{K}[X]$, +, ×)是完备的)。

换言之,$\forall (P,Q) \in (\mathbb{K}[X])^2$,

$$P \times Q = 0 \Rightarrow P = 0 \text{ 或 } Q = 0$$

证明 设 $(P,Q) \in (\mathbb{K}[X])^2$,若 $P \neq 0$ 且 $Q \neq 0$,多项式 P 和 Q 的次数是非负整数。于是

$$\deg(P \times Q) = \deg(P) + \deg(Q) \in \mathbb{N}$$

特别地,$P \times Q \neq 0$。

总之,$P \neq 0, Q \neq 0 \Rightarrow P \times Q \neq 0$;相反地,$P \times Q = 0 \Rightarrow P = 0$ 或 $Q = 0$。

我们在前面一个定理中推导出可简化多项式乘法的公式,这些多项式是非零多项式。

定理 9　$\forall(P,Q,R)\in(\mathbb{K}[X])^3$，$P\times Q=P\times R$ 且 $P\neq0$，得到 $Q=R$。

证明　设 $(P,Q,R)\in(\mathbb{K}[X])^3$ 满足 $P\neq0$，根据环 $(\mathbb{K}[X],+,\times)$ 的完备性有

$$P\times Q=P\times R\Rightarrow P\times(Q-R)=0\Rightarrow Q-R=0\Rightarrow Q=R$$

得证。

例如：

$$(X-1)P=0\Rightarrow P=0,\quad (X-1)P=(X-1)Q\Rightarrow P=Q$$

因为 $(X-1)$ 是非零多项式。

7.2.4　环 $(\mathbb{K}[X],+,\times)$ 的可逆性

我们感兴趣的是，若 P 是一个多项式，满足 $\frac{1}{P}$ 也是多项式。

定理 10　环 $(\mathbb{K}[X],+,\times)$ 的逆是非零常数。

证明　若 $P\in\mathbb{K}[X]$，假设 P 是可逆的，因而存在多项式 Q，使得 $P\times Q=1$，其中假定 $P\neq0$ 且 $Q\neq0$（由定理 8），因此 P 和 Q 的次数为自然数，然后

$$P\times Q=1\Rightarrow\deg(P\times Q)=\deg(1)\Rightarrow\deg(P)+\deg(Q)=0$$

若 $\deg(P)\geqslant1$，则

$$\deg(P)+\deg(Q)\geqslant\deg(P)\geqslant1>0$$

这是不成立的。于是 $\deg(P)=0$ 或 P 为非零常数。

相反地，若 $P=a_0\neq0$（$P\in\mathbb{K}\setminus\{0\}$ 或者更确切地说 $P\in\mathbb{K}_0[X]\setminus\{0\}$），于是若 $Q=\frac{1}{a_0}\in\mathbb{K}[X]$，我们有 $P\times Q=1$。于是 P 在环 $(\mathbb{K}[X],+,\times)$ 中可逆。

注　次数大于 0 的多项式不是可逆的（对于 X），但仍然是可简化的（对于 X）。因此可简化和可逆并不相同。

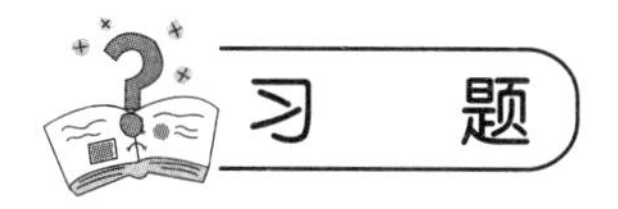

1. 设 P 为 n 次多项式，记 $P=a_nX^n+R$，$R\in\mathbb{R}_{n-1}[X]$ 且 $a_n\neq0$，试求 $Q=P(X+1)-P$ 确定的次数和首项系数。

2. 设 $\mathbb{K}$ 为一个数域，$f\in\mathbb{K}[X]$ 是系数在 $\mathbb{K}$ 上的非零多项式。证明：对于任意 $h\in\mathbb{K}[X]$，存在唯一的 $\mathbb{K}[X]$ 上多项式 q，r 使得 $h=fq+r$，并且 $r=0$ 或者 $\deg(r)<\deg(f)$。

3. 证明：设 $\mathbb{K}$ 为一个数域，$f(x)$ 是 $\mathbb{K}[x]$ 上的多项式，那么当且仅当 $f(x)$ 在 $\mathbb{K}$ 上有一个根时，我们可以记 $f(x)=g(x)h(x)$，其中 $g(x)$ 是线性多项式。

4[†]. 求所有实系数多项式 $P(x)$，满足：

（1）$P(2017)=2016$；

（2）对于每个实数 x，均有 $[P(x)+1]^2=P(x^2+1)$。

答　案

1. **解析**　根据多项式运算的次数性质，我们有 $P(X+1)=\deg(P)\times\deg(X+1)=n$；然后根据两个多项式和的次数，得到 $\deg(Q)\leqslant n$。

① 我们考查其中一项 X^n，有

$$Q=a_n(X+1)^n+R(X+1)-a_nX^n-R$$

利用牛顿二项式定理，显示 $(X+1)^n$ 含 X^k 的项。

$$\begin{aligned}Q&=a_n\sum_{k=0}^{n}\binom{n}{k}X^k+R(X+1)-a_nX^n-R\\&=a_n\left[\binom{n}{n}X^n+S\right]+R(X+1)-a_nX^n-R\end{aligned}$$

其中 $S\in\mathbb{R}_{n-1}[X]$，于是得到

$$Q-a_nS+R(X+1)-R\in\mathbb{R}_{n-1}[X]$$

X^n 的项抵消，得到

$$\deg(Q)\leqslant n-1$$

② 考查项 X^{n-1}。为此，先将 P 表示为 $P=a_nX^n+a_{n-1}X^{n-1}+T$，其中 $T\in\mathbb{R}_{n-2}[X]$。然后，再次利用牛顿二项式定理，表示到含有 X^n 和 X^{n-1} 的项，得到

$$\begin{aligned}Q=&a_n\left[\binom{n}{n}X^n+\binom{n}{n-1}X^{n-1}+S_1\right]+a_{n-1}\left[\binom{n-1}{n-1}X^{n-1}+S_2\right]\\&+T(X+1)-a_nX^n-a_{n-1}X^{n-1}-T\end{aligned}$$

其中 $(S_1,S_2,T)\in\mathbb{R}_{n-2}[X]^3$，于是 $Q=na_nX^{n-1}+S$，根据多项式次数性质有

$$S=a_nS_1+a_{n-1}S_2+T(X+1)-T\in\mathbb{R}_{n-2}[X]$$

由于 $a_n\neq 0$，得到 $na_n\neq 0$，因此 $\deg(P)=n-1$，首项系数为 na_n。

2. **证明**　若 $\deg(h)<\deg(f)$ 则令 $q=0$ 且 $r=h$。

① 一般地，我们对 h 的次数应用数学归纳法证明 q 和 r 的存在性。假设 $\deg(h)\geqslant\deg(f)$，任何次数小于 $\deg(h)$ 的多项式都可以表达为所需形式。现在有 $\mathbb{K}$ 上的元素满足 $h(X)$ 和 $cf(X)$ 具有相同的首项系数，令

$$h_1(X)=h(X)-cX^mf(X)$$

其中 $m=\deg(h)-\deg(f)$。那么无论 $h_1=0$ 或 $\deg(h_1)<\deg(h)$，归纳假设都确保多项式 q_1 和 r 存在，使得 $h_1=fq_1+r$ 并且 $r=0$；否则，$\deg(r)<\deg(f)$。然而 $h=fq+r$，其中 $q(X)=cX^m+q_1(X)$。

② 我们下面检验 q 和 r 的唯一性。假设

$$fq+r=f\bar{q}+\bar{r}$$

其中 $\bar{q},\bar{r}\in\mathbb{K}[X]$，且 $\bar{r}=0$ 或 $\deg(\bar{r})<\deg(f)$，那么

$$(q-\bar{q})f=r-\bar{r}$$

但是

$$\deg((q-\bar{q})f)\geqslant\deg f,q\neq\bar{q},\quad\deg(r-\bar{r})<\deg f,r\neq\bar{r}$$

因此等式$(q-\bar{q})f=r-\bar{r}$只有当$q=\bar{q}$以及$r=\bar{r}$时成立，这就证明了唯一性。

3. **证明** 首先，注意到线性多项式在$\mathbb{K}$上有根。事实上，任何线性多项式都具有形式$ax+b$，其中$a\neq 0$，则容易知道$\alpha=-\dfrac{b}{a}$是$ax+b$的一个根。

另外，若$g(x)$有根α，那么实际上$f(x)=g(x)h(x)$有根，于是我们有

$$f(x)=g(x)h(x)$$

其中$g(x)$是线性多项式，从而得到$f(x)$一定有根。

现在假设$f(x)$有一个根α，考虑线性多项式$g(x)=x-\alpha$，那么eV_α的核为$\langle x-\alpha\rangle$，因为f在核中，所以对某些$h(x)\in\mathbb{R}[x]$，$f(x)=g(x)h(x)$成立。

4[†]. **解析** 设$Q(x)=P(x)+1$，则$Q(2017)=2017$，且

$$Q(x^2+1)=Q^2(x)+1$$

定义数列$x_0=2017$，$x_{n+1}=x_n^2+1(n\geqslant 0)$，故$Q(x_0)=x_0$。假设对于$n\geqslant 0$，有$Q(x_n)=x_n$，则

$$Q(x_{n+1})=Q^2(x_n)+1=x_n^2+1=x_{n+1}$$

又$x_0<x_1<x_2<\cdots$，且对于无穷多个x有$Q(x)=x$，则对于任意的实数x，均有$Q(x)=x$。因此$P(x)=x-1$。

下篇

入门：数学分析

第8章　实　　数

本部分不仅是本章的引言，同时还介绍了分析课程的基础。

在巴比伦时代（公元前3000年至公元前600年，美索不达米亚）数字系统是以60为基数的，即所有数字都表示为

$$a+\frac{b}{60}+\frac{c}{60^2}+\cdots$$

可以想象，对于实际应用来说，这已经是绰绰有余了（例如，估计一个油田的面积，将其分成两个相等的部分，计算单位面积的产量，等等）。现代语言是仅用有理数集$\mathbb{Q}$来计数的。

毕达哥拉斯学派（约公元前500年，希腊）证明了$\sqrt{2}$不属于有理数范畴。他们已经证明$\sqrt{2}$不能表示为$\frac{p}{q}$的形式，其中p,q为两个整数。这是概念上的双重飞跃：不仅给出了$\sqrt{2}$具有（与有理数）不同的性质，而且给出了一个示例。

本课程的主线是研究两个简单的例子：数$\sqrt{10}$和$10^{\frac{1}{12}}$。例如，第一个数表示长为3宽为1的矩形的对角线，第二个例子是年利率为10%的月利率表示。第8章中，我们将证明$\sqrt{10}$和$10^{\frac{1}{12}}$不是有理数，且分别在两个连续整数之间。

为了计算小数点后面的小数位，甚至数百位小数位，我们需要更复杂的工具：

(1) 实数的可靠构造；

(2) 数列以及极限；

(3) 连续函数和可导函数的研究。

这三点相互联系，能够回答我们的问题。例如，我们在研究函数$f(x)=x^2-10$及定义为$u_0=3,u_{n+1}=\frac{1}{2}\left(u_n+\frac{10}{u_n}\right)$的有理数列时，可以非常快地趋向于$\sqrt{10}$，这将使我们能够计算$\sqrt{10}$的数百位小数位，并确定它们是准确的：

$$\sqrt{10}=3.1622776601683793319988935444327185337195551393252168\cdots$$

8.1 有理数集

8.1.1 十进制表示

根据定义，有理数集为

$$\mathbb{Q} = \left\{ \frac{p}{q} \mid p \in \mathbb{Z}, q \in \mathbb{N}^* \right\}$$

记$\mathbb{N}^* = \mathbb{N} \setminus \{0\}$。例如：

$$\frac{2}{5}, \quad \frac{-7}{10}, \quad \frac{3}{6} = \frac{1}{2}$$

十进制数，即形如$\frac{a}{10^n}$的数，其中 $a \in \mathbb{Z}, n \in \mathbb{N}$。例如：

$$1.234 = 1234 \times 10^{-3} = \frac{1234}{1000}, \quad 0.00345 = 345 \times 10^{-5} = \frac{345}{100000}$$

命题 1　当且仅当能表示为无限循环小数或有限十进制小数时，一个数为有理数。

例如：

$$\frac{3}{5} = 0.6, \quad \frac{1}{3} = 0.333\cdots, \quad 1.179\underleftrightarrow{325}\underleftrightarrow{325}\underleftrightarrow{325}\cdots$$

我们不给出证明，直接推导(⇒)是基于欧几里得除法。下面通过例子说明倒推(⇐)是如何进行的。

证明：$x = 12.34\underleftrightarrow{2021}\underleftrightarrow{2021}\cdots$为有理数。

证明　思路是首先使得循环部分在小数点之后开始，于是同乘 100：

$$100x = 1234.\underleftrightarrow{2021}\underleftrightarrow{2021}\cdots \tag{①}$$

再次同乘 10000，移位 4 位数字：

$$10000 \times 100x = 12342021.\underleftrightarrow{2021}\cdots \tag{②}$$

比较式①和式②，小数点后面部分是相同的，因此可得

$$10000 \times 100x - 100x = 12342021 - 1234$$

于是

$$999900x = 12340787$$

得到

$$x = \frac{12340787}{999900}$$

可得 $x \in \mathbb{Q}$。

8.1.2 $\sqrt{2}$不是有理数

存在一些数不是有理数，是无理数。无理数自然地出现在几何图形中。例如，图 8.1(a)中的对角线的数字$\sqrt{2}$是无理数；如图 8.1(b)所示，半径为$\frac{1}{2}$的圆的周长 π 也是无理数；最后 $e=\exp(1)=e^1$ 也是无理数。

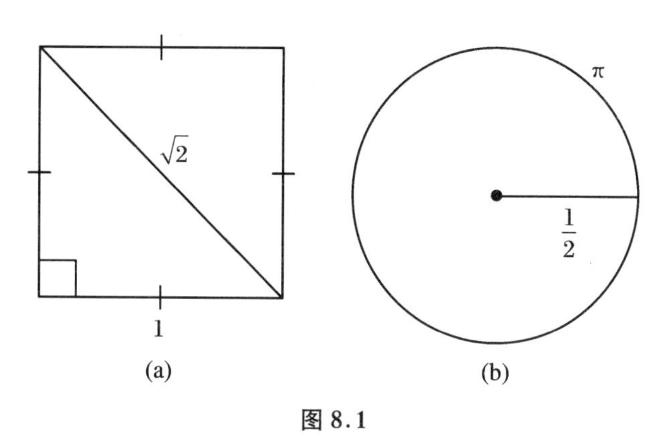

图 8.1

命题 2　$\sqrt{2}\notin\mathbb{Q}$。

证明　反证法。假设$\sqrt{2}=\frac{p}{q}$，于是 $q\sqrt{2}=p\in\mathbb{N}$。考虑集合 $\mathcal{N}=\{n\in\mathbb{N}^*\mid n\sqrt{2}\in\mathbb{N}\}$，集合 $\mathcal{N}$不为空集，因为 $q\sqrt{2}=p\in\mathbb{N}$，即 $q\in\mathcal{N}$，于是 $\mathcal{N}$是$\mathbb{N}$ 的非空子集，因此存在最小元素 $n_0=\min\mathcal{N}$。设 $n_1=n_0\sqrt{2}-n_0=n_0(\sqrt{2}-1)$，由 $1<\sqrt{2}<2$ 并结合第二个等号得到 $0<n_1<n_0$。进一步地，

$$n_1\sqrt{2}=(n_0\sqrt{2}-n_0)\sqrt{2}=2n_0-n_0\sqrt{2}\in\mathbb{N}$$

于是 $n_1\in\mathcal{N}$且$n_1<n_0$，我们得到 $\mathcal{N}$中的一个元素n_1 严格小于 n_0，为最小元素。矛盾。我们开始的假设是不成立，于是$\sqrt{2}\notin\mathbb{Q}$。

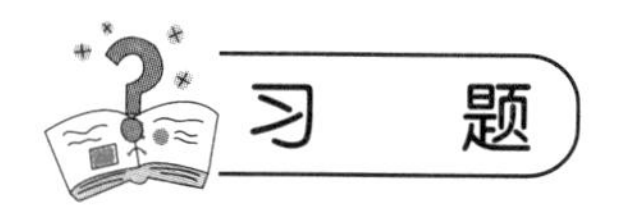

1. 证明：若 $r\in\mathbb{Q}$ 且 $x\notin\mathbb{Q}$，则 $r+x\notin\mathbb{Q}$；若 $r\neq0$，则 $rx\notin\mathbb{Q}$。

2. 证明：$\frac{\ln 3}{\ln 2}$是无理数。

3. 设 $N_n=0.20232023\cdots2023$（循环 n 次），将 N_n 表示为$\frac{p}{q}$的形式，其中 $p,q\in\mathbb{N}^*$。

4[†]. 证明：$\sqrt{13+\sqrt{52}}-\sqrt{13}$是无理数。

答　案

1. **证明**　反证法。设 $r=\dfrac{p}{q}\in\mathbb{Q}$，假设 $r+x\in\mathbb{Q}$，那么存在两个整数 p',q' 满足 $r+x=\dfrac{p'}{q'}$，于是

$$x=\frac{p'}{q'}-\frac{p}{q}=\frac{qp'-pq'}{qq'}\in\mathbb{Q}$$

与 $x\notin\mathbb{Q}$ 矛盾。

同理，若 $rx\in\mathbb{Q}$，则 $rx=\dfrac{p''}{q''}$，于是 $x=\dfrac{p'}{q'}\cdot\dfrac{q}{p}\in\mathbb{Q}$，矛盾。

2. **证明**　反证法。假设$\dfrac{\ln 3}{\ln 2}$是有理数，存在整数 $p\geqslant 0,q>0$，使得$\dfrac{\ln 3}{\ln 2}=\dfrac{p}{q}$成立。得到 $q\ln 3=p\ln 2$，取指数，我们得到 $\mathrm{e}^{q\ln 3}=\mathrm{e}^{p\ln 2}$，即 $3^q=2^p$。若 $p\geqslant 1$，则 2 整除 3^q，于是 2 整除 3，矛盾。于是 $p=0$，由此可得 $3^q=1$，于是 $q=0$，即可能存在的解唯一，为 $p=0,q=0$，与 $q\neq 0$矛盾。所以$\dfrac{\ln 3}{\ln 2}$是无理数。

3. 略。提示：设 $p=20232023\cdots 2023,q=10^{4n}$，则 $N_n=\dfrac{p}{q}$。

4[!]. **证明**　**方法 1**　设 $m=\sqrt{13+\sqrt{52}}-\sqrt{13}$是有理数，可以得到

$$m^2+2\sqrt{13}m=\sqrt{52}$$

即

$$m^2=2\sqrt{13}(1-m) \qquad ①$$

因为假设 m 为有理数，根据 m^2 和$(1-m)$都为有理数，可知式①不成立(若令 $m^2=0$，则得到 $m=1$；若令 $m=1$ 又得到 $m=0$，矛盾)，所以 m 是无理数。

方法 2　考虑 $a=\sqrt{13+\sqrt{52}}$，为多项式$(x^2-13)^2-52$，即 x^4-26x^2+117 的根。根据 Eisenstein 判别法，对 $p=13$ 是$\mathbb{Q}[x]$上的不可约多项式。因此$[\mathbb{Q}(a):\mathbb{Q}]=4$。

另外，注意到 $b=\sqrt{13}=\dfrac{(a^2-13)}{2}$在$\mathbb{Q}(a)$中且$[\mathbb{Q}(b):\mathbb{Q}]=2$，于是

$$[\mathbb{Q}(a):\mathbb{Q}(b)]=2$$

若 $a-b$ 是有理数，则 $a\in\mathbb{Q}(b)$，得到$\mathbb{Q}(a)=\mathbb{Q}(b)$，与$[\mathbb{Q}(a):\mathbb{Q}(b)]=2$ 矛盾。所以 $a-b$ 是无理数。

8.2 实数理论

8.2.1 加法和乘法

对任意 $a,b,c\in\mathbb{R}$,我们有如下性质:

加法	乘法
$a+b=b+a$	$a\times(b+c)=a\times b+a\times c$
$0+a=a$	$a\times b=0\Leftrightarrow a=0$ 或 $b=0$
$a+b=0\Leftrightarrow a=-b$	$a\times b=b\times a$
$(a+b)+c=a+(b+c)$	$1\times a=a$(若 $a\neq 0$)
	$ab=1\Leftrightarrow a=\dfrac{1}{b}$
	$(a\times b)\times c=a\times(b\times c)$

所有这些性质可以总结为性质 1。

性质 1 $(\mathbb{R},+,\times)$为交换群。

8.2.2 实数集$\mathbb{R}$上的序

我们将看到实数集是有序集。秩序的概念是一般性的,我们将定义任意集合上的序关系,但是请记住,对于我们来说 $E=\mathbb{R}$ 且 $\mathfrak{R}=\leqslant$。

定义 1 设 E 是一个集合。

(1) 集合 E 上的关系 $\mathfrak{R}$ 是集合乘积 $E\times E$ 的子集,若对$(x,y)\in E\times E$,我们称 x 与 y 满足关系,记为 $x\mathfrak{R}y$,也记作$(x,y)\in\mathfrak{R}$。

(2) 一个关系 $\mathfrak{R}$ 是序关系,若

① $\mathfrak{R}$ 满足自身性:对任意 $x\in E$,$x\mathfrak{R}x$;

② $\mathfrak{R}$ 满足反对称性:对任意 $x,y\in E$,

$$(x\mathfrak{R}y\text{ 且 }y\mathfrak{R}x)\Rightarrow x=y$$

③ $\mathfrak{R}$ 满足传递性:对任意 $x,y,z\in E$,

$$(x\mathfrak{R}y\text{ 且 }y\mathfrak{R}z)\Rightarrow x\mathfrak{R}z$$

定义 2 若对任意 $x,y\in E$,恒有 $x\mathfrak{R}y$ 或 $y\mathfrak{R}x$ 成立(完全性),则称集合 E 上的序关系 $\mathfrak{R}$ 为全序。我们也称$(E,\mathfrak{R})$为全序集。

性质 2 实数集合$\mathbb{R}$上的关系“$\leqslant$”是序关系,进一步地,为全序关系。

(1) 对任意 $x\in\mathbb{R}$,$x\leqslant x$;

(2) 对任意 $x,y\in\mathbb{R}$,若 $x\leqslant y$ 且 $y\leqslant x$,则 $x=y$;

(3) 对任意 $x,y,z\in\mathbb{R}$,若 $x\leqslant y$ 且 $y\leqslant z$,则 $x\leqslant z$。

注 对于$(x,y)\in\mathbb{R}^2$,根据定义,有

$$x\leqslant y\Leftrightarrow y-x\in\mathbb{R}_+,\quad x<y\Leftrightarrow(x\leqslant y\text{ 且 }x\neq y)$$

$\mathbb{R}$上的序关系"$\leqslant$"操作,与实数a,b,c,d的运算相容,即

$$(a\leqslant b\text{ 且 }c\leqslant d)\Rightarrow a+c\leqslant b+d$$

$$(a\leqslant b\text{ 且 }c\geqslant 0)\Rightarrow a\times c\leqslant b\times c$$

$$(a\leqslant b\text{ 且 }c\leqslant 0)\Rightarrow a\times c\geqslant b\times c$$

通过下面方式定义两个实数的最大值:

$$\max(a,b)=\begin{cases}a, & a\geqslant b\\ b, & a<b\end{cases}$$

8.2.3 阿基米德性质

性质 3 (阿基米德性质)$\forall x\in\mathbb{R},\exists n\in\mathbb{N},n>x$(对于任意实数$x$,存在严格大于$x$的自然数)。

也可表述为:对任意$\forall x,y\in\mathbb{R},x>0$,存在正整数$n$,满足$nx>y$。

此性质看上去很明显,但是借助于它,可以定义实数的整数部分。

性质 4 设$x\in\mathbb{R}$,则存在唯一整数,整数部分记为$E(x)$,满足

$$E(x)\leqslant x<E(x)+1$$

例 1

(1) $E(2.853)=2,E(\pi)=3,E(-3.5)=-4$;

(2) $E(x)=3\Leftrightarrow 3\leqslant x<4$。

注

(1) 我们也记$E(x)=[x]$;

(2) 图 8.2 是取整(整数部分)函数的图形,$x\mapsto E(x)$。

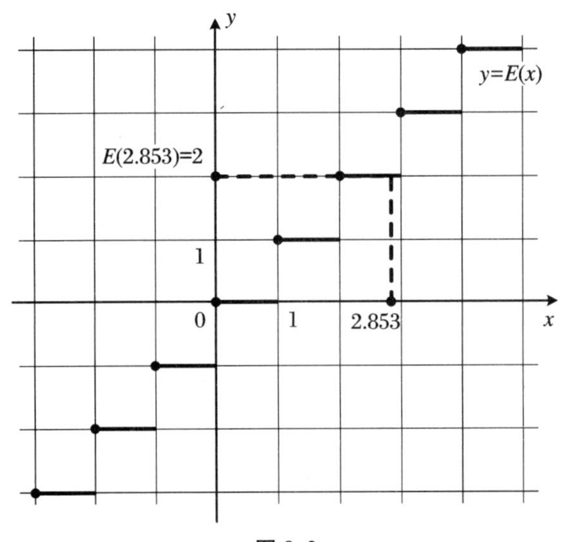

图 8.2

对于性质4的证明，要完成两件事：首先，确定存在这样的整数 $E(x)$；其次，证明它是唯一的。

证明 设 $x \geqslant 0$。

① 存在性。根据阿基米德性质，存在 $n \in \mathbb{N}$，满足 $n > x$。令集合 $K = \{k \in \mathbb{N} \mid k \leqslant x\}$，则证毕。因为对于 K 上的任意 k，我们有 $0 \leqslant k < n$。因此集合 K 中有更大的元素 $k_{\max} = \max K$。于是由 $k_{\max} \in K$ 得到 $k_{\max} \leqslant x$，且因为 $k_{\max} + 1 \notin K$ 得到 $k_{\max} + 1 > x$。

所以 $k_{\max} \leqslant x < k_{\max} + 1$，于是得到 $E(x) = k_{\max}$。

② 唯一性。设 k 和 l 是两个整数部分，满足 $k \leqslant x < k+1$，及 $l \leqslant x < l+1$，于是有 $k \leqslant x < l+1$，所以根据传递性 $k < l+1$。交换 l 和 k，同理，可得 $l < k+1$。得到结论 $l-1 < k < l+1$，但是严格介于 $l-1$ 和 $l+1$ 之间的整数是唯一的，为 l，因此 $k = l$。

对于 $x < 0$ 的情况证明类似。

例2 估计 $\sqrt{10}$ 和 $1.1^{\frac{1}{12}}$ 的范围，并分别用两个连续的整数表示出来。

解析 (1) 我们知道 $3^2 = 9 < 10$，于是 $3 = \sqrt{3^2} < \sqrt{10}$（根式函数为递增函数）。同理，$4^2 = 16 > 10$，于是 $4 = \sqrt{4^2} > \sqrt{10}$。结论：$3 < \sqrt{10} < 4$。由此推导出 $E(\sqrt{10}) = 3$。

(2) 应用相同的性质，$1^{12} < 1.10 < 2^{12}$，取12次根式$\left(\text{开12次方，根指数}\dfrac{1}{12}\right)$得到

$$1 < 1.1^{\frac{1}{12}} < 2$$

于是 $E(1.1^{\frac{1}{12}}) = 1$。

8.2.4 绝对值

实数 x 的绝对值定义为

$$|x| = \begin{cases} x, & x \geqslant 0 \\ -x, & x < 0 \end{cases}$$

图8.3是绝对值函数 $x \mapsto |x|$ 的图象。

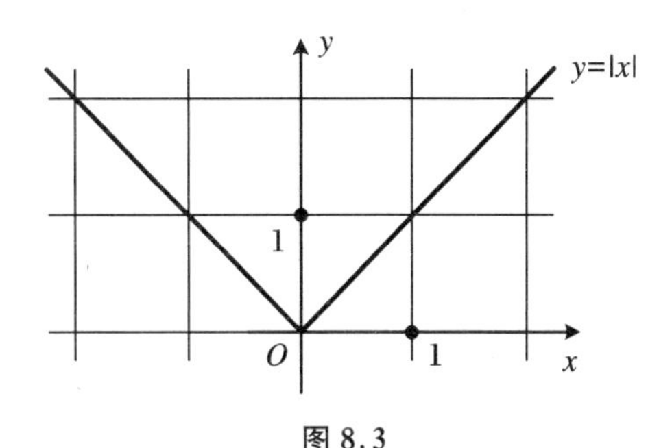

图8.3

性质5

(1) $|x| \geqslant 0$；$|-x| = |x|$；$|x| > 0 \Leftrightarrow x \neq 0$。

(2) $\sqrt{x^2} = |x|$。

(3) $|xy| = |x||y|$。

(4) 三角不等式：$|x+y| \leqslant |x| + |y|$。

(5) 第二个三角不等式：$||x| - |y|| \leqslant |x-y|$。

下面对三角不等式进行证明。

证明 (1) $|x+y| \leqslant |x| + |y|$ 的证明。$-|x| \leqslant x \leqslant |x|$ 且 $-|y| \leqslant y \leqslant |y|$，相加得

$$-(|x| + |y|) \leqslant x + y \leqslant |x| + |y|$$

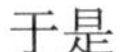
于是

$$|x+y| \leqslant |x| + |y|$$

(2) $||x| - |y|| \leqslant |x-y|$ 的证明。因为 $x = (x-y) + y$，我们根据第一个三角不等式

$$|x| = |(x-y)+y| \leqslant |x-y| + |y|$$

于是

$$|x| - |y| \leqslant |x-y|$$

通过交换 x, y,得到

$$|y| - |x| \leqslant |y-x|$$

因为 $|y-x| = |x-y|$,于是

$$||x| - |y|| \leqslant |x-y|$$

在数轴上,$|x-y|$ 表示实数 x 和 y 之间的距离。特别地,$|x|$ 表示 x 和 0 之间的距离。如图 8.4 所示。

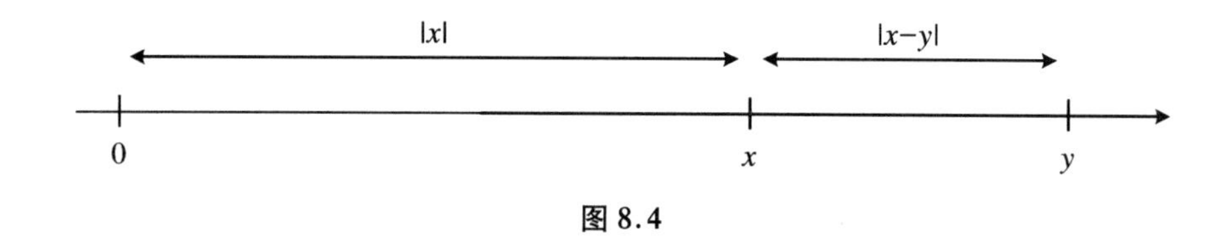

图 8.4

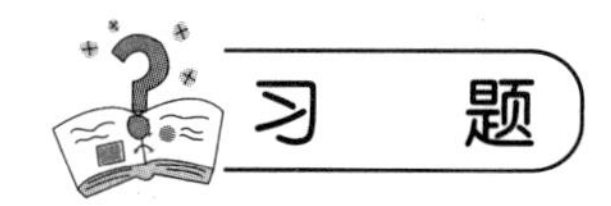

1. 设 x 是一实数,对于任何自然数 p,证明:存在唯一一个整数 n_p 满足

$$\frac{n_p}{10^p} \leqslant x < \frac{n_p}{10^p} + \frac{1}{10^p}$$

2. 设非零自然数 a 以及大于等于 2 的自然数 b 满足 $\gcd(a,b)=1$,证明:有理数 $r = \frac{a}{b}$ 是十进制数,b 的素因数分解为 $2^\alpha 5^\beta$ 形式,$(\alpha, \beta) \in \mathbb{N}^2 \setminus \{(0,0)\}$。

3. 设 $k=1,2,\cdots,K$,$A_k \in \mathbb{R}$ 和 $B_k \in \mathbb{R}$ 是与 k 有关的实数,证明:

$$\left| \max_k |A_k| - \max_k |B_k| \right| \leqslant \max_k |A_k - B_k|$$

其中 $|\cdot|$ 表示取绝对值。

4[†]. (第 40 届俄罗斯数学奥林匹克竞赛)已知一个 100 位的十进制正整数 n,若 n^3 的十进制表达式以 n 结尾,而 n^2 的十进制表达式不以 n 结尾,则称 n 是"不寻常的"。证明:至少存在两个不寻常的正整数。

1. **证明** 设 x 是一个实数,n 和 p 为自然数,

$$\frac{n_p}{10^p} \leqslant x < \frac{n_p}{10^p} + \frac{1}{10^p} \Leftrightarrow n_p \leqslant 10^p x < n_p + 1$$

$$\Leftrightarrow n_p = E(10^p x)$$

因此 x 的10^{-p}的默认十进制近似值为$\dfrac{E(10^p x)}{10^p}$。例如,因为 $3.14159\leqslant\pi<3.14160$,$\pi$ 的10^{-5}的十进制近似值为 3.14159。

2. **证明**　设 $b=2^\alpha 5^\beta$,$(\alpha,\beta)\in\mathbb{N}^2\setminus\{(0,0)\}$,$p=\max\{\alpha,\beta\}$,则

$$10^p r=\frac{\alpha\, 10^p}{2^\alpha 5^\beta}=\alpha\times 2^{p-\alpha}5^{p-\beta}\in\mathbb{Z}\quad(\text{因为 } p-\alpha\in\mathbb{N},p-\beta\in\mathbb{N})$$

相反,假设 $r\in D$(十进制数集),存在 $p\in\mathbb{N}$ 满足$10^p\dfrac{a}{b}\in\mathbb{N}^*$,因此 r 不是整数(因为 $b\geqslant 2$ 且 a,b 互素)。又整数 p 非零,设 $K=10^p\dfrac{a}{b}$,因而 K 是非零自然数,满足 $Kb=10^p a$,那么整数 b 整除$10^p a$,而 b 为素数,由高斯定理,b 整除$10^p=2^p5^p$,其中 $p\in\mathbb{N}^*$。那么我们知道 b 的素因数分解为 $2^\alpha 5^\beta$ 形式,其中$(\alpha,\beta)\in\mathbb{N}^2\setminus\{(0,0)\}$。

因此$\dfrac{3}{20}$,$\dfrac{1}{25}$和$\dfrac{7}{8}$是十进制数,而$\dfrac{1}{3}$和$\dfrac{4}{21}$不是十进制数。

3. **证明**　对 $1\leqslant k\leqslant K$,有

$$|A_k|=|A_k-B_k+B_k|\leqslant|A_k-B_k|+|B_k|$$

因此

$$\max_k|A_k|\leqslant\max_k|A_k-B_k|+\max_k|B_k|$$

即

$$\max_k|A_k|-\max_k|B_k|\leqslant\max_k|A_k-B_k|$$

根据对称性,也可得到

$$\max_k|B_k|-\max_k|A_k|\leqslant\max_k|A_k-B_k|$$

所以要证不等式成立。

4[†]. **证明**　例如,$n_1=10^{100}-1=\underbrace{99\cdots9}_{100\text{个}}$,$n_2=\dfrac{10^{100}}{2}-1=4\underbrace{99\cdots9}_{99\text{个}}$均为不寻常的正整数。

事实上,

$$n_1^3-n_1=(n_1+1)n_1(n_1-1)=10^{100}n_1(n_1-1)$$

$$n_2^3-n_2=(n_2+1)n_2(n_2-1)=10^{100}n_2\frac{n_2-1}{2}$$

均被10^{100}整除,于是 $n_i^3(i=1,2)$的十进制表达式以 n_i 结尾。又

$$n_1^2-n_1=n_1(n_1-1),\quad n_2^2-n_2=n_2(n_2-1)$$

均不被 5 整除,进而均不被10^{100}整除,于是 $n_i^2(i=1,2)$的十进制表达式不以 n_i 结尾。证毕。

注　还可以找到其他的不寻常的正整数。

8.3 实数集$\mathbb{R}$上有理数$\mathbb{Q}$的稠密性

8.3.1 区间

定义 3 实数集$\mathbb{R}$上的子集 I 满足$\forall a,b\in I,\forall x\in\mathbb{R}$,若 $a\leqslant x\leqslant b$,则 $x\in I$,称 I 为$\mathbb{R}$上的区间。

注

(1) 根据定义 $I=\varnothing$是一个区间;

(2) $I=\mathbb{R}$ 也是一个区间。

定义 4 开区间是实数集$\mathbb{R}$的子集,具有形式$(a,b)=\{x\in\mathbb{R}\mid a<x<b\}$,其中 $a,b\in\mathbb{R}$。

即使看起来很明显,也有必要证明开区间是区间。事实上,令 a',b' 是(a,b)的元素,$x\in\mathbb{R}$满足 $a'\leqslant x\leqslant b'$,于是 $a<a'\leqslant x\leqslant b'<b$,于是 $x\in(a,b)$。

邻域的概念对理解极限很有帮助。

定义 5 设 a 为一个实数,$V\subset\mathbb{R}$,若存在开区间 I 满足$a\in I$ 且$I\subset V$,则称 V 是a 的邻域。

8.3.2 稠密性

定理 1

(1) 有理数集$\mathbb{Q}$是实数集$\mathbb{R}$上的稠密集:$\mathbb{R}$上的所有开区间(非空)都包含无穷多的有理数。

(2) 集合$\mathbb{R}\backslash\mathbb{Q}$是实数集$\mathbb{R}$上的稠密集:$\mathbb{R}$上的所有开区间(非空)都包含无穷多的无理数。

证明 首先注意到,$\mathbb{R}$上的任何非空开区间都具有形式(a,b),其中 $a,b\in\mathbb{R}$,因而可以假定 $I=(a,b)$。

(1) 每个区间都包含一个有理数。

我们从正面开始证明。$\forall a,b\in\mathbb{R}$,

$$a<b\Rightarrow\exists r\in\mathbb{Q},a<r<b \qquad ①$$

首先给出证明思路,找到这样一个有理数 $r=\dfrac{p}{q}$,其中 $p\in\mathbb{Z}$ 且 $q\in\mathbb{N}^*$,等价于找到这样的整数 p 和q,验证 $qa<p<qb$ 成立。等价于找到 $q\in\mathbb{N}^*$,使得开区间(qa,qb)包含一个整数p。只要区间长度 $qb-qa=q(b-a)$严格大于 1 就足够,这相当于取 $q>\dfrac{1}{b-a}$。根据阿基米德性质,存在整数 q,使得 $q>\dfrac{1}{b-a}$。因为 $b-a>0$,有 $q\in\mathbb{N}^*$,令 $p=E(aq)+1$,于是

$$p-1\leqslant aq<p$$

从中推断出：一方面，$a<\dfrac{p}{q}$；另一方面，$\dfrac{p}{q}-\dfrac{1}{q}\leqslant a$。于是

$$\frac{p}{q}\leqslant a+\frac{1}{q}<a+b-a$$

因此$\dfrac{p}{q}\in(a,b)$，命题①得证。

(2) 每个区间都包含无理数。

设 $a,b\in\mathbb{R}$，满足 $a<b$，我们可以对区间$(a-\sqrt{2},b-\sqrt{2})$应用已经得证的命题①。接下来我们推证区间$(a-\sqrt{2},b-\sqrt{2})$中存在无理数 r，即 $r+\sqrt{2}\in(a,b)$，或者 $r+\sqrt{2}$为无理数。否则，r，$r+\sqrt{2}$为有理数，这些有理数的和为定值，$\sqrt{2}=-r+r+\sqrt{2}$是有理数，与已证性质 2，$\sqrt{2}\notin\mathbb{Q}$，矛盾。所以得到，若 $a<b$，区间(a,b)也包含无理数。

(3) 所有区间包含无穷个有理数和无穷个无理数。

我们将从任何区间中存在一个有理数以及存在一个无理数来推导出一个开区间(a,b)包含无穷个元素。事实上，对于整数 $N\geqslant 1$，我们考虑 N 的两两不交的非空开区间的子集

$$\left(a,a+\frac{b-a}{N}\right),\left(a+\frac{b-a}{N},a+\frac{2(b-a)}{N}\right),\cdots,\left(a+\frac{(N-1)(b-a)}{N},b\right)$$

每个子区间都包含一个有理数和一个无理数，因此(a,b)包含(至少包含)N 个有理数以及 N 个无理数。由于对任意 $N\geqslant 1$ 都成立，因而(a,b)包含无穷多个有理数以及无穷多个无理数。

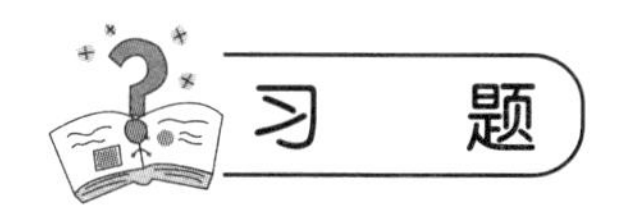

习　题

1. 设 $p(x)=\sum\limits_{i=0}^{n}a_i\cdot x^i$，假设所有 a_i 都是整数。

(1) 证明：若 p 是一个有理根$\dfrac{\alpha}{\beta}$(其中 α 和β 互素)，则 α 整除a_0，β 整除a_n；

(2) 考虑$\sqrt{2}+\sqrt{3}$，计算其平方，证明平方后是多项式的 2 次根。由此，利用前面的结果证明它不是有理数。

2. 设任意两个区间 A，B，试判断 $A\cap B$ 是否为区间？类似地，判断 $A\cup B$ 是否为区间？

3. 设 A 是实数集合$[0,1]$上的稠密集，求证：$B=\{na\mid a\in A,n\in\mathbb{N}\}$是$[0,+\infty)$上的稠密集。

4[†]. 定义$\langle x\rangle=x-\lfloor x\rfloor$，即 x 的小数部分。令 $a=0.12345678910111213141516171819\cdots$，证明：集合 $S=\{\langle 10^{n-1}a\rangle\mid n\in\mathbb{N}\}$是$[0,1]$上的稠密集。

答　案

1. **证明**　(1) 设$\frac{\alpha}{\beta}\in\mathbb{Q}$,其中 $\gcd(\alpha,\beta)=1$,$p\left(\frac{\alpha}{\beta}\right)=0$,于是

$$\sum_{i=0}^{n} a_i \cdot \left(\frac{\alpha}{\beta}\right)^i = 0$$

同乘 β^n,得到

$$a_n\alpha^n + a_{n-1}\alpha^{n-1}\beta + \cdots + a_1\alpha\beta^{n-1} + a_0\beta^n = 0$$

因式分解,除第一项之外的所有项,我们有

$$a_n\alpha^n + \beta q = 0$$

可得 β 整除 $a_n\alpha^n$。而 β 和 α^n 互素,根据高斯引理,β 整除 a_n。同理,通过 α 因式分解,可得

$$\alpha q' + a_0\beta^n = 0$$

同理,可得 α 整除 a_0。

(2) 注意到 $\gamma=\sqrt{2}+\sqrt{3}$,$\gamma^2=5+2\sqrt{2}\sqrt{3}$;因为$(\gamma^2-5)^2=4\times2\times3$,取 $p(x)=(x^2-5)^2-24$,又可表示为 $p(x)=x^4-10x^2+1$,有 $p(\gamma)=0$。若假设 γ 是有理数,那么 $\gamma=\frac{\alpha}{\beta}$,由(1)知 α 整除 p 的常数项,即 1,于是 $\alpha=\pm1$。同理,β 整除 p 的最高项系数,所以 β 整除 1,设 $\beta=1$。因此 $\gamma=\pm1$,这显然是矛盾的。

2. **解析**　$A\cap B$ 总是一个区间(空集也定义为区间),但是 $A\cup B$ 不总是区间。举例说明:若 I 为实数集合的子集,那么,$\forall a,b\in I$,

$$a < b \Rightarrow \exists c \in I$$

$a<c<b$,所以 $I_1\cup I_2$ 不总是区间(例如,考虑区间$[0,1]$,$[2,3]$),但是 $I_1\cap I_2$ 总是一个区间(即使它为空集)。为了证明这一点,我们令 $x,y\in(I_1\cap I_2)$,则对于任意 $x<z<y$,利用 $x,y\in I_1$ 和 $x,y\in I_2$ 得到 $z\in I_1\cap I_2$。

3. **证明**　设 $x,y\in[0,+\infty)$,且 $x<y$,令 $n\in\mathbb{N}$,使得 $n\geqslant y$,那么 $0\leqslant\frac{x}{n}<\frac{y}{n}\leqslant1$;令 $a\in A$,满足 $a\in\left(\frac{x}{n},\frac{y}{n}\right)$(因为 A 是$[0,1]$上的稠密集),所以 $na\in B$,且 $na\in(x,y)$,因此 B 是$[0,+\infty)$上的稠密集。

4[†]. **证明**　对任意 $m\in\mathbb{N}$ 以及 $k\in\mathbb{Z}_{10^m}$,存在一个数,具有 m 位数,后几位添加的数字等于 k。若我们选择 n 使得$\langle10^{n-1}a\rangle$从这样的添加数开始,那么

$$\langle10^{n-1}a\rangle \in [10^{-m}k, 10^{-m}(k+1)]$$

所以对所有 $m\in\mathbb{N}$,我们将$[0,1]$划分为10^m 个区间,每一个区间都包含 S 中的元素。现在取 $x\in[0,1]$,对任意 $\varepsilon>0$,令整数 m 满足 $10^{-m}<\varepsilon$,并取包含 x 的区间$[10^{-m}k,10^{-m}(k+1)]$,那么当 $y\in S$,$|x-y|<\varepsilon$ 成立。

8.4 上 界

8.4.1 最大值,最小值

定义 6 设 A 是$\mathbb{R}$的非空子集,实数 α 满足 $\alpha\in A$ 且 $\forall x\in A$,有 $x\leqslant\alpha$,则 α 是 A 的最大元素。

如果最大值存在,则最大值是唯一的,表示为 $\max A$。

如果存在实数 $\alpha\in A$,满足 $\forall x\in A$,有 $x\geqslant\alpha$,称 α 为 A 的最小元素,并记为 $\min A$。

最大元素也称为最大值,最小元素也称为最小值。应当记住,最大或最小的元素并不总是存在的。

例 3

(1) $\max[a,b]=b$, $\min[a,b]=a$;

(2) 区间 (a,b) 既无最大元素,也无最小元素;

(3) 区间 $[0,1)$ 有最小元素 0,无最大元素。

例 4 设 $A=\left\{1-\frac{1}{n}\mid n\in\mathbb{N}^*\right\}$,对于 $n\in\mathbb{N}^*$,记 $u_n=1-\frac{1}{n}$,于是 $A=\{u_n\mid n\in\mathbb{N}^*\}$。图 8.5 是集合 A 在数轴上的示意图。

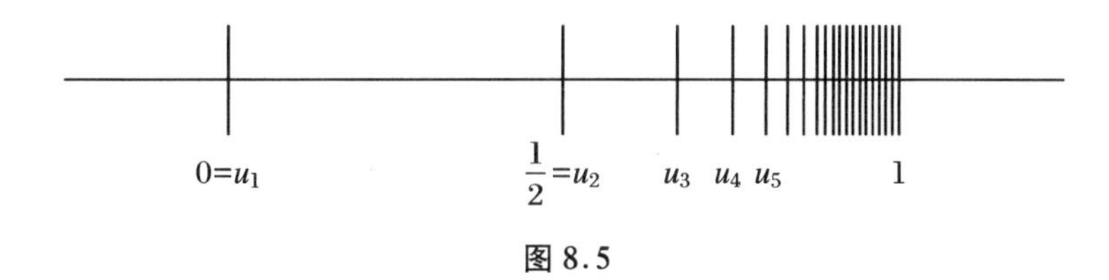

图 8.5

(1) A 不存在最大元素。假设 A 存在一个最大元素 $\alpha=\max A$,我们得到对所有 u_n,$u_n\leqslant\alpha$,因此 $\alpha\geqslant1-\frac{1}{n}$,当 $n\to+\infty$ 时,取极限值得到 $\alpha\geqslant1$。因为 α 是 A 的最大元素,即有 $\alpha\in A$,所以存在 n_0,使得 $\alpha=u_{n_0}$。但是 $\alpha=1-\frac{1}{n_0}<1$,与 $\alpha\geqslant1$ 矛盾。所以 A 无最大值。

(2) $\min A=0$。首先,当 $n=1$ 时,$u_1=0$,因此 $0\in A$;其次,对于所有 $n\geqslant1$,$u_n\geqslant0$。所以 $\min A=0$。

8.4.2 上界,下界

定义 7 设 A 是集合$\mathbb{R}$ 的非空子集,实数 M 称为 A 的上界,若 $\forall x\in A$,$x\leqslant M$。实数 m 称为 A 的下界,若 $\forall x\in A$,$x\geqslant m$ 成立。

例 5

(1) 3 是$(0,2)$的一个上界；

(2) $-7,-\pi,0$ 是$(0,+\infty)$的下界，但是没有上界。

如果集合 A 存在上界(或下界)，我们称 A 为有上界的(或有下界的)。如同最小值和最大值，上界或下界并非总是存在；此外，上界或下界也并非唯一。

注 若一个集合 A 有上界和下界，则称 A 是有界的。

例 6 设 $A=[0,1)$，如图 8.6 所示。

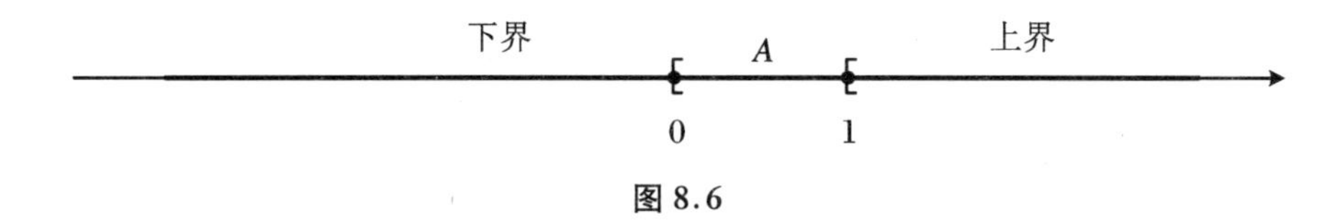

图 8.6

(1) A 的上界为$[1,+\infty)$中的元素；

(2) A 的下界为$(-\infty,0]$中的元素。

8.4.3 上确界，下确界

定义 8 设 A 是$\mathbb{R}$的非空子集，α 为一实数。

(1) 若 α 是 A 的一个上界而且是最小的上界，则称 α 为 A 的上确界，并记为 $\sup A$；

(2) 若 α 是 A 的一个下界而且是最大的下界，则称 α 为 A 的下确界，并记为 $\inf A$。

例 7 设 $A=(0,1]$。

(1) $\sup A=1$。事实上，A 的上界是集合$[1,+\infty)$中的元素，于是上界中的最小元素为 1，所以 $\sup A=1$。

(2) $\inf A=0$。下界是集合$(-\infty,0]$中的元素，于是下界中的最大元素为 0，所以 $\inf A=0$。

例 8

(1) $\sup\,[a,b]=b$；

(2) $\inf\,[a,b]=a$；

(3) $\sup\,(a,b)=b$；

(4) $(0,+\infty)$不存在上确界；

(4) $\inf\,(0,+\infty)=0$。

定理 2

$\mathbb{R}$ 的所有非空的有上界子集都有上确界。相同的道理，$\mathbb{R}$ 的所有非空的有下界子集都有下确界。

注 这是关于上确界与最大元素对比的全部意义，一旦限定一个子集，它就包含一个上确界和一个下确界；对于最大或最小元素的情况就并非如此，请记住例子 $A=[0,1)$。

命题 3 (上确界的表征)设 A 是$\mathbb{R}$的有上界的非空子集，A 的上确界 $\sup A$ 是唯一的实数，且满足：

(1) 若 $x\in A$，则 $x\leqslant\sup A$；

(2) 对任意 $y<\sup A$，存在 $x\in A$ 满足 $y<x$。

例 9　回到子集 $A=\left\{1-\dfrac{1}{n}\mid n\in\mathbb{N}^*\right\}$的例子。如图 8.7 所示。

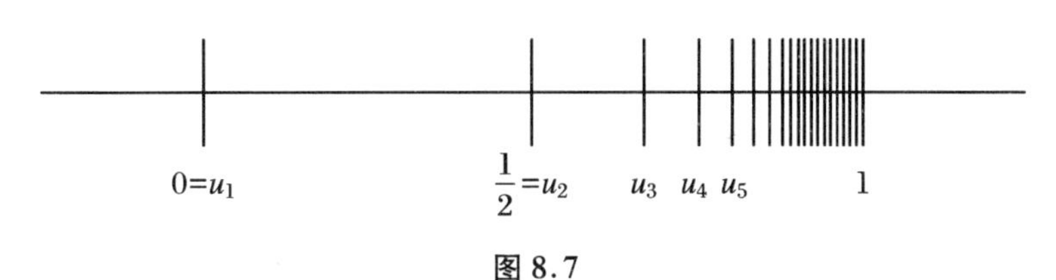

图 8.7

解析　(1) 我们已经看到 $\min A=0$，当集合的最小元素存在时，下确界就是这个最小元素，所以 $\inf A=\min A=0$。

(2) ① 确定 $\sup A$ 的第一种方法。我们使用上确界的定义来证明 $\sup A=1$。设 M 是 A 的上界，于是对任意 $n\geqslant 1$，$M\geqslant 1-\dfrac{1}{n}$成立。因此极限值 $M\geqslant 1$。另外，如果 $M\geqslant 1$，那么 M 是 A 的上界，又上界是集合$[1,+\infty)$的元素，因此上界的最小元素为 1，所以 $\sup A=1$。

② 确定 $\sup A$ 的第二种方法。我们使用上确界的表征来证明 $\sup A=1$。

a. 若 $x\in A$，则 $x\leqslant 1$（1 为 A 的一个上界）。

b. 对任意 $y<1$，存在 $x\in A$ 满足 $y<x$。令 n 足够大，使得 $0<\dfrac{1}{n}<1-y$，于是 $y<1-\dfrac{1}{n}<1$，$x=1-\dfrac{1}{n}\in A$ 得证。

根据上确界的表征，$\sup A=1$。

下面证明命题 3。

证明

(1) 证明 $\sup A$ 满足两个性质。上确界是特殊的上界，验证了第一个性质。对于第二个，令 $y<\sup A$，因为 $\sup A$ 是上界的最小值，所以 y 不是A 的上确界。所以存在 $x\in A$ 满足 $y<x$，换句话说，$\sup A$ 满足第二个性质。

(2) 反之，我们证明若一个数 α 满足这两个性质，它就是 $\sup A$。第一个性质说明 α 是 A 的一个上界。假设 α 不是上界中的最小元素，那么存在另一个 A 中的上界 y，$y<\alpha$；第二个性质说明存在 A 中的元素 x 满足 $y<x$，这与 y 是A 的上界矛盾。

所以 α 是A 的上界中的最小值，即 $\sup A$。证毕。

下面，我们给出另一个关于上确界的非常有用的性质。

性质 6　设 A 是$\mathbb{R}$ 的非空有界子集，A 的上确界 $\sup A$ 是唯一的实数，满足：

(1) $\sup A$ 是A 的一个上界；

(2) A 中存在数列（序列）$(x_n)_{n\in\mathbb{N}}$，收敛于 $\sup A$。

注

(1) 性质 1,2,3 和定理 2 是构造$\mathbb{R}$ 的固有性质。

(2) $\mathbb{Q}$ 和$\mathbb{R}$ 之间有很大的跨越：人们可以对断言“无理数的数量比有理数的数量多得多”给出一个精确的含义，尽管这两个集合是无限的，甚至在$\mathbb{R}$ 中是稠密的。另外，在数学史上实数域$\mathbb{R}$ 的构造比有理数$\mathbb{Q}$ 的构造要更近。

(3) 在引入无穷小微积分(大约在1670年,牛顿和莱布尼兹)之后,实数$\mathbb{R}$的构造成为必要。在此之前,上界的存在被认为是显而易见的,并且经常与最大元素混淆。

(4) 然而,直到很久以后,在1860—1870年才给出$\mathbb{R}$的两个完整构造:

① 戴德金分割:若$C\subset\mathbb{Q}$且$\forall r\in C$,有$r'<r\Rightarrow r'\in C$,则C是一个分割;

② 柯西序列是满足下面性质的序列:

$$\forall \varepsilon>0\,\exists N\in\mathbb{N}(m\geqslant N,n\geqslant N)\Rightarrow |u_m-u_n|\leqslant\varepsilon$$

实数是柯西序列的集合(其中我们识别两个柯西序列,其差值趋近于0)。

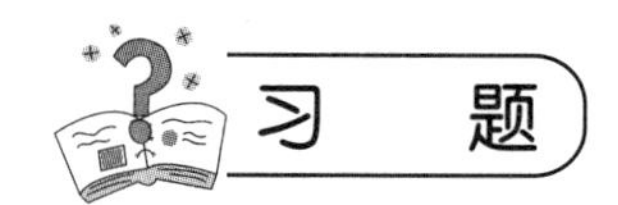

1. 两个数x,y中的较大者记为$\max(x,y)$,同理,$\min(x,y)$表示两个数中的较小者。令

$$\max(x,y)=\frac{x+y+|x-y|}{2},\quad \min(x,y)=\frac{x+y-|x-y|}{2}$$

试确定$\max(x,y,z)$的解析式。

2. 确定$A=\{u_n\mid n\in\mathbb{N}\}$的上确界(若存在),其中$u_n=\begin{cases}2^n, & n\text{ 为偶数}\\ 2^{-n}, & n\text{ 为奇数}\end{cases}$。

3. 设A和B是$\mathbb{R}$的两个有界集合,判断下面命题是否正确:

(1) $A\subset B\Rightarrow\sup A\leqslant\sup B$;

(2) $A\subset B\Rightarrow\inf A\leqslant\inf B$;

(3) $\sup(A\cup B)=\max(\sup A,\sup B)$;

(4) $\sup(A+B)<\sup A+\sup B$;

(5) $\sup(-A)=-\inf A$。

4. 设$f:\mathbb{R}\to\mathbb{R}$,满足$\forall(x,y)\in\mathbb{R}^2,f(x+y)=f(x)+f(y)$。证明:

(1) $\forall n\in\mathbb{N},f(n)=n\cdot f(1)$;

(2) $\forall n\in\mathbb{Z},f(n)=n\cdot f(1)$;

(3) $\forall q\in\mathbb{Q},f(q)=q\cdot f(1)$;

(4) $\forall x\in\mathbb{R},f(x)=x\cdot f(1)$,若$f$是递增函数。

5†. (2017年,第67届白俄罗斯数学奥林匹克)求函数$f:\mathbb{R}\to\mathbb{R}$,使得对于任意的实数$x,y$均有

$$(x^2-y^2)f(xy)=xf(x^2y)-yf(xy^2)\qquad(*)$$

1. **解析** 首先,求解$\max(x,y)$的解析式。

当$x\geqslant y$时,$|x-y|=x-y$,于是

$$\frac{1}{2}(x+y+|x-y|)=\frac{1}{2}(x+y+x-y)=x$$

同理,若 $x\leqslant y$, $|x-y|=-x+y$,于是

$$\frac{1}{2}(x+y+|x-y|)=\frac{1}{2}(x+y-x+y)=y$$

对于三个元素,我们知道

$$\max(x,y,z)=\max(\max(x,y),z)$$

根据已有的解析式

$$\max(x,y,z)=\frac{\max(x,y)+z+|\max(x,y)-z|}{2}$$
$$=\frac{\frac{1}{2}(x+y+|x-y|)+z+\left|\frac{1}{2}(x+y+|x-y|)-z\right|}{2}$$

2. **解析** $(u_{2k})_k\to+\infty$,所以 A 不存在上确界;另外,(u_n) 的所有值都为正,且 $(u_{2k+1})_k\to 0$,所以 $\inf A=0$。

3. (1) 正确;(2) 错误;(3) 正确;(4) 错误;(5) 正确。

4. **证明**

(1) 首先计算 $f(0)$,我们有

$$f(1)=f(1+0)=f(1)+f(0)$$

于是 $f(0)=0$。用归纳法证明所求结论。

当 $n=1$ 时,已得 $f(1)=1\times f(1)$。

若 $f(n)=nf(1)$,那么

$$f(n+1)=f(n)+f(1)=nf(1)+f(1)=(n+1)f(1)$$

(2) $0=f(0)=f(-1+1)=f(-1)+f(1)$,于是 $f(-1)=-f(1)$。然后,与(1)类似

$$f(-n)=nf(-1)=-nf(1)$$

(3) 设 $q=\frac{a}{b}$,于是

$$f(a)=f\left(\frac{a}{b}+\frac{a}{b}+\cdots+\frac{a}{b}\right)=f\left(\frac{a}{b}\right)+f\left(\frac{a}{b}\right)+\cdots+f\left(\frac{a}{b}\right)\quad(\text{求和项数为 } b)$$

于是

$$f(a)=bf\left(\frac{a}{b}\right),\quad af(1)=bf\left(\frac{a}{b}\right)$$

也可记作

$$f\left(\frac{a}{b}\right)=\frac{a}{b}f(1)$$

(4) 令 $x\in\mathbb{R}$,设 (α_i) 是趋近于 x 的递增有理数列,(β_i) 是趋近于 x 的递减有理数列且

$$\alpha_1\leqslant\alpha_2\leqslant\alpha_3\leqslant\cdots\leqslant x\leqslant\cdots\leqslant\beta_2\leqslant\beta_1$$

因为 $\alpha_i\leqslant x\leqslant\beta_i$,且 f 是递增函数,有

$$f(\alpha_i)\leqslant f(x)\leqslant f(\beta_i)$$

由前面问题所证有

$$\alpha_i f(1)\leqslant f(x)\leqslant\beta_i f(1)$$

又因为 (α_i) 和 (β_i) 分别趋近于 x,根据极限的基本定理,得到

$$xf(1) \leqslant f(x) \leqslant xf(1)$$

所以 $f(x)=xf(1)$。

5[†]. **解析** 令 $y=0$,则对于任意实数 x,均有 $x^2f(0)=xf(0)$,故

$$f(0)=0 \quad ①$$

在条件(*)中令 $y=1$,得到

$$(x^2-1)f(x)=xf(x^2)-f(x) \Rightarrow xf(x^2)=x^2f(x)$$

当 $x\neq 0$ 时,有

$$f(x^2)=xf(x) \quad ②$$

可得式②对于所有实数都成立。在式②中,用 $-x$ 替换 x,得到

$$-xf(-x)=f((-x)^2)=f(x^2)=xf(x)$$

即 $f(-x)=-f(x)$,所以 $f(x)$是奇函数。

在条件(*)中,令 $y=\dfrac{1}{x}$,有

$$\left(x^2-\frac{1}{x^2}\right)f(1)=xf(x)-\frac{1}{x}f\left(\frac{1}{x}\right)$$

得到

$$(x^4-1)f(1)=x^3f(x)-xf\left(\frac{1}{x}\right) \quad (x\neq 0) \quad ③$$

在式③中,用 x^2 代替 x,有

$$(x^8-1)f(1)=x^6f(x^2)-x^2f\left(\frac{1}{x^2}\right)$$

由式②,得到

$$(x^8-1)f(1)=x^7f(x)-xf\left(\frac{1}{x}\right)$$

与式③联立,解得

$$(x^4-1)(f(x)-xf(1))=0 \Rightarrow \text{对于任意 } x\neq \pm 1, \text{均有 } f(x)=f(1)x \quad ④$$

显然,上式对于 $x=1$ 也成立。又 $f(x)$为奇函数,则 $f(-1)$也满足式④,设 $f(1)=a$,则 $f(x)=ax$。

第9章　数　　列

数列的研究使得人们对日常生活中的许多现象进行建模成为可能。例如，存储本金金额 S，按年利率10%计算，若用 S_n 代表经过 n 年的本利和，我们有

$$S_0 = S,\quad S_1 = S\times 1.1,\quad \cdots,\quad S_n = S\times 1.1^n$$

经过 $n=10$ 年后，我们将拥有

$$S_{10} = S\times (1.1)^{10} \approx S\times 2.59$$

其为本金和全部利息的总和。

9.1　数列极限

9.1.1　数列

1. 数列定义

定义1

(1) 数列是一个函数 $u:\mathbb{N}\to\mathbb{R}$；

(2) 对于 $n\in\mathbb{N}$，我们用 u_n 表示 $u(n)$，称之为数列的第 n 项或一般项。

数列可记为 u，通常记为 $(u_n)_{n\in\mathbb{N}}$，或简单地记为 (u_n)；有时我们考虑从大于0的某个自然数 n_0 开始定义的数列，记作 $(u_n)_{n\geqslant n_0}$。

例1

(1) $(\sqrt{n})_{n\geqslant 0}$ 是数列，项为 $0,1,\sqrt{2},\sqrt{3},\cdots$；

(2) $((-1)^n)_{n\geqslant 0}$ 是项摆动的数列，项为 $+1,-1,+1,-1,\cdots$；

(3) $(F_n)_{n\geqslant 0}$ 定义为 $F_0=1,F_1=1$，且递推关系为

$$F_{n+2} = F_{n+1} + F_n,\ n\in\mathbb{N}\quad (\text{这是斐波那契数列})$$

其前几项为 $1,1,2,3,5,8,13,\cdots$，每项是前面两项的和。

2. 数列上界,下界,有界

定义 2　设$(u_n)_{n\in\mathbb{N}}$为一个数列。

(1) 若$\exists M\in\mathbb{R},\forall n\in\mathbb{N},u_n\leqslant M$,则称$(u_n)_{n\in\mathbb{N}}$有上界;

(2) 若$\exists m\in\mathbb{R},\forall n\in\mathbb{N},u_n\geqslant m$,则称$(u_n)_{n\in\mathbb{N}}$有下界;

(3) 若数列有上界并且有下界,也就是说$\exists M\in\mathbb{R},\forall n\in\mathbb{N},|u_n|\leqslant M$,则称$(u_n)_{n\in\mathbb{N}}$有界。

3. 数列递增,递减

定义 3　对于数列$(u_n)_{n\in\mathbb{N}}$,

(1) 若$\forall n\in\mathbb{N},u_{n+1}\geqslant u_n$,则数列$(u_n)_{n\in\mathbb{N}}$递增;

(2) 若$\forall n\in\mathbb{N},u_{n+1}>u_n$,则数列$(u_n)_{n\in\mathbb{N}}$严格递增;

(3) 若$\forall n\in\mathbb{N},u_{n+1}\leqslant u_n$,则数列$(u_n)_{n\in\mathbb{N}}$递减;

(4) 若$\forall n\in\mathbb{N},u_{n+1}<u_n$,则数列$(u_n)_{n\in\mathbb{N}}$严格递减;

(5) 若数列递增或递减,则称$(u_n)_{n\in\mathbb{N}}$是单调的;

(6) 若数列严格递增或严格递减,则称$(u_n)_{n\in\mathbb{N}}$是严格单调的。

注

(1) 当且仅当$\forall n\in\mathbb{N},u_{n+1}-u_n\geqslant 0$,$(u_n)_{n\in\mathbb{N}}$单调递增;

(2) 如果$(u_n)_{n\in\mathbb{N}}$是严格正项数列,那么当且仅当$\forall n\in\mathbb{N},\dfrac{u_{n+1}}{u_n}\geqslant 1$,$(u_n)_{n\in\mathbb{N}}$单调递增。

例 2

(1) 本章引言中的数列$(S_n)_{n\geqslant 0}$严格单调递增,因为$\dfrac{S_{n+1}}{S_n}\geqslant 1$。

(2) 由$u_n=\dfrac{(-1)^n}{n}$定义的数列$(u_n)_{n\geqslant 1}$既不递增也不递减;它有上界$\dfrac{1}{2}$,有下界-1。

(3) 数列$\left(\dfrac{1}{n}\right)_{n\geqslant 1}$是严格单调递减数列。1为其上界,0为其下界。

9.1.2　极限

1. 有限极限,无限极限

设$(u_n)_{n\in\mathbb{N}}$为数列。

定义 4　若对于任意$\varepsilon>0$,都存在自然数N,当$n\geqslant N$时,$|u_n-l|\leqslant\varepsilon$成立,则称$(u_n)_{n\in\mathbb{N}}$存在极限$l\in\mathbb{R}$。即

$$\forall\varepsilon>0,\exists N\in\mathbb{N},\forall n\in\mathbb{N},(n\geqslant N\Rightarrow|u_n-l|\leqslant\varepsilon)$$

我们也称数列$(u_n)_{n\in\mathbb{N}}$趋近于l。

定义 5

(1) 若$\forall A>0, \exists N\in\mathbb{N}, \forall n\in\mathbb{N}$,

$$n\geqslant N\Rightarrow u_n\geqslant A$$

则称数列$(u_n)_{n\in\mathbb{N}}$趋近于$+\infty$。

(2) 若$\forall A>0, \exists N\in\mathbb{N}, \forall n\in\mathbb{N}$,

$$n\geqslant N\Rightarrow u_n\leqslant -A$$

则称数列$(u_n)_{n\in\mathbb{N}}$趋近于$-\infty$。

注

(1) 记$\lim\limits_{n\to+\infty} u_n=l$,有时也记为$u_n\to l$;

(2) $\lim\limits_{n\to+\infty} u_n=-\infty\Leftrightarrow\lim\limits_{n\to+\infty} -u_n=+\infty$;

(3) N的值取决于ε的取值,我们不能交换"任意"和"存在"的顺序;

(4) 不等式$|u_n-l|\leqslant\varepsilon$意味着$l-\varepsilon\leqslant u_n\leqslant l+\varepsilon$。

定义 6 如果数列$(u_n)_{n\in\mathbb{N}}$具有有限极限,那么数列为收敛的。否则,数列是发散的(换句话说,数列趋近于$\pm\infty$,数列不具有极限)。

如果极限存在,我们能够讨论极限,因为极限具有唯一性。

性质 1 若一个数列收敛,则其极限唯一。

证明 利用反证法。

设$(u_n)_{n\in\mathbb{N}}$收敛于两个极限值l, l'且$l\neq l'$。令$\varepsilon>0$且$\varepsilon<\dfrac{|l-l'|}{2}$。

因为$\lim\limits_{n\to+\infty} u_n=l$,则存在$N_1$,当$n\geqslant N_1$时,得到$|u_n-l|<\varepsilon$;

同理,$\lim\limits_{n\to+\infty} u_n=l'$,存在$N_2$,当$n\geqslant N_2$时,有$|u_n-l'|<\varepsilon$。

注意到$N=\max(N_1, N_2)$,对于N有$|u_N-l|<\varepsilon$且$|u_N-l'|<\varepsilon$,因为

$$|l-l'|=|l-u_N+u_N-l'|\leqslant|l-u_N|+|u_N-l'|$$

由三角不等式得到

$$|l-l'|\leqslant\varepsilon+\varepsilon=2\varepsilon<|l-l'|$$

即$|l-l'|<|l-l'|$,是不可能的。

结论:开始的假设不成立,所以$l=l'$。

2. 极限的性质

性质 2

(1) $\lim\limits_{n\to+\infty} u_n=l\Leftrightarrow\lim\limits_{n\to+\infty}(u_n-l)=0\Leftrightarrow\lim\limits_{n\to+\infty}|u_n-l|=0$;

(2) $\lim\limits_{n\to+\infty} u_n=l\Rightarrow\lim\limits_{n\to+\infty}|u_n|=|l|$。

该性质可以由定义直接证得。

性质 3 (极限运算)

(1) 若$\lim\limits_{n\to+\infty} u_n=l$,其中$l\in\mathbb{R}$,则对于$\lambda\in\mathbb{R}$,有

$$\lim_{n\to+\infty}\lambda u_n=\lambda l$$

(2) 若$\lim\limits_{n\to+\infty} u_n=l$及$\lim\limits_{n\to+\infty} v_n=l'$,其中$l, l'\in\mathbb{R}$,则

$$\lim_{n\to+\infty}(u_n+v_n)=l+l',\quad \lim_{n\to+\infty}(u_n\times v_n)=l\times l'$$

(3) 若 $\lim\limits_{n\to+\infty}u_n=l$,其中 $l\in\mathbb{R}^*$,然后 $u_n\neq 0$,对于 n 足够大有

$$\lim_{n\to+\infty}\frac{1}{u_n}=\frac{1}{l}$$

例 3 若 $u_n\to l$,且 $l\neq\pm 1$,于是

$$u_n(1-3u_n)-\frac{1}{u_n^2-1}\to l(1-3l)-\frac{1}{l^2-1}$$

性质 4 (无穷极限运算)设两个数列 $(u_n)_{n\in\mathbb{N}}$,$(v_n)_{n\in\mathbb{N}}$ 满足 $\lim\limits_{n\to+\infty}v_n=+\infty$。

(1) $\lim\limits_{n\to+\infty}\dfrac{1}{v_n}=0$;

(2) 若 $(u_n)_{n\in\mathbb{N}}$ 有最小值,那么

$$\lim_{n\to+\infty}(u_n+v_n)=+\infty$$

(3) 设 $(u_n)_{n\in\mathbb{N}}$ 是最小值为 $\lambda>0$ 的数列,那么

$$\lim_{n\to+\infty}(u_n\times v_n)=+\infty$$

(4) 若 $\lim\limits_{n\to+\infty}u_n=0$,$u_n>0$,当 n 足够大时,有

$$\lim_{n\to+\infty}\frac{1}{u_n}=+\infty$$

例 4 数列 $(\sqrt{n})$ 趋近于 $+\infty$,于是数列 $\left(\dfrac{1}{\sqrt{n}}\right)$ 趋近于 0。

3. 性质的证明

我们不会证明所有结论,而只会证明一些重要的结果。其他证明类似。

(1) 我们从以下性质的证明开始:若 $\lim\limits_{n\to+\infty}v_n=+\infty$,则 $\lim\limits_{n\to+\infty}\dfrac{1}{v_n}=0$。

证明 令 $\varepsilon>0$,因为 $\lim\limits_{n\to+\infty}v_n=+\infty$,所以存在正整数 N,当 $n\geqslant N$ 时,$v_n\geqslant\dfrac{1}{\varepsilon}$。由此我们得到 $0\leqslant\dfrac{1}{v_n}\leqslant\varepsilon$,所以 $\lim\limits_{n\to+\infty}\dfrac{1}{v_n}=0$。

(2) 乘积的极限为极限的乘积的证明。

为了证明乘积的极限为极限的乘积,我们需要做一点准备。

性质 5 任何收敛数列是有界的。

证明 设 $(u_n)_{n\in\mathbb{N}}$ 是收敛于实数 l 的数列。对 $\varepsilon=1$,由极限定义知,存在自然数 N 使得当 $n>N$ 时,$|u_n-l|\leqslant 1$,所以对 $n\geqslant N$,我们有

$$|u_n|=|l+(u_n-l)|\leqslant|l|+|u_n-l|\leqslant|l|+1$$

于是,若令 $M=\max(|u_0|,|u_1|,\cdots,|u_{N-1}|,|l|+1)$,所以 $\forall n\in\mathbb{N}$,$|u_n|\leqslant M$。

性质 6 若 $(u_n)_{n\in\mathbb{N}}$ 是有界数列,且 $\lim\limits_{n\to+\infty}v_n=0$,则

$$\lim_{n\to+\infty}(u_n\times v_n)=0$$

例 5 数列 $(u_n)_{n\geqslant 1}$ 定义为 $u_n=\cos n$,$(v_n)_{n\geqslant 1}$ 定义为 $v_n=\dfrac{1}{\sqrt{n}}$,那么

$$\lim_{n\to+\infty}(u_n\times v_n)=0$$

证明　数列$(u_n)_{n\in\mathbb{N}}$是有界数列，存在实数$M>0$，对于任意自然数n，有$|u_n|\leqslant M$。取$\varepsilon>0$，对数列$(v_n)_{n\in\mathbb{N}}$应用极限定义，令$\varepsilon'=\dfrac{\varepsilon}{M}$，那么存在自然数$N$，当$n\geqslant N$时，$|v_n|\leqslant\varepsilon'$。而对于$n\geqslant N$，我们有

$$|u_n\times v_n|=|u_n|\times|v_n|\leqslant M\times\varepsilon'=\varepsilon$$

即证明了

$$\lim_{n\to+\infty}(u_n\times v_n)=0$$

现在我们证明两个极限乘积的公式(见性质3)：若$\lim\limits_{n\to+\infty}u_n=l$且$\lim\limits_{n\to+\infty}v_n=l'$，其中$l,l'\in\mathbb{R}$，则$\lim\limits_{n\to+\infty}u_n\times v_n=l\times l'$。

证明　证明的关键是

$$u_n\times v_n-l\times l'=(u_n-l)\times v_n+l\times(v_n-l')$$

根据性质6，$l\times(v_n-l')$趋近于0；同理，$(u_n-l)\times v_n$趋近于0。因为收敛数列$(v_n)_{n\in\mathbb{N}}$有界，我们得到

$$\lim_{n\to+\infty}(u_n\times v_n-l\times l')=0\Leftrightarrow\lim_{n\to+\infty}u_n\times v_n=\lim_{n\to+\infty}l\times l'$$

4. 不定型

在某些情况下，我们不能先验性地确定有关数列的极限，要对具体情况进行研究。

例6

(1)“$+\infty-\infty$”型。若$u_n\to+\infty$，$v_n\to-\infty$，要依照具体数列来求$\lim\limits_{n\to+\infty}(u_n+v_n)$，如下面给出的例子：

$$\lim_{n\to+\infty}(\mathrm{e}^n-\ln n)=+\infty,\quad\lim_{n\to+\infty}(n-n^2)=-\infty,\quad\lim_{n\to+\infty}\left[\left(n+\frac{1}{n}\right)-n\right]=0$$

(2)“$0\times\infty$”型。

$$\lim_{n\to+\infty}\frac{1}{\ln n}\times\mathrm{e}^n=+\infty,\quad\lim_{n\to+\infty}\frac{1}{n}\times\ln n=0,\quad\lim_{n\to+\infty}\frac{1}{n}\times(n+1)=1$$

(3)“$\dfrac{\infty}{\infty}$”，“$\dfrac{0}{0}$”，“1^∞”等形式都是不定型。

5. 极限和不等式

性质7

(1) 设$(u_n)_{n\in\mathbb{N}}$和$(v_n)_{n\in\mathbb{N}}$是两个收敛数列，满足$\forall n\in\mathbb{N}$，$u_n\leqslant v_n$，则

$$\lim_{n\to+\infty}u_n\leqslant\lim_{n\to+\infty}v_n$$

(2) 设$(u_n)_{n\in\mathbb{N}}$和$(v_n)_{n\in\mathbb{N}}$是两个数列，满足$\lim\limits_{n\to+\infty}u_n=+\infty$，$\forall n\in\mathbb{N}$，$u_n\leqslant v_n$，则

$$\lim_{n\to+\infty}v_n=+\infty$$

(3)“宪兵”定理：若$(u_n)_{n\in\mathbb{N}}$，$(v_n)_{n\in\mathbb{N}}$和$(w_n)_{n\in\mathbb{N}}$为三个数列，满足$\forall n\in\mathbb{N}$，$u_n\leqslant v_n\leqslant w_n$，

且 $\lim\limits_{n\to+\infty} u_n = l = \lim\limits_{n\to+\infty} w_n$，则数列 $(v_n)_{n\in\mathbb{N}}$ 收敛且 $\lim\limits_{n\to+\infty} v_n = l$。

注

(1) 设 $(u_n)_{n\in\mathbb{N}}$ 是一个收敛数列，满足 $\forall n\in\mathbb{N}, u_n\geqslant 0$，那么 $\lim\limits_{n\to+\infty} u_n\geqslant 0$。

(2) 若 $(u_n)_{n\in\mathbb{N}}$ 是收敛数列且满足 $\forall n\in\mathbb{N}, u_n>0$，不能说极限是严格正的，而只能说 $\lim\limits_{n\to+\infty} u_n\geqslant 0$。例如，数列 $(u_n)_{n\in\mathbb{N}}$ 定义为 $u_n=\dfrac{1}{n+1}$，每一项都是严格正的，但收敛于 0。

下面是性质 7 的证明。

证明 (1) 设 $w_n = v_n - u_n$，接下来证明：若数列 $(w_n)_{n\in\mathbb{N}}$ 满足 $\forall n\in\mathbb{N}, w_n\geqslant 0$，并收敛，那么 $\lim\limits_{n\to+\infty} w_n\geqslant 0$。用反证法，假设 $l=\lim\limits_{n\to+\infty} w_n<0$。在极限定义中，令 $\varepsilon=\left|\dfrac{l}{2}\right|$，那么存在正整数 N，当 $n\geqslant N$ 时，得到

$$|w_n - l| < \varepsilon = -\frac{l}{2}$$

特别地，对于 $n\geqslant N$，$w_n<l-\dfrac{l}{2}=\dfrac{l}{2}<0$，矛盾。如图 9.1 所示。

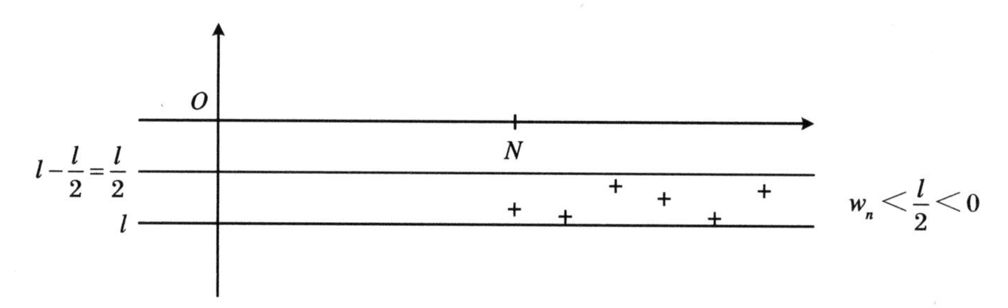

图 9.1

(2) 留作习题。

(3) 我们证明下面命题：$\forall n\in\mathbb{N}, 0\leqslant u_n\leqslant v_n$，且 $\lim\limits_{n\to+\infty} v_n=0$，于是 $(u_n)_{n\in\mathbb{N}}$ 是收敛数列且 $\lim\limits_{n\to+\infty} u_n=0$。

设 $\varepsilon>0$，N 为正整数，当 $n\geqslant N$ 时，$|v_n|<\varepsilon$。因为 $|u_n|=u_n\leqslant v_n=|v_n|$，于是得到 $n\geqslant N$ 时有 $|u_n|<\varepsilon$，$\lim\limits_{n\to+\infty} u_n=0$ 即得证。

例 7 求 $\lim\limits_{n\to\infty} a_n$，其中 $a_n=\dfrac{n^3+6n^2+7}{4n^3+3n-4}$，$n\in\mathbb{N}$。

解析 我们有

$$a_n=\frac{n^3+6n^2+7}{4n^3+3n-4}=\frac{n^3\left(1+\dfrac{6}{n}+\dfrac{7}{n^3}\right)}{n^3\left(4+\dfrac{3}{n^2}-\dfrac{4}{n^3}\right)}=\frac{1+\dfrac{6}{n}+\dfrac{7}{n^3}}{4+\dfrac{3}{n^2}-\dfrac{4}{n^3}}$$

因为 $\lim\limits_{n\to\infty}\dfrac{1}{n}=0$，所以

$$\lim_{n\to\infty}\frac{1}{n^2}=\lim_{n\to\infty}\left(\frac{1}{n}\right)\left(\frac{1}{n}\right)=0,\quad \lim_{n\to\infty}\frac{1}{n^3}=\lim_{n\to\infty}\left(\frac{1}{n^2}\right)\left(\frac{1}{n}\right)=0$$

所以

$$\lim_{n\to\infty} a_n = \lim_{n\to\infty} \frac{1+\frac{6}{n}+\frac{7}{n^3}}{4+\frac{3}{n^2}-\frac{4}{n^3}} = \frac{1}{4}$$

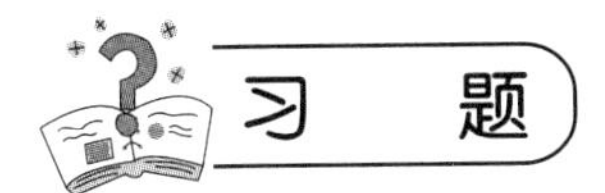

1．证明：数列$(u_n)_{n\in\mathbb{N}}$不收敛，其中$u_n=(-1)^n+\frac{1}{n}$。

2．证明(性质7(2))：设$(u_n)_{n\in\mathbb{N}}$和$(v_n)_{n\in\mathbb{N}}$是两个数列，满足$\lim\limits_{n\to+\infty} u_n=+\infty$，$\forall n\in\mathbb{N}$，$u_n\leqslant v_n$，则$\lim\limits_{n\to+\infty} v_n=+\infty$。

3．证明：若$\lim\limits_{n\to\infty} a_n=a$，$\lim\limits_{n\to\infty} b_n=b$，存在$n_0\in\mathbb{N}$，满足对$\forall n\geqslant n_0$，$a_n\leqslant b_n$，那么$a\leqslant b$。

4[†]．已知数列$(x_n)_{n\in\mathbb{N}}$：$x_1=\frac{3}{2}$，$x_{n+1}=2x_n-\frac{4n+1}{nx_n}(n\geqslant 1)$。

(1) 证明：$\forall n\geqslant 3$，$x_n>n+2$；

(2) 求$\lim\limits_{n\to\infty}\frac{x_n+x_{n+1}}{x_nx_{n+1}}$的值。

1．**证明**　容易说明(u_n)无极限，但是一般性证明有些难度。事实上，我们不能很快判断(u_n)是否收敛，不能写$\lim\limits_{n\to\infty} u_n$，例如：

$$\lim_{n\to\infty} (-1)^n+\frac{1}{n} = \lim_{n\to\infty} (-1)^n$$

不确定。另外，当$n\to\infty$时，数列$\frac{1}{n}$趋近于0，当且仅当数列$(-1)^n$收敛，数列(u_n)收敛。此外，在两个数列都收敛时，它们和的极限存在。

2．**证明**　设A为某一实数，由已知$\lim\limits_{u\to+\infty} u_n=+\infty$，存在$n_1\in\mathbb{N}$，当$n\geqslant n_1$时$u_n\geqslant A$；又$\forall n\in\mathbb{N}$，$u_n\leqslant v_n$，那么存在$n_2\in\mathbb{N}$，当$n\geqslant n_2$时$v_n\geqslant A$。所以$n>\max\{n_1,n_2\}$，即$\lim\limits_{u\to+\infty} v_n=+\infty$。

3．**证明**　假设$a>b$。令$\varepsilon=\frac{a-b}{2}>0$，因为$\lim\limits_{n\to\infty} a_n=a$，存在正整数$N_1$，使得$n>N_1$时，有$|a_n-a|<\varepsilon$成立。因为$\lim\limits_{n\to\infty} b_n=b$，所以存在正整数$N_2$，使得$n>N_2$时有$|b_n-b|<\varepsilon$成立。令$N=\max\{N_1,N_2,n_0\}$，那么对于$n>N$，有

$$b_n<b+\varepsilon=a-\varepsilon<a_n$$

与 $a_n \leqslant b_n$ 矛盾。所以 $a \leqslant b$ 成立。

4[†]. **解析** (1) 记命题 $P(n)$：$x_n > n+2, \forall n \geqslant 3$。用数学归纳法证明。

① 当 $n=3$ 时，

$$x_1 = \frac{3}{2}, \quad x_2 = 2x_1 - \frac{5}{x_1} = -\frac{1}{3}, \quad x_3 = 2x_2 - \frac{9}{2x_2} = \frac{77}{6} > 5 = 3+2$$

所以 $P(3)$ 成立。

② 假设 $P(n)$ 成立，即 $x_n > n+2 > 0$，因为函数 $f(x)=2x$ 和 $f(x) = -\dfrac{1}{x}$ 为单调递增函数，

$$\begin{aligned} x_{n+1} &= 2x_n - \frac{4n+1}{nx_n} > 2(n+2) - \frac{4n+1}{n(n+2)} \\ &= n+3+\frac{(n-1)(n^2+3n+1)+n^2}{n(n+2)} > n+3 \end{aligned}$$

根据归纳原理，我们得到 $x_n > n+2$ 对 $n \geqslant 3$ 成立。

(2) $\lim\limits_{n\to\infty}\dfrac{x_n + x_{n+1}}{x_n x_{n+1}} = \lim\limits_{n\to\infty}\left(\dfrac{1}{x_n}+\dfrac{1}{x_{n+1}}\right)$，因为 $x_n > n+2 > 0, x_{n+1} > n+3 > 0$，我们得到

$$0 < \frac{1}{x_n} + \frac{1}{x_{n+1}} < \frac{1}{n+2} + \frac{1}{n+3} \Rightarrow 0 \leqslant \lim_{n\to\infty}\left(\frac{1}{x_n}+\frac{1}{x_{n+1}}\right) \leqslant \lim_{n\to\infty}\left(\frac{1}{n+2}+\frac{1}{n+3}\right)$$

所以

$$0 \leqslant \lim_{n\to\infty}\left(\frac{1}{x_n}+\frac{1}{x_{n+1}}\right) \leqslant 0$$

由“宪兵”定理有

$$\lim_{n\to\infty}\frac{x_n + x_{n+1}}{x_n x_{n+1}} = \lim_{n\to\infty}\left(\frac{1}{x_n}+\frac{1}{x_{n+1}}\right) = 0$$

9.2 典 型 问 题

9.2.1 等比数列(几何数列)

性质 8 (等比数列)设 a 为实数，数列 $(u_n)_{n\in\mathbb{N}}$ 定义为 $u_n = a^n$。

(1) 若 $a=1$，则对所有 $n\in\mathbb{N}, u_n = 1$；

(2) 若 $a>1$，则 $\lim\limits_{n\to+\infty} u_n = +\infty$；

(3) 若 $-1<a<1$，则 $\lim\limits_{n\to+\infty} u_n = 0$；

(4) 若 $a \leqslant -1$，数列 $(u_n)_{n\in\mathbb{N}}$ 摆动(发散)。

证明

(1) 结论显然成立。

(2) 记 $a=1+b$,其中 $b>0$,根据牛顿二项式展开

$$a^n=(1+b)^n=1+nb+\binom{n}{2}b^2+\cdots+\binom{n}{k}b^k+\cdots+b^n$$

每一项都是正数,所以对任意自然数 n,都有 $a^n\geqslant 1+nb$。因为 $b>0$,$\lim\limits_{n\to+\infty}(1+nb)=+\infty$,于是得到 $\lim\limits_{n\to+\infty}a^n=+\infty$。

(3) 若 $a=0$,结论显然成立。否则,设 $b=\left|\dfrac{1}{a}\right|$,于是 $b>1$。由前面 $\lim\limits_{n\to+\infty}b^n=+\infty$,因为对于任意的自然数 n,我们有 $|a|^n=\dfrac{1}{b^n}$,于是得到 $\lim\limits_{n\to+\infty}|a|^n=0$,也即 $\lim\limits_{n\to+\infty}a^n=0$。

(4) 用反证法。设数列 $(u_n)_{n\in\mathbb{N}}$ 收敛于实数 l,因为 $a^2\geqslant 1$,得到对于任意自然数 n,我们有 $a^{2n}\geqslant 1$,于是得到极限 $l\geqslant 1$。进一步地,对所有自然数 n 我们有 $a^{2n+1}\leqslant a\leqslant -1$,又可得到极限 $l\leqslant -1$,与 $l\geqslant 1$ 矛盾,所以数列 (u_n) 不收敛。

9.2.2　等比级数

性质9　(等比级数)设 a 为实数,$a\neq 1$,记 $\sum\limits_{k=0}^{n}a^k=1+a+a^2+\cdots+a^n$,则

$$\sum_{k=0}^{n}a^k=\frac{1-a^{n+1}}{1-a}$$

证明　上式两边同乘以 $(1-a)$,得到

$$\begin{aligned}(1-a)(1+a+a^2+\cdots+a^n)&=(1+a+a^2+\cdots+a^n)-(a+a^2+\cdots+a^{n+1})\\&=1-a^{n+1}\end{aligned}$$

注　若 $a\in(-1,1)$,数列 $(u_n)_{n\in\mathbb{N}}$ 为一般的数列 $u_n=\sum\limits_{k=0}^{n}a^k$,于是 $\lim\limits_{n\to+\infty}u_n=\dfrac{1}{1-a}$。更值得注意的是,我们可以记作

$$1+a+a^2+\cdots+a^n+\cdots=\frac{1}{1-a}$$

最后,若 $a\in\mathbb{C}\backslash\{1\}$,上式仍然成立。若 $a=1$,则

$$1+a+a^2+\cdots+a^n=n+1$$

例8　同上,取 $a=\dfrac{1}{2}$,则

$$1+\frac{1}{2}+\frac{1}{4}+\frac{1}{8}+\cdots=2$$

这个公式在无穷小微积分出现之前,被人艰难地发现了,并且在“芝诺悖论”的名义下得到了普及。“芝诺悖论”为:在距离目标 2 m 处射出一支箭,飞行的箭需要一定的时间到达目标。例如,箭飞行到 1 m 处需要一定时间;然后仍然需要一定时间行进剩余距离的一半,再行进还剩余一半的距离。因此我们可以增加无穷个非零的持续时间,于是芝诺得到结论,飞行的箭永远达不到目标(目的地)。

可以用下面的方法给出一个很好解释:无穷项的和也可以是确切值!! 例如,如果箭头

以 1 m/s 的速度行进，则箭头在前半部分行进 1 s，剩余距离的一半在$\frac{1}{2}$ s完成，依此类推，如图 9.2 所示，在整个行进过程中都可定义良好，且行进的总的时间等于

$$1+\frac{1}{2}+\frac{1}{4}+\frac{1}{8}+\cdots=2\,(\mathrm{s})$$

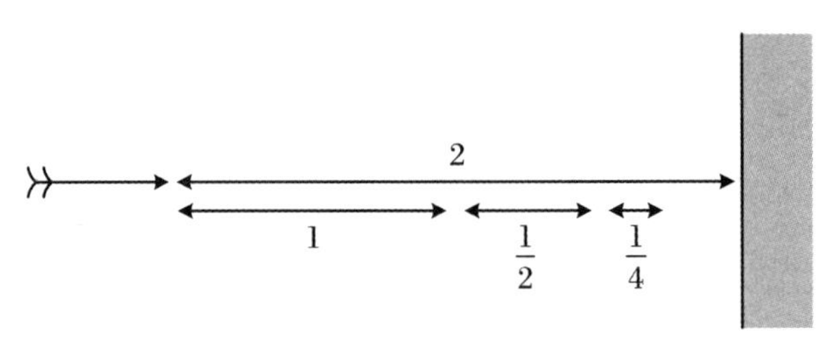

图 9.2

9.2.3 满足$\left|\frac{u_{n+1}}{u_n}\right|<l<1$的数列

定理 1 设$(u_n)_{n\in\mathbb{N}}$是非零实数数列，若存在一个实数 l，使得对于任何自然数 n（或仅为自然数的子集）有$\left|\frac{u_{n+1}}{u_n}\right|<l<1$，则$\lim\limits_{n\to+\infty}u_n=0$。

证明 假设对于任何自然数 n，$\left|\frac{u_{n+1}}{u_n}\right|<l<1$ 都成立（在自然数的子集上成立与此类似），我们有

$$\frac{u_n}{u_0}=\frac{u_1}{u_0}\times\frac{u_2}{u_1}\times\frac{u_3}{u_2}\times\cdots\times\frac{u_n}{u_{n-1}}$$

于是得到

$$\left|\frac{u_n}{u_0}\right|<l\times l\times l\times\cdots\times l=l^n$$

即$|u_n|<|u_0|l^n$。因为 $l<1$，极限$\lim\limits_{n\to+\infty}l^n=0$，所以$\lim\limits_{n\to+\infty}u_n=0$。

推论 1 设$(u_n)_{n\in\mathbb{N}}$为非零实数数列，若$\lim\limits_{n\to+\infty}\frac{u_{n+1}}{u_n}=0$，则$\lim\limits_{n\to+\infty}u_n=0$。

例 9 设 $a\in\mathbb{R}$，证明：$\lim\limits_{n\to+\infty}\frac{a^n}{n!}=0$。

证明 若 $a=0$，结果显然成立。

若 $a\neq0$，设$u_n=\frac{a^n}{n!}$，于是

$$\frac{u_{n+1}}{u_n}=\frac{a^{n+1}}{(n+1)!}\Big/\frac{a^n}{n!}=\frac{a}{n+1}$$

为了计算，我们直接使用推论条件：因为$\lim\limits_{n\to+\infty}\frac{u_{n+1}}{u_n}=0$（$a$ 为固定实数），得到$\lim\limits_{n\to+\infty}u_n=0$。或者，由于$\frac{u_{n+1}}{u_n}=\frac{a}{n+1}$，通过定理推断，对于 $n\geqslant N>2|a|$，有

$$\left|\frac{u_{n+1}}{u_n}\right| = \frac{|a|}{n+1} \leqslant \frac{|a|}{N+1} < \frac{|a|}{N} < \frac{1}{2} = l$$

所以 $\lim\limits_{n\to+\infty} u_n = 0$。

注

(1) 使用定理的符号，若对于某个确定的数开始的所有自然数 n 有 $\left|\frac{u_{n+1}}{u_n}\right| > l > 1$，则数列 $(u_n)_{n\in\mathbb{N}}$ 发散。事实上，为证明 $\lim\limits_{n\to+\infty} |u_n| = +\infty$，对数列 $\frac{1}{|u_n|}$ 直接应用定理就足够了。

(2) 仍然使用定理的记法，若 $l=1$，则不能得到结论。

例 10　对于实数 a，$a>0$，求极限 $\lim\limits_{n\to+\infty}\sqrt[n]{a}$。

解析　我们证明 $\lim\limits_{n\to+\infty}\sqrt[n]{a}=1$。

① 若 $a=1$，显然成立。

② 假设 $a>1$，记 $a=1+h$，其中 $h>0$，因为

$$\left(1+\frac{h}{n}\right)^n \geqslant 1 + n\frac{h}{n} = 1 + h = a \quad \text{(见性质 8)}$$

对 n 次根式 $\sqrt[n]{x}$ 有 $1+\frac{h}{n} \geqslant \sqrt[n]{a} \geqslant 1$。

可以由“宪兵”定理得到结论，$\lim\limits_{n\to+\infty}\sqrt[n]{a}=1$。

③ 最后，若 $a<1$，应用 $b=\frac{1}{a}>1$ 同理可得。

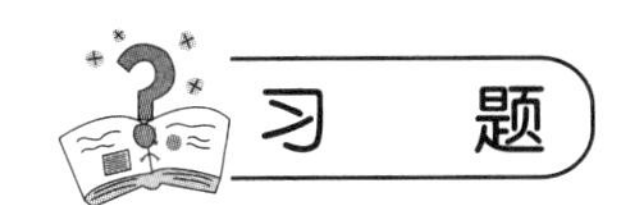

1. 设 q 为不小于 2 的整数，对任意 $n\in\mathbb{N}$，设 $u_n=\cos\frac{2n\pi}{q}$。

(1) 证明：$\forall n\in\mathbb{N}, u_{n+q}=u_n$；

(2) 计算 u_{nq} 和 u_{nq+1}，并推断数列 (u_n) 不存在极限。

2. 设 n 为非零自然数，记 $H_n = \sum\limits_{k=1}^{n}\frac{1}{k}$（调和级数）。

(1) 证明：$\forall n\in\mathbb{N}^*$，$\ln(n+1)\leqslant H_n\leqslant 1+\ln n$，并从中推断 $\lim\limits_{n\to+\infty} H_n$。

(2) 对于非零自然数 n，记 $u_n=H_n-\ln n$，$v_n=H_n-\ln(n+1)$，证明：数列 (u_n) 和 (v_n) 收敛于实数 $\gamma\in\left[\frac{1}{2},1\right]$（$\gamma$ 为欧拉常数）。并给出 γ 精确到 10^{-2} 的近似值。

3. 设实数列 $(a_n)_{n\geqslant1}$ 满足 $\forall n\in\mathbb{N}$，$|a_n|\leqslant1$。定义 $A_n=\frac{1}{n}(a_1+a_2+\cdots+a_n)$，其中 $n\geqslant1$，试计算：$\lim\limits_{n\to\infty}\sqrt{n}(A_{n+1}-A_n)$。

4[†]. (2012年,土耳其TST第7题)对任意有理数 r,正整数 n,设 $S_r(n)=1^r+2^r+\cdots+n^r$,求所有的三元数组$(a,b,c)(a,b\in\mathbb{Q}_+,c\in\mathbb{N}^*)$,使得有无穷多个正整数 n,满足

$$S_a(n)=(S_b(n))^c$$

答　案

1. (1) **证明**　$u_{n+q}=\cos\dfrac{2(n+q)\pi}{q}=\cos\left(\dfrac{2n\pi}{q}+2\pi\right)=\cos\dfrac{2n\pi}{q}=u_n$。

(2) **解析**　$u_{nq}=\cos\dfrac{2nq\pi}{q}=\cos 2n\pi=1=u_0$, $u_{nq+1}=\cos\left(\dfrac{2(nq+1)\pi}{q}\right)=\cos\dfrac{2\pi}{q}=u_1$。

下面用反证法证明(u_n)不存在极限。假设(u_n)收敛于l,那么子数列$(u_{nq})_n$收敛于l,因为 $u_{nq}=u_0=1$,所以 $l=1$。另外,子数列$(u_{nq+1})_n$收敛于l,而 $u_{nq+1}=u_1=\cos\dfrac{2\pi}{q}$,于是 $l=\cos\dfrac{2\pi}{q}$,与 $q\geqslant 2$ 矛盾。所以 $\cos\dfrac{2\pi}{q}\neq 1$,数列$(u_n)$不存在极限。

2. **证明**

(1) 函数 $x\mapsto\dfrac{1}{x}$是$(0,+\infty)$上连续单调递减的函数,对于 $k\in\mathbb{N}^*$,有

$$\frac{1}{k+1}=(k+1-k)\frac{1}{k+1}\leqslant\int_k^{k+1}\frac{1}{x}\mathrm{d}x\leqslant(k+1-k)\frac{1}{k}=\frac{1}{k}$$

于是,对于 $k\geqslant 1$,

$$\frac{1}{k}\geqslant\int_k^{k+1}\frac{1}{x}\mathrm{d}x$$

对于 $k\geqslant 2$,

$$\frac{1}{k}\leqslant\int_{k-1}^{k}\frac{1}{x}\mathrm{d}x$$

将上述不等式相加后分情况讨论:

① 对于 $n\geqslant 1$,

$$H_n=\sum_{k=1}^{n}\frac{1}{k}\geqslant\sum_{k=1}^{n}\int_k^{k+1}\frac{1}{x}\mathrm{d}x=\int_1^{n+1}\frac{1}{x}\mathrm{d}x=\ln(n+1)$$

② 对于 $n\geqslant 2$,

$$H_n=1+\sum_{k=2}^{n}\frac{1}{k}\leqslant 1+\sum_{k=2}^{n}\int_{k-1}^{k}\frac{1}{x}\mathrm{d}x=1+\int_1^{n}\frac{1}{x}\mathrm{d}x=1+\ln n$$

③ 当 $n=1$ 时最后一个不等式仍然成立,所以 $\forall n\in\mathbb{N}^*$,

$$\ln(n+1)\leqslant H_n\leqslant 1+\ln n$$

由此可知 H_n 发散,$\lim\limits_{n\to+\infty}H_n$ 不存在。

(2) ① 设 n 为非零自然数,因为函数 $x\mapsto\dfrac{1}{x}$在$[n,n+1]$上递减,

$$u_{n+1}-u_n=\frac{1}{n+1}-\ln(n+1)+\ln n=\frac{1}{n+1}-\int_n^{n+1}\frac{1}{x}\mathrm{d}x$$
$$=\int_n^{n+1}\left(\frac{1}{n+1}-\frac{1}{x}\right)\mathrm{d}x\leqslant 0$$

同理,因为函数 $x\mapsto\frac{1}{x}$ 在$[n+1,n+2]$上递减,

$$v_{n+1}-v_n=\frac{1}{n+1}-\ln(n+2)+\ln(n+1)=\frac{1}{n+1}-\int_{n+1}^{n+2}\frac{1}{x}\mathrm{d}x$$
$$=\int_{n+1}^{n+2}\left(\frac{1}{n+1}-\frac{1}{x}\right)\mathrm{d}x\geqslant 0$$

所以

$$u_n-v_n=\ln(n+1)-\ln n=\ln\left(1+\frac{1}{n}\right)$$

因此当 n 趋向于 $+\infty$ 时,数列 u_n-v_n 趋近于 0。最后,数列 u_n 递减,数列 v_n 递增且 $u_n-v_n\to 0$,得到数列 u_n 和 v_n 是相邻的,特别地,收敛于相同的极限值。记 γ 为其极限。对任意非零自然数,有 $v_n\leqslant\gamma\leqslant u_n$,特别地,$v_3\leqslant\gamma\leqslant u_1$,其中 $v_3=0.5$,$u_1=1$,于是 $\gamma\in\left[\frac{1}{2},1\right]$。

② 对于给定的非零自然数 n,有

$$0\leqslant u_n-v_n\leqslant\frac{10^{-2}}{2}\Leftrightarrow\ln\left(1+\frac{1}{n}\right)\leqslant 0.005$$
$$\Leftrightarrow\frac{1}{n}\leqslant \mathrm{e}^{0.005}-1\Leftrightarrow n\geqslant\frac{1}{\mathrm{e}^{0.005}-1}=199.5\cdots$$
$$\Leftrightarrow n\geqslant 200$$

我们得到 $\gamma=0.57$ 是精确到10^{-2}的近似值。

3. **解析**　因为$|a_n|\leqslant 1$,所以$|na_{n+1}-a_1-a_2-\cdots-a_n|\leqslant 2n$,所以

$$\lim_{n\to\infty}\sqrt{n}(A_{n+1}-A_n)$$
$$=\lim_{n\to\infty}\sqrt{n}\left[\frac{1}{n+1}(a_1+a_2+\cdots+a_n+a_{n+1})-\frac{1}{n}(a_1+a_2+\cdots+a_n)\right]$$
$$=\lim_{n\to\infty}\left[(na_{n+1}-a_1-a_2-\cdots-a_n)\frac{1}{\sqrt{n}(n+1)}\right]$$

注意到

$$\left|(na_{n+1}-a_1-a_2-\cdots-a_n)\frac{1}{\sqrt{n}(n+1)}\right|\leqslant\frac{2n}{\sqrt{n}(n+1)}\to 0$$

所以

$$\lim_{n\to\infty}\sqrt{n}(A_{n+1}-A_n)=0$$

4[†]. **解析**　从极限趋势分析,$S_r(n)$的递增性类似于$\frac{n^{r+1}}{r+1}$,在等式 $S_a(n)=(S_b(n))^c$ 两端取极限得到

$$\lim_{n \to \infty} [n^{a+1}/(a+1)] / [n^{b+1}/(b+1)]^c = 1$$

所以 $a+1=(b+1)c$ 且$a+1=(b+1)^c$，于是

$$(b+1)c = (b+1)^c, \quad c = (b+1)^{c-1}$$

其中 b 为正有理数，c 为正整数。

① 若 $c=1$，我们得到 $a=b$，于是有一组解$(k,k,1)$，其中 k 为正整数。

② 若 $c \neq 1$，我们得到 $c=(b+1)^{c-1}$。$b+1$ 为整数，因为 $b+1 \geqslant 2$，进一步，可得 $c \geqslant 2^{c-1}$，于是 $c=2$。得到 $b=1$，$a=3$，所以得到一组解$(3,1,2)$。

9.3 收 敛 定 理

9.3.1 任何收敛数列都是有界的

性质 10 所有收敛数列都是有界的。

倒数数列存在漏洞，我们将补充一个假设完善结论。

9.3.2 单调数列

定理 2 所有递增有界数列都是收敛的。

注

(1) 任何递减且有下界的数列都是收敛的；

(2) 递增且无上界的数列趋近于 $+\infty$；

(3) 递减且无下界的数列趋近于 $-\infty$。

下面是定理 2 的证明。

证明 注意到 $A=\{u_n \mid n \in \mathbb{N}\} \subset \mathbb{R}$，数列$(u_n)_{n \in \mathbb{N}}$有界，记为实数 M，集合 A 为有界集且为非空集合。于是根据实数理论，集合 A 有上确界，记作 $l=\sup A$。

下面证明：$\lim\limits_{n \to +\infty} u_n = l$。

设 $\varepsilon > 0$，通过集合存在上确界，即存在 $u_N \in A$ 满足 $l-\varepsilon < u_N \leqslant l$。因为当 $n \geqslant N$ 时，$l-\varepsilon < u_N \leqslant u_n \leqslant l$，所以$|u_n - l| \leqslant \varepsilon$。

9.3.3 两个例子

1. $\zeta(2)$的极限

设数列$(u_n)_{n \geqslant 1}$定义为

$$u_n = 1 + \frac{1}{2^2} + \frac{1}{3^2} + \cdots + \frac{1}{n^2}$$

(1) 数列$(u_n)_{n\geqslant 1}$为递增数列。事实上，

$$u_{n+1}-u_n=\frac{1}{(n+1)^2}>0$$

(2) 通过数学归纳法来证明:对于任意自然数 $n\geqslant 1$ 有 $u_n\leqslant 2-\frac{1}{n}$。

① 对于 $n=1$,有 $u_1=1\leqslant 1=2-\frac{1}{1}$。

② 若对于 $n\geqslant 1$, $u_n\leqslant 2-\frac{1}{n}$成立,那么

$$u_{n+1}=u_n+\frac{1}{(n+1)^2}\leqslant 2-\frac{1}{n}+\frac{1}{(n+1)^2}$$

又因为

$$\frac{1}{(n+1)^2}\leqslant\frac{1}{n(n+1)}=\frac{1}{n}-\frac{1}{n+1}$$

于是 $u_{n+1}\leqslant 2-\frac{1}{n+1}$,完成了归纳 $n+1$ 的情况。

(3) 所以数列$(u_n)_{n\geqslant 1}$是单调递增且有上界2,为收敛数列。

我们记 $\zeta(2)$为其极限,后面我们将证明 $\zeta(2)=\frac{\pi^2}{6}$。

2. 调和数列

调和数列是通项为 $u_n=1+\frac{1}{2}+\frac{1}{3}+\cdots+\frac{1}{n}$的数列,计算 $\lim\limits_{n\to+\infty}u_n$。

(1) 数列$(u_n)_{n\geqslant 1}$为单调递增。事实上，

$$u_{n+1}-u_n=\frac{1}{n+1}>0$$

(2) 重复放缩 $u_{2^p}-u_{2^{p-1}}$有

$$u_2-u_1=1+\frac{1}{2}-1=\frac{1}{2},\quad u_4-u_2=\frac{1}{3}+\frac{1}{4}>\frac{1}{4}+\frac{1}{4}=\frac{1}{2}$$

一般地，

$$u_{2^p}-u_{2^{p-1}}=\underbrace{\frac{1}{2^{p-1}+1}+\frac{1}{2^{p-1}+2}+\cdots+\frac{1}{2^p}}_{2^{p-1}=2^p-2^{p-1}\text{项}\geqslant\frac{1}{2^p}}>2^{p-1}\times\frac{1}{2^p}=\frac{1}{2}$$

(3) $\lim\limits_{n\to+\infty}u_n=+\infty$,事实上，

$$u_{2^p}-1=u_{2^p}-u_1=(u_2-u_1)+(u_4-u_2)+\cdots+(u_{2^p}-u_{2^{p-1}})\geqslant\frac{p}{2}$$

所以数列$(u_n)_{n\geqslant 1}$单调递增,但是无上界,所以极限趋于$+\infty$。

9.3.4 相邻数列

定义7　数列$(u_n)_{n\in\mathbb{N}}$和$(v_n)_{n\in\mathbb{N}}$为相邻的,若满足下面三个条件:

(1) $(u_n)_{n\in\mathbb{N}}$单调递增,$(v_n)_{n\in\mathbb{N}}$单调递减;

(2) 对所有 $n\geqslant 0$，有 $u_n\leqslant v_n$；

(3) $\lim\limits_{n\to+\infty}(v_n-u_n)=0$。

定理 3 若数列$(u_n)_{n\in\mathbb{N}}$和$(v_n)_{n\in\mathbb{N}}$是相邻的，则其极限相等。

所以这个定理有两个结果，首先，$(u_n)_{n\in\mathbb{N}}$和$(v_n)_{n\in\mathbb{N}}$收敛；其次，其极限值相等。相邻数列的项顺序如下：

$$u_0\leqslant u_1\leqslant u_2\leqslant\cdots\leqslant u_n\leqslant\cdots\leqslant v_n\leqslant\cdots\leqslant v_2\leqslant v_1\leqslant v_0$$

证明

① 数列$(u_n)_{n\in\mathbb{N}}$单调递增且有上界 v_0，于是收敛于一个实数 l；

② 数列$(v_n)_{n\in\mathbb{N}}$单调递减且有下界 u_0，于是收敛于实数 l'；

③ 数 $l'-l=\lim\limits_{n\to+\infty}(v_n-u_n)=0$，则 $l'=l$。

例 11 回顾上面例子 $\zeta(2)$，设(u_n)和(v_n)为两个数列，$\forall n\geqslant 1$ 定义为

$$u_n=\sum_{k=1}^{n}\frac{1}{k^2}=1+\frac{1}{2^2}+\frac{1}{3^2}+\cdots+\frac{1}{n^2},\quad v_n=u_n+\frac{2}{n+1}$$

证明：数列(u_n)和(v_n)是相邻数列。

证明 (1) ① (u_n)是单调递增数列，因为

$$u_{n+1}-u_n=\frac{1}{(n+1)^2}>0$$

② (v_n)是单调递减数列。

$$v_{n+1}-v_n=\frac{1}{(n+1)^2}+\frac{2}{n+2}-\frac{2}{n+1}=\frac{n+2+2(n+1)^2-2(n+1)(n+2)}{(n+2)(n+1)^2}$$

$$=\frac{-n}{(n+2)(n+1)^2}<0$$

(2) 对于任意 $n\geqslant 1$，$v_n-u_n=\dfrac{2}{n+1}>0$，所以 $u_n\leqslant v_n$。

(3) 最后，因为

$$v_n-u_n=\frac{2}{n+1},\quad \lim_{n\to+\infty}(v_n-u_n)=0$$

两个数列(u_n)和(v_n)是相邻数列，所以其极限值都等于 l。对 $n\geqslant 1$，我们有另外的证明 $u_n\leqslant l\leqslant v_n$。

下面提供极限的近似值：例如，对于 $n=3$，

$$1+\frac{1}{4}+\frac{1}{9}\leqslant l\leqslant 1+\frac{1}{4}+\frac{1}{9}+\frac{1}{2}$$

于是

$$1.3611\cdots\leqslant l\leqslant 1.8611\cdots$$

9.3.5 Bolzano-Weierstrass 定理

定义 8 设$(u_n)_{n\in\mathbb{N}}$是一个数列，子数列或截取(片段)数列定义为$(u_{\Phi(n)})_{n\in\mathbb{N}}$形式的数列，其中 $\Phi:\mathbb{N}\to\mathbb{N}$ 是严格单调递增函数。

例 12　设数列 $(u_n)_{n\in\mathbb{N}}$ 的通项为 $u_n=(-1)^n$。

(1) 若我们考虑 $\Phi:\mathbb{N}\to\mathbb{N}$，其中 $\varphi(n)=2n$，那么子数列(截取的数列)的通项为 $u_{\varphi(n)}=(-1)^{2n}=1$，于是数列 $(u_{\varphi(n)})_{n\in\mathbb{N}}$ 为常数数列，值为 1；

(2) 若考虑 $\Psi:\mathbb{N}\to\mathbb{N}$，其中 $\psi(n)=3n$，那么子数列(截取数列)的通项为

$$u_{\psi(n)}=(-1)^{3n}=((-1)^3)^n=(-1)^n$$

于是数列 $(u_{\psi(n)})_{n\in\mathbb{N}}$ 与 $(u_n)_{n\in\mathbb{N}}$ 相等。

性质 11　设 $(u_n)_{n\in\mathbb{N}}$ 为一数列，若 $\lim\limits_{n\to+\infty}u_n=l$，那么对于任意子列(子数列) $(u_{\varphi(n)})_{n\in\mathbb{N}}$ 有 $\lim\limits_{n\to+\infty}u_{\varphi(n)}=l$。

证明　设 $\varepsilon>0$，根据极限定义(定义 4)，存在正整数 N，当 $n\geqslant N$ 时，有 $|u_n-l|<\varepsilon$。因为函数 φ 是严格单调递增函数，容易由归纳法证明对于任意 n，有 $\varphi(n)\geqslant n$ 成立。特别地，若 $n\geqslant N$，有 $\varphi(n)\geqslant N$，于是 $|u_{\varphi(n)}-l|<\varepsilon$，所以在子数列中极限定义成立。

推论 2　若数列 $(u_n)_{n\in\mathbb{N}}$，包含一个发散子列，或者有两个子列分别收敛于不同的实数，则其为发散数列。

例 13　若数列 $(u_n)_{n\in\mathbb{N}}$ 的通项为 $u_n=(-1)^n$，那么 $(u_{2n})_{n\in\mathbb{N}}$ 收敛于 1，$(u_{2n+1})_{n\in\mathbb{N}}$ 收敛于 -1(事实上，这两个数列为常数数列)，得到数列 $(u_n)_{n\in\mathbb{N}}$ 发散。

定理 4　(Bolzano-Weierstrass 定理)任何有界数列都包含一个收敛子列。

例 14

(1) 数列 $(u_n)_{n\in\mathbb{N}}$ 的通项为 $u_n=(-1)^n$，考虑两个子列 $(u_{2n})_{n\in\mathbb{N}}$ 和 $(u_{2n+1})_{n\in\mathbb{N}}$；

(2) 数列 $(v_n)_{n\in\mathbb{N}}$ 的通项为 $v_n=\cos n$，定理指出存在一个收敛子数列，但不太容易解释。

下面证明定理 4。

证明　用二分法证明。题设数列的值构成集合包含在区间 $[a,b]$ 上，设 $a_0=a$，$b_0=b$，$\varphi(0)=0$，两个区间中至少有一个区间 $\left[a_0,\dfrac{a_0+b_0}{2}\right]$ 或 $\left[\dfrac{a_0+b_0}{2},b_0\right]$ 包含下标为 n 的项 u_n。记为 $[a_1,b_1]$，设 $\varphi(1)$ 为整数，且 $\varphi(1)>\varphi(0)$，满足 $u_{\varphi(1)}\in[a_1,b_1]$，如图 9.3 所示。

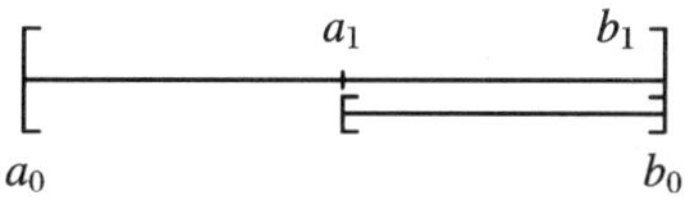

图 9.3

重复迭代这个构造，对任意自然数 n 都可得到区间 $[a_n,b_n]$，区间长度为 $\dfrac{b-a}{2^n}$，且 $\varphi(n)>\varphi(n-1)$，满足 $u_{\varphi(n)}\in[a_n,b_n]$。根据数列的构造，数列 $(a_n)_{n\in\mathbb{N}}$ 单调递增，$(b_n)_{n\in\mathbb{N}}$ 单调递减。

进一步地，

$$\lim_{n\to+\infty}(b_n-a_n)=\lim_{n\to+\infty}\frac{b-a}{2^n}=0$$

数列 $(a_n)_{n\in\mathbb{N}}$，$(b_n)_{n\in\mathbb{N}}$ 是相邻数列，它们趋近于同一个极限值 l，根据“宪兵”定理可以得到 $\lim\limits_{n\to+\infty}u_{\varphi(n)}=l$。

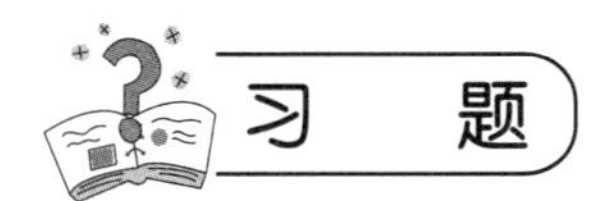

1. 设 $u_2=1-\frac{1}{2^2}$，且对任意 $n\geqslant 3$，$u_n=\left(1-\frac{1}{2^2}\right)\left(1-\frac{1}{3^2}\right)\cdots\left(1-\frac{1}{n^2}\right)$，计算：$\lim\limits_{n\to\infty}u_n$。

2. 设 $0<y_1<x_1$，令 $x_{n+1}=\frac{x_n+y_n}{2}$，且 $y_{n+1}=\sqrt{x_ny_n}$，$n\in\mathbb{N}$。

(1) 证明：$\forall n\in\mathbb{N}, 0<y_n<x_n$；

(2) 证明：$(y_n)_{n\in\mathbb{N}}$单调递增且有上界；$(x_n)_{n\in\mathbb{N}}$单调递减且有下界；

(3) 证明：$\forall n\in\mathbb{N}, 0<x_{n+1}-y_{n+1}<\frac{(x_1-y_1)}{2^n}$；

(4) 证明：$\lim\limits_{n\to\infty}x_n=\lim\limits_{n\to\infty}y_n$。

3. 设 X_n 为实数数列，令 $E=\{x\in\mathbb{R}^*\mid(X_{nk})\to x$，其中$(X_{nk})$是$(X_n)$子数列$\}$，对 $\forall n\in\mathbb{N}$，k 从 1 到 ∞，定义 $\limsup X_n=\sup E$，$\liminf X_n=\inf E$。若 $X_n\leqslant Y_n$，证明：

$$\liminf X_n\leqslant\liminf Y_n \quad 且 \quad \limsup X_n\leqslant\limsup Y_n$$

4[†]. 数列(u_n)定义为

$$\begin{cases}u_1=0\\ u_{n+1}=\dfrac{u_n+\sqrt{6u_n+3}}{4}, \quad \forall n\in\mathbb{Z}_+\end{cases}$$

已知 a 和 b 是两个非零实数，满足$\lim\limits_{n\to\infty}[a^n(u_n-1)]=b$，求 $a+b$ 的值。

1. **解析**　首先注意到

$$1-\frac{1}{k^2}=\frac{k^2-1}{k^2}=\frac{(k-1)(k+1)}{k\cdot k}$$

所以

$$u_n=\frac{(2-1)(2+1)}{2\cdot 2}\frac{(3-1)(3+1)}{3\cdot 3}\cdots\frac{(k-1)(k+1)}{k\cdot k}\frac{k(k+2)}{(k+1)(k+1)}\cdots\frac{(n-1)(n+1)}{n\cdot n}$$

约分化简得 $u_n=\frac{1}{2}\frac{n+1}{n}$，于是

$$\lim_{n\to\infty}u_n=\frac{1}{2}\lim_{n\to\infty}\frac{n+1}{n}=\frac{1}{2}$$

2. **解析**　(1) 由 AM-GM 不等式，$x_n>y_n$。或者由

$$4x_{n+1}^2-4y_{n+1}^2=(x_n-y_n)^2>0$$

可证。

(2) 由(1)可知 $x_{n+1}>y_{n+1}$，所以

$$\frac{x_n+y_n}{2}>\sqrt{x_ny_n}$$

所以

$$\frac{x_n+y_n}{2}\sqrt{x_ny_n}>x_ny_n$$

$$\sqrt{\frac{x_n+y_n}{2}\sqrt{x_ny_n}}>\sqrt{x_ny_n}$$

$$\sqrt{x_{n+1}y_{n+1}}>\sqrt{x_ny_n}$$

所以 $y_{n+2}>y_{n+1}$。

另外

$$x_{n+1}=\frac{x_n+y_n}{2}<\frac{x_n+x_n}{2}=x_n$$

所以 y_n 单调递增而 x_n 单调递减，但 $y_n<x_n$，因此 y_n 有上界，x_n 有下界。

(3)

$$x_{n+1}-y_{n+1}=\frac{x_n+y_n}{2}-\sqrt{x_ny_n}=\frac{x_n-2\sqrt{x_ny_n}+y_n}{2}<\frac{x_n-2\sqrt{y_ny_n}+y_n}{2}$$
$$=\frac{x_n-y_n}{2}$$

所以

$$x_{n+1}-y_{n+1}<\frac{x_n-y_n}{2}<\frac{x_{n-1}-y_{n-1}}{2^2}<\cdots<\frac{x_1-y_1}{2^n}$$

(4) $0<x_{n+1}-y_{n+1}<\cdots<\dfrac{x_1-y_1}{2^n}$，所以

$$\lim_{n\to\infty}0\leqslant\lim_{n\to\infty}(x_{n+1}-y_{n+1})\leqslant\lim_{n\to\infty}\frac{x_1-y_1}{2^n}=0$$

所以

$$\lim_{n\to\infty}(x_{n+1}-y_{n+1})=0$$

所以 $\lim\limits_{n\to\infty}x_n=\lim\limits_{n\to\infty}y_n$。

3. **证明**　$\liminf\limits_{n\to\infty}a_n=\sup\limits_{n\geqslant1}\inf\limits_{k\geqslant n}a_k$，$\limsup\limits_{n\to\infty}a_n=\inf\limits_{n\geqslant1}\sup\limits_{k\geqslant n}a_k$，我们证明关于 lim inf 的不等式，其他情况类似。对于数列 (a_n)，令 $I_n(a)=\inf\{a_k\mid k\geqslant n\}$，显然 $I_n(a)\leqslant I_{n+1}(a)$。因为在第一种情况下，下限取遍 $\{k\mid k\geqslant n\}$，包含第二种情况下下限取值集合 $\{k\mid k\geqslant n+1\}$，于是 $I_n(a)$ 是非递减的。所以 $I_n(a)$ 的极限存在，并且上界为其极限(不需要有界)。所以

$$\liminf_{n\to\infty}a_n=\sup_{n\geqslant1}\inf_{k\geqslant n}a_k=\lim_{n\to\infty}I_n(a)$$

现在，回到问题中，令 $X_n\leqslant Y_n$，对 $n\geqslant1$ 我们先证明当 $n\geqslant1$ 时有 $I_n(X)\leqslant I_n(Y)$ 成立，那么对于 lim inf 以及数列 $I_n(X)$ 和 $I_n(Y)$ 的极限(limit)的不等式可由上式证明得到。为完成证明，固定 $n\geqslant1$，取 $\varepsilon>0$，则

$$I_n(Y)+\varepsilon>I_n(Y)$$

于是存在 $k(\geqslant n)$ 使得

$$Y_k < I_n(Y) + \varepsilon$$

于是

$$X_k \leqslant Y_k < I_n(Y) + \varepsilon$$

所以

$$I_n(X) \leqslant I_n(Y) + \varepsilon$$

因为 $\varepsilon > 0$，$I_n(X) \leqslant I_n(Y)$，证毕。

4[†]. **解析** 首先，证明 (u_n) 的通项为 $u_n = \left(1 - \dfrac{1}{2^{n-1}}\right)\left(1 - \dfrac{2-\sqrt{3}}{2^{n-1}}\right)$，$\forall n \in \mathbb{Z}_+$（证明略）。

分别定义数列 (v_n) 和 (w_n) 为 $v_n = 1 - \dfrac{1}{2^{n-1}}$，$w_n = 1 - \dfrac{2-\sqrt{3}}{2^{n-1}}$，那么可以得到

$$u_n = v_n w_n (\forall n \in \mathbb{Z}_+), \quad \begin{cases} v_1 = 0 \\ v_{n+1} = \dfrac{v_n + 1}{2}, \end{cases} \forall n \in \mathbb{Z}_+, \quad \begin{cases} w_1 = -1 + \sqrt{3} \\ w_{n+1} = \dfrac{w_n + 1}{2} \end{cases}$$

所以

$$v_{n+1} w_{n+1} = \frac{v_n w_n + \sqrt{6 v_n w_n + 3}}{4} \Leftrightarrow \frac{(v_n + 1)(w_n + 1)}{4} = \frac{v_n w_n + \sqrt{6 v_n w_n + 3}}{4}$$

$$\Leftrightarrow v_n + w_n + 1 = \sqrt{6 v_n w_n + 3}$$

$$\Leftrightarrow w_n = (2 v_n - 1) + \sqrt{3}(1 - v_n), \quad \forall n \in \mathbb{Z}_+$$

数列 (u_n) 严格单调递增且有上界，且 $u_n \in [0,1)$；令 $\lim u_n = m$，则

$$m = \frac{m + \sqrt{6m + 3}}{4} \Leftrightarrow m = 1$$

同理，对于数列 (v_n) 和 (w_n)，有

$$\begin{cases} 2^n (v_n - 1) = -2 \\ 2^n (w_n - 1) = 2\sqrt{3} - 4 \end{cases} \Leftrightarrow \begin{cases} 2^n (v_n + w_n - 2) = 2\sqrt{3} - 6 \\ 4^n (v_n - 1)(w_n - 1) = 8 - 4\sqrt{3} \end{cases}$$

$$\Rightarrow 4^n \left[u_n - \left(\frac{2\sqrt{3} - 6}{2^n} + 2\right) + 1\right] = 8 - 4\sqrt{3}$$

$$\Leftrightarrow 4^n (u_n - 1) = (8 - 4\sqrt{3}) + 2^n (6 - 2\sqrt{3})$$

$$\Leftrightarrow 2^n (u_n - 1) = \frac{(8 - 4\sqrt{3})}{2^n} + (2\sqrt{3} - 6)$$

得到

$$\lim_{n \to \infty} [2^n (u_n - 1)] = 2\sqrt{3} - 6$$

所以

$$a + b = 2 + (2\sqrt{3} - 6) = 2\sqrt{3} - 4$$

9.4　递推数列

递推数列由函数形式定义，实质上归类为数列。本节内容是研究数列的重要部分，要用到函数知识（参见极限和连续函数）。

9.4.1　由一个函数定义的递推数列

若 $f:\mathbb{R}\to\mathbb{R}$ 定义为一个函数，递推数列定义为：给出首项（或已知前几项），其余各项由一个函数关系给出，$u_0\in\mathbb{R}$，且 $u_{n+1}=f(u_n)$，其中 $n\geqslant 0$。

递推数列的定义由两组数据给出：起始项（或者首项）u_0 以及递推关系 $u_{n+1}=f(u_n)$。递推数列记为

$$u_0,\quad u_1=f(u_0),\quad u_2=f(u_1)=f(f(u_0)),\quad u_3=f(u_2)=f(f(f(u_0))),\quad\cdots$$

这种方式定义的数列（的项）很快变得非常复杂。

例 15　设 $f(x)=1+\sqrt{x}$，令 $u_0=2$，对 $n\geqslant 0$，定义 $u_{n+1}=f(u_n)$，也就是说 $u_{n+1}=1+\sqrt{u_n}$，那么数列的前几项为

$$2,\quad 1+\sqrt{2},\quad 1+\sqrt{1+\sqrt{2}},\quad 1+\sqrt{1+\sqrt{1+\sqrt{2}}},\quad 1+\sqrt{1+\sqrt{1+\sqrt{1+\sqrt{2}}}},\quad\cdots$$

由递推方式定义的数列不要求收敛。当它具有极限时，极限值有下面的限制：

性质 12　若 f 为连续函数，递推数列 (u_n) 收敛于 l，那么 l 是方程 $f(l)=l$ 的解（图 9.4）。

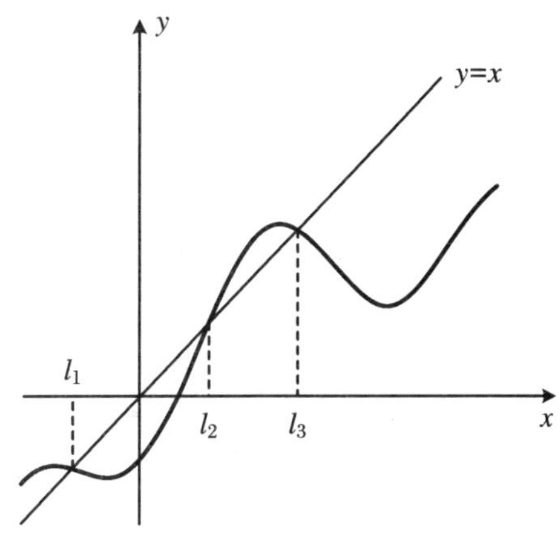

图 9.4

如果我们能够证明极限存在，这个性质说明极限值在方程 $f(l)=l$ 的解中。值 l 满足 $f(l)=l$ 也是 f 的不动点。证明非常简单，本质上是使用函数 f 的连续性。

证明　因为 $n\to+\infty$，$u_n\to l$，所以 $u_{n+1}\to l$。因为 $u_n\to l$ 并且 f 是连续函数，于是数列 $(f(u_n))\to f(l)$，关系式 $u_{n+1}=f(u_n)$ 的极限为（当 $n\to+\infty$ 时）$l=f(l)$。

我们将详细研究两种特殊情况：一种是函数单调递增，另一种是函数单调递减。

9.4.2 函数单调递增的情形

我们首先注意到，对于递增函数，由递归数列(u_n)定义得到

(1) 若 $u_1 \geqslant u_0$，则(u_n)单调递增；

(2) 若 $u_1 \leqslant u_0$，则(u_n)单调递减。

用递归容易证明。例如，设 $u_1 \geqslant u_0$，当 f 是递增时有 $u_2 = f(u_1) \geqslant f(u_0) = u_1$，从 $u_2 \geqslant u_1$，我们又得到 $u_3 \geqslant u_2$……

下面是主要结果：

性质 13 若 $f:[a,b] \to [a,b]$是连续递增函数，$u_0 \in [a,b]$，递推数列(u_n)是单调的且收敛于 $l \in [a,b]$，满足 $f(l)=l$。

有一个重要的隐蔽条件：f 是区间$[a,b]$上到自身的函数。在实际应用中，应用此性质，首先选择$[a,b]$并要验证$f([a,b]) \subset [a,b]$，如图 9.5 所示。

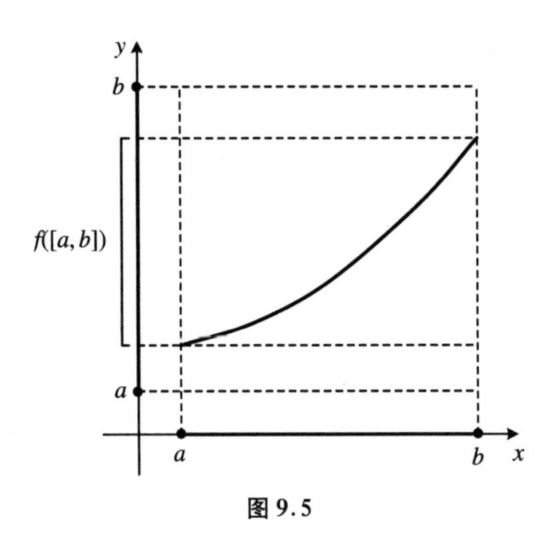

图 9.5

证明 只要证明性质 13 是先前结论的结果。

若 $u_1 \geqslant u_0$，数列(u_n)递增，因为它有上界 b，所以其收敛于实数 l，根据性质 12，有 $f(l)=l$。

若 $u_1 \leqslant u_0$，(u_n)单调递减，它有下界 a，结论是一样的。

例 16 设函数 $f:\mathbb{R} \to \mathbb{R}$ 定义为 $f(x) = \dfrac{1}{4}(x^2-1)(x-2)+x$，$u_0 \in [0,2]$，研究数列$(u_n)$的下面问题，其递归形式定义：$u_{n+1} = f(u_n)$（其中 $n \geqslant 0$）。

解析 (1) 研究 f。

① f 是$\mathbb{R}$上的连续函数；

② f 在$\mathbb{R}$上可导，且 $f'(x) > 0$；

③ 在区间$[0,2]$上，f 严格单调递增；

④ 因为 $f(0) = \dfrac{1}{2}$ 且 $f(2)=2$，于是 $f([0,2]) \subset [0,2]$。

(2) 作出 f 的图象。

这里给出绘制数列图形的方法：在第一象限作函数 f 的图象以及第一象限的角平分线（$y=x$）。我们从 u_0 开始，$u_1=f(u_0)$对应 u_0 的函数值（y 值），在 x 轴上作 u_1 关于角平分线的对称点。再从 $u_2=f(u_1)$开始，$u_2=f(u_1)$对应 u_1 的函数值，在 x 轴上作 u_2，等等。于是，我们得到了一种向上的"楼梯"图（蜘网图），从图形上推测，数列递增并趋向于1。如果我们从另一个初始值 u_0'开始，原理相同，但是这次我们将得到一个向下的楼梯。如图9.6所示。

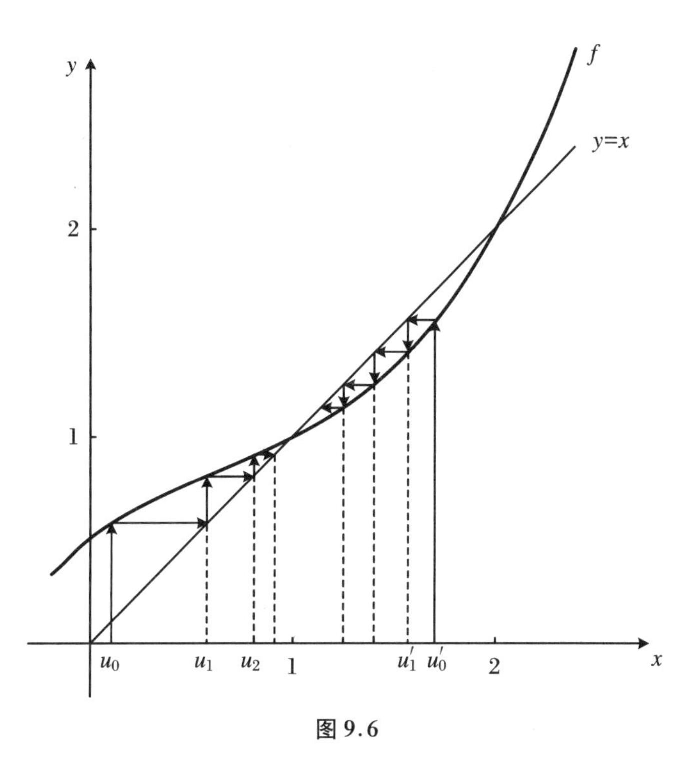

图9.6

(3) 计算不动点。

检验 x 值，满足 $f(x)=x$，换句话说 $f(x)-x=0$，而

$$f(x)-x=\frac{1}{4}(x^2-1)(x-2) \quad ①$$

于是不动点为$\{-1,1,2\}$。所以(u_n)的极限值可以在这三个值中取得。

(4) 情形一：$u_0=1$ 或 $u_0=2$。$u_1=f(u_0)=u_0$，根据数列递归性得到(u_n)为常数数列（极限值为 u_0）。

(5) 情形二：$0\leqslant u_0<1$。

因为 $f([0,1])\subset[0,1]$，函数 f 是定义在区间$[0,1]$上的函数 $f:[0,1]\to[0,1]$。

在$[0,1]$上，$f(x)-x\geqslant 0$，这可以从 f 的表达式①中直接得到。对于 $u_0\in[0,1)$，根据前面 $u_1=f(u_0)\geqslant u_0$，因为 f 单调递增，根据递归定义，正如我们看到的，(u_n)递增。数列(u_n)递增且有上界1，所以(u_n)收敛，记 l 为其极限。根据 l 是f 的一个不动点，$f(l)=l$，于是 $l\in\{-1,1,2\}$。

另外，数列(u_n)单调递增，且 $u_0\geqslant 0$，有上界1，所以 $l\in[0,1]$。

结论：若 $0\leqslant u_0<1$，则(u_n)收敛于$l=1$。

(6) 情形三:$1<u_0<2$。

函数 $f:[1,2]\to[1,2]$,在区间$[1,2]$上,f 单调递增且 $f(x)\leqslant x$,于是 $u_1\leqslant u_0$,数列(u_n)单调递减,下界为 1,(u_n)收敛。若我们记 l 为其极限,由 $f(l)=l$,得到 $l\in\{-1,1,2\}$;另外,$l\in[1,2]$。

结论:(u_n)收敛于 $l=1$。

函数 f 的图象对分析问题至关重要,即使没有明确要求作出图象,结合函数的图象可以清晰地知道数列是单调递增还是单调递减,数列是否收敛,极限趋近于哪里。在研究数列的这些问题时通过函数图象得到的直观非常重要。

9.4.3 函数单调递减的情形

性质 14 设 $f:[a,b]\to[a,b]$是连续递减函数,$u_0\in[a,b]$,递推数列(u_n)定义为 $u_{n+1}=f(u_n)$,那么,

(1) 子数列(u_{2n})收敛于极限值 l,$f\circ f(l)=l$;

(2) 子数列(u_{2n+1})收敛于 l',$f\circ f(l')=l'$。

提示:可通过单调性证明。此函数 f 单调递减,则函数 $f\circ f$ 递增,对于 $f\circ f$ 应用性质 13,考虑递推数列(u_{2n}),定义为 $u_2=f\circ f(u_0)$,$u_4=f\circ f(u_2)$,…;同理,u_1,$u_3=f\circ f(u_1)$,…

例 17 $f(x)=1+\dfrac{1}{x}$,$u_0>0$,$u_{n+1}=f(u_n)=1+\dfrac{1}{u_n}$。

解析 (1) 研究 f,函数 $f:(0,+\infty)\to(0,+\infty)$为严格单调递减的连续函数。

(2) f 的图象。

在坐标系中标记数列的原则和前面相同:在 x 轴上取 u_0,令 $u_1=f(u_0)$,在 x 轴上作出 $f(u_0)$……如图 9.7 所示,这样得到了一种螺线图,从图形上推导数列收敛于 f 的不动点。

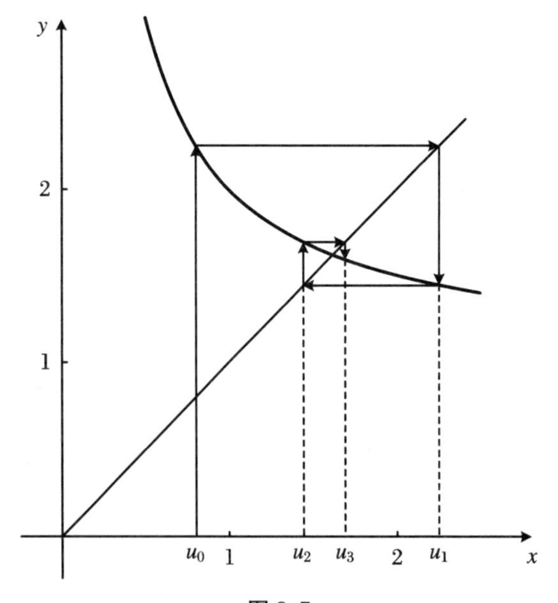

图 9.7

此外，注意到偶数项子数列单调递增，奇数项子数列单调递减。

(3) $f\circ f$ 的不动点。

$$f\circ f(x)=f(f(x))=f\left(1+\frac{1}{x}\right)=1+\frac{1}{1+\frac{1}{x}}=1+\frac{x}{x+1}=\frac{2x+1}{x+1}$$

于是

$$f\circ f(x)=x\Leftrightarrow\frac{2x+1}{x+1}=x\Leftrightarrow x^2-x-1=0\Leftrightarrow x\in\left\{\frac{1-\sqrt{5}}{2},\frac{1+\sqrt{5}}{2}\right\}$$

因为极限值应该为正实数，唯一的不动点为 $l=\dfrac{1+\sqrt{5}}{2}$。

注　存在唯一不动点，不能马上得到结论，因为 f 是定义在$(0,+\infty)$上的函数（这不是一个紧集）。

(4) 情形一：$0<u_0\leqslant l=\dfrac{1+\sqrt{5}}{2}$。

于是，$u_1=f(u_0)\geqslant f(l)=l$；根据对 $f\circ f(x)-x$ 的研究，我们得到 $u_2=f\circ f(u_0)\geqslant u_0$；$u_1=f\circ f(u_1)=u_3$。因为 $u_2\geqslant u_0$ 且 $f\circ f$ 为单调递增，数列(u_{2n})单调递增。同理，$u_3\leqslant u_1$，于是(u_{2n+1})单调递减。进一步地，因为 $u_0\leqslant u_1$，应用偶数次函数 f，得到 $u_{2n}\leqslant u_{2n+1}$，因此得到

$$u_0\leqslant u_2\leqslant\cdots\leqslant u_{2n}\leqslant\cdots\leqslant u_{2n+1}\leqslant\cdots\leqslant u_3\leqslant u_1$$

数列(u_{2n})单调递增且有上界 u_1，因此数列收敛，其极限值只能是 $f\circ f$ 唯一的不动点 $l=\dfrac{1+\sqrt{5}}{2}$。数列(u_{2n+1})是单调递减且有下界 u_0，同理收敛于 $l=\dfrac{1+\sqrt{5}}{2}$。我们得到数列(u_n)收敛于 $l=\dfrac{1+\sqrt{5}}{2}$。

(5) 情形二：$u_0\geqslant l=\dfrac{1+\sqrt{5}}{2}$。

同上，(u_{2n})单调递减且收敛于$\dfrac{1+\sqrt{5}}{2}$，(u_{2n+1})单调递增且收敛于$\dfrac{1+\sqrt{5}}{2}$。

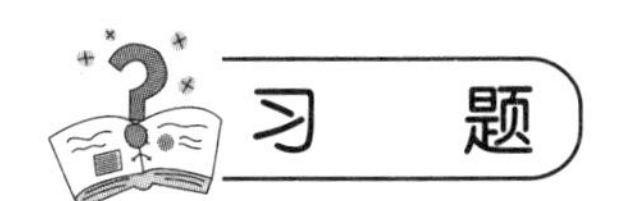

习　　题

1. 设 $a>0$，定义数列$(u_n)_{n\geqslant 0}$：u_0 为实数且 $u_0>0$，$u_{n+1}=\dfrac{1}{2}\left(u_n+\dfrac{a}{u_n}\right)$。

(1) 证明：$u_{n+1}^2-a=\dfrac{(u_n^2-a)^2}{4u_n^2}$；

(2) 证明：若 $n\geqslant 1$，则 $u_n\geqslant\sqrt{a}$，数列$(u_n)_{n\geqslant 1}$单调递减；

(3) 推证数列(u_n)收敛于$\sqrt{a}$。

2. 设数列(u_n)和(v_n)的初始值分别为u_0和v_0,递推关系为$u_{n+1}=\frac{2u_n+v_n}{3}$和$v_{n+1}=\frac{u_n+2v_n}{3}$,求$\lim\limits_{n\to+\infty}u_n$和$\lim\limits_{n\to+\infty}v_n$的值。

3. 设$x_0>0,x_n=\frac{3x_{n-1}}{2+x_{n-1}},n=1,2,\cdots$,证明:数列$\{x_n\}$收敛,并求其极限。

4[†]. 设$x_0=1,x_n=1+\frac{1}{x_{n-1}+1}\ (n=1,2,\cdots)$,求$\lim\limits_{n\to\infty}x_n$。

答　案

1. **解析** (1)

$$u_{n+1}^2-a=\frac{1}{4}\left(\frac{u_n^2+a}{u_n}\right)^2-a=\frac{1}{4u_n^2}(u_n^4-2au_n^2+a^2)=\frac{(u_n^2-a)^2}{4u_n^2}$$

(2) 显然,当$n\geqslant0$时,有$u_n>0$。根据(1)的推导$n\geqslant0,u_{n+1}^2-a\geqslant0$且$u_{n+1}$为正实数,于是$u_{n+1}\geqslant\sqrt{a}$。设$n\geqslant1$,计算得

$$\frac{u_{n+1}}{u_n}=\frac{1}{2}\left(1+\frac{a}{u_n^2}\right)$$

因为$u_n\geqslant\sqrt{a}$,所以$\frac{u_{n+1}}{u_n}\leqslant1$,即$u_{n+1}\leqslant u_n$,所以$(u_n)_{n\geqslant1}$单调递减。

(3) 数列$(u_n)_{n\geqslant1}$单调递减且有下确界$\sqrt{a}$,所以(u_n)收敛,设其极限为$l>0$;对于递推关系式$u_{n+1}=\frac{1}{2}\left(u_n+\frac{a}{u_n}\right)$两端取极限值,得到$l=\frac{1}{2}\left(l+\frac{a}{l}\right)$,其唯一的正根为$l=\sqrt{a}$,所以$(u_n)$收敛于$\sqrt{a}$。

2. 略。提示:设$\lim\limits_{n\to+\infty}u_n=l$,$\lim\limits_{n\to+\infty}v_n=l'$,则$l=l'=\frac{u_0+v_0}{2}$。

3. **证明** 设$f(x)=\frac{3x}{2+x}$,$f'(x)=\frac{6}{(2+x)^2}>0$,所以$f$严格单调递增。

(1) 若$0<x_0<1$,则$0<x_1=f(x_0)<f(1)=1$,由归纳可得$0<x_n<1$,且

$$x_{n+1}-x_n=\frac{(1-x_n)x_n}{2+x_n}>0$$

所以$\{x_n\}$严格单调递增,且有上界1,所以存在极限$\lim\limits_{n\to\infty}x_n=l$,且$l\in(0,1]$。由$f(l)=l$可得$l=1$。

(2) 若$x_0=1$,则$x_n=1$,可得$\lim\limits_{n\to\infty}x_n=1$。

(3) 若$x_0>1$,则$x_1=f(x_0)>f(1)=1$,归纳可得$x_n>1$,且

$$x_{n+1}-x_n=\frac{(1-x_n)x_n}{2+x_n}<0$$

所以$\{x_n\}$严格单调递减,且有下界1,则极限存在,同(2)得到$l=1$。

综上所述，$\{x_n\}$收敛且极限为1。

4[†]. **解析**　（利用$a_n=\dfrac{pa_{n-1}+q}{ra_{n-1}+s}$型递推式）

设$b_n=\dfrac{a_n-\beta}{a_n-\alpha}$，$\alpha,\beta$为待定常数，且为方程$-z=\dfrac{q-zs}{p-zr}$的两个不同解。其中$p=1,q=2,r=1,s=1$，则$-z=\dfrac{2-z}{1-z}$，解得$z=\pm\sqrt{2}$。

$$y_n=\frac{x_{n-1}-\sqrt{2}}{x_{n-1}+\sqrt{2}},\quad y_0=2\sqrt{2}-3$$

$$y_{n+1}=\frac{x_n-\sqrt{2}}{x_n+\sqrt{2}}=\frac{\dfrac{x_{n-1}-\sqrt{2}}{x_{n-1}+\sqrt{2}}-\sqrt{2}}{\dfrac{x_{n-1}-\sqrt{2}}{x_{n-1}+\sqrt{2}}+\sqrt{2}}=\frac{(x_{n-1}+2)-\sqrt{2}(x_{n-1}+1)}{(x_{n-1}+2)+\sqrt{2}(x_{n-1}+1)}=\cdots=(2\sqrt{2}-3)y_n$$

所以

$$y_n=(2\sqrt{2}-3)^n y_0=(2\sqrt{2}-3)^{n+2},\quad \frac{x_n-\sqrt{2}}{x_n+\sqrt{2}}=(2\sqrt{2}-3)^{n+1}$$

解得

$$x_n=\frac{1+(2\sqrt{2}-3)^{n+1}}{1-(2\sqrt{2}-3)^{n+1}}\cdot\sqrt{2}$$

所以$\lim\limits_{n\to\infty}x_n=\sqrt{2}$。

第 10 章　函数的极限与连续

对于特殊的关于一个变量 x 的方程，例如，一元一次方程 $ax+b=0$ 和一元二次方程 $ax^2+bx+c=0$，我们知道如何确切地解这样的方程，也就是通过给出一个求根公式的方法解决。但是对于大多数方程而言，是不可能给出求根公式的。事实上，甚至只是确定根的个数都不容易。例如，考虑一个简单方程 $x+\mathrm{e}^x=0$，就没有精确的求根公式(使用常用函数的和、积表示)。

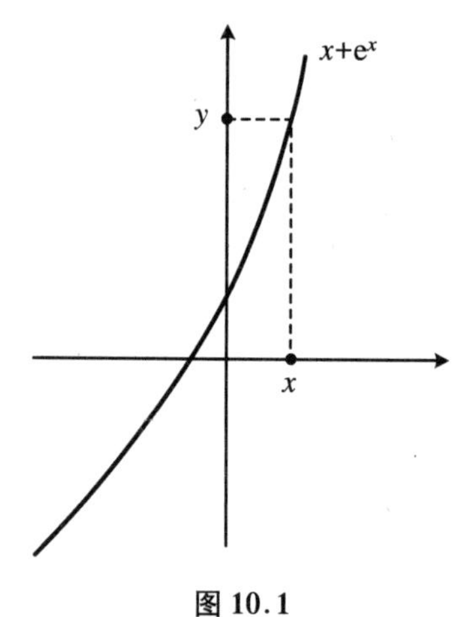

图 10.1

在本章中，我们将通过对函数 $f(x)=x+\mathrm{e}^x$(图 10.1)的研究得到关于方程 $x+\mathrm{e}^x=0$ 的所有解的大量信息。甚至对于更为一般的方程 $x+\mathrm{e}^x=y$(其中 $y\in\mathbb{R}$，y 为常数)，我们将能够证明，对于每一个 $y\in\mathbb{R}$，方程 $x+\mathrm{e}^x=y$ 有且仅有一个根。我们将学习 y 如何随着 x 的变化而变化。这里的关键是研究函数 f，特别是 f 的连续性。即使我们找不到根 x 的确切表达式，我们也将介绍相关的理论和方法，使得求近似解成为可能。

10.1　函数极限定义

10.1.1　有关函数的概念

1. 定义

定义 1　实数变量的函数是一个映射 $f: U\to\mathbb{R}$，其中 U 是实数集$\mathbb{R}$ 的子集。一般地，U 是一个区间或区间的子集，称 U 为函数 f 的定义域。

例1　反比例函数 $f:(-\infty,0)\cup(0,+\infty)\to\mathbb{R}, x\mapsto\dfrac{1}{x}$。

函数 $f:U\to\mathbb{R}$ 的图象为集合$\mathbb{R}^2$ 上的子集 Γ_f，$\Gamma_f=\{(x,f(x))\mid x\in U\}$。

图10.2是一般函数的图象，图10.3是例1中函数 $x\mapsto\dfrac{1}{x}$的图象。

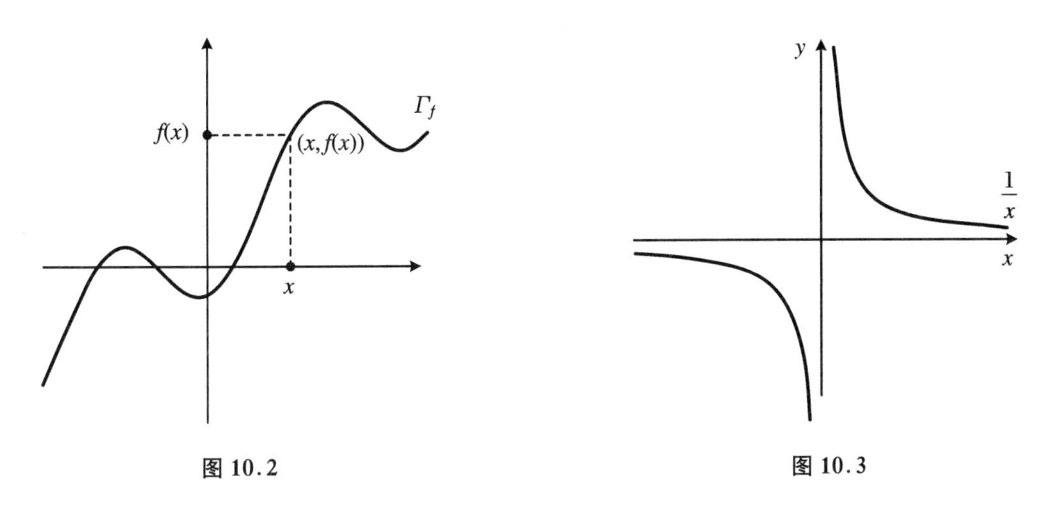

图10.2　　　图10.3

2. 函数运算

设函数 $f:U\to\mathbb{R}$ 和 $g:U\to\mathbb{R}$ 是$\mathbb{R}$上定义在同一集合 U 中的两个函数，我们可以定义以下函数：

(1) f 和 g 的和函数 $f+g:U\to\mathbb{R}$，定义为 $\forall x\in U$，

$$(f+g)(x)=f(x)+g(x)$$

(2) f 和 g 的积函数 $f\times g:U\to\mathbb{R}$，定义为 $\forall x\in U$，

$$(f\times g)(x)=f(x)\times g(x)$$

(3) 实数 $\lambda\in\mathbb{R}$ 与函数 f 的乘积 $\lambda\cdot f:U\to\mathbb{R}$，定义为 $\forall x\in U$，

$$(\lambda\cdot f)(x)=\lambda\cdot f(x)$$

如何作和函数的图象？和函数的图象如图10.4所示。

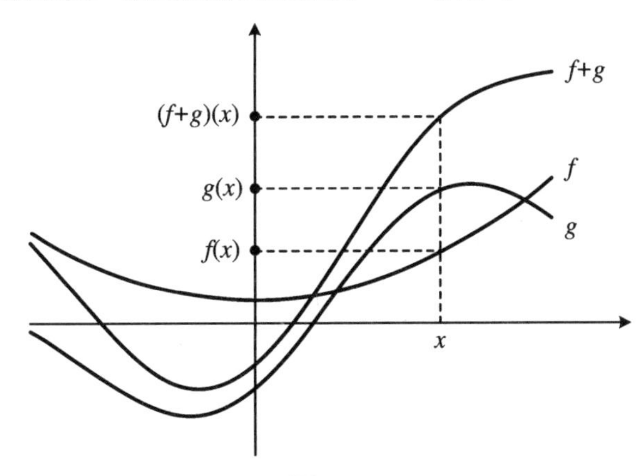

图10.4

3. 函数的上界,下界,有界

定义 2 设函数 $f: U\to\mathbb{R}$ 和 $g: U\to\mathbb{R}$ 为两个函数,那么,

(1) 若对 $\forall x\in U$ 有 $f(x)\geqslant g(x)$,则 $f\geqslant g$;

(2) 若对 $\forall x\in U$ 有 $f(x)\geqslant 0$,则 $f\geqslant 0$;

(3) 若对 $\forall x\in U$ 有 $f(x)>0$,则 $f>0$;

(4) 若 $\exists a\in\mathbb{R}, \forall x\in U, f(x)=a$,则称 f 是 U 上的常数函数;

(5) 若 $\forall x\in U, f(x)=0$,则 f 为零(零函数)。

定义 3 设函数 $f: U\to\mathbb{R}$,

(1) 若 $\exists x\in\mathbb{R}, \forall x\in U$ 有 $f(x)\leqslant M$,则称 f 在 U 上有上界;

(2) 若 $\exists x\in\mathbb{R}, \forall x\in U$ 有 $f(x)\geqslant m$,则称 f 在 U 上有下界;

(3) 若 U 上的函数 f 既有上界又有下界,即 $\exists M\in\mathbb{R}, \forall x\in U$ 有 $|f(x)|\leqslant M$,则称 f 为有界函数。

图 10.5 为有界函数(下界为 m,上界为 M)的图象。

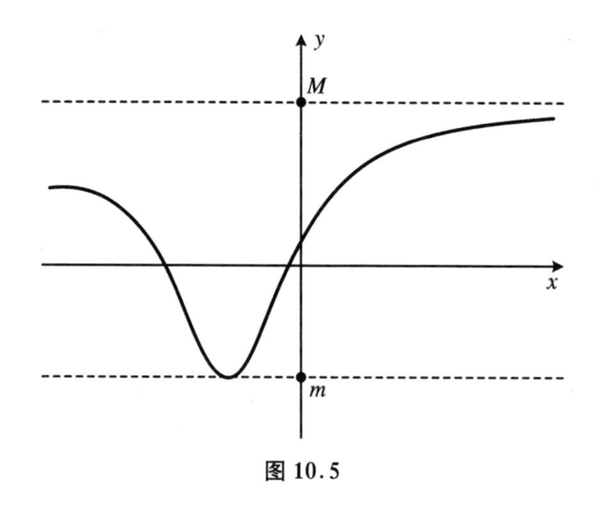

图 10.5

10.1.2 极限

1. 定义

(1) 在一点处的极限。

设函数 $f: I\to\mathbb{R}$ 是定义在$\mathbb{R}$区间 I 上的函数,设 $x_0\in I$。

定义 4 设 $l\in\mathbb{R}$,称 f 在点处 x_0 的极限值为 l(图 10.6),如果满足

$$\forall \varepsilon>0, \exists \delta>0, \forall x\in I, |x-x_0|<\delta \Rightarrow |f(x)-l|<\varepsilon$$

我们也称 x 趋近于 x_0 时 $f(x)$ 趋近于 l,记作 $\lim\limits_{x\to x_0} f(x)=l$,或简单记为 $\lim\limits_{x_0} f=l$。

注

① 不等式 $|x-x_0|<\delta$ 等价于 $x\in(x_0-\delta, x_0+\delta)$,不等式 $|f(x)-l|<\varepsilon$ 等价于

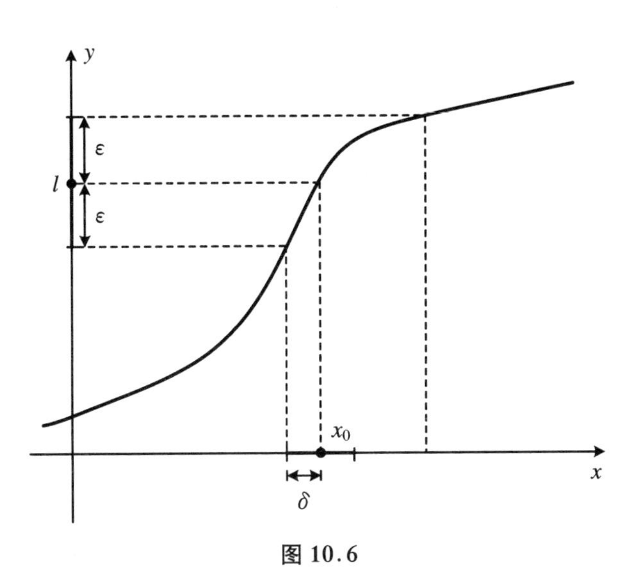

图 10.6

$f(x) \in (l-\varepsilon, l+\varepsilon)$。

② 极限定义中的不等式“$<$”可替换为“$\leqslant$”，即

$$\forall \varepsilon > 0, \exists \delta > 0, \forall x \in I, |x - x_0| \leqslant \delta \Rightarrow |f(x) - l| \leqslant \varepsilon$$

③ 在函数极限定义中，量词 $\forall x \in I$ 只是为了确保我们能够定义 $f(x)$，在应用中可以经常省略这一点，然后直接表达为

$$\forall \varepsilon > 0, \exists \delta > 0, |x - x_0| < \delta \Rightarrow |f(x) - l| < \varepsilon$$

④ 请记住，量词的顺序很重要，我们不能交换 $\forall \varepsilon$ 与 $\exists \delta$ 的顺序，δ 的选取取决于 ε，要牢记此逻辑关系(依赖关系)，我们可以记：$\forall \varepsilon>0, \exists \delta>0, \cdots$

例 2

① 对 $x_0 \geqslant 0$，$\lim\limits_{x \to x_0} \sqrt{x} = \sqrt{x_0}$，如图 10.7 所示；

② 取整部分函数(高斯取整函数)在所有 $x_0 \in \mathbb{Z}$ 不存在极限，如图 10.8 所示。

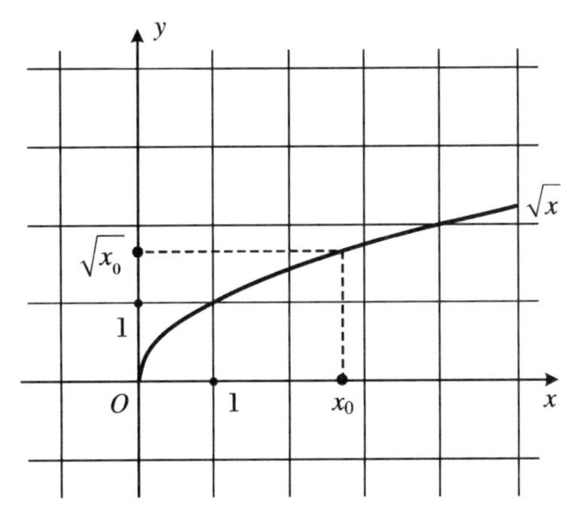

图 10.7

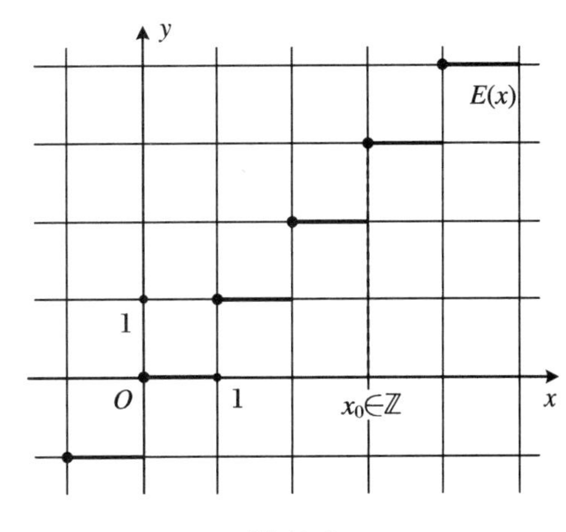

图 10.8

设 f 是定义在$(a,x_0)\cup(x_0,b)$上的函数。

定义 5

① 若 $\forall A>0,\exists\delta>0,\forall x\in I,|x-x_0|<\delta\Rightarrow f(x)>A$,则称 f 在 x_0 处的极限值为 $+\infty$,记为 $\lim\limits_{x\to x_0}f(x)=+\infty$。如图 10.9 所示。

② 若 $\forall A>0,\exists\delta>0,\forall x\in I,|x-x_0|<\delta\Rightarrow f(x)<-A$,则称 f 在 x_0 处的极限值为 $-\infty$,记为 $\lim\limits_{x\to x_0}f(x)=-\infty$。

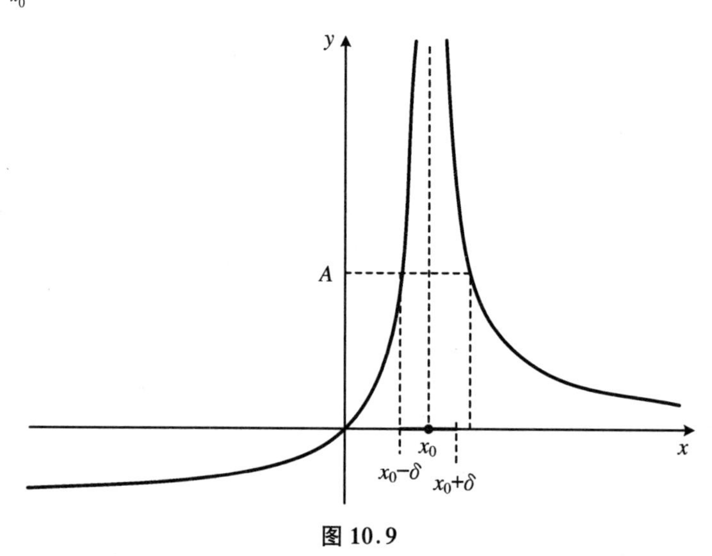

图 10.9

(2) 无限极限。

设函数 $f:I\to\mathbb{R}$,是定义在区间 $I=(a,+\infty)$上的函数。

定义 6

① 若 $l\in\mathbb{R},\forall\varepsilon>0,\exists B>0,\forall x\in I,x>B\Rightarrow|f(x)-l|<\varepsilon$,则称 f 在 $+\infty$ 处的极限为 l,记为 $\lim\limits_{x\to+\infty}f(x)=l$,或者简记为 $\lim\limits_{x\to+\infty}f=l$。如图 10.10 所示。

② 若 $\forall A>0,\exists B>0,\forall x\in I,x>B\Rightarrow f(x)>A$,则称 f 在 $+\infty$ 处的极限为 $+\infty$,记为 $\lim\limits_{x\to+\infty}f(x)=+\infty$。

在区间$(-\infty,a)$上,我们用同样的方式定义函数 f 在 $-\infty$ 处的极限。

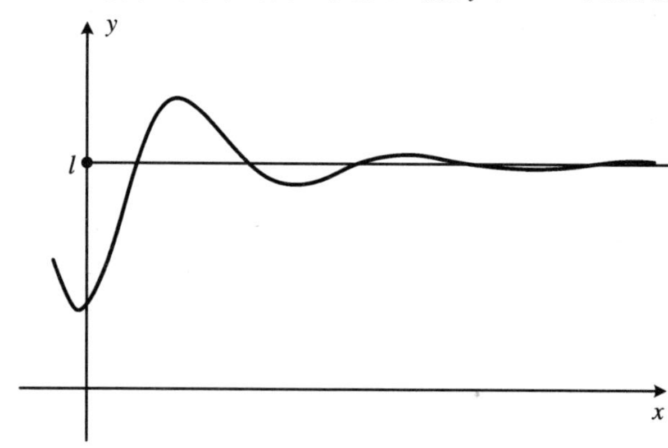

图 10.10

例 3　对任意 $n\geqslant 1$,我们有如下经典极限:

① $\lim\limits_{x\to+\infty} x^n=+\infty$ 以及 $\lim\limits_{x\to-\infty} x^n=\begin{cases}+\infty, & n \text{ 为偶数}\\ -\infty, & n \text{ 为奇数}\end{cases}$;

② $\lim\limits_{x\to+\infty}\left(\dfrac{1}{x^n}\right)=0$ 以及 $\lim\limits_{x\to-\infty}\left(\dfrac{1}{x^n}\right)=0$。

例 4　设 $P(x)=a_nx^n+a_{n-1}x^{n-1}+\cdots+a_1x+a_0$ 和 $Q(x)=b_mx^m+b_{m-1}x^{m-1}+\cdots+b_1x+b_0$,其中 $a_n>0$ 以及 $b_m>0$,$\lim\limits_{x\to+\infty}\dfrac{P(x)}{Q(x)}=\begin{cases}+\infty, & n>m\\ \dfrac{a_n}{b_m}, & n=m\\ 0, & n<m\end{cases}$。

(3) 左极限和右极限。

设函数 f 是定义在区间 $(a,x_0)\cup(x_0,b)$ 上的函数。

定义 7

① 我们称函数 f 在点 x_0 处的右极限即函数 $f|_{(x_0,b)}$ 在 x_0 处的极限,记为 $\lim\limits_{x_0^+} f$;

② 类似地,我们称函数 f 在点 x_0 处的左极限即函数 $f|_{(a,x_0)}$ 在 x_0 处的极限,记为 $\lim\limits_{x_0^-} f$;

③ 我们也将函数右极限记为 $\lim\limits_{\substack{x\to x_0\\ x>x_0}} f(x)$ 以及函数左极限记为 $\lim\limits_{\substack{x\to x_0\\ x<x_0}} f(x)$。

函数 $f:I\to\mathbb{R}$ 在 x_0 处有右极限 $l\in\mathbb{R}$,定义为

$$\forall\varepsilon>0,\exists\delta>0,x_0<x<x_0+\delta\Rightarrow|f(x)-l|<\varepsilon$$

若函数 f 在 x_0 处有极限,则 f 在 x_0 处的左、右极限重合且值为 $\lim\limits_{x_0} f$;反之,若 f 在 x_0 处存在左、右极限,且极限值均为 $f(x_0)$(f 在 x_0 处有定义),则 f 在 x_0 处有极限。

例 5　考虑取整函数 $E(x)$ 在点 $x=2$ 处的极限,如图 10.11 所示。

① 因为对所有 $x\in(2,3)$ 有 $E(x)=2$,我们有 $\lim\limits_{2^+} E=2$,

② 因为对所有 $x\in(1,2)$ 有 $E(x)=1$,我们有 $\lim\limits_{2^-} E=1$。

这两个极限值不等,得到 $E(x)$ 在 $x=2$ 处不存在极限。

2. 性质

性质 1　若函数存在极限,则极限值唯一。

该性质此处不给证明,这与极限的唯一性非常类似(证明方法:反证法)。

设两个函数 f 和 g,假设 x_0 为某一实数或 $x_0=\pm\infty$。

性质 2　若 $\lim\limits_{x\to x_0} f=l\in\mathbb{R}$,$\lim\limits_{x\to x_0} g=l'\in\mathbb{R}$,那么,

(1) 对 $\lambda\in\mathbb{R}$,$\lim\limits_{x\to x_0}(\lambda\cdot f)=\lambda\cdot l$;

(2) $\lim\limits_{x\to x_0}(f+g)=l+l'$;

(3) $\lim\limits_{x\to x_0}(f\times g)=l\times l'$;

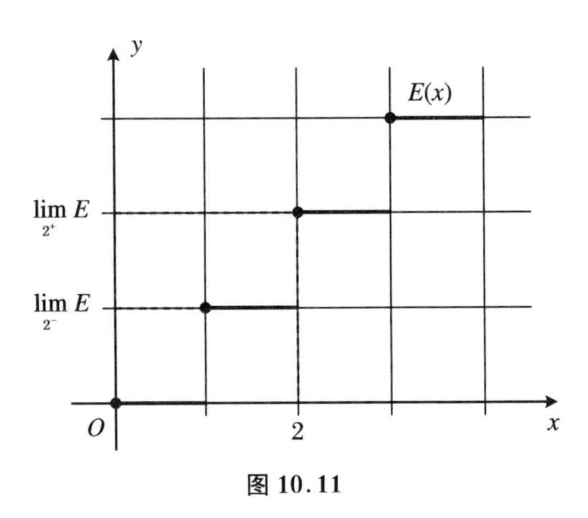

图 10.11

(4) 若 $l \neq 0$，则 $\lim\limits_{x \to x_0} \dfrac{1}{f} = \dfrac{1}{l}$；

(5) 若 $\lim\limits_{x \to x_0} f = +\infty$（或者 $-\infty$），则 $\lim\limits_{x \to x_0} \dfrac{1}{f} = 0$。

这个性质类似于数列极限的性质。因此我们不会对所有性质都给出证明。

举例证明，若 f 趋近于 x_0 时的极限值 l 不为 0，即 $\dfrac{1}{f}$ 在 x_0 的邻域上有定义且趋近于 $\dfrac{1}{l}$。

证明 假设 $l>0$（对于 $l<0$ 情况的证明类似）。首先证明 $\dfrac{1}{f}$ 在 x_0 的邻域上有定义且有界。根据假设 $\forall \varepsilon'>0, \exists \delta>0, \forall x \in I, x_0-\delta<x<x_0+\delta$ 得到

$$l-\varepsilon'<f(x)<l+\varepsilon'$$

取 $0<\varepsilon'<\dfrac{l}{2}$，存在区间 $J=I \cap (x_0-\delta, x_0+\delta)$，使得对 $x \in J, f(x)>\dfrac{l}{2}>0$，即若令 $M=\dfrac{l}{2}$ 有 $\forall x \in J, 0<\dfrac{1}{f(x)}<M$。现在我们固定 $\varepsilon>0$，对 $\forall x \in J$，有

$$\left|\frac{1}{f(x)}-\frac{1}{l}\right|=\frac{|l-f(x)|}{f(x) l}<\frac{M}{l}|l-f(x)|$$

因此在前面函数 f 在 x_0 处的极限定义中取 $\varepsilon'=\dfrac{l\varepsilon}{M}$，于是我们发现存在 $\exists \delta>0$，满足

$$\forall x \in J, x_0-\delta<x<x_0+\delta \Rightarrow\left|\frac{1}{f(x)}-\frac{1}{l}\right|<\frac{M}{l}|l-f(x)|<\frac{M}{l} \varepsilon'=\varepsilon$$

性质 3 若 $\lim\limits_{x_0} f=l$ 以及 $\lim\limits_{l} g=l'$，则 $\lim\limits_{x_0} g \circ f=l'$。

例 6 设函数 $x \mapsto u(x), x_0 \in \mathbb{R}$，满足 $x \to x_0$ 时 $u(x) \to 2$，设

$$f(x)=\sqrt{1+\frac{1}{u^2(x)}+\ln u(x)}$$

若 f 的极限存在，问 f 在 x_0 处的极限是什么？

解析　① 首先，因为 $u(x)\to 2$ 于是 $u^2(x)\to 4$，$\frac{1}{u^2(x)}\to\frac{1}{4}$（当 $x\to x_0$ 时）。

② 同样，因为 $u(x)\to 2$，那么在 x_0 的邻域上 $u(x)>0$，在该邻域上 $\ln u(x)$ 有定义。进一步地，$\ln u(x)\to\ln 2$（当 $x\to x_0$ 时）。

③ 当 $x\to x_0$ 时，

$$1+\frac{1}{u^2(x)}+\ln u(x)\to 1+\frac{1}{4}+\ln 2$$

特别地，在 x_0 的邻域上，

$$1+\frac{1}{u^2(x)}+\ln u(x)\geqslant 0$$

所以 $f(x)$ 有定义。

④ 然后取平方根复合函数，在 x_0 处 $f(x)$ 有极限

$$\lim_{x\to x_0} f(x)=\sqrt{1+\frac{1}{4}+\ln 2}$$

在有些情况下，我们不能给出有关极限的结论。例如，若 $\lim\limits_{x_0} f=+\infty$ 且 $\lim\limits_{x_0} g=-\infty$，我们不可以先验性地说 $f+g$ 的极限（它的真实取值与 f 和 g 有关）。我们将 $+\infty-\infty$ 归结为不定型。下面是常规的不定型：

$$+\infty-\infty,\quad 0\times\infty,\quad \frac{\infty}{\infty},\quad \frac{0}{0},\quad 1^\infty,\quad \infty^0$$

最后给出一个非常重要的性质，其意味着我们可以在不等关系中应用极限。

性质 4

(1) 若 $f\leqslant g$，且 $\lim\limits_{x_0} f=l$，$\lim\limits_{x_0} g=l'$，则 $l\leqslant l'$；

(2) 若 $f\leqslant g$，且 $\lim\limits_{x_0} f=+\infty$，则 $\lim\limits_{x_0} g=+\infty$；

(3) 宪兵定理（夹逼定理）：

若 $f\leqslant g\leqslant h$，且 $\lim\limits_{x_0} f=\lim\limits_{x_0} h=l\in\mathbb{R}$，则 g 在 x_0 处的极限存在且 $\lim\limits_{x_0} g=l$（图 10.12）。

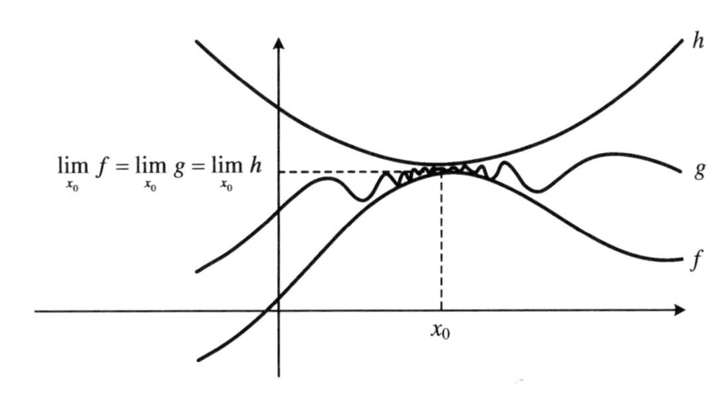

图 10.12

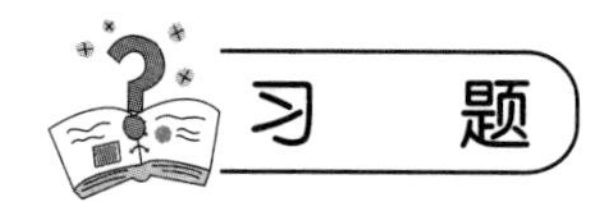

1. 若 m,n 为正整数,求$\lim\limits_{x\to 0}\dfrac{\sqrt{1+x^m}-\sqrt{1-x^m}}{x^n}$的值。

2. 证明:$\lim\limits_{x\to 0}\dfrac{1}{x}(\sqrt{1+x+x^2}-1)=\dfrac{1}{2}$。

3. 计算:$\lim\limits_{x\to 0}\dfrac{\tan x-\sin x}{\sin x(\cos 2x-\cos x)}$。

4. 对$(a,b)\in(\mathbb{R}_+)^2$,求$\lim\limits_{x\to 0^+}\left(\dfrac{a^x+b^x}{2}\right)^{\frac{1}{x}}$。

1. **解析** 通常求平方根和或差的极限,使用"共轭表达式"是有效的方法:

$$\sqrt{a}-\sqrt{b}=\frac{(\sqrt{a}-\sqrt{b})(\sqrt{a}+\sqrt{b})}{\sqrt{a}+\sqrt{b}}=\frac{a-b}{\sqrt{a}+\sqrt{b}}$$

应用于本题中,即

$$f(x)=\frac{\sqrt{1+x^m}-\sqrt{1-x^m}}{x^n}=\frac{(\sqrt{1+x^m}-\sqrt{1-x^m})(\sqrt{1+x^m}+\sqrt{1-x^m})}{x^n(\sqrt{1+x^m}+\sqrt{1-x^m})}$$
$$=\frac{2x^{m-n}}{\sqrt{1+x^m}+\sqrt{1-x^m}}$$

我们有$\lim\limits_{x\to 0}\dfrac{2}{\sqrt{1+x^m}+\sqrt{1-x^m}}=1$,因此对 f 在$x=0$ 处的极限值的研究与函数 $x\mapsto x^{m-n}$ 相同。我们分情况讨论:

① 若 $m>n$,则 x^{m-n},$f(x)$趋近于 0;

② 若 $m=n$,x^{m-n},$f(x)$趋近于 1;

③ 若 $m<n$,$x^{m-n}=\dfrac{1}{x^{n-m}}=\dfrac{1}{x^k}$,其中 $k=n-m$ 为正数。

若 k 为偶数,则左极限和右极限同为$+\infty$;

若 k 为奇数,则右极限为$+\infty$,左极限为$-\infty$。

结论:对于 $k=n-m>0$ 的偶数,f 在 0 处的极限为$+\infty$;对于 $k=n-m>0$ 的奇数,f 在 0 处的极限不存在。

2. **证明**

$$\lim_{x\to 0}\frac{1}{x}(\sqrt{1+x+x^2}-1)=\lim_{x\to 0}\frac{1}{x}\cdot\frac{(\sqrt{1+x+x^2}-1)(\sqrt{1+x+x^2}+1)}{(\sqrt{1+x+x^2}+1)}$$

$$=\lim_{x\to 0}\frac{1+x}{(\sqrt{1+x+x^2}+1)}=\frac{1}{2}$$

3. **解析**　函数

$$f(x)=\frac{\tan x-\sin x}{\sin x(\cos 2x-\cos x)}=\frac{1-\cos x}{\cos x(\cos 2x-\cos x)}$$

由于 $\cos 2x=2\cos^2 x-1$，令 $u=\cos x$，于是

$$f(x)=\frac{1-u}{u(2u^2-u-1)}=\frac{1-u}{u(1-u)(-1-2u)}=\frac{1}{u(-1-2u)}$$

因为当 x 趋近于 0 时，$u=\cos x$ 趋近于 1，所以 $f(x)$ 的极限值为 $-\frac{1}{3}$。

4. **解析**　设

$$f(x)=\left(\frac{a^x+b^x}{2}\right)^{\frac{1}{x}}=\exp\left[\frac{1}{x}\ln\left(\frac{a^x+b^x}{2}\right)\right]\quad（其中 \exp(x)=e^x 为指数函数）$$

当 $x\to 0$ 时，$a^x\to 1$，$b^x\to 1$ 于是 $\frac{a^x+b^x}{2}\to 1$；我们要求的极限是不定型，由于 $\lim_{t\to 0}\frac{\ln(1+t)}{t}=1$，换句话说存在 μ 函数使得 $\ln(1+t)=t\mu(t)$，其中当 $t\to 0$ 时 $\mu(t)\to 1$；据此得到 $g(x)=\ln\left(\frac{a^x+b^x}{2}\right)$，则

$$g(x)=\ln\left[1+\left(\frac{a^x+b^x}{2}-1\right)\right]=\left(\frac{a^x+b^x}{2}-1\right)\cdot\mu(x)$$

其中 $\mu(x)\to 1$。又 $\lim_{t\to 0}\frac{e^t-1}{t}=1$，即存在函数 v 满足 $e^t-1=t\cdot v(t)$，其中当 $t\to 0$ 时 $v(t)\to 1$。所以

$$\frac{a^x+b^x}{2}-1=\frac{1}{2}(e^{x\ln a}+e^{x\ln b})-1=\frac{1}{2}(e^{x\ln a}-1+e^{x\ln b}-1)$$
$$=\frac{1}{2}x[\ln a\cdot v(x\ln a)+\ln b\cdot v(x\ln b)]$$

整理得到

$$f(x)=\left(\frac{a^x+b^x}{2}\right)^{\frac{1}{x}}=\exp\left[\frac{1}{x}\ln\left(\frac{a^x+b^x}{2}\right)\right]=\exp\left[\frac{1}{x}g(x)\right]$$
$$=\exp\left[\frac{1}{x}\left(\frac{a^x+b^x}{2}-1\right)\cdot\mu(x)\right]$$
$$=\exp\left[\frac{1}{2}(\ln a\cdot v(x\ln a)+\ln b\cdot v(x\ln b))\cdot\mu(x)\right]$$

$$\lim_{x\to 0^+}f(x)=\exp\left[\frac{1}{2}(\ln a+\ln b)\right]=\exp\left[\frac{1}{2}\ln(ab)\right]=\sqrt{ab}$$

10.2 在某点处连续

10.2.1 定义

设 I 是$\mathbb{R}$上的区间，函数 $f: I\to\mathbb{R}$。

定义 8

(1) 我们定义函数 f 在$x_0\in I$ 处连续，若

$$\forall \varepsilon>0, \exists \delta>0, \forall x \in I, |x-x_0|<\delta \Rightarrow |f(x)-f(x_0)|<\varepsilon$$

也就是说若 f 在x_0 处存在极限且极限值为 $f(x_0)$(这个极限值为 $f(x_0)$)，称 f 在x_0 处连续(图 10.13)。

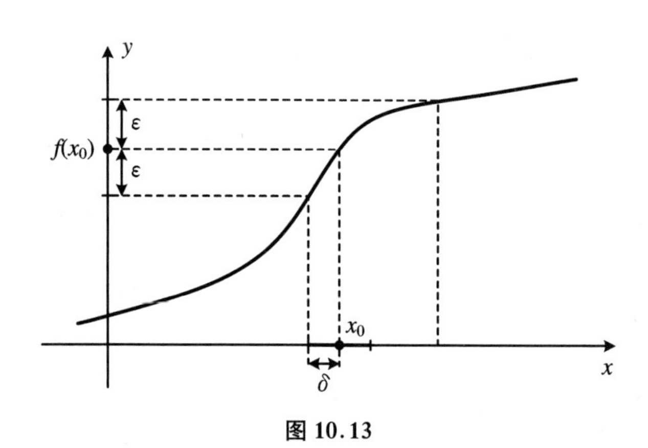

图 10.13

(2) 若 f 在区间I 上每一点处连续，我们就称 f 在I 上连续。

直观地讲，一个函数在区间 I 上是连续的，若我们“不用抬高铅笔”就可以作出其函数图形，也表示函数的曲线不允许有跳跃。图 10.14 是函数在 x_0 处不连续的情形。

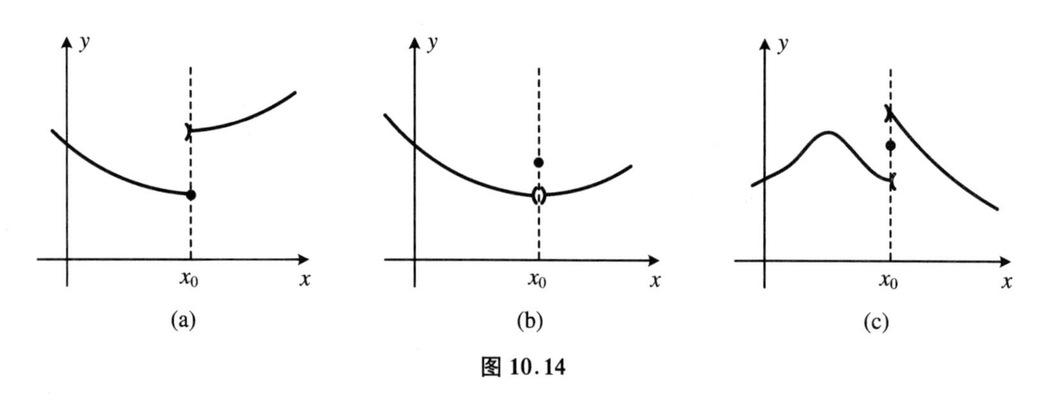

图 10.14

例 7 下面函数是连续的：

(1) 区间 I 上的常值函数；

(2) 区间$[0,+\infty)$上的根式函数 $x\mapsto\sqrt{x}$；

(3) 实数集$\mathbb{R}$上的正弦函数和余弦函数；

(4) 实数集$\mathbb{R}$上的绝对值函数 $x\mapsto|x|$；

(5) 实数集$\mathbb{R}$上的指数函数 e^x；

(6) 区间$(0,+\infty)$上的对数函数 $\ln x$。

另外，高斯取整函数 $E(x)$不是连续函数，因为在 $x_0\in\mathbb{Z}$ 处，$E(x)$的极限值不存在。对于 $x_0\in\mathbb{R}\backslash\mathbb{Z}$，$E(x)$在 x_0 处连续。

10.2.2　性质

连续性确保函数局部性质，例如，如果函数在某一点处不为零(这是一个属性)，那么它在这一点的邻域不为零(局部属性)。描述如下：

引理 1　设 $f:I\to\mathbb{R}$ 是定义在区间 I 上的函数，x_0 是 I 上的点，若 f 在 x_0 处连续且 $f(x_0)\neq0$，则存在 $\delta>0$ 满足 $\forall x\in(x_0-\delta,x_0+\delta)$，$f(x)\neq0$(图 10.15)。

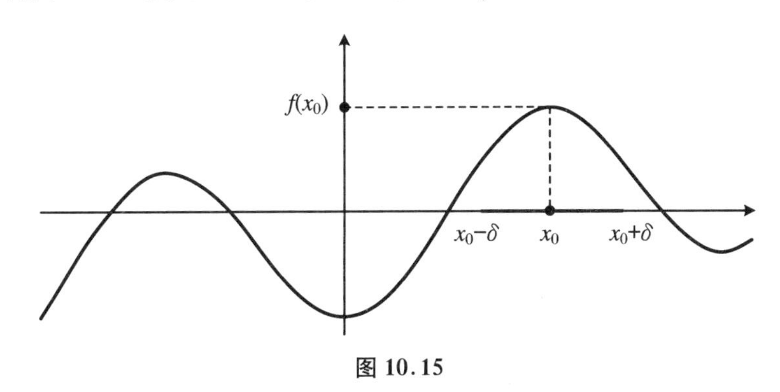

图 10.15

证明　以 $f(x_0)>0$ 为例证明，$f(x_0)<0$ 的情形类似。让我们写出 f 在 x_0 处连续性的定义：

$$\forall\varepsilon>0,\exists\delta>0,\forall x\in I,x\in(x_0-\delta,x_0+\delta)\Rightarrow f(x_0)-\varepsilon<f(x)<f(x_0)+\varepsilon$$

我们选择 ε 使得 $0<\varepsilon<f(x_0)$，因此存在区间 $J=I\cap(x_0-\delta,x_0+\delta)$，满足对 $x\in J$，$f(x)>0$成立。

连续性很好地适用于基本运算。关于连续性的性质 5 类似于极限的性质。

性质 5　设两个函数 $f,g:I\to\mathbb{R}$，在 $x_0\in I$ 处连续，则

(1) $\lambda\cdot f$ 在 x_0 处连续(对任意 $\lambda\in\mathbb{R}$ 成立)；

(2) $f+g$ 在 x_0 处连续；

(3) $f\times g$ 在 x_0 处连续；

(4) 若 $f(x_0)\neq0$，则$\dfrac{1}{f}$在 x_0 处连续。

性质 6　若函数 $f:I\to\mathbb{R}$ 和 $g:J\to\mathbb{R}$ 为两个函数，满足 $f(I)\subset J$。若 f 在 $x_0\in I$ 处连续且 g 在 $f(x_0)$处连续，那么 $g\circ f$ 在 x_0 处连续。

例 8　可用上面的性质验证下列常用函数的连续性：

(1) $\mathbb{R}$上的幂函数 $x\mapsto x^n$(乘积 $x\times x\times\cdots$)；

(2) $\mathbb{R}$ 上的多项式函数(幂函数和常值函数的和与积);

(3) 所有满足多项式 $Q(x)$ 的取值不为零的区间上的有理函数 $x \mapsto \dfrac{P(x)}{Q(x)}$。

运算组合保持函数连续性(但是要注意哪些性质是适用的)。

10.2.3 连续性延拓

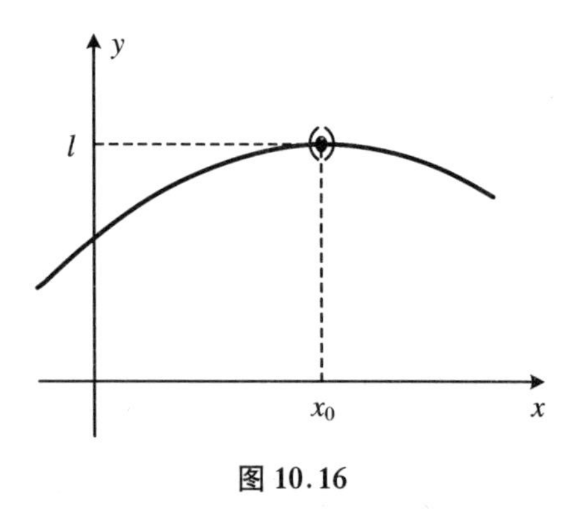

图 10.16

定义 9 若 I 为一个区间,x_0 是 I 上的一个点,函数 $f: I\backslash\{x_0\} \to \mathbb{R}$(图 10.16)。

(1) 我们称 f 在点 x_0 处连续性可延拓,若 f 在点 x_0 处存在极限,记 $l = \lim\limits_{x_0} f$;

(2) 对所有 $x \in I$,定义函数 $\tilde{f}: I \to \mathbb{R}$,

$$\tilde{f}(x) = \begin{cases} f(x), & x \neq x_0 \\ l, & x = x_0 \end{cases}$$

于是在 x_0 处 $\tilde{f}$ 连续,称 f 在点 x_0 处连续性可延拓。

在实际应用中,通常我们继续使用 f 而不是 $\tilde{f}$。

例 9 考虑定义在 $\mathbb{R}^*$ 上的函数 $f(x) = x\sin\dfrac{1}{x}$,让我们看看 f 在 $x = 0$ 是否连续性可延拓?

解析 因为对所有 $x \in \mathbb{R}^*$,有 $|f(x)| \leqslant |x|$,当 x 趋近于 0 时 f 趋近于 0,f 在 0 处连续性可延拓,其延拓函数可定义为 $\tilde{f}(x) = \begin{cases} x\sin\dfrac{1}{x}, & x \neq 0 \\ 0, & x = 0 \end{cases}$。

10.2.4 数列与连续性

性质 7 函数 $f: I \to \mathbb{R}$,x_0 是 I 上的一点,于是

f 在 x_0 处连续 $\Leftrightarrow$ 对任意收敛于 x_0 的数列 (u_n),数列 $(f(u_n))$ 收敛于 $f(x_0)$

证明

① "$\Rightarrow$"。若 f 在 x_0 处连续,数列 (u_n) 收敛于 x_0,我们要证明 $(f(u_n))$ 收敛于 $f(x_0)$。

设 $\varepsilon > 0$,因为 f 在 x_0 处连续,所以存在 $\delta > 0$ 满足 $\forall x \in I$, $|x - x_0| < \delta$ 时都有 $|f(x) - f(x_0)| < \varepsilon$。对于该 δ,由于数列 (u_n) 收敛于 x_0,存在 $N \in \mathbb{N}$ 使得 $\forall n \in \mathbb{N}$, $n \geqslant N$ 时 $|u_n - x_0| < \delta$。由此可以得到,对所有 $n \geqslant N$,因为 $|u_n - x_0| < \delta$,有 $|f(x) - f(x_0)| < \varepsilon$ 成立,所以我们可以得到结论:$(f(u_n))$ 收敛于 $f(x_0)$。

② "$\Leftarrow$"。假设 f 在 x_0 处不连续,我们将证明存在数列 (u_n) 收敛于 x_0,但是 $(f(u_n))$ 不收敛于 $f(x_0)$。根据假设,由于 f 在 x_0 处不连续,存在 $\varepsilon_0 > 0$, $\forall \delta > 0$, $\exists x_\delta \in I$ 满足 $|x_\delta - x_0| < \delta$ 且 $|f(x_\delta) - f(x_0)| > \varepsilon_0$。我们由下面方法构造数列 (u_n):对所有 $n \in \mathbb{N}^*$,在前面命题中取 $\delta = \dfrac{1}{n}$ 得到 u_n(为 $x_{1/n}$)满足 $|u_n - x_0| < \dfrac{1}{n}$ 且 $|f(u_n) - f(x_0)| > \varepsilon_0$。数

列(u_n)收敛于x_0，于是数列$(f(u_n))$不收敛于$f(x_0)$。

注　特别地，我们注意到，若 f 在 I 上连续且(u_n)收敛于极限 l，则$(f(u_n))$收敛于 $f(l)$。这将被广泛应用于递推数列 $u_{n+1}=f(u_n)$，若 f 是连续函数且 $u_n\to l$，于是 $f(l)=l$。

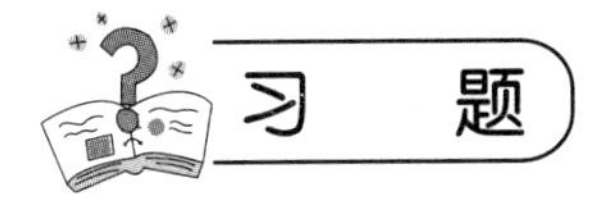

1. 计算：$\lim\limits_{x\to0^+}\dfrac{x+2}{x^2\ln x}$。

2. 设函数 $f:\mathbb{R}\backslash\left\{\dfrac{1}{3}\right\}\to\mathbb{R}$ 满足 $f(x)=\dfrac{2x+3}{3x-1}$，对任意 $\varepsilon>0$，确定 δ 的值使得 $x\neq1$ 且 $|x|\leqslant\delta$ 都有 $|f(x)+3|\leqslant\varepsilon$。

3. 设函数 $f:[0,\pi]\to\mathbb{R}$ 满足 $f(x)=\begin{cases}x\sin\left(\dfrac{1}{x}\right)+\dfrac{1}{x}\cos\left(\dfrac{1}{x}\right), & x\neq0\\ 0, & x=0\end{cases}$，问 $f(x)$在 $x=0$ 处是否连续？

4[†]. 设函数 $f(x)=[x]\sin\pi x, x\in\mathbb{R}$，证明：$f(x)$是连续函数。

1. $\lim\limits_{x\to0^+}\dfrac{x+2}{x^2\ln x}=-\infty$。

2. **解析**　从结果开始分析。

$$\forall\varepsilon>0,\exists\delta>0,|x-x_0|<\delta\Rightarrow|f(x)-(-3)|<\varepsilon$$

即 f 在 $x_0=0$ 处的极限为 -3，由于 $f(0)=-3$，表明 f 在 $x_0=0$ 处连续。设 $\varepsilon>0$，则

$$|f(x)+3|=\left|\frac{2x+3}{3x-1}+3\right|=\frac{11|x|}{|3x-1|}$$

于是条件变为

$$|f(x)+3|<\varepsilon\Leftrightarrow\frac{11|x|}{|3x-1|}<\varepsilon\Leftrightarrow|x|<\varepsilon\frac{|3x-1|}{11}$$

因为函数定义域中不含$\dfrac{1}{3}$，取$|x|<\dfrac{1}{6}$，得到$|3x-1|>\dfrac{1}{2}$。现在令 $\delta<\varepsilon\cdot\dfrac{1}{2}\cdot\dfrac{1}{11}$，于是对 $|x|<\delta$ 有

$$|x|<\delta<\varepsilon\cdot\frac{1}{2}\cdot\frac{1}{11}<\varepsilon\cdot|3x-1|\cdot\frac{1}{11}$$

根据前面分析，$|f(x)+3|<\varepsilon$。最后取 $\delta=\min\left\{\dfrac{1}{6},\dfrac{\varepsilon}{22}\right\}$。

3. **解析**　为使函数 $f(x)$在 $x=0$ 处连续，我们有$\lim\limits_{x\to0}f(x)=0$。特别地，$\lim\limits_{n\to\infty}f(x_n)=0$

对所有实数列(x_n)成立。现在令 $x_n=\dfrac{1}{2n\pi}$，

$$f\left(\frac{1}{2n\pi}\right)=\frac{1}{2n\pi}\sin(2n\pi)+2n\pi\cos(2n\pi)=2n\pi\not\to 0$$

所以 $f(x)$在 $x=0$ 处不连续。

4†. **证明** 因为$[x]$和 $\sin\pi x$ 在$(n,n+1)$上连续，所以其乘积连续。又因为

$$\lim_{x\to n^-}f(x)=\lim_{x\to n^+}f(x)=0=f(n)$$

所以 $f(x)$在 $x=n$ 处连续。

10.3 在区间上连续

10.3.1 中值定理

定理 1 (中值定理)若函数 $f:[a,b]\to\mathbb{R}$ 是定义在线段上的连续函数，则对于所有介于 $f(a)$和 $f(b)$之间的实数 y，存在 $c\in[a,b]$满足$f(c)=y$。

为了说明中值定理，实际上 c 的值不一定是唯一的(图 10.17)。此外，如果函数不是连续函数(图 10.18)，定理就不再成立。

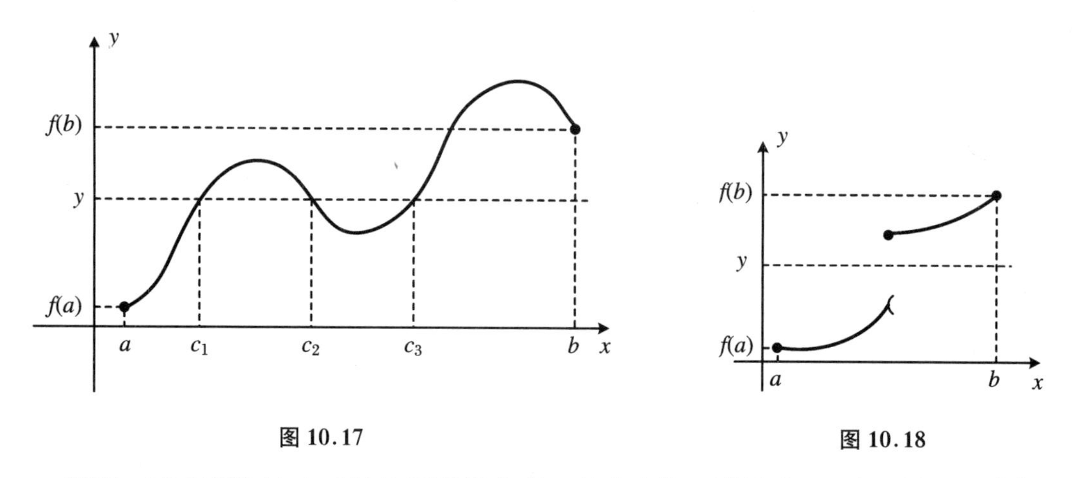

图 10.17　　图 10.18

证明 对于情形 $f(a)<f(b)$证明该定理。考虑实数 y 满足$f(a)\leqslant y\leqslant f(b)$，我们要找到 y 的原象$c(f(c)=y)$。

(1) 引入下面集合：$A=\{x\in[a,b]\mid f(x)\leqslant y\}$(图 10.19)。首先集合 A 非空(因为 $a\in A$)，且 A 有上界(因为它在$[a,b]$上连续)，它有上确界，注意到 $c=\sup A$，下面证明 $f(c)=y$。

(2) ① 先证明 $f(c)\leqslant y$。因为 $c=\sup A$，在 A 上存在连续数列$(u_n)_{n\in\mathbb{N}}$满足(u_n)收敛于c。一方面，对任意 $n\in\mathbb{N}$，我们有 $f(u_n)\leqslant y$；另一方面，因为 f 在c 处连续，数列$(f(u_n))$收敛于$f(c)$。因此通过取极限，可得到 $f(c)\leqslant y$。

② 再证明 $f(c) \geqslant y$。首先注意到若 $c = b$，则 $f(b) \geqslant y$；否则，对于所有 $x \in (c, b]$，因为 $x \notin A$，我们有 $f(x) > y$，f 在 c 处连续，f 在 c 处有右极限，极限值为 $f(c)$，得到 $f(c) \geqslant y$。

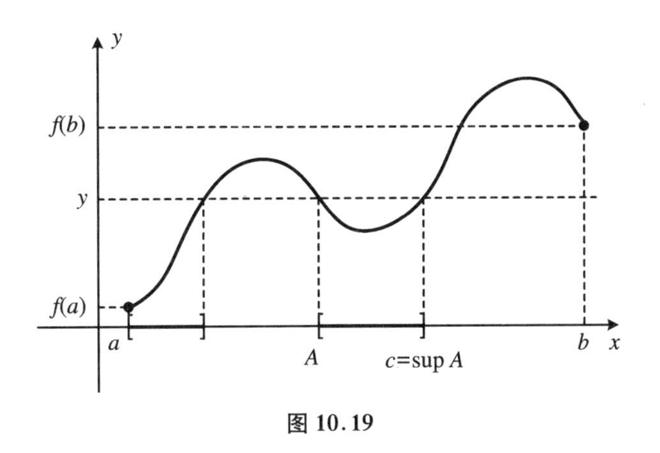

图 10.19

10.3.2　中值定理的应用

推论 1 是中值定理最常见的表述。

推论 1　设定义在线段上的连续函数 $f: [a, b] \to \mathbb{R}$ 满足 $f(a)f(b) < 0$，则存在 $c \in (a, b)$ 使得 $f(c) = 0$（图 10.20）。

证明　这是 $y = 0$ 时中值定理的直接结论。条件 $f(a)f(b) < 0$ 表示 $f(a)$ 和 $f(b)$ 的符号相反。

例 10　任何奇次多项式至少有一个实根（图 10.21）。

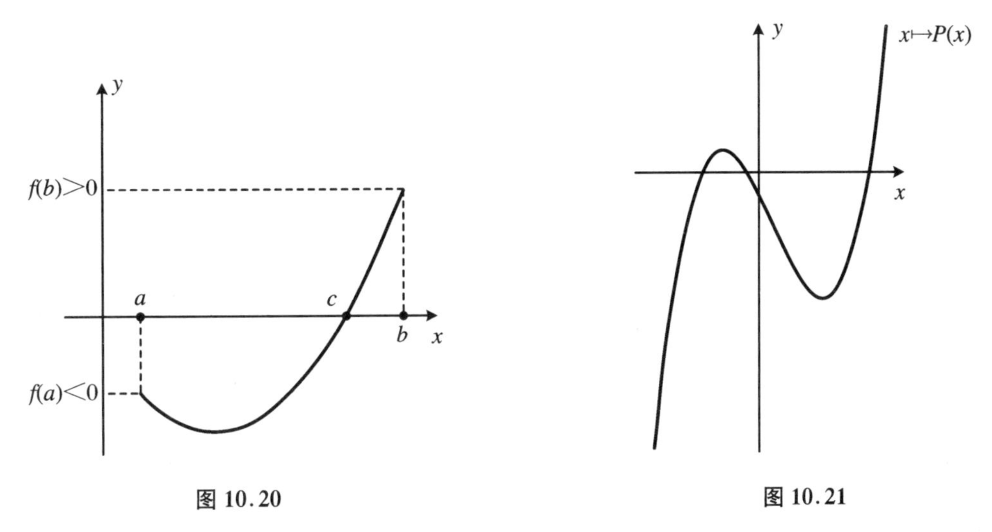

图 10.20　　**图 10.21**

事实上，这样的多项式可以写作 $P(x) = a_n x^n + \cdots + a_1 x + a_0$，其中 n 为奇数。不妨设最高项系数 a_n 为正实数。因为 $\lim\limits_{-\infty} P = -\infty$，$\lim\limits_{+\infty} P = +\infty$。特别地，存在两个实数 a 和 b 满足 $f(a) < 0$ 以及 $f(b) > 0$，通过上面的推论得证。

推论 2　设区间 I 上的连续函数 $f: I \to \mathbb{R}$，那么 $f(I)$ 为一个区间。

注 如果认为区间$[a,b]$上的函数图象就是区间$[f(a),f(b)]$,那就错了(图 10.22)。

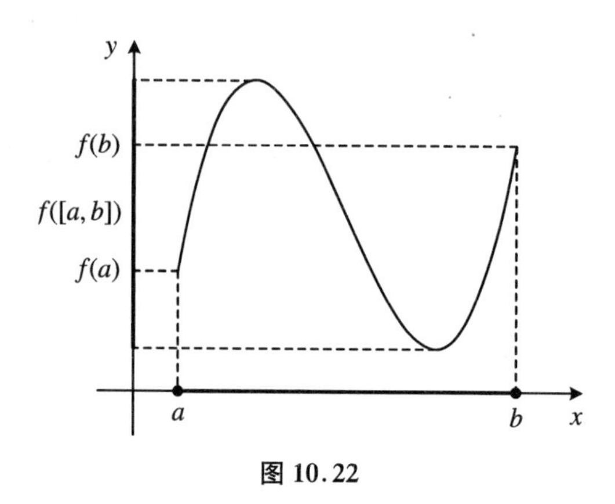

图 10.22

证明 设 $y_1,y_2\in f(I)$,$y_1\leqslant y_2$。证明若 $y\in[y_1,y_2]$,则 $y\in f(I)$。根据条件假设,存在 $x_1,x_2\in I$ 满足 $y_1\equiv f(x_1)$,$y_2\equiv f(x_2)$,所以 y 在$f(x_1)$和 $f(x_2)$之间。根据中值定理,由于 f 是连续函数,存在 $x\in I$ 满足 $y=f(x)$,于是 $y\in f(I)$。

10.3.3 闭区间(线段)上的连续函数

定理 2 设闭区间上定义的连续函数 $f:[a,b]\to\mathbb{R}$,那么存在实数 m 和 M 满足 $f([a,b])=[m,M]$(图 10.23)。换句话说,经过连续函数的映射线段的象还是线段。

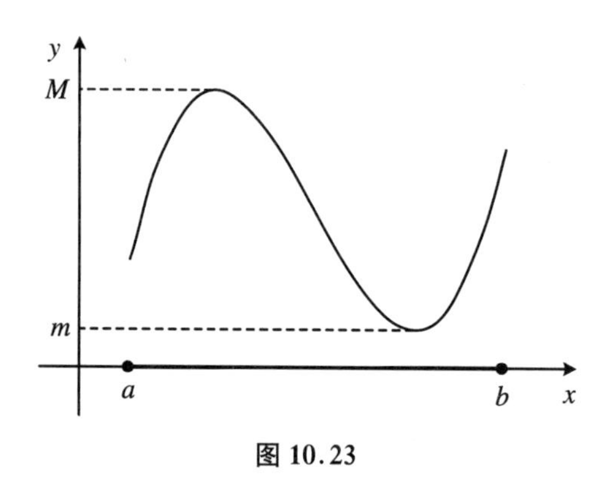

图 10.23

根据中值定理我们知道 $f([a,b])$是一个区间,前面的定理正好意味着:若 f 是$[a,b]$上的连续函数,那么 f 在$[a,b]$上有界,且 f 可取得界值。于是 m 是$[a,b]$上函数f的最小值,M 是$[a,b]$上的最大值。

证明

(1) 首先证明 f 是有界函数。

① 对 $r\in\mathbb{R}$,记 $A_r=\{x\in[a,b]\mid f(x)\geqslant r\}$,固定 r 的值使得 $A_r\neq\varnothing$,因为 $A_r\subset[a,b]$,所以存在实数 $s=\sup A_r$。设 $x_n\to s$,其中 $x_n\in A_r$。于是根据定义有 $f(x_n)\geqslant r$,f 是连续函数,取极限得到 $f(s)\geqslant r$,因此 $s\in A_r$。

② 利用反证法。假设 f 无界,那么对于所有的 $n\geqslant 0$,A_n 不是空集,设 $s_n=\sup A_n$,因

为 $f(x)\geqslant n+1$，得到 $f(x)\geqslant n$，于是 $A_{n+1}\subset A_n$，得到 $s_{n+1}\leqslant s_n$。

综上，(s_n) 是单调递减数列，减去 a 收敛于 $l\in[a,b]$。又由于 f 是连续的，于是 $s_n\to l$，得到 $f(s_n)\to f(l)$。而 $f(s_n)\geqslant n$，所以 $\lim f(s_n)=+\infty$ 与 $\lim f(s_n)=f(l)<+\infty$ 矛盾。

结论：f 有上界。

③ 同理，可证 f 是有下界的，于是 f 有界。另外，我们已知 $f(I)$ 是一个区间（由中值定理可得），现在得到 $f(I)$ 是一个有界区间，接下来只要证明它是 $[m,M]$ 类型的。

(2) 现在我们证明 $f(I)$ 是一个闭区间。我们已经知道 $f(I)$ 是一个有界区间，m 和 M 是其端点：$m=\inf(I)$，$M=\sup f(I)$。假设 $M\notin f(I)$，对所有 $t\in[a,b]$，$M>f(t)$，函数 $g:t\mapsto\dfrac{1}{M-f(t)}$ 有意义，函数 g 在 I 上连续，因此根据证明的第一点（应用于函数 g）它是有界的，比如实数 K。而存在 $y_n\to M$，$y_n\in f(I)$。因此存在 $x_n\in[a,b]$ 满足

$$y_n=f(x_n)\to M,\quad 且\quad g(x_n)=\frac{1}{M-f(x_n)}\to+\infty$$

这与 g 是一个以 K 为界的函数矛盾。

综上所述：$f(I)=[m,M]$。

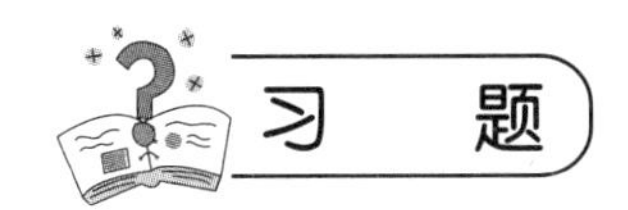

1. 设连续函数 $f:[a,b]\to\mathbb{R}$，满足 $f(a)=f(b)$，证明：

$$g(t)=f\left(t+\frac{b-a}{2}\right)-f(t)$$

在区间 $\left[a,\dfrac{a+b}{2}\right]$ 上至少存在一个零点。

2. 设连续函数 $f:\mathbb{R}_+\to\mathbb{R}$ 在 $+\infty$ 处有有限极限值，证明：f 是有界函数。它是否能取到极限？

3. 已知函数 $f:\mathbb{R}\to\mathbb{R}$ 在 $x=0$ 处连续，且对于 $x\in\mathbb{R}$，有 $f(x)=f(2x)$，证明：f 是常数函数。

4†. 对任意正整数 $n\geqslant 2$，考虑函数 $f_n:[1,+\infty)\to\mathbb{R}$，$f_n(x)=x^n-x-1$。

(1) 证明：存在唯一 $x_n>1$ 满足 $f_n(x_n)=0$；

(2) 证明：$f_{n+1}(x_n)>0$；

(3) 推断出数列 $(x_n)_{n\geqslant 2}$ 单调递减且收敛于极限 l；

(4) 求 l 的值。

1. **证明**

$$g(a)=f\left(\frac{a+b}{2}\right)-f(a),\quad g\left(\frac{a+b}{2}\right)=f(b)-f\left(\frac{a+b}{2}\right)$$

因为 $f(a)=f(b)$，我们得到 $g(a)=-g\left(\frac{a+b}{2}\right)$。所以 $g(a)\leqslant 0$ 且 $g\left(\frac{a+b}{2}\right)\geqslant 0$ 成立，或者 $g(a)\geqslant 0$ 且 $g\left(\frac{a+b}{2}\right)\leqslant 0$ 成立，根据中值定理，要证命题成立。

2. **证明**　设 f 在 $+\infty$ 处极限值为 l，根据定义 $\forall\varepsilon>0$，$\exists A\in\mathbb{R}$，当 $x>A$ 时有

$$l-\varepsilon\leqslant f(x)\leqslant l+\varepsilon$$

取 $\varepsilon=1$，得到对应的 A，使得对于 $x>A$ 时

$$l-1\leqslant f(x)\leqslant l+1$$

即证明了 $f(x)$ 是有界函数。函数 f 在有界闭区间 $[0,A]$ 上连续，所以 f 在此区间上有界。存在 m,M，满足 $\forall x\in[0,A]$，$m\leqslant f(x)\leqslant M$，令 $M'=\max\{M,l+1\}$ 和 $m'=\min\{m,l-1\}$，得到对任意 $x\in\mathbb{R}$，$m'\leqslant f(x)\leqslant M'$，于是在 $\mathbb{R}$ 上 f 有界。

这样的函数不一定能够取到其极限值，如 $f(x)=\frac{1}{1+x}$。

3. **证明**　固定 $x\in\mathbb{R}$ 的值，设 $y=\frac{x}{2}$，因为 $f(y)=f(2y)$，得到

$$f\left(\frac{1}{2}x\right)=f(x)$$

再令 $y=\frac{1}{4}x$，得到

$$f\left(\frac{1}{4}x\right)=f\left(\frac{1}{2}x\right)=f(x)$$

经过简单归纳，得到 $\forall n\in\mathbb{N}$，

$$f\left(\frac{1}{2^n}x\right)=f(x)$$

定义数列 (u_n)：$u_n=\frac{1}{2^n}x$。于是当 $n\to+\infty$ 时 $u_n\to 0$，根据 f 在 $x=0$ 处连续，得到当 $n\to+\infty$ 时 $f(u_n)\to f(0)$，而

$$f(u_n)=f\left(\frac{1}{2^n}x\right)=f(x)$$

于是 $(f(u_n))_n$ 为一个常数数列，等于 $f(x)$，所以该数列的极限为 $f(x)$，所以 $f(x)=f(0)$ 为常数。

4[†]. **证明**

(1) 函数 f_n 在 $[1,+\infty)$ 上可导，对任意 $x\geqslant 1$，$f'_n(x)=nx^{n-1}-1$。因为 $n\geqslant 2$，$x\geqslant 1$，所以 $f'_n(x)$ 在 $[1,+\infty)$ 严格大于 0，所以 f_n 在 $[1,+\infty)$ 上严格单调递增。进一步地，$f(1)=-1$，$\lim\limits_{x\to+\infty}f_n(x)=+\infty$，所以 f_n 是 $[1,+\infty)\to[-1,+\infty)$ 的双射函数，且 $0\in[-1,+\infty)$。所以存在唯一 $x_n>1$ 满足 $f_n(x_n)=0$。

(2) $f_{n+1}(x_n)=x_n^{n+1}-x_n-1$，又 $f_n(x_n)=0$，设 $x_n+1=x_n^n$，于是

$$f_{n+1}(x_n)=x_n^{n+1}-x_n=x_n^n(x_n-1)$$

因为 $x_n>1$，所以 $f_{n+1}(x_n)>0$。

(3) $f_{n+1}(x_n)>0 \Leftrightarrow f_{n+1}(x_n)>f_{n+1}(x_{n+1})$，$f_{n+1}$在$[1,+\infty)$上严格单调递增，于是$x_n>x_{n+1}$，对所有$n\geqslant 2$的整数成立，所以数列$(x_n)_{n\geqslant 2}$单调递减。因为$(x_n)_{n\geqslant 2}$单调递减且有下界1，所以有极限$l\geqslant 1$。

(4) $l=1$。

10.4　单调函数和双射

10.4.1　回顾：单射，满射，双射

本小节我们回顾与双射有关的必要知识。

定义9　设函数$f:E\to F$，其中E和F是$\mathbb{R}$上的集合。

(1) 若对$\forall x,x'\in E, f(x)=f(x')\Rightarrow x=x'$，则$f$是单射；

(2) 若$\forall y\in F,\exists x\in E$，使得$y=f(x)$成立，则$f$是满射；

(3) 若f既是单射又是满射，也就是说$\forall y\in F,\exists!\ x\in E$，使得$y=f(x)$成立，则$f$是双射。

性质8　若函数$f:E\to F$为双射函数，则存在唯一的函数$g:F\to E$满足$g\circ f=id_E$且$f\circ g=id_F$。函数g是f的逆双射，记为f^{-1}。

注

(1) 恒等变换，$id_E:E\to E$定义为$x\mapsto x$；

(2) $g\circ f=id_E$可重新表示为$\forall x\in E, g(f(x))=x$；

(3) $f\circ g=id_F$可写作：$\forall y\in F, f(g(y))=y$；

(4) 平面直角坐标系中函数f和f^{-1}的图象关于$y=x$对称。

图10.24～图10.26分别是单射函数(图10.24)、满射函数(图10.25)以及双射函数和其反函数的图象(图10.26)。

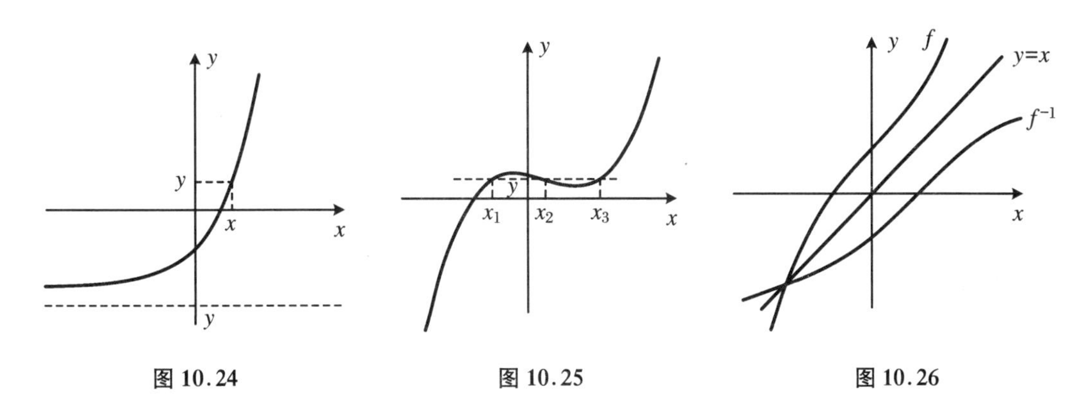

图10.24　　图10.25　　图10.26

10.4.2 单调函数和双射

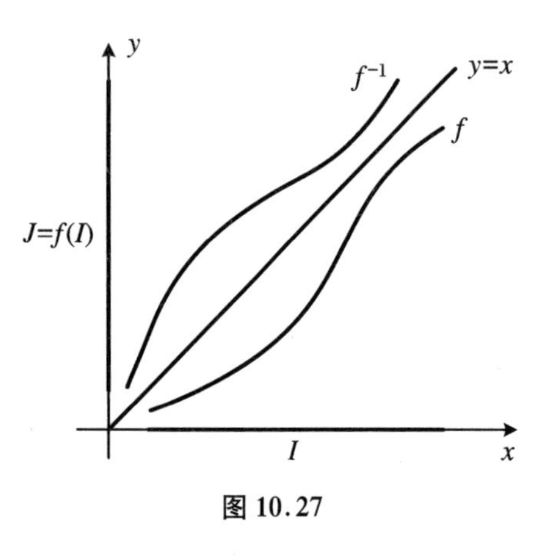

图 10.27

定理 3 是在实践中被广泛使用的定理，用于证明函数是双射函数。

定理 3 （双射定理）设函数 $f:I\to\mathbb{R}$，若函数 f 在 I 上连续且严格单调（图 10.27），那么有

（1）f 在定义区间 I 到值域区间（函数象的集合）$J=f(I)$ 上建立了双射；

（2）反函数 $f^{-1}:J\to I$ 是 J 上的连续单调函数，与（1）中函数 f 的性质相同。

在实际应用中，如果想将这个定理应用于连续函数 $f:I\to\mathbb{R}$，我们可以将定义区间 I 分割为 I 的子区间，使得 f 为严格单调函数。

例 11 考虑$\mathbb{R}$上的平方函数 $f(x)=x^2$，f 不是$\mathbb{R}$上的严格单调函数，甚至它不是单射函数，因为一个数与它的相反数的平方相等。然而，若将其定义区间限制为 $(-\infty,0]$ 和 $[0,+\infty)$，则得到两个单调函数：

$$f_1:(-\infty,0]\to[0,+\infty);\quad x\mapsto x^2 \qquad 和 \qquad f_2:[0,+\infty)\to[0,+\infty)\quad x\mapsto x^2$$

根据上面定理，函数 f_1 和 f_2 为双射函数。我们可以确定它们的反函数 $f_1^{-1}:[0,+\infty)\to(-\infty,0]$ 和 $f_2^{-1}:[0,+\infty)\to[0,+\infty)$。设有两个实数 x 和 y 满足 $y\geqslant 0$，

$$y=f(x)\Leftrightarrow y=x^2\Leftrightarrow x=\sqrt{y}\text{ 或 }x=-\sqrt{y}$$

即 y 有两个原象，一个在区间 $[0,+\infty)$ 上，一个在 $(-\infty,0]$ 上，因此 $f_1^{-1}(y)=-\sqrt{y}$ 且 $f_2^{-1}(y)=\sqrt{y}$。如图 10.28 所示。

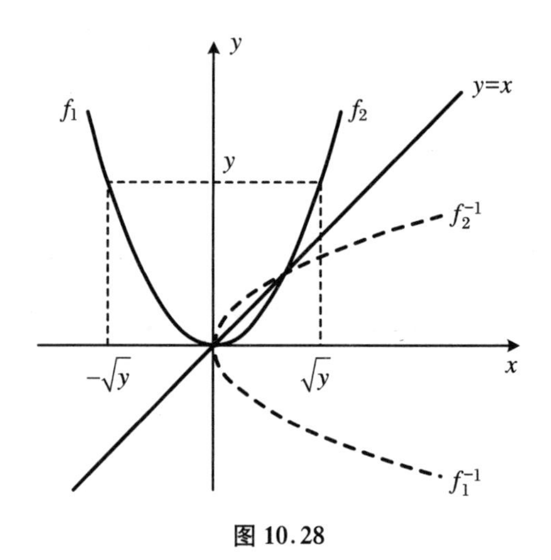

图 10.28

10.4.3　定理的证明

在证明“双射定理”之前，我们先来看一个引理。

引理 2　设定义在实数集$\mathbb{R}$中的区间 I 上的函数$f:I\to\mathbb{R}$，若 f 是I 上的严格单调函数，则 f 是I 上的单射函数。

证明　假设 $x,x'\in I$，且 $f(x)=f(x')$，证明 $x=x'$。如果 $x<x'$，则 $f(x)<f(x')$或$f(x)>f(x')$，这取决于 f 是严格递增的还是严格递减的。与 $f(x)=f(x')$矛盾，我们得到$x\geqslant x'$。交换 x 和x'的位置，同理，可得 $x\leqslant x'$。即 $x=x'$，所以 f 是单射函数。

下面是“双射定理”的证明。

证明　(1) 由上面的引理，f 是I 上的单射函数；通过限制函数象的集合 $J=f(I)$，我们可以在 J 中建立I 上的双射函数，因为 f 是连续函数，根据中值定理，集合 J 为一个区间。

(2) 假设 f 是严格递增的。

① 证明 f^{-1}是 J 上的严格单调递增函数。设 $y,y'\in J$，且 $y<y'$。注意到 $x=f^{-1}(y)\in I$ 且$x'=f^{-1}(y')\in I$，于是 $y=f(x)$，$y'=f(x')$，于是

$$y<y'\Rightarrow f(x)<f(x')\Rightarrow x<x'$$

得到 $f^{-1}(y)<f^{-1}(y')$，即 f^{-1}是 J 上的严格单调递增函数。

② 证明 f^{-1}是 J 上的连续函数。不妨设区间 I 具有形式(a,b)，其他情形类似。设$y_0\in J$，注意到 $x_0=f^{-1}(y_0)\in I$，设 $\varepsilon>0$，$[x_0-\varepsilon,x_0+\varepsilon]\subset I$，我们要确定实数 $\delta>0$，使得对 $y\in J$，有

$$y_0-\delta<y<y_0+\delta\Rightarrow f^{-1}(y_0)-\varepsilon<f^{-1}(y)<f^{-1}(y_0)+\varepsilon$$

即对 $x\in I$，有

$$\begin{aligned}f(x_0-\varepsilon)<f(x)<f(x_0+\varepsilon)&\Rightarrow x_0-\varepsilon<x<x_0+\varepsilon\\&\Rightarrow f^{-1}(y_0)-\varepsilon<x<f^{-1}(y_0)+\varepsilon\end{aligned}$$

因为 $f(x_0-\varepsilon)<y_0<f(x_0+\varepsilon)$，我们可以取实数 $\delta>0$ 满足 $f(x_0-\varepsilon)<y_0-\delta$ 以及$f(x_0+\varepsilon)>y_0+\delta$，对所有 $x\in I$ 有

$$\begin{aligned}y_0-\delta<f(x)<y_0+\delta&\Rightarrow f(x_0-\varepsilon)<f(x)<f(x_0+\varepsilon)\\&\Rightarrow f^{-1}(y_0)-\varepsilon<x<f^{-1}(y_0)+\varepsilon\end{aligned}$$

所以函数 f^{-1}在 J 上连续。

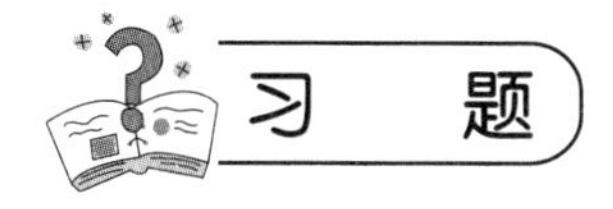

1. 举例说明 $f\circ g$ 为双射函数，但是 f 和g 都不是双射函数。
2. 解方程 $x^y=y^x$，其中 x 和y 为正实数。
3. 考虑函数 $f(x)=x+1+\dfrac{x-1+\ln x}{x^2}$，证明：方程 $f(x)=0$ 有且仅有一个根，记为 α，

则$\frac{1}{2}<\alpha<1$。

4[†]. 解方程$(\sin x)^{\tan x}=(\cos x)^{\cot x}$。

答　案

1. **解析**　答案不唯一,例如,$f:\mathbb{R}\to\mathbb{R}_+$,$f(x)=x^2$;$g:\mathbb{R}_+\to\mathbb{R}$,$g(x)=\sqrt{x}$。$f$ 不是单射,g 不是满射,而 $f\circ g$ 是双射。

2. **解析**

$$x^y=y^x\Leftrightarrow e^{y\ln x}=e^{x\ln y}\Leftrightarrow y\ln x=x\ln y\Leftrightarrow\frac{\ln x}{x}=\frac{\ln y}{y}\quad（指数函数是双射函数）$$

研究函数$f(x)=\frac{\ln x}{x}$在$[1,+\infty)$上的性质。$f'(x)=\frac{1-\ln x}{x^2}$,于是在$[1,e]$上函数单调递增,在$[e,+\infty)$上单调递减。于是对于 $z\in(0,f(e))=\left(0,\frac{1}{e}\right)$,方程 $f(x)=z$ 恰有两个根,一个根在$(1,e)$上,另一个根在$(e,+\infty)$上。方程

$$x^y=y^x\Leftrightarrow f(x)=f(y)$$

取 y 为整数,考虑三种情形:$y=1$,$y=2$ 和 $y\geqslant 3$。

① 若 $y=1$,则 $f(y)=z=0$,因而要解 $f(x)=0$,解得 $x=1$。

② 若 $y=2$,方程转化为 $f(x)=\frac{\ln 2}{2}\in\left(0,\frac{1}{e}\right)$,根据之前的知识,有两种情况。其中一个根在$(1,e)$上为 2,另一个根在$(e,+\infty)$上为 4,事实上,$\frac{\ln 4}{4}=\frac{\ln 2}{2}$,得到方程的解 $2^2=2^2$ 和 $2^4=4^2$。

③ 若 $y\geqslant 3$,则 $y>e$,在$(e,+\infty)$上方程 $f(x)=f(y)$有解,$x=y$,解得 $2^4=4^2$,是满足题意的解。

结论:满足方程的整数对为$(x,y=x)$以及$(2,4)$和$(4,2)$。

3. **证明**　$f(x)$是$(0,+\infty)$上的连续函数,且在$(0,+\infty)$上严格递增。进一步,

$$f((0,+\infty))=\left(\lim_{x\to 0^+}f(x),\lim_{x\to+\infty}f(x)\right)=(-\infty,+\infty)$$

根据双射函数,f 是$(0,+\infty)$到$(-\infty,+\infty)$上的双射函数。$0\in(-\infty,+\infty)$,所以方程 $f(x)=0$有唯一解 $x\in(0,+\infty)$。

又因为

$$f\left(\frac{1}{2}\right)=-\frac{1}{2}-4\ln 2<0,\quad f(\alpha)=0,\quad f(1)=2>0$$

于是 $f\left(\frac{1}{2}\right)<f(\alpha)<f(1)$,根据双射函数 $f^{-1}:(-\infty,+\infty)\to(0,+\infty)$是严格单调递增函

数，得到$\frac{1}{2}<\alpha<1$。

4[†]. 略。提示：

$$(\sin x)^{\tan x}=(\cos x)^{\cot x}\Rightarrow(\sin x)^{\tan x}=\sin\left(\frac{\pi}{2}-x\right)^{\tan\left(\frac{\pi}{2}-x\right)}$$

研究函数 $f(x)=(\sin x)^{\tan x}$的单调性，得到 $x=\frac{\pi}{2}-x$，即 $x=\frac{\pi}{4}$，所以方程的一般解为

$$x=\frac{\pi}{4}\pm n\pi\quad(n=0,1,2,\cdots)$$

第 11 章　常 用 函 数

你已经学习了经典函数：指数函数($\exp x$)，对数函数($\ln x$)，余弦函数($\cos x$)，正弦函数($\sin x$)，正切函数($\tan x$)。本章的目的是增加一些新的函数：双曲函数($\operatorname{ch} x$，$\operatorname{sh} x$，$\operatorname{th} x$)，反三角函数($\arccos x$，$\arcsin x$，$\arctan x$)，反双曲函数($\operatorname{arch} x$，$\operatorname{arsh} x$，$\operatorname{arth} x$)。

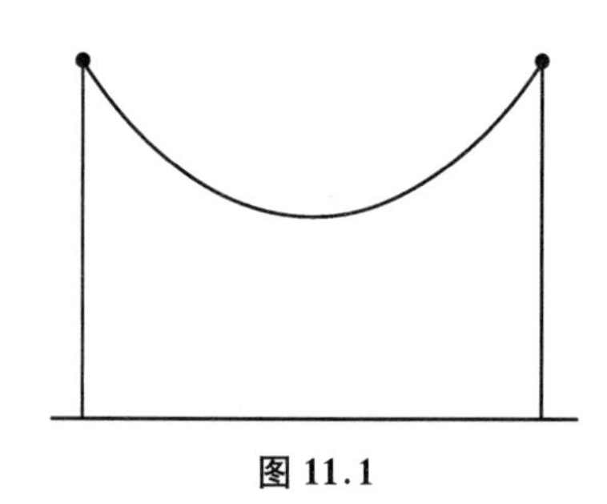

图 11.1

这些函数通常出现在我们要解决的问题中，尤其是在物理问题中。例如，当一根电线悬挂在两根柱子之间(或我们双手捧着一根项链)，那么呈现出的曲线就是悬链线，如图 11.1 所示。它的表达式包含双曲余弦和参数 a(取决于线长度和柱子之间的距离)：$y = a\operatorname{ch}\left(\dfrac{x}{a}\right)$。

11.1　对数函数与指数函数

11.1.1　对数函数

性质 1　存在唯一的函数，记为 $\ln$：$(0, +\infty) \to \mathbb{R}$，满足 $(\ln x)' = \dfrac{1}{x}$(对所有 $x > 0$)且 $\ln 1 = 0$，如图 11.2 所示。进一步地，这个函数还有如下性质(对于所有 $a, b > 0$)：

(1) $\ln(ab) = \ln a + \ln b$；

(2) $\ln \dfrac{1}{a} = -\ln a$；

(3) $\ln(a^n) = n\ln a$(对任意 $n \in \mathbb{N}$)；

(4) $\ln$ 是定义在$(0, +\infty)$到$\mathbb{R}$上的连续函数，也是严格单调递增的双射函数；

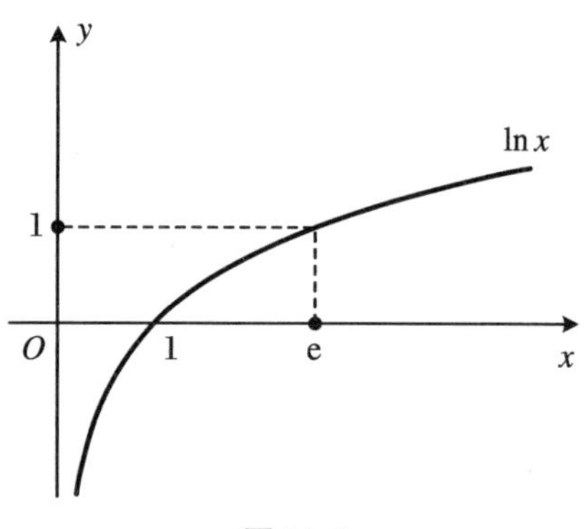

图 11.2

(5) $\lim_{x\to 0}\frac{\ln(1+x)}{x}=1$；

(6) 函数 ln 是上凸函数，且 $\ln x\leqslant x-1$(对任意 $x>0$)。

证明　存在性和唯一性来自积分理论：$\ln x=\int_1^x\frac{1}{t}\mathrm{d}t$。下面我们开始性质的证明：

(1) 设 $f(x)=\ln(xy)-\ln x$，其中 $y>0$ 为固定值，于是

$$f'(x)=[\ln(xy)]'-(\ln x)'=\frac{y}{xy}-\frac{1}{x}=0$$

于是 $x\mapsto f(x)$ 导数为零，所以 $f(x)$ 为常数且

$$f(1)=\ln y-\ln 1=\ln y$$

于是 $\ln(xy)-\ln x=\ln y$，证毕。

(2) 一方面，

$$\ln\left(a\times\frac{1}{a}\right)=\ln a+\ln\frac{1}{a}$$

另一方面，

$$\ln\left(a\times\frac{1}{a}\right)=\ln 1=0$$

于是

$$\ln a+\ln\frac{1}{a}=0$$

(3) 与性质(2)方法相同或用归纳法(略)。

(4) ln 是可导连续函数，$(\ln x)'=\frac{1}{x}>0$，于是函数严格单调递增。因为 $\ln 2>\ln 1=0$，于是

$$\ln(2^n)=n\ln 2\to+\infty\quad(\text{当 } n\to+\infty \text{ 时})$$

所以 $\lim_{x\to+\infty}\ln x=+\infty$。又因为 $\ln x=-\ln\frac{1}{x}$，我们得到 $\lim_{x\to 0}\ln x=-\infty$。由连续函数单调递增定理，$(0,+\infty)\to\mathbb{R}$ 是双射函数。

(5) $\lim_{x\to 0}\frac{\ln(1+x)}{x}$ 是 ln 在 $x_0=1$ 处的导数，所以这个极限存在，值为 1。

(6) $(\ln x)'=\frac{1}{x}$ 是单调递减函数，所以函数 ln 为上凸函数。令 $f(x)=x-1-\ln x$，$f'(x)=1-\frac{1}{x}$。通过对函数的研究，f 在 $x_0=1$ 取得最小值，于是 $f(x)\geqslant f(1)=0$，所以 $\ln x\leqslant x-1$。

注

(1) $\ln x$ 称为自然对数，其特征为 $\ln \mathrm{e}=1$。我们定义以 a 为底的对数为

$$\log_a x=\frac{\ln x}{\ln a}$$

则 $\log_a a=1$。

(2) 对 $a=10$,得到常用对数$\log_{10}$,满足$\log_{10}10=1$,于是$\log_{10}(10^n)=n$。在实际应用中,有

$$x=10^y \Leftrightarrow y=\log_{10}x$$

(3) 在计算机科学中常使用以 2 为底的对数:$\log_2(2^n)=n$。

11.1.2 指数函数

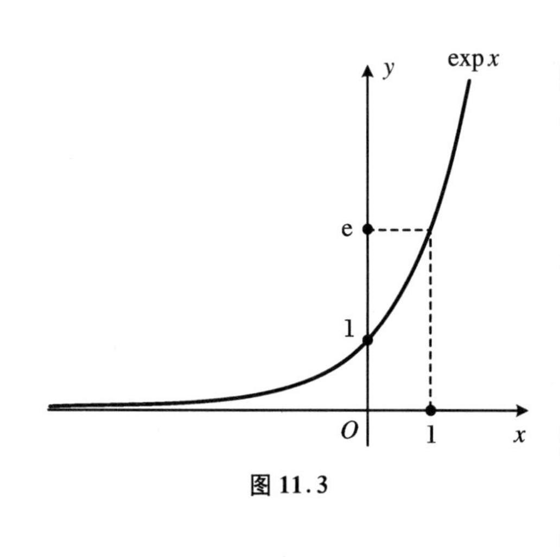

图 11.3

定义 1 双射函数 $\ln:(0,+\infty)\to\mathbb{R}$ 的反函数称为指数函数,记为 $\exp:\mathbb{R}\to(0,+\infty)$。对任意 $x\in\mathbb{R}$,我们也记 e^x,表示 $\exp x$(图 11.3)。

性质 2 指数函数满足下面性质:

(1) 对任意 $x>0$,$\exp(\ln x)=x$;对任意 $x\in\mathbb{R}$,$\ln(\exp x)=x$。

(2) $\exp(a+b)=\exp a\times\exp b$。

(3) $\exp(nx)=(\exp x)^n$。

(4) 函数 $\exp:\mathbb{R}\to(0,+\infty)$是严格递增的连续函数,且 $\lim\limits_{x\to-\infty}e^x=0$ 和 $\lim\limits_{x\to+\infty}e^x=+\infty$。

(5) 指数函数 e^x 是可导函数,且$(e^x)'=e^x$ $(x\in\mathbb{R})$。它是凸函数,满足 $e^x\geqslant x+1$。

证明 性质 2 是对数函数(双射函数)的逆性质,如关于导数,我们从等式 $\ln(\exp x)=x$ 开始求导数,

$$(\exp x)'\times[\ln(\exp x)]'=1\Rightarrow(\exp x)'\times\frac{1}{\exp x}=1\Rightarrow(\exp x)'=\exp x$$

即$(e^x)'=e^x$。

注 指数函数是唯一满足$(\exp x)'=\exp x(\forall x\in\mathbb{R})$的函数,其中 $\exp 1=e$,$e=2.718\cdots$是满足 $\ln e=1$ 的实数。

11.1.3 乘方和函数的比较

1. 乘方

根据定义,对于 $a>0$ 且 $b\in\mathbb{R}$,$a^b=\exp(b\ln a)$。

注

(1) $\sqrt{a}=a^{\frac{1}{2}}=\exp\left(\frac{1}{2}\ln a\right)$;

(2) $\sqrt[n]{a}=a^{\frac{1}{n}}=\exp\left(\frac{1}{n}\ln a\right)$($a$ 的 n 次方根);

(3) 还应注意到用 e^x 表示 $\exp x$ 是由计算得到的:

$$e^x=\exp(x\ln e)=\exp x$$

(4) 函数 $x\mapsto a^x$ 也称为指数函数，可系统地归结为经典指数函数的等式 $a^x=\exp(x\ln a)$，重要的是不能与幂函数混淆：$x\mapsto x^a$。

性质 3　设 $x,y>0,a,b\in\mathbb{R}$，则

(1) $x^{a+b}=x^a x^b$；

(2) $x^{-a}=\dfrac{1}{x^a}$；

(3) $(xy)^a=x^a y^a$；

(4) $(x^a)^b=x^{ab}$；

(5) $\ln(x^a)=a\ln x$。

2. 函数 $\ln x,\mathrm{e}^x,x^a$ 与 x 的比较

函数 $\ln x,\mathrm{e}^x,x^a$ 与 x 的区别可从图 11.4 中看出。

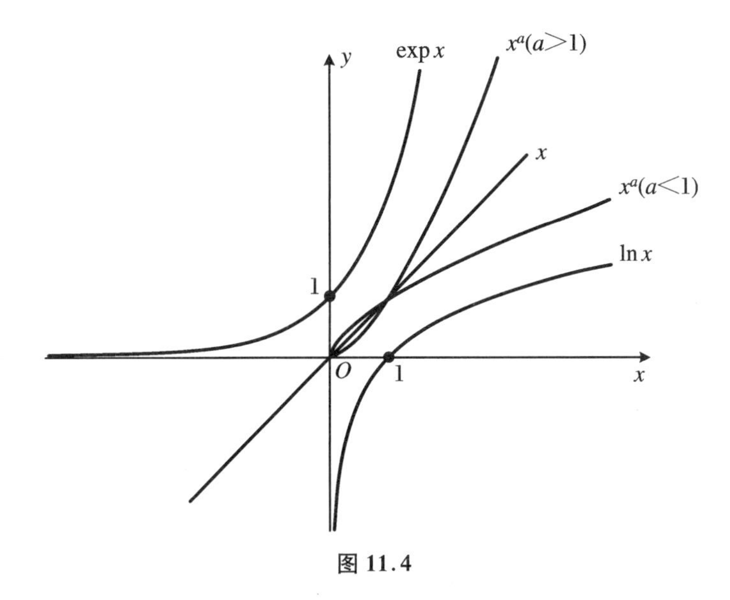

图 11.4

性质 4　$\lim\limits_{x\to+\infty}\dfrac{\ln x}{x}=0$ 且 $\lim\limits_{x\to+\infty}\dfrac{\mathrm{e}^x}{x}=+\infty$。

证明

(1) 我们已知 $\ln x\leqslant x-1$（对所有 $x>0$），于是 $\ln x\leqslant x$，$\dfrac{\ln\sqrt{x}}{\sqrt{x}}\leqslant 1$，得到

$$0\leqslant\frac{\ln x}{x}=\frac{\ln(\sqrt{x}^2)}{x}=2\frac{\ln\sqrt{x}}{x}=2\frac{\ln\sqrt{x}}{\sqrt{x}}\frac{1}{\sqrt{x}}\leqslant\frac{2}{\sqrt{x}}$$

由双向不等式得到

$$\lim_{x\to+\infty}\frac{\ln x}{x}=0$$

(2) 我们知道对 $x\in\mathbb{R}$，$\exp x\geqslant 1+x$，于是 $\exp x\to+\infty$（当 $x\to+\infty$ 时），

$$\frac{x}{\exp x}=\frac{\ln(\exp x)}{\exp x}=\frac{\ln u}{u}$$

当 $x\to+\infty$ 时 $u=\exp x\to+\infty$，于是$\dfrac{\ln u}{u}\to 0$，$\dfrac{x}{\exp x}\to 0$ 且为正数，最后得到

$$\lim_{x\to+\infty}\frac{e^x}{x}=+\infty$$

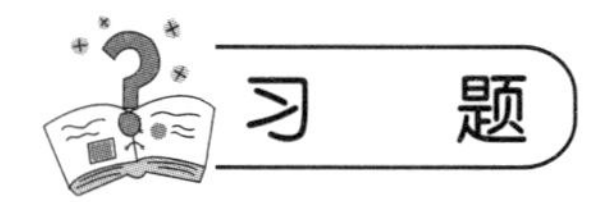

1. 证明：$\forall x\in\mathbb{R}$，有

$$\ln(1+e^x)=x+\ln(1+e^{-x})$$

2. 若 $\forall x>m$，

$$\ln x+\frac{1}{\ln x}>\ln(x+1)$$

成立，求 m 满足的条件。

3. 证明：$e^x\leqslant x+e^{x^2}$。

4[†]. 若对任意 $x\in(1,+\infty)$，不等式 $x^{-3}e^x-a\ln x\geqslant x+1$ 成立，求实数 a 的取值范围。

1. **证明**

$$x+\ln(1+e^{-x})=\ln(e^x)+\ln(1+e^{-x})=\ln[e^x\cdot(1+e^{-x})]=\ln(e^x+1)$$

2. **解析** 设 $f(x)=\ln x,x>0$。由中值定理有，存在 $y\in(x,x+1)$使得

$$\ln(x+1)-\ln x=\frac{\ln(1+x)-\ln x}{(1+x)-x}=f'(y)=\frac{1}{y}$$

恒成立。因此只要确定 m 的值使得当$x>m$ 时，$\dfrac{1}{\ln x}>\dfrac{1}{y}$成立。因为 $y>x>0,\ln x>0$。又 $\ln x\leqslant x-1$，所以 $m\geqslant 1$。

3. **证明**

① 若 $x\geqslant 0$，

$$e^{x^2-x}+xe^{-x}\geqslant 1+(x^2-x)+x(1-x)=1$$

所以 $x+e^{x^2}\geqslant e^x$。

② 若 $x<0$，令 $y=-x>0$，其中

$$e^{-x^2}(e^x-x)=e^{-y^2}(e^{-y}+y)\leqslant e^{-y^2}\left(1-y+\frac{1}{2}y^2+y\right)\leqslant e^{-y^2}(1+y^2)\leqslant e^{-y^2}e^{y^2}=1$$

4[†]. **解析**

$$\max a=\min_{x>1}\frac{\dfrac{e^x}{x^3}-x-1}{\ln x}$$

令

$$g(x)=\frac{\frac{e^x}{x^3}-x-1}{\ln x}$$

于是对 $e^x=x^3$ 即 $x=3\ln x$，我们得到

$$\begin{aligned}g'(x)&=\frac{x^4+x^3+e^x(x\ln x-3\ln x-1)-x^4\ln x}{x^4\ln^2 x}\\&=\frac{x^4+x^3+x^3(x\ln x-3\ln x-1)-x^4\ln x}{x^4\ln^2 x}\\&=\frac{x^4-3x^3\ln x}{x^4\ln^2 x}=0\end{aligned}$$

另外，对 $e^x=x^3$ 得到

$$\frac{\frac{e^x}{x^3}-x-1}{\ln x}=-\frac{x}{\ln x}=-3$$

接下来我们证明

$$\frac{\frac{e^x}{x^3}-x-1}{\ln x}\geqslant -3$$

即

$$\frac{e^x}{x^3}-x-1+3\ln x\geqslant 0$$

其取得最小值的条件是 $x=x_0$，而 $x_0>1$ 是方程 $e^x=x^3$ 的一个根。事实上，令 $h(x)=\frac{e^x}{x^3}-x-1+3\ln x$，则

$$h'(x)=\frac{e^x}{x^3}-\frac{3e^x}{x^4}-1+\frac{3}{x}=\frac{(x-3)(e^x-x^3)}{x^4}$$

方程 $e^x=x^3$ 即 $x=3\ln x$ 有两个最大值点，因为 $\ln x$ 是上凸函数。$3\ln 3-3>0$，$3\ln 1-1<0$ 以及 $3\ln 5-5<0$，就是说方程 $e^x=x^3$ 有两个根 $1<x_0<3$ 和 $x_1>3$，容易得到

$$x_{\max}=3,\quad x_{\min 1}=x_0,\quad x_{\min 2}=x_1$$

于是

$$h(x)\geqslant h(x_0)=h(x_1)=0$$

得到 $a\in(-\infty,-3]$。

11.2 反三角函数

11.2.1 反余弦函数

考虑余弦函数 $\cos:\mathbb{R}\to[-1,1]$，$x\mapsto\cos x$，由此构造双射函数，考虑区间$[0,\pi]$，在这个区间上余弦函数是连续的，严格单调递减的。定义$[0,\pi]$为余弦函数的主值区间，因此在主值区间上的$\cos_1:[0,\pi]\to[-1,1]$是一个双射函数。该双射的逆映射函数称为反余弦函数，记为

$$\arccos:[-1,1]\to[0,\pi]$$

余弦函数与反余弦函数的图象如图 11.5 所示。

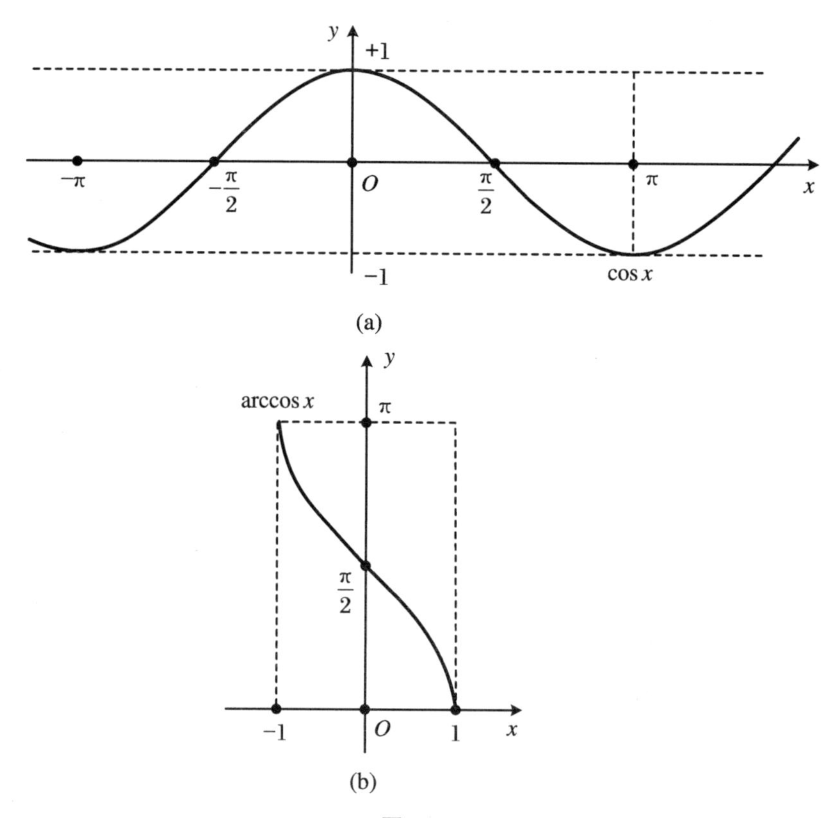

图 11.5

根据互为反函数的函数定义有

$$\cos(\arccos x)=x,\forall x\in[-1,1];\quad \arccos(\cos x)=x,\forall x\in[0,\pi]$$

换句话说，若 $x\in[0,\pi]$，则

$$\cos x=y\Leftrightarrow x=\arccos y$$

arccos 的导数为

$$(\arccos x)' = \frac{-1}{\sqrt{1-x^2}}, \quad \forall x \in (-1,1)$$

证明 在等式 $\cos(\arccos x) = x$ 两端取导数,得到

$$-(\arccos x)' \times \sin(\arccos x) = 1$$

得到

$$(\arccos x)' = \frac{-1}{\sin(\arccos x)} = \frac{-1}{\sqrt{1-\cos^2(\arccos x)}} = \frac{-1}{\sqrt{1-x^2}} \qquad ①$$

其中关键步骤①的证明如下:根据恒等式

$$\cos^2 y + \sin^2 y = 1$$

换元 $y = \arccos x$,得到

$$\cos^2(\arccos x) + \sin^2(\arccos x) = 1$$

$$\Rightarrow x^2 + \sin^2(\arccos x) = 1$$

$$\Rightarrow \sin(\arccos x) = +\sqrt{1-x^2} \quad (\text{因为 } \arccos x \in [0,\pi],\text{所以取正})$$

11.2.2 反正弦函数

定义$\left[-\frac{\pi}{2}, +\frac{\pi}{2}\right]$为正弦函数的主值区间,主值区间上函数 $\sin_1 : \left[-\frac{\pi}{2}, +\frac{\pi}{2}\right] \to [-1,1]$是双射函数,其逆映射函数称为反正弦函数,记为

$$\arcsin : [-1,1] \to \left[-\frac{\pi}{2}, +\frac{\pi}{2}\right]$$

正弦函数与反正弦函数的图象如图 11.6 所示。

注

(1) $\forall x \in [-1,1]$, $\sin(\arcsin x) = x$;

(2) $\forall x \in \left[-\frac{\pi}{2}, +\frac{\pi}{2}\right]$, $\arcsin(\sin x) = x$;

(3) 若 $x \in \left[-\frac{\pi}{2}, +\frac{\pi}{2}\right]$, $\sin x = y \Leftrightarrow x = \arcsin y$;

(4) $\forall x \in (-1,1)$, $(\arcsin x)' = \frac{1}{\sqrt{1-x^2}}$。

11.2.3 反正切函数

定义区间$\left(-\frac{\pi}{2}, +\frac{\pi}{2}\right)$为正切函数的主值区间,函数 $\tan_1 : \left(-\frac{\pi}{2}, +\frac{\pi}{2}\right) \to \mathbb{R}$ 是双射函数,其逆映射函数称为反正切函数,记为

$$\arctan : \mathbb{R} \to \left(-\frac{\pi}{2}, +\frac{\pi}{2}\right)$$

正切函数与反正切函数的图象如图 11.7 所示。

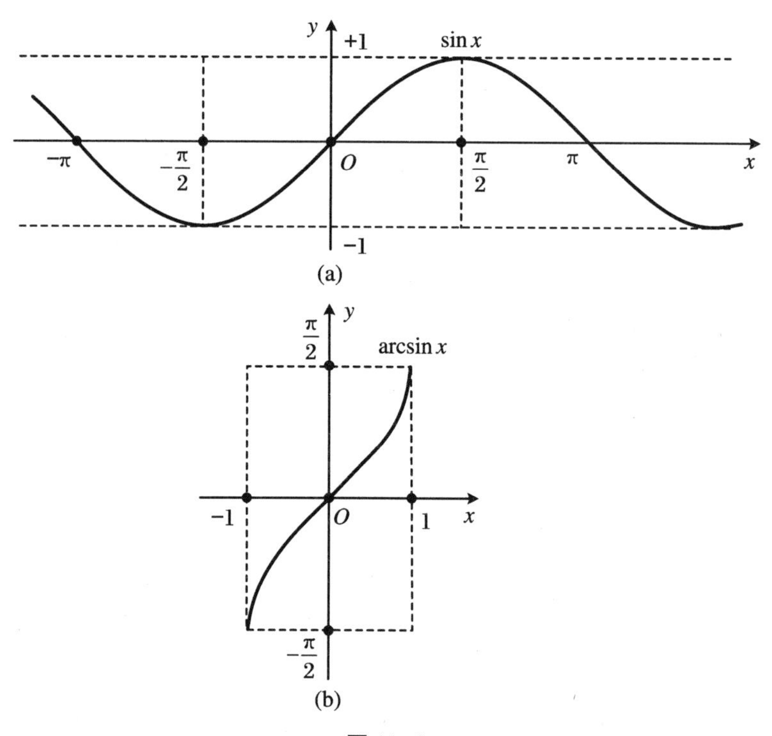
y
+1
sin x
−π
$-\frac{\pi}{2}$
O
$\frac{\pi}{2}$
π
x
−1
(a)
y
$\frac{\pi}{2}$
arcsin x
−1
O
1
x
$-\frac{\pi}{2}$
(b)

图 11.6

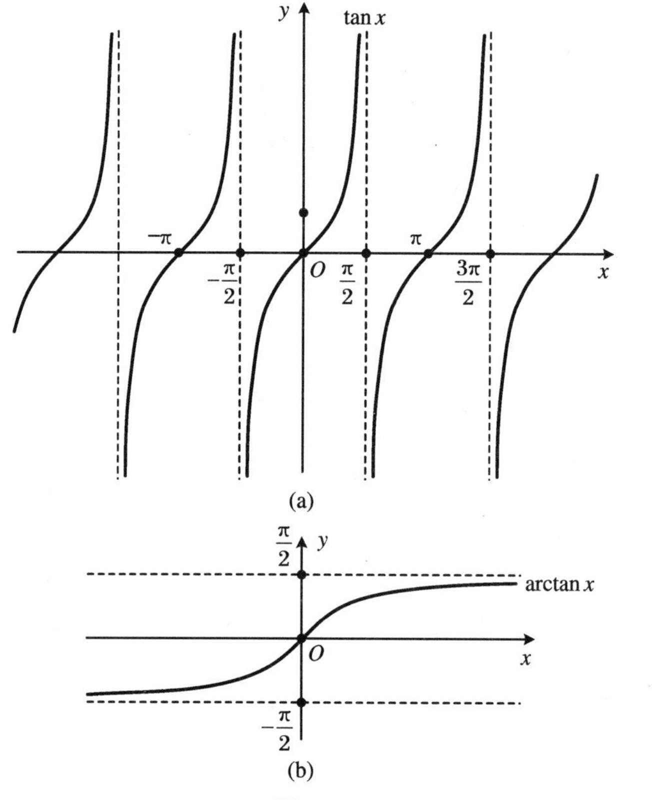
y
tan x
−π
π
$-\frac{\pi}{2}$
O
$\frac{\pi}{2}$
$\frac{3\pi}{2}$
x
(a)
$\frac{\pi}{2}$
y
arctan x
O
x
$-\frac{\pi}{2}$
(b)

图 11.7

注

(1) $\forall x\in\mathbb{R}$, $\tan(\arctan x)=x$;

(2) $\forall x\in\left(-\frac{\pi}{2},+\frac{\pi}{2}\right)$, $\arctan(\tan x)=x$;

(3) 若 $x\in\left(-\frac{\pi}{2},+\frac{\pi}{2}\right)$, $\tan x=y\Leftrightarrow x=\arctan y$;

(4) $\forall x\in\mathbb{R}$, $(\arctan x)'=\frac{1}{1+x^2}$。

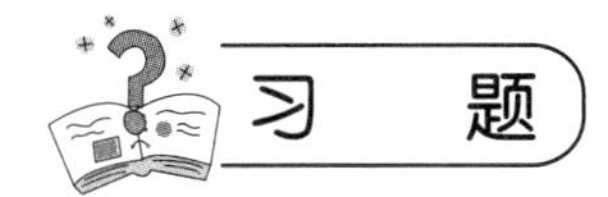

1. 证明:

$$\arcsin x+\arccos x=\frac{\pi}{2},\quad \arctan x+\arctan\frac{1}{x}=\operatorname{sgn}(x)\frac{\pi}{2}$$

2. 高为 s 的雕像放置在高为 p 的基座上面,如图11.8所示。

(1) 为使观察者看到雕像的角度 α(视角)最大(设为 α_0),观察者(其大小可以忽略)应站在多远 x_0 处?

(2) 证明:$\alpha_0=\arctan\dfrac{s}{2\sqrt{p(p+s)}}$。

(3) 将所得结论应用于自由女神像,其高46 m,基座47 m。

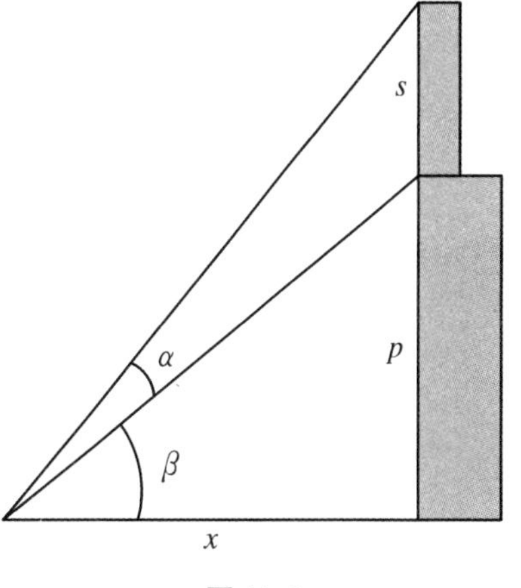

图11.8

3. 对 $x>0$,证明:

$$\arctan\left(\frac{1}{2x^2}\right)=\arctan\left(\frac{x}{x+1}\right)-\arctan\left(\frac{x-1}{x}\right)$$

由此推导 S_n 的表达式 $S_n=\sum_{k=1}^{n}\arctan\left(\frac{1}{2k^2}\right)$,计算 $\lim_{n\to+\infty}S_n$。

4†. 解关于 x 的方程

$$\sum_{k=1}^{2022}\arctan\frac{x}{k}=\{x\}^{2022}$$

其中$\{\cdot\}$表示 x 的小数部分。

1. **证明** (1) 设函数 f 定义在$[-1,1]$上,$f(x)=\arcsin x+\arccos x$,f 是$[-1,1]$上的连续函数,在$(-1,1)$上可导。对 $x\in(-1,1)$,

$$f'(x)=\frac{1}{\sqrt{1-x^2}}+\frac{-1}{\sqrt{1-x^2}}=0$$

因此在$(-1,1)$上 f 为常数函数,所以在$[-1,1]$上 f 为常数(因为在端点处连续),

$$f(0)=\arcsin 0+\arccos 0=\frac{\pi}{2}$$

所以对所有 $x\in[-1,1]$,$f(x)=\frac{\pi}{2}$。

(2) 设 $g(x)=\arctan x+\arctan\frac{1}{x}$,函数在$(-\infty,0)$上和$(0,+\infty)$上有定义(在 $x=0$ 处无定义),我们有

$$g'(x)=\frac{1}{1+x^2}+\frac{-1}{x^2}\cdot\frac{1}{1+\frac{1}{x^2}}=0$$

所以 g 在其定义的每个区间上均为常数,在$(-\infty,0)$上为 $g(x)=c_1$,在$(0,+\infty)$上为 c_2,已知 $\arctan 1=\frac{\pi}{4}$,经计算 $g(-1)$和 $g(1)$得到 $c_1=-\frac{\pi}{2}$,$c_2=+\frac{\pi}{2}$。

2. **解析** (1) 记观察者到雕像脚下的距离为 x,注意 α 为观察者观察雕像的角度,β 为观察基座的角度。在直角三角形中有

$$\tan(\alpha+\beta)=\frac{p+s}{x},\quad \tan\beta=\frac{p}{x}$$

得到两个恒等式

$$\alpha+\beta=\arctan\left(\frac{p+s}{x}\right),\quad \beta=\arctan\left(\frac{p}{x}\right)$$

得到

$$\alpha=\alpha(x)=\arctan\left(\frac{p+s}{x}\right)-\arctan\left(\frac{p}{x}\right)$$

在$(0,+\infty)$上研究函数,得到

$$\alpha'(x)=\frac{-\frac{s+p}{x^2}}{1+\left(\frac{s+p}{x}\right)^2}-\frac{-\frac{p}{x^2}}{1+\left(\frac{p}{x}\right)^2}=\frac{s}{(x^2+p^2)[x^2+(s+p)^2]}[p(p+s)-x^2]$$

因而在$(0,+\infty)$上 $\alpha'(x)$仅在 $x_0=\sqrt{p(p+s)}$处为 0。根据实际意义,在 0 和 $+\infty$处的极限值,角度 α 为零,于是我们在 x_0 处得到最大视角 α,此时 $x_0=\sqrt{p(p+s)}$。

(2) 为了计算最大角度 α_0 的相应值,可以从定义函数 $\alpha(x)$开始计算 $\alpha_0=\alpha(x_0)$,为了得到更简单的公式,我们使用常用的三角公式

$$\tan(a-b)=\frac{\tan a-\tan b}{1+\tan a\tan b}$$

于是

$$\tan\alpha_0 = \tan[(\alpha_0+\beta_0)-\beta_0] = \frac{\dfrac{p+s}{x_0}-\dfrac{p}{x_0}}{1+\dfrac{p+s}{x_0}\cdot\dfrac{p}{x_0}} = \frac{s}{2x_0} = \frac{s}{2\sqrt{p(p+s)}}$$

因为 $\alpha_0\in\left(-\frac{\pi}{2},\frac{\pi}{2}\right)$，于是得到

$$\alpha_0 = \arctan\frac{s}{2x_0} = \arctan\frac{s}{2\sqrt{p(p+s)}}$$

(3) 对于自由女神像，根据雕像高 $s=46$ m，基座高 $p=47$ m，得到

$$x_0 = \sqrt{p(p+s)} \approx 66.11\text{ m},\quad \alpha_0 = \arctan\frac{s}{2\sqrt{p(p+s)}} \approx 19^\circ$$

如图 11.9 所示的是雕像和函数 $\alpha(x)$ 的图象。

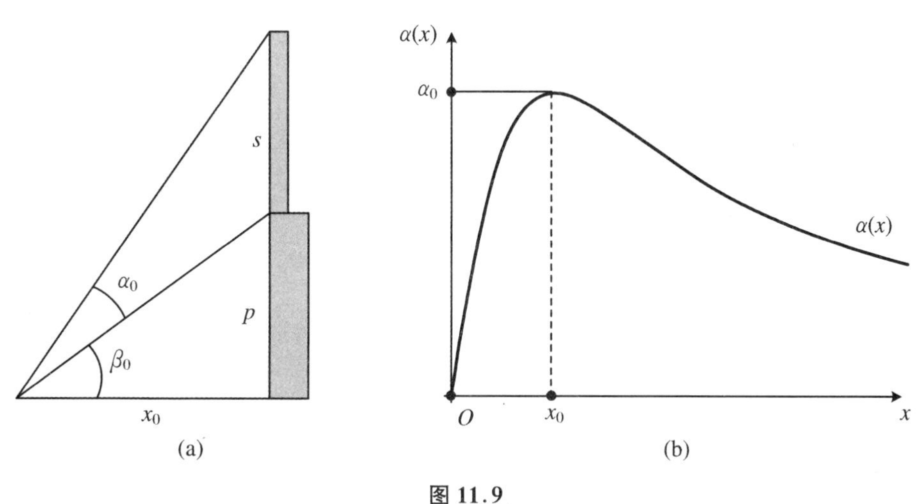

图 11.9

3. **解析** (1) 设

$$f(x) = \arctan\left(\frac{1}{2x^2}\right) - \arctan\left(\frac{x}{x+1}\right) + \arctan\left(\frac{x-1}{x}\right)$$

当 $x>0$ 时，函数 f 可导，且

$$f'(x) = \frac{-\dfrac{2}{2x^3}}{1+\left(\dfrac{1}{2x^2}\right)^2} - \frac{\dfrac{1}{(1+x)^2}}{1+\left(\dfrac{x}{x+1}\right)^2} + \frac{\dfrac{1}{x^2}}{1+\left(\dfrac{x-1}{x}\right)^2}$$

$$= \frac{-4x}{4x^4+1} - \frac{1}{(1+x)^2+x^2} + \frac{1}{x^2+(x-1)^2}$$

$$= \frac{-4x}{4x^4+1} + \frac{-[x^2+(x-1)^2]+[(1+x)^2+x^2]}{[(1+x)^2+x^2][x^2+(x-1)^2]} = 0$$

于是 f 为常值函数，$x\to+\infty$ 时

$$f(x)\to\arctan 0-\arctan 1+\arctan 1 = 0$$

于是常数值为 0。

（2）

$$\begin{aligned} S_n &= \sum_{k=1}^{n}\arctan\left(\frac{1}{2k^2}\right) = \sum_{k=1}^{n}\arctan\left(\frac{k}{k+1}\right) - \sum_{k=1}^{n}\arctan\left(\frac{k-1}{k}\right) \\ &= \sum_{k=1}^{n}\arctan\left(\frac{k}{k+1}\right) - \sum_{k'=0}^{n-1}\arctan\left(\frac{k'}{k'+1}\right) \quad (\text{令 } k' = k-1) \\ &= \arctan\left(\frac{n}{n+1}\right) - \arctan\left(\frac{0}{0+1}\right) = \arctan\left(1-\frac{1}{n+1}\right) \end{aligned}$$

因此 $S_n \to \arctan 1 = \frac{\pi}{4}$。

4[†]. **解析**

① 当 $x<0$ 时，$\arctan\frac{x}{k}<0$，$\{x\}^{2022}\geqslant 0$，$\sum_{k=1}^{2022}\arctan\frac{x}{k}<\{x\}^{2022}$，方程无解。

② 当 $x=0$ 时，$\sum_{k=1}^{2022}\arctan\frac{x}{k}=\{x\}^{2022}=0$。

③ 当 $0<x<1$ 时，$\arctan x>\frac{x}{2}$。设函数 $f:[0,1]\to\mathbb{R}$，$f(x)=\arctan x-\frac{x}{2}$，

$$f'(x) = \frac{1}{1+x^2} - \frac{1}{2} > 0$$

得到在 $[0,1]$ 上 f 严格单调递增，所以 $\forall x\in(0,1)$，$f(x)>0$。

一方面，

$$\sum_{k=1}^{2022}\arctan\frac{x}{k} > \frac{x}{2}\sum_{k=1}^{2022}\frac{1}{k}$$

另一方面，

$$\begin{aligned} \sum_{k=1}^{2022}\frac{1}{k} > \sum_{k=1}^{1024}\frac{1}{k} &= 1+\frac{1}{2}+\left(\frac{1}{3}+\frac{1}{4}\right)+\left(\frac{1}{5}+\frac{1}{6}+\frac{1}{7}+\frac{1}{8}\right)+\cdots+\left(\frac{1}{513}+\cdots+\frac{1}{1024}\right) \\ &> 1+\frac{1}{2}\times 10 = 6 \end{aligned}$$

于是 $\sum_{k=1}^{2022}\arctan\frac{x}{k}>3x$，对于 $x\in(0,1)$，$\{x\}=x$。由 $\sum_{k=1}^{2022}\arctan\frac{x}{k}=\{x\}^{2022}$ 得到

$$x^{2022} = \{x\}^{2022} = \sum_{k=1}^{2022}\arctan\frac{x}{k} > 3x$$

即 $x^{2017}>3$，在 $x\in(0,1)$ 上无解。

④ 当 $x\geqslant 1$ 时，

$$\sum_{k=1}^{2022}\arctan\frac{x}{k} \geqslant \sum_{k=1}^{2022}\arctan\frac{1}{k} > \frac{1}{2}\sum_{k=1}^{2022}\frac{1}{k} > 3$$

而 $\{x\}^{2022}\leqslant 1$，方程无解。

综上所述，方程有唯一解 $x=0$。

11.3 双曲函数与反双曲函数

11.3.1 双曲余弦函数和反双曲余弦函数

对 $x\in\mathbb{R}$,双曲余弦函数定义为

$$\operatorname{ch} x = \frac{e^{x} + e^{-x}}{2}$$

限定区间上映射 $\operatorname{ch}_1:[0, +\infty)\to[1, +\infty)$为双射,其逆映射称为反双曲余弦,记为

$$\operatorname{arch}:[1, +\infty)\to[0, +\infty)$$

双曲余弦函数和反双曲余弦函数的图象如图 11.10 所示。

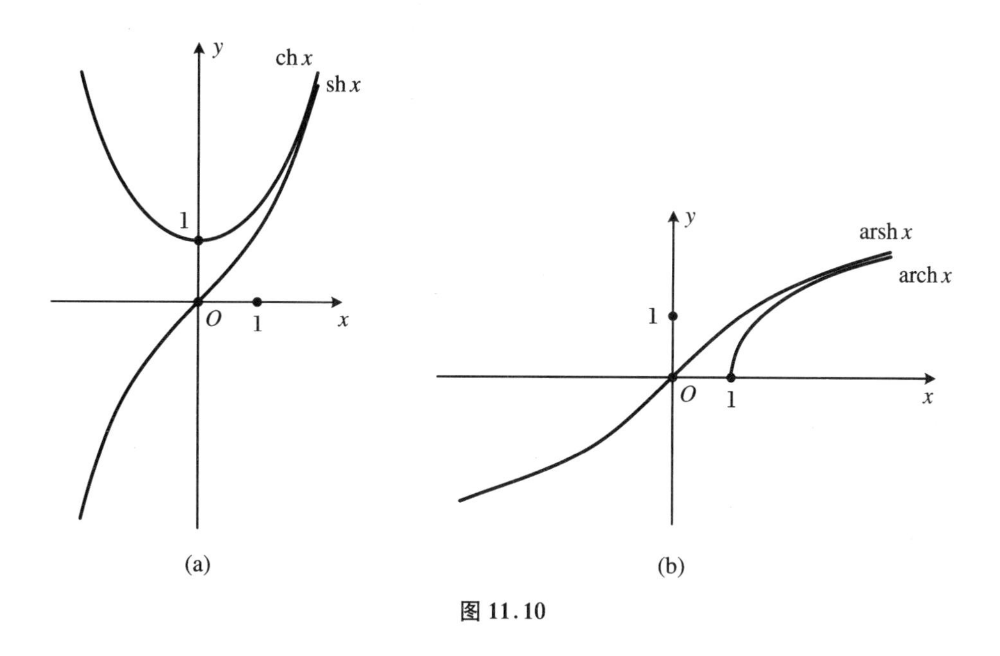

图 11.10

11.3.2 双曲正弦函数和反双曲正弦函数

对 $x\in\mathbb{R}$,双曲正弦函数定义为

$$\operatorname{sh} x = \frac{e^{x} - e^{-x}}{2}$$

$\operatorname{sh}:\mathbb{R}\to\mathbb{R}$ 是连续可导函数,严格单调递增,且 $\lim\limits_{x\to-\infty}\operatorname{sh} x = -\infty$, $\lim\limits_{x\to+\infty}\operatorname{sh} x = +\infty$。

于是 $\operatorname{sh} x$ 为双射函数,其逆映射函数称为反双曲正弦函数,记为

$$\operatorname{arsh}:\mathbb{R}\to\mathbb{R}$$

双曲正弦函数与反双曲正弦函数的图象如图 11.10 所示。

性质 5

(1) $\operatorname{ch}^2 x-\operatorname{sh}^2 x=1$;

(2) $(\operatorname{ch} x)'=\operatorname{sh} x,(\operatorname{sh} x)'=\operatorname{ch} x$;

(3) $\operatorname{arsh}:\mathbb{R}\to\mathbb{R}$ 是严格单调递增且连续的函数;

(4) arsh 是可导函数且$(\operatorname{arsh} x)'=\dfrac{1}{\sqrt{x^2+1}}$;

(5) $\operatorname{arsh} x=\ln\left(x+\sqrt{x^2+1}\right)$。

证明

(1)

$$\begin{aligned}\operatorname{ch}^2 x-\operatorname{sh}^2 x&=\frac{1}{4}\left[(e^x+e^{-x})^2-(e^x-e^{-x})^2\right]\\&=\frac{1}{4}\left[(e^{2x}+2+e^{-2x})-(e^{2x}-2+e^{-2x})\right]=1\end{aligned}$$

(2)

$$\frac{d}{dx}(\operatorname{ch} x)=\frac{d}{dx}\frac{e^x+e^{-x}}{2}=\frac{e^x-e^{-x}}{2}=\operatorname{sh} x$$

$\operatorname{sh} x$ 的导数可用同样方法证明。

(3) 因为函数 arsh 与 sh 互为反函数。

(4) 在恒等式 $\operatorname{sh}(\operatorname{arsh} x)=x$ 两边取导数,得到

$$(\operatorname{arsh} x)'=\frac{1}{\operatorname{ch}(\operatorname{arsh} x)}=\frac{1}{\sqrt{\operatorname{sh}^2(\operatorname{arsh} x)+1}}=\frac{1}{\sqrt{x^2+1}}$$

(5) 注意到 $f(x)=\ln\left(x+\sqrt{x^2+1}\right)$,于是

$$f'(x)=\frac{1+\dfrac{x}{\sqrt{x^2+1}}}{x+\sqrt{x^2+1}}=\frac{1}{\sqrt{x^2+1}}=(\operatorname{arsh} x)'$$

因为 $f(0)=\ln 1=0$,且 $\operatorname{arsh} 0=0(\operatorname{sh} 0=0)$,可以推断对 $x\in\mathbb{R}$,$f(x)=\operatorname{arsh} x$。

11.3.3 双曲正切函数及其反函数

定义双曲正切函数为

$$\operatorname{th} x=\frac{\operatorname{sh} x}{\operatorname{ch} x}$$

函数 $\operatorname{th}:\mathbb{R}\to(-1,1)$是双射函数,我们记 $\operatorname{arth}:(-1,1)\to\mathbb{R}$ 为其逆映射,即 $\operatorname{th} x$ 的反函数。

双曲正切函数及其反函数的图象如图 11.11 所示。

11.3.4 双曲函数的三角公式

(1) $\operatorname{ch}^2 x-\operatorname{sh}^2 x=1$;

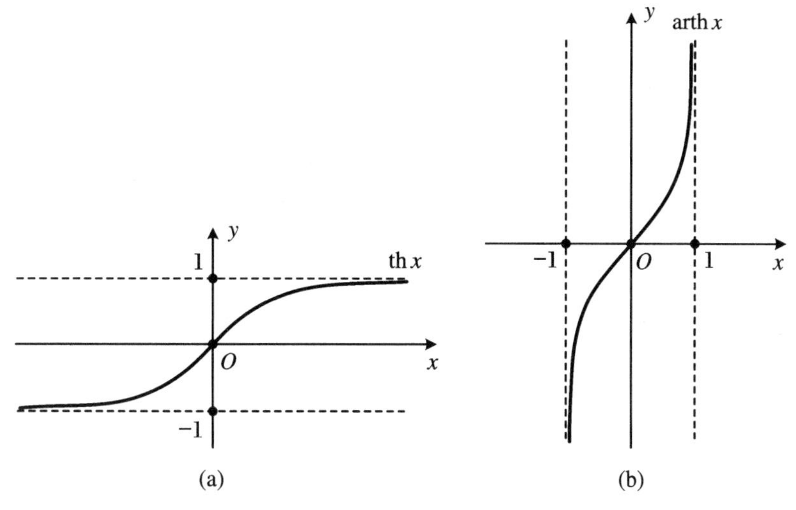

图 11.11

(2) $\operatorname{ch}(a+b)=\operatorname{ch}a\cdot\operatorname{ch}b+\operatorname{sh}a\cdot\operatorname{sh}b$；

(3) $\operatorname{ch}(2a)=\operatorname{ch}^2a+\operatorname{sh}^2a=2\operatorname{ch}^2a-1=1+2\operatorname{sh}^2a$；

(4) $\operatorname{sh}(2a)=2\operatorname{sh}a\cdot\operatorname{ch}a$；

(5) $\operatorname{th}(a+b)=\dfrac{\operatorname{th}a+\operatorname{th}b}{1+\operatorname{th}a\cdot\operatorname{th}b}$；

(6) $(\operatorname{ch}x)'=\operatorname{sh}x$；

(7) $(\operatorname{sh}x)'=\operatorname{ch}x$；

(8) $(\operatorname{th}x)'=1-\operatorname{th}^2x=\dfrac{1}{\operatorname{ch}^2x}$；

(9) $(\operatorname{arch}x)'=\dfrac{1}{\sqrt{x^2-1}}(x>1)$；

(10) $(\operatorname{arsh}x)'=\dfrac{1}{\sqrt{x^2+1}}$；

(11) $(\operatorname{arth}x)'=\dfrac{1}{1-x^2}(|x|<1)$；

(12) $\operatorname{arch}x=\ln(x+\sqrt{x^2-1})(x\geqslant1)$；

(13) $\operatorname{arsh}x=\ln(x+\sqrt{x^2+1})(x\in\mathbb{R})$；

(14) $\operatorname{arth}x=\dfrac{1}{2}\ln\left(\dfrac{1+x}{1-x}\right)(-1<x<1)$。

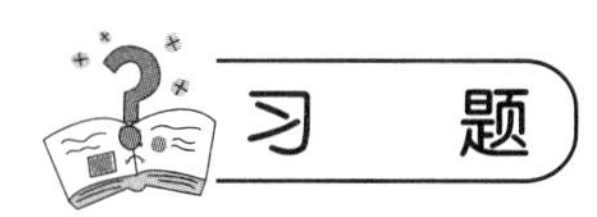

习题

1. 化简$\dfrac{2\operatorname{ch}^2(x)-\operatorname{sh}(2x)}{x-\ln(\operatorname{ch}x)-\ln2}$，并求 $x\to-\infty$ 和 $x\to+\infty$ 时的极限值。

2. 若 $x\in\mathbb{R}$,对于 $n\in\mathbb{N}^*$,设 $C_n=\sum\limits_{k=1}^{n}\text{ch}(kx)$ 和 $S_n=\sum\limits_{k=1}^{n}\text{sh}(kx)$,计算 C_n 和 S_n 的值。

3. 研究函数 $f(x)=\text{arch}\left[\frac{1}{2}\left(x+\frac{1}{x}\right)\right]$的定义域,并化简函数式。

4[†]. 确定$\int\ln(x+\sqrt{x^2+1})\mathrm{d}x$ 的值。

答　案

1. **解析**　根据双曲余弦和双曲正弦的定义

$$2\text{ch}^2x-\text{sh}(2x)=2\left(\frac{\mathrm{e}^x+\mathrm{e}^{-x}}{2}\right)^2-\frac{\mathrm{e}^{2x}-\mathrm{e}^{-2x}}{2}$$
$$=\frac{\mathrm{e}^{2x}+2+\mathrm{e}^{-2x}}{2}+\frac{\mathrm{e}^{-2x}-\mathrm{e}^{2x}}{2}=1+\mathrm{e}^{-2x}$$

根据公式 $\ln(ab)=\ln a+\ln b$ 以及 $\ln(\mathrm{e}^x)=x$,我们得到

$$x-\ln(\text{ch}\,x)-\ln 2=x-\ln\left(\frac{\mathrm{e}^x+\mathrm{e}^{-x}}{2}\right)-\ln 2=x-\ln(\mathrm{e}^x+\mathrm{e}^{-x})+\ln 2-\ln 2$$
$$=x-\ln[\mathrm{e}^x(1+\mathrm{e}^{-2x})]=x-\ln(\mathrm{e}^x)-\ln(1+\mathrm{e}^{-2x})$$
$$=-\ln(1+\mathrm{e}^{-2x})$$

所以

$$\frac{2\text{ch}^2x-\text{sh}(2x)}{x-\ln(\text{ch}\,x)-\ln 2}=-\frac{1+\mathrm{e}^{-2x}}{\ln(1+\mathrm{e}^{-2x})}$$

是$-\frac{u}{\ln u}$形式,其中 $u=1+\mathrm{e}^{-2x}$。

若 $x\to+\infty$,则 $u\to 1^+$,$\frac{1}{\ln u}\to+\infty$,所以$-\frac{u}{\ln u}\to-\infty$;

若 $x\to-\infty$,则 $u\to+\infty$,根据递增性的比较,得到$-\frac{u}{\ln u}\to-\infty$。

2. **解析**　因为

$$\text{ch}\,x+\text{sh}\,x=\mathrm{e}^x,\quad \text{ch}\,x-\text{sh}\,x=\mathrm{e}^{-x},\quad C_n+S_n=\sum_{k=1}^{n}\mathrm{e}^{kx},\quad C_n-S_n=\sum_{k=1}^{n}\mathrm{e}^{-kx}$$

分别是几何级数 e^x 和 e^{-x}的和。

① 若 $x=0$,可得 $C_n=\sum\limits_{k=1}^{n}1=n$,$S_n=\sum\limits_{k=1}^{n}0=0$。

② 设 $x\neq 0$,则 $\mathrm{e}^x\neq 1$,于是

$$C_n+S_n=\sum_{k=1}^{n}\mathrm{e}^{kx}=\frac{\mathrm{e}^x-\mathrm{e}^{(n+1)x}}{1-\mathrm{e}^x}=\mathrm{e}^x\frac{1-\mathrm{e}^{nx}}{1-\mathrm{e}^x}$$

$$= e^x \frac{e^{\frac{nx}{2}}(e^{-\frac{nx}{2}} - e^{\frac{nx}{2}})}{e^{\frac{x}{2}}(e^{-\frac{x}{2}} - e^{\frac{x}{2}})} = e^{\frac{(n+1)x}{2}} \frac{\operatorname{sh}\frac{nx}{2}}{\operatorname{sh}\frac{x}{2}}$$

同理,由上面等式,用 $-x$ 替换 x 得到

$$C_n - S_n = e^{-\frac{(n+1)x}{2}} \frac{\operatorname{sh}\frac{nx}{2}}{\operatorname{sh}\frac{x}{2}}$$

根据 $C_n = \dfrac{(C_n + S_n) + (C_n - S_n)}{2}$ 以及 $S_n = \dfrac{(C_n + S_n) - (C_n - S_n)}{2}$,得到

$$C_n = \frac{e^{\frac{(n+1)x}{2}} + e^{-\frac{(n+1)x}{2}}}{2} \times \frac{\operatorname{sh}\frac{nx}{2}}{\operatorname{sh}\frac{x}{2}} = \operatorname{ch}\left[\frac{(n+1)x}{2}\right]\frac{\operatorname{sh}\frac{nx}{2}}{\operatorname{sh}\frac{x}{2}}$$

$$S_n = \frac{e^{\frac{(n+1)x}{2}} - e^{-\frac{(n+1)x}{2}}}{2} \times \frac{\operatorname{sh}\frac{nx}{2}}{\operatorname{sh}\frac{x}{2}} = \operatorname{sh}\left[\frac{(n+1)x}{2}\right]\frac{\operatorname{sh}\frac{nx}{2}}{\operatorname{sh}\frac{x}{2}}$$

3. **解析**　(1) 函数 arch 的定义域为 $[1, +\infty)$,由此

$$\frac{1}{2}\left(x + \frac{1}{x}\right) \geqslant 1 \Leftrightarrow \frac{x^2+1}{x} \geqslant 2 \Leftrightarrow \frac{(x-1)^2}{x} \geqslant 0 \Leftrightarrow x > 0$$

所以函数 $f(x)$ 的定义域为 $(0, +\infty)$。

(2) ① 若 $x>0$,则 $y = \dfrac{1}{2}\left(x + \dfrac{1}{x}\right) \geqslant 1$,我们知道 $\operatorname{arch} y = \ln(y + \sqrt{y^2 - 1})$,而

$$\sqrt{y^2 - 1} = \sqrt{\frac{1}{4}\left(x + \frac{1}{x}\right)^2 - 1} = \sqrt{\frac{(x^2+1)^2}{4x^2} - 1} = \left|\frac{x^2 - 1}{2x}\right|$$

得到

$$f(x) = \operatorname{arch} y = \ln(y + \sqrt{y^2 - 1}) = \ln\left(\frac{x^2+1}{2x} + \left|\frac{x^2-1}{2x}\right|\right)$$

因为假设 $x>0$,因此只要讨论情形 $x \geqslant 1$ 和 $0 < x \leqslant 1$。

② 若 $x \geqslant 1$,

$$f(x) = \ln\left(\frac{x^2+1}{2x} + \left|\frac{x^2-1}{2x}\right|\right) = \ln\left(\frac{x^2+1}{2x} + \frac{x^2-1}{2x}\right) = \ln x$$

③ 若 $0 < x \leqslant 1$,

$$f(x) = \ln\left(\frac{x^2+1}{2x} + \frac{1-x^2}{2x}\right) = \ln\frac{1}{x} = -\ln x$$

综上,$f(x) = |\ln x|$。

函数 $f(x)$的图象如图 11.12 所示。

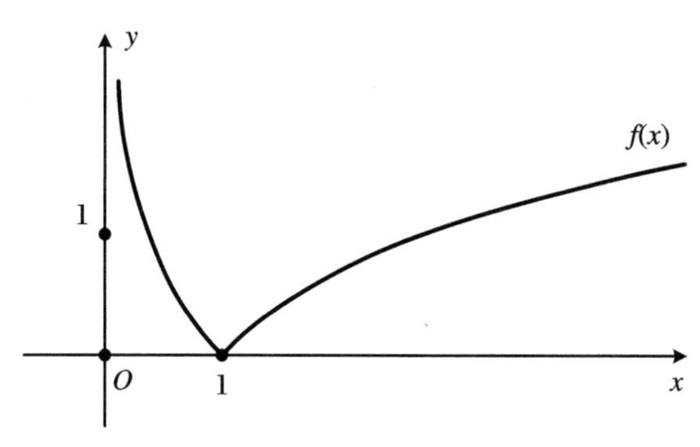

图 11.12

$4^{\dagger}$. **解析　方法 1**　用双曲函数换元，设 $x=\operatorname{sh}\theta$，则

$$\begin{aligned}\int \ln\left(x+\sqrt{x^2+1}\right)\mathrm{d}x &= \int \ln\left(\operatorname{sh}\theta+\sqrt{\operatorname{sh}^2\theta+1}\right)\frac{\mathrm{d}x}{\mathrm{d}\theta}\mathrm{d}\theta \\ &= \int \ln\left(\operatorname{sh}\theta+\operatorname{ch}\theta\right)\operatorname{ch}\theta\mathrm{d}\theta \\ &= \int \ln\left(\mathrm{e}^{\theta}\right)\operatorname{ch}\theta\mathrm{d}\theta \\ &= \int \theta\operatorname{ch}\theta\mathrm{d}\theta = \theta\operatorname{sh}\theta-\operatorname{ch}\theta+C \\ &= x\operatorname{sh}^{-1}x-\sqrt{x^2+1}+C\end{aligned}$$

如果结果中不出现反双曲函数，我们令 $y=\operatorname{sh}^{-1}x$，则

$$x=\operatorname{sh}y=\frac{1}{2}\left(\mathrm{e}^{y}-\mathrm{e}^{-y}\right)$$

于是

$$\mathrm{e}^{y}-2x-\mathrm{e}^{-y}=0$$

所以

$$\left(\mathrm{e}^{y}\right)^2-2x\left(\mathrm{e}^{y}\right)-1=0$$

根据求根公式

$$\mathrm{e}^{y}=\frac{2x\pm\sqrt{(2x)^2+4}}{2}=x\pm\sqrt{x^2+1}$$

若 y 为实数，则 $\mathrm{e}^{y}>0$，我们取 +，所以 $\mathrm{e}^{y}=x+\sqrt{x^2+1}$，$y=\ln\left(x+\sqrt{x^2+1}\right)$，即

$$\operatorname{sh}^{-1}x=\ln\left(x+\sqrt{x^2+1}\right)$$

所以

$$\int \ln\left(x+\sqrt{x^2+1}\right)\mathrm{d}x=x\ln\left(x+\sqrt{x^2+1}\right)-\sqrt{x^2+1}+C$$

方法 2　注意到

$$\frac{\mathrm{d}}{\mathrm{d}x}\ln\left(x+\sqrt{x^2+1}\right)=\frac{1}{x+\sqrt{x^2+1}}\left(1+\frac{x}{\sqrt{x^2+1}}\right)=\frac{1}{\sqrt{x^2+1}}$$

由分部积分,令$\begin{cases}u=\ln(x+\sqrt{x^2+1})\\ \mathrm{d}v=\mathrm{d}x\end{cases}$得到 $\mathrm{d}u=\dfrac{1}{\sqrt{1+x^2}}\mathrm{d}x$, $v=x$,所以积分值为

$$I = x\ln(x+\sqrt{x^2+1})-\int\frac{x}{\sqrt{x^2+1}}\mathrm{d}x = x\ln(x+\sqrt{x^2+1})-\sqrt{x^2+1}+C$$

方法3 三角换元,设 $x=\tan u$, $\mathrm{d}x=(\sec u)^2\cdot\mathrm{d}u$,所求积分为

$$\begin{aligned}
&\int\ln(\sec u+\tan u)\cdot(\sec u)^2\cdot\mathrm{d}u\\
&= \tan u\cdot\ln(\sec u+\tan u)-\int\tan u\cdot\frac{(\sec u)^2+\sec u\cdot\tan u}{\sec u+\tan u}\cdot\mathrm{d}u\\
&= \tan u\cdot\ln(\sec u+\tan u)-\int\tan u\cdot\sec u\cdot\frac{\sec u+\tan u}{\sec u+\tan u}\cdot\mathrm{d}u\\
&= \tan u\cdot\ln(\sec u+\tan u)-\int\sec u\cdot\tan u\cdot\mathrm{d}u\\
&= \tan u\cdot\ln(\sec u+\tan u)-\sec u+C\\
&= \tan u\cdot\ln(\sec u+\tan u)-\sqrt{(\tan u)^2+1}+C\\
&= x\cdot\ln(x+\sqrt{x^2+1})-\sqrt{x^2+1}+C
\end{aligned}$$

第12章　微　　分

我们想计算$\sqrt{1.01}$或至少找到一个近似值。因为1.01接近于1，而$\sqrt{1}=1$，所以$\sqrt{1.01}$近似等于1。还能更具体些吗？如果我们称函数f为$f(x)=\sqrt{x}$，那么f在$x_0=1$处连续。根据连续性我们得到当x足够接近x_0时，$f(x)$近似于$f(x_0)$。换句话说，x近似等于x_0使得$f(x_0)$近似等于$f(x)$。

我们有更好的近似方法，而不是用水平直线来近似我们的函数！我们尝试斜率（方向）不为零的某条直线。在x_0附近，哪条直线最接近f？它应该经过$(x_0,f(x_0))$，并且尽可能地"粘贴"到函数图象上，它就是过点$(x_0,f(x_0))$的函数的切线，切线方程为

$$y=(x-x_0)f'(x_0)+f(x_0)$$

其中$f'(x_0)$是f在x_0处的导数值。我们知道对于$f(x)=\sqrt{x}$，$f'(x)=\dfrac{1}{2\sqrt{x}}$，函数在$x_0=1$处的切线方程为$y=\dfrac{1}{2}(x-1)+1$（图12.1），于是当$x$接近1时，我们有$f(x)\simeq\dfrac{1}{2}(x-1)+1$。这对我们计算$\sqrt{1.01}$有什么影响？设$x=1.01$，则

$$f(x)\simeq\frac{1}{2}(x-1)+1=\frac{1}{2}\times0.01+1=1.005$$

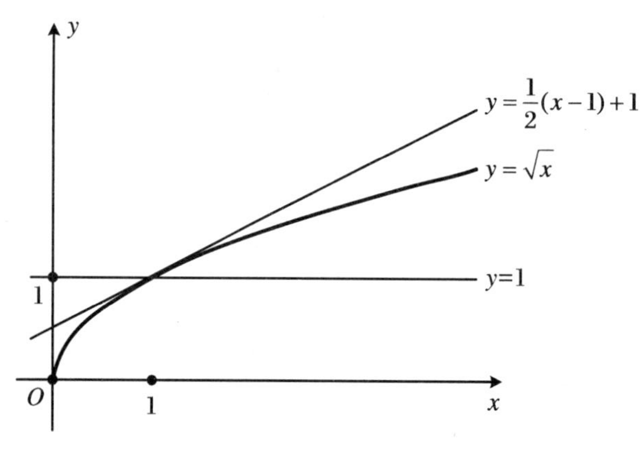

图12.1

相对于近似值1而言，1.005的确是$\sqrt{1.01}$的一个很好的近似值（$\sqrt{1.01}=1.00498\cdots$）。现令$h=x-1$，重新表示我们的近似值：$\sqrt{1+h}\approx 1+\frac{1}{2}h$。其对于近似值的计算很有效。

在这一章中，我们将定义函数的导数并建立函数导数公式。为了求出近似值的误差，我们将学习有限增量定理（拉格朗日中值定理）。

12.1　导　　数

12.1.1　在某点处的导数

设I是$\mathbb{R}$上的一个区间，函数$f:I\to\mathbb{R}$，$x_0\in I$。

定义1　若变化率$\frac{f(x)-f(x_0)}{x-x_0}$在$x$趋近于$x_0$时，存在有限的极限，则称$f$在$x_0$处可导（可微）。极限值称为$f$在点$x_0$处的导数值，记为$f'(x_0)$。因此

$$f'(x_0)=\lim_{x\to x_0}\frac{f(x)-f(x_0)}{x-x_0}$$

定义2　若函数f在所有点$x_0\in I$处可导，则称f在I上可导。函数$x\to f'(x)$是f的导数函数，记为f'或$\frac{\mathrm{d}f}{\mathrm{d}x}$。

例1　函数$f(x)=x^2$在所有$x_0\in\mathbb{R}$处可导。事实上，

$$\frac{f(x)-f(x_0)}{x-x_0}=\frac{x^2-x_0^2}{x-x_0}=\frac{(x-x_0)(x+x_0)}{x-x_0}=x+x_0\underset{x\to x_0}{\longrightarrow}2x_0$$

我们证明了f在x_0处的导数为$2x_0$，换言之，$f'(x)=2x$。

例2　证明：$f(x)=\sin x$的导数为$f'(x)=\cos x$。

证明　我们需要用到两个已学的知识：

$$\frac{\sin x}{x}\underset{x\to 0}{\longrightarrow}1,\quad \sin p-\sin q=2\sin\frac{p-q}{2}\cos\frac{p+q}{2}$$

注意到第一个命题证明了

$$\frac{f(x)-f(0)}{x-0}=\frac{\sin x}{x}\to 1$$

于是f在$x_0=0$处可导，且$f'(0)=1$。对于任意x_0，我们有

$$\frac{f(x)-f(x_0)}{x-x_0}=\frac{\sin x-\sin x_0}{x-x_0}=\frac{\sin\frac{x-x_0}{2}}{\frac{x-x_0}{2}}\cdot\cos\frac{x+x_0}{2}$$

当$x\to x_0$时，$\cos\frac{x+x_0}{2}\to\cos x_0$。设$u=\frac{x-x_0}{2}$，那么$u\to 0$，有$\frac{\sin u}{u}\to 1$，因此

$$\frac{f(x)-f(x_0)}{x-x_0} \underset{x \to x_0}{\longrightarrow} \cos x_0$$

所以 $f'(x)=\cos x$。

12.1.2 切线

过不同两点 $(x_0, f(x_0))$ 和 $(x, f(x))$ 的直线的斜率为 $\frac{f(x)-f(x_0)}{x-x_0}$；取极限值，我们发现切线的斜率为 $f'(x_0)$（图 12.2）。于是在点 $(x_0, f(x_0))$ 处的切线方程为

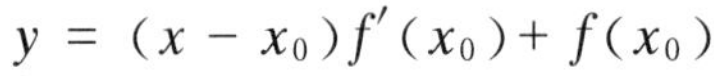

$$y=(x-x_0)f'(x_0)+f(x_0)$$

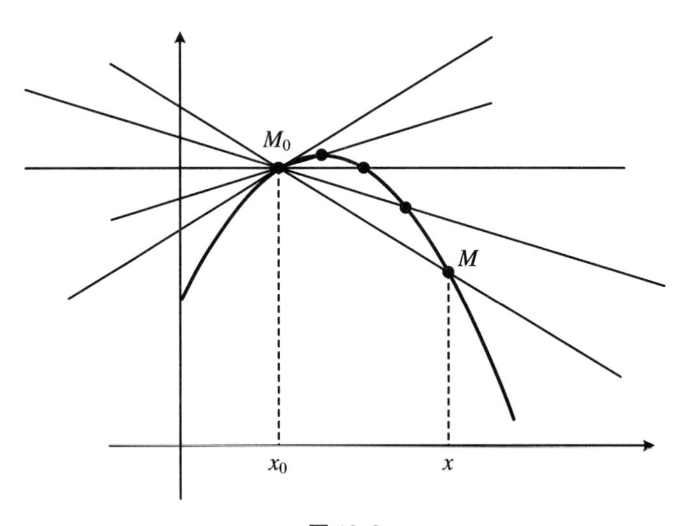

图 12.2

12.1.3 导数的其他结论

下面是可导函数 f 在 x_0 处导数的另外两个公式。

性质 1

(1) 当且仅当极限 $\lim\limits_{h \to 0} \frac{f(x_0+h)-f(x_0)}{h}$ 存在且有限，f 在 x_0 处的导数存在。

(2) 当且仅当存在 $l \in \mathbb{R}$（即为 $f'(x_0)$）以及函数 $\varepsilon: I \to \mathbb{R}$ 满足 $\varepsilon(x) \underset{x \to x_0}{\longrightarrow} 0$，

$$f(x)=f(x_0)+(x-x_0)l+(x-x_0)\varepsilon(x)$$

证明 这只是重新定义 $f'(x_0)$ 的问题，例如，通过除以 $(x-x_0)$，性质(2)表示为

$$\frac{f(x)-f(x_0)}{x-x_0}=l+\varepsilon(x)$$

显然成立。

性质 2 设 I 是一个开区间，$x_0 \in I$，且函数 $f: I \to \mathbb{R}$。

(1) 若 f 在 x_0 处可导，则 f 在 x_0 处连续；

(2) 若 f 在区间 I 上可导，则 f 在区间 I 上连续。

证明　假设 f 在 x_0 处可导，要证明它也在 x_0 处连续。

方法 1　下面是简短的证明：由性质 1，有

$$f(x) = f(x_0) + \underbrace{(x - x_0)l}_{\to 0} + \underbrace{(x - x_0)\varepsilon(x)}_{\to 0}$$

于是当 $x \to x_0$ 时 $f(x) \to f(x_0)$，因此 f 在 x_0 处连续。

方法 2　我们不使用极限而利用函数连续和导数的定义证明。取 $\varepsilon' > 0$，

$$f(x) = f(x_0) + (x - x_0)l + (x - x_0)\varepsilon(x)$$

根据性质 1，$\varepsilon(x) \to 0 (x \to x_0)$，且 $l = f'(x_0)$。取 $\delta > 0$，可以验证：

① $\delta \leqslant 1$；

② $\delta |l| < \varepsilon'$；

③ 若 $|x - x_0| < \delta$，则 $|\varepsilon(x)| < \varepsilon'$（因为 $\varepsilon(x) \to 0$）。

于是上面等式变为

$$\begin{aligned} &|f(x) - f(x_0)| \\ &\quad = |(x - x_0)l + (x - x_0)\varepsilon(x)| \\ &\quad \leqslant |x - x_0| \cdot |l| + |x - x_0| \cdot |\varepsilon(x)| \leqslant \delta |l| + \delta\varepsilon' \quad (\text{对于} |x - x_0| < \delta) \\ &\quad \leqslant \varepsilon' + \varepsilon' = 2\varepsilon' \end{aligned}$$

我们已经证明如果 $|x - x_0| < \delta$ 那么 $|f(x) - f(x_0)| < 2\varepsilon'$，即为函数 f 在 x_0 处连续的定义。

注　上面命题的逆命题是假命题。例如，绝对值函数在 0 处连续，但是在 $x = 0$ 处不可导。

事实上，$f(x) = |x|$ 在 $x_0 = 0$ 处的变化率 $\dfrac{f(x) - f(0)}{x - 0} = \dfrac{|x|}{x} = \begin{cases} 1, & x > 0 \\ -1, & x < 0 \end{cases}$。右极限为 $+1$，左极限为 -1，所以在 $x_0 = 0$ 处没有极限，所以 f 在 $x = 0$ 处不可导。这一点也可以从图 12.3 中看出，右侧有半切线，左侧有半切线，但是它们的斜率不相等。

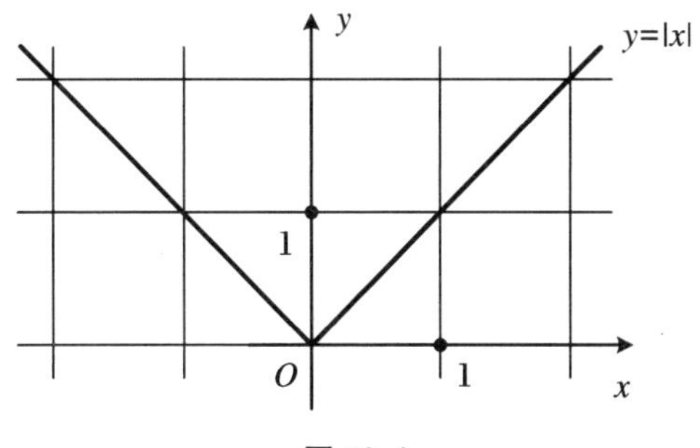

图 12.3

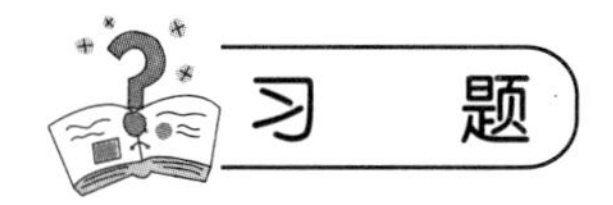

1. 证明：函数 $f(x)=x^2\sqrt{x}$ 在 $x=0$ 处可微。

2. 若函数 f 定义为：$f(0)=0$ 且 $f(x)=x^2\cos\left(\frac{1}{x}\right)$，其中 $x\neq 0$。证明：f 在 $x=0$ 处连续。

3. 已知直线 l 的方程为 $y=-4x+120$，若双曲线 C 为 $y=\frac{k}{x-a}$，且直线 l 与曲线 C 在点 $(15,60)$ 处相切，试确定双曲线 C 的方程。

4[†]. (2009年，天津市大学生数学竞赛)设函数

$$f(x)=\begin{cases}\dfrac{\ln(1+ax^3)}{x-\arcsin x}, & x<0\\ 6, & x=0\\ \dfrac{e^{ax}+x^2-ax-1}{x\sin\dfrac{x}{4}}, & x>0\end{cases}$$

(1) a 为何值时，$f(x)$ 在 $x=0$ 处连续？

(2) a 为何值时，$x=0$ 为 $f(x)$ 的可去间断点？

1. **证明** 首先，计算 $\frac{f(x)-f(0)}{x-0}$；然后，计算其在 $x=0$ 处的极限。

$$\frac{f(x)-f(0)}{x-0}=\frac{x^2\sqrt{x}}{x}=x\sqrt{x},\quad \lim_{x\to 0}x\sqrt{x}=0$$

所以函数 $f(x)=x^2\sqrt{x}$ 在 $x=0$ 处可微，且 $f'(0)=0$。

2. **证明**

① 从求 $x^2\cos\left(\frac{1}{x}\right)$ 在 $x=0$ 处的极限开始。我们知道 $-1\leqslant\cos\left(\frac{1}{x}\right)\leqslant 1$，因为 $x^2\geqslant 0$，于是我们得到 $-x^2\leqslant x^2\cos\left(\frac{1}{x}\right)\leqslant x^2$，$\lim\limits_{x\to 0}x^2=0$，所以 $\lim\limits_{x\to 0}x^2\cos\left(\frac{1}{x}\right)=0$。

② 然后，比较 $f(0)$ 的函数值与极限值。因为 $f(0)=0$，于是 $\lim\limits_{x\to 0}x^2\cos\left(\frac{1}{x}\right)=f(0)$。

③ 最后，因为 $\lim\limits_{x\to 0}f(x)=f(0)$，所以 f 是连续函数。

3. $y=\frac{900}{x}$。

4[†]. **解析**　由连续函数的定义,考虑左、右极限。由于

$$\lim_{x\to0^-}f(x)=\lim_{x\to0^-}\frac{\ln(1+ax^3)}{x-\arcsin x}=\lim_{x\to0^-}\frac{ax^3}{x-\arcsin x}=\lim_{x\to0^-}\frac{3ax^2}{1-\dfrac{1}{\sqrt{1-x^2}}}$$

$$=\lim_{x\to0^-}\frac{3ax^2(\sqrt{1-x^2}+1)}{(\sqrt{1-x^2}-1)(\sqrt{1-x^2}+1)}=-6a$$

$$\lim_{x\to0^+}f(x)=\lim_{x\to0^+}\frac{e^{ax}+x^2-ax-1}{x\sin\dfrac{x}{4}}=4\lim_{x\to0^+}\frac{e^{ax}+x^2-ax-1}{x^2}=4\lim_{x\to0^+}\frac{ae^{ax}+2x-a}{2x}$$

$$=2\lim_{x\to0^+}(a^2e^{ax}+2)=2a^2+4$$

而

$$\lim_{x\to0^-}f(x)=\lim_{x\to0^+}f(x)\Rightarrow a=-1\text{ 或 }a=-2$$

(1) 当 $a=-1$ 时,$\lim\limits_{x\to0}f(x)=6=f(0)$,故 $f(x)$在 $x=0$ 处连续;

(2) 当 $a=-2$ 时,$\lim\limits_{x\to0}f(x)=12\neq f(0)=6$,故 $x=0$ 为 $f(x)$的可去间断点。

12.2　导数的计算

12.2.1　导数的运算

性质 3　设函数 $f,g:I\to\mathbb{R}$ 是 I 上的两个可导函数,对于所有 $x\in I$ 有

(1) $(f+g)'(x)=f'(x)+g'(x)$;

(2) $(\lambda f)'(x)=\lambda f'(x)$,其中 λ 为某一确定实数;

(3) $(f\times g)'(x)=f'(x)g(x)+f(x)g'(x)$;

(4) $\left(\dfrac{1}{f}\right)'(x)=-\dfrac{f'(x)}{f(x)^2}$ (若 $f(x)\neq0$);

(5) $\left(\dfrac{f}{g}\right)'(x)=\dfrac{f'(x)g(x)-f(x)g'(x)}{g(x)^2}$ (若 $g(x)\neq0$)。

证明　以$(f\times g)'=f'g+fg'$为例。

固定 $x_0\in I$,函数 $f(x)\times g(x)$变化率为

$$\frac{f(x)g(x)-f(x_0)g(x_0)}{x-x_0}=\frac{f(x)-f(x_0)}{x-x_0}g(x_0)+\frac{g(x)-g(x_0)}{x-x_0}f(x_0)$$

$$\to f'(x_0)g(x_0)+g'(x_0)f(x_0)\quad(\text{当 }x\to x_0\text{ 时})$$

即对所有 $x_0\in I$ 函数$f\times g$ 在I 上可导成立,且为 $f'g+fg'$。

注　下面方式更容易记忆:

$$(f+g)'=f'+g',\quad(\lambda f)'=\lambda f',\quad(f\times g)'=f'g+fg'$$

$$\left(\frac{1}{f}\right)' = -\frac{f'}{f^2}, \quad \left(\frac{f}{g}\right)' = \frac{f'g - fg'}{g^2}$$

12.2.2 常用函数的导数

如表 12.1 所示，左边是主要函数的导数公式，x 是自变量。右边是相对左边常用复合函数的导数公式，u 表示函数 $x \to u(x)$。

表 12.1

函数	函数的导数	复合函数	复合函数的导数
x^n	$nx^{n-1}(n\in\mathbb{Z})$	u^n	$nu'u^{n-1}(n\in\mathbb{Z})$
$\frac{1}{x}$	$-\frac{1}{x^2}$	$\frac{1}{u}$	$-\frac{u'}{u^2}$
$\sqrt{x}$	$\frac{1}{2}\frac{1}{\sqrt{x}}$	$\sqrt{u}$	$\frac{1}{2}\frac{u'}{\sqrt{u}}$
x^α	$\alpha x^{\alpha-1}(\alpha\in\mathbb{R})$	u^α	$\alpha u'u^{\alpha-1}(\alpha\in\mathbb{R})$
e^x	e^x	e^u	$u'\mathrm{e}^u$
$\ln x$	$\frac{1}{x}$	$\ln u$	$\frac{u'}{u}$
$\cos x$	$-\sin x$	$\cos u$	$-u'\sin u$
$\sin x$	$\cos x$	$\sin u$	$u'\cos u$
$\tan x$	$1+\tan^2 x = \frac{1}{\cos^2 x}$	$\tan u$	$u'(1+\tan^2 u) = \frac{u'}{\cos^2 u}$

注

(1) 注意 x^n，$\frac{1}{x}$，$\sqrt{x}$和 x^α 对应的导数，它们也是指数函数求导数的结果。例如，$x^\alpha = \mathrm{e}^{\alpha\ln x}$，于是

$$\frac{\mathrm{d}}{\mathrm{d}x}(x^\alpha) = \frac{\mathrm{d}}{\mathrm{d}x}(\mathrm{e}^{\alpha\ln x}) = \alpha\,\frac{1}{x}x^\alpha = \alpha x^{\alpha-1}$$

(2) 如果你需要推导一个指数含有变量的函数的导数，你则要回到指数函数的形式。例如，若 $f(x)=2^x$，则首先要改写成 $f(x)=\mathrm{e}^{x\ln 2}$ 的形式，以便计算

$$f'(x) = \ln 2 \cdot \mathrm{e}^{x\ln 2} = \ln 2 \cdot 2^x$$

12.2.3 复合函数

性质 4 设函数 f 在 x 处可导，函数 g 在 $f(x)$处可导，那么 $g\circ f$ 在 x 处可导，且

$$(g\circ f)'(x) = g'(f(x))\cdot f'(x)$$

证明 假设当 x 趋近于 x_0 时 $f(x)\neq f(x_0)(x\neq x_0)$，证明与性质 3 的证明类似，

$$\frac{g\circ f(x) - g\circ f(x_0)}{x - x_0} = \frac{g(f(x)) - g(f(x_0))}{f(x) - f(x_0)} \times \frac{f(x) - f(x_0)}{x - x_0}$$

$$\to g'(f(x_0)) \times f'(x_0) \quad (x \to x_0)$$

例3　计算 $\ln(1+x^2)$ 的导数。

解析　我们有 $g(x)=\ln x, g'(x)=\frac{1}{x}$；$f(x)=1+x^2, f'(x)=2x$。于是 $\ln(1+x^2)$ 的导数为

$$(g \circ f)'(x) = g'(f(x)) \cdot f'(x) = g'(1+x^2) \cdot 2x = \frac{2x}{1+x^2}$$

推论1　若 I 是开区间，设 $f: I \to J$ 是可导的双射函数，记 $f^{-1}: J \to I$ 为其反函数。若 f' 在 I 上不为零，则 f^{-1} 是可导函数，且对于 $x \in J$ 有

$$(f^{-1})'(x) = \frac{1}{f'(f^{-1}(x))}$$

证明　注意到 $g=f^{-1}$ 为双射函数 f 的反函数，设 $y_0 \in J$ 且 $x_0 \in I$ 满足 $y_0=f(x_0)$，函数 g 在 y_0 处的变化率为

$$\frac{g(y)-g(y_0)}{y-y_0} = \frac{g(y)-x_0}{f(g(y))-f(x_0)}$$

因为当 $y \to y_0$ 时，$g(y) \to g(y_0) = x_0$，于是这一变化率趋近于 $\frac{1}{f'(x_0)}$，因此 $g'(y_0)=\frac{1}{f'(x_0)}$。

注　使用等式 $f(g(x))=x$，可使推导更简单，其中 $g=f^{-1}$ 是函数 f 的反函数。x 的导数为1；左边的导数 $f(g(x))=f \circ g(x)$ 为 $f'(g(x)) \cdot g'(x)$，等式 $f(g(x))=x$ 两边导数相等，所以

$$f'(g(x)) \cdot g'(x) = 1$$

而 $g=f^{-1}$，于是

$$(f^{-1})'(x) = \frac{1}{f'(f^{-1}(x))}$$

例4　设函数 $f: \mathbb{R} \to \mathbb{R}$，其中 $f(x)=x+\mathrm{e}^x$，研究该函数的几个性质。

解析　(1) ① 因为 f 是两个可导函数的和，所以 f 可导。特别地，f 是连续函数。

② 因为 f 是两个递增函数的和，所以 f 是单调递增的。

③ 因为 $\lim\limits_{x \to -\infty} f(x) = -\infty$ 和 $\lim\limits_{x \to +\infty} f(x) = +\infty$，所以 f 是双射函数。

④ $f'(x)=1+\mathrm{e}^x$ 且不等于零(对任意 $x \in \mathbb{R}$)。

(2) 记 $g=f^{-1}$ 是 f 的反函数。即使我们不知道如何表达 g，我们也可以了解关于这个函数的性质。根据上面的推论，g 是可微的，在 $f(g(x))=x$ 两端求导数，得到

$$f'(g(x))g'(x) = 1$$

于是

$$g'(x) = \frac{1}{f'(g(x))} = \frac{1}{1+\exp(g(x))}$$

对于这个特殊的函数 f，可得到

$$f(g(x)) = x \Rightarrow g(x) + \exp(g(x)) = x \Rightarrow \exp(g(x)) = x - g(x)$$

可得

$$g'(x) = \frac{1}{1 + x - g(x)}$$

例如，$f(0)=1$ 则 $g(1)=0, g'(1)=\frac{1}{2}$，也即 $(f^{-1})'(1)=\frac{1}{2}$，f^{-1} 图象在 $x_0=1$ 处的切线方程为 $y=\frac{1}{2}(x-1)$。如图 12.4 所示。

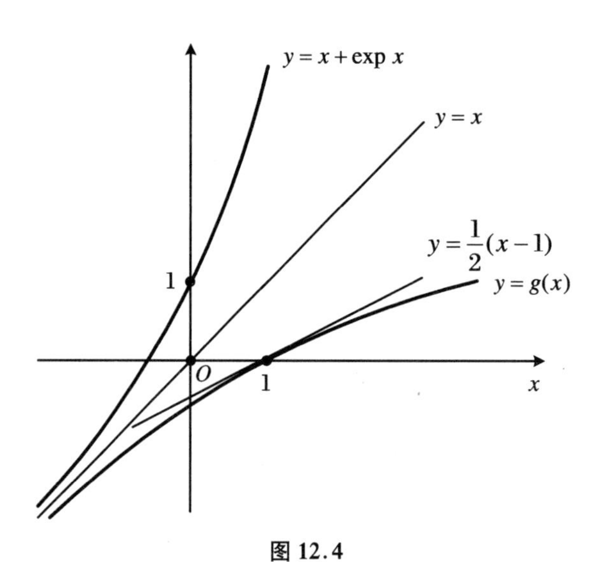

图 12.4

12.2.4 连续求导数

设可微(可导)函数 $f: I \to \mathbb{R}$ 且 f' 为其导函数，若函数 $f': I \to \mathbb{R}$ 也是可导函数，我们记 $f''=(f')'$ 为 f 的二阶导数。更为一般地，

$$f^{(0)} = f,\quad f^{(1)} = f',\quad f^{(2)} = f'',\quad \cdots,\quad f^{(n+1)} = (f^{(n)})'$$

若 n 阶导数 $f^{(n)}$ 存在，我们称其为 n 次可导。

定理 1 (莱布尼兹公式(Leibniz)公式)

$$(f \cdot g)^{(n)} = f^{(n)} \cdot g + \binom{n}{1} f^{(n-1)} \cdot g^{(1)} + \cdots + \binom{n}{k} f^{(n-k)} \cdot g^{(k)} + \cdots + f \cdot g^{(n)}$$

即

$$(f \cdot g)^{(n)} = \sum_{k=0}^{n} \binom{n}{k} f^{(n-k)} \cdot g^{(k)} \quad \left(这里 \binom{n}{k} = \mathrm{C}_n^k \text{ 为组合数}\right)$$

这个定理的证明与二项式定理的证明类似。

例 5

(1) 当 $n=1$，我们有 $(f \cdot g)' = f'g + fg'$；

(2) 当 $n=2$，有 $(f \cdot g)'' = f''g + 2f'g' + fg''$。

例 6 求 $\mathrm{e}^x \cdot (x^2+1)$ 的 n 次导数，其中 $n \geqslant 0$。

解析 记 $f(x)=\mathrm{e}^x$，于是 $f'(x)=\mathrm{e}^x, f''(x)=\mathrm{e}^x, \cdots, f^{(k)}(x)=\mathrm{e}^x$。

记 $g(x)=x^2+1$，于是 $g'(x)=2x,g''(x)=2$，对于 $k\geqslant 3,g^{(k)}(x)=0$。

由莱布尼兹公式得到

$$(f\cdot g)^{(n)}(x)=f^{(n)}(x)\cdot g(x)+\binom{n}{1}f^{(n-1)}(x)\cdot g^{(1)}(x)+\binom{n}{2}f^{(n-2)}(x)\cdot g^{(2)}(x)+\binom{n}{3}f^{(n-3)}(x)\cdot g^{(3)}(x)+\cdots$$

我们记 $f^{(k)}(x)=\mathrm{e}^x,g^{(3)}(x)=0,g^{(4)}(x)=0,\cdots$，因此上面导数的和式只包含前三项

$$(f\cdot g)^{(n)}(x)=\mathrm{e}^x(x^2+1)+\binom{n}{1}\mathrm{e}^x\cdot 2x+\binom{n}{2}\mathrm{e}^x\cdot 2$$

整理为

$$(f\cdot g)^{(n)}(x)=\mathrm{e}^x\cdot[x^2+2nx+n(n-1)+1]$$

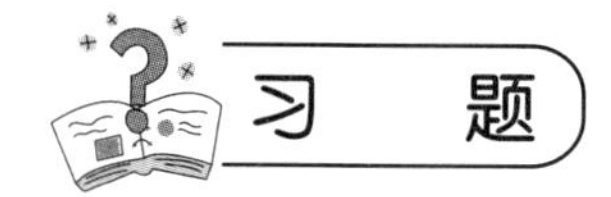

1. 设函数 $f:\mathbb{R}^*\to\mathbb{R}$ 定义为 $f(x)=x^2\sin\dfrac{1}{x}$。

(1) 证明：f 在 $x=0$ 处可连续延拓；

(2) 仍然记 f 为延拓后的函数，证明：f 在 $\mathbb{R}$ 上可导，但是 f' 在零处不连续。

2. 设可导函数 $f:(a,b)\to\mathbb{R}$，若 $\lim\limits_{x\to a^+}f'(x)=\lambda$ 存在，且极限值有限。证明：f 在 a 处可连续延拓，f 在 a 处可导且 $f'(a)=\lambda$。

3. 研究下面函数的可导性：$f(x)=\begin{cases}\dfrac{|x|\sqrt{x^2-2x+1}}{x-1}, & x\neq 1\\ 1, & x=1\end{cases}$。

4[†]. 设 $n\geqslant 2$，n 为正整数，函数 $f:\mathbb{R}_+=[0,+\infty)\to\mathbb{R},f(x)=\dfrac{1+x^n}{(1+x)^n},x\geqslant 0$。

(1) 证明：在 $\mathbb{R}_+$ 上 f 可导；且对于 $x\geqslant 0$，求 $f'(x)$。

(2) 证明下列不等式：

① $x\in\mathbb{R}_+,(1+x)^n\leqslant 2^{n-1}(1+x^n)$；

② 若 $x\in\mathbb{R}_+,y\in\mathbb{R}_+,(x+y)^n\leqslant 2^{n-1}(x^n+y^n)$。

1. **证明** (1) 因为 $\left|\sin\dfrac{1}{x}\right|\leqslant 1$，当 $x\to 0$ 时，f 趋近于 0。由 $f(0)=0$ 可延拓函数 f，延拓函数 f 在 $\mathbb{R}$ 上连续。

(2) 函数 f 的变化率为

$$\frac{f(x)-f(0)}{x-0}=x\sin\frac{1}{x}$$

如上所述,在 $x=0$ 处有极限(值为0),所以 f 在0处可导,且 $f'(0)=0$。

在 $\mathbb{R}^*$ 上,

$$f'(x)=2x\sin\frac{1}{x}-\cos\frac{1}{x}$$

于是,当 $x\to0$ 时 f' 不存在极限,于是在0处 f' 不连续。

2. 略。提示:令 $x_k\to a, x_k>a$,存在 $\delta>0$,当 $|x-a|\leqslant\delta$ 时,有 $|f'(x)-\lambda|\leqslant1$,则对于 $k,l>K_0$,存在 $\xi_{kl}\in(x_k,x_l)$(不失一般性设 $x_k<x_l$),满足

$$|f(x_k)-f(x_l)|=|f'(\xi_{kl})(x_k-x_l)|\leqslant(\lambda+1)|x_k-x_l|$$

所以 $f(x_k)$ 是柯西收敛,得到 f 可延拓至$[a,b)$。

3. **解析** 函数 $f(x)=\dfrac{|x||x-1|}{x-1}(x\neq1)$,

当 $x\geqslant1$ 时,$f(x)=x$;

当 $0\leqslant x<1$ 时,$f(x)=-x$;

当 $x<0$ 时,$f(x)=x$。

① 函数 $f(x)$ 在$\mathbb{R}\backslash\{0,1\}$上连续可导(注意 $x\to|x|$ 在 $x=0$ 处不可导)。

② 函数 $f(x)$ 在 $x=1$ 处不连续,事实上,$\lim\limits_{x\to1^+}f_3(x)=+1$,$\lim\limits_{x\to1^-}f_3(x)=-1$,则 $f(x)$ 在 $x=1$处不可导。

③ 函数 $f(x)$ 在 $x=0$ 处连续,对于 $x>0$,函数的变化率

$$\frac{f(x)-f(0)}{x-0}=\frac{-x}{x}=-1$$

而对于 $x<0$,

$$\frac{f(x)-f(0)}{x-0}=\frac{x}{x}=+1$$

因此在零处的极限值不等于 $x=0$ 处变化率,在 $x=0$ 处不可导。

4[†]. **证明** (1) 显然 f 在$\mathbb{R}_+$上可导,因为它是给定区间上没有极点的有理函数。进一步地,对 $x\geqslant0$,有

$$f'(x)=\frac{n(x^{n-1}-1)}{(1+x)^{n+1}}$$

易知,$f(x)$ 在区间$[0,1]$上单调递减,在区间$[1,+\infty)$上单调递增,因此 f 在$\mathbb{R}_+$上有最小值,且最小值 $f(1)=2^{1-n}$。

(2) 由(1)知,对 $x\in\mathbb{R}_+$,$f(x)\geqslant f(1)$,所以

$$(1+x)^n\leqslant2^{n-1}(1+x^n)$$

成立。令 $x=\dfrac{b}{a}$,可立即得到题②中要证不等式($(0,0)$显然成立)。

12.3 极值与罗尔定理

12.3.1 极值

设函数 $f: I \to \mathbb{R}$。

定义 3

(1) 若 $f'(x_0)=0$,则称 x_0 为函数 f 的驻点。

(2) 如果存在包含 x_0 的开区间 J,使得对 $x \in I \cap J$,都有 $f(x) \leqslant f(x_0)$,那么称 f 在 x_0 处有局部最大值(极大值);若 $f(x) \geqslant f(x_0)$ 恒成立,则称有局部最小值(极小值)。

(3) 若 f 有极大值或极小值,则称 f 在 x_0 的局部有极值。

假设 f 在 x_0 处有一个局部最大值,表示 $f(x_0)$ 是在 x 接近 x_0 中的最大的 $f(x)$。如果说 $f: I \to \mathbb{R}$ 在 x_0 处有最大值,是指对于所有 $f(x)$ 的值,$x \in I$ 时,有 $f(x) \leqslant f(x_0)$(不只是看在 x 接近 x_0 的局部函数值 $f(x)$ 的最大)。当然,最大值(全定义域上)也是局部最大值(极大值),反之不成立(极大值不一定为最大值)。

注 驻点(stationary point),是使得函数的一阶导数为零的点,又称为平稳点、稳定点或临界点(critical point),即在“这一点”,函数的输出值停止增加或减少。对于一维函数的图象,驻点的切线平行于 x 轴。对于二维函数的图象,驻点的切平面平行于 xy 平面。值得注意的是,一个函数的驻点不一定是这个函数的极值点(考虑到这一点左右一阶导数符号不改变的情况);反过来,在某设定区域内,一个函数的极值点也不一定是这个函数的驻点(考虑到边界条件)。

定理 2 设开区间上定义的可微函数 $f: I \to \mathbb{R}$,若 f 在 x_0 处有极大值(或极小值),则 $f'(x_0)=0$。

换句话说,极大值点(或者极小值点)恒为驻点(临界点)。几何直观上,点 $(x_0, f(x_0))$ 处的切线与横坐标轴平行,如图 12.5 所示。

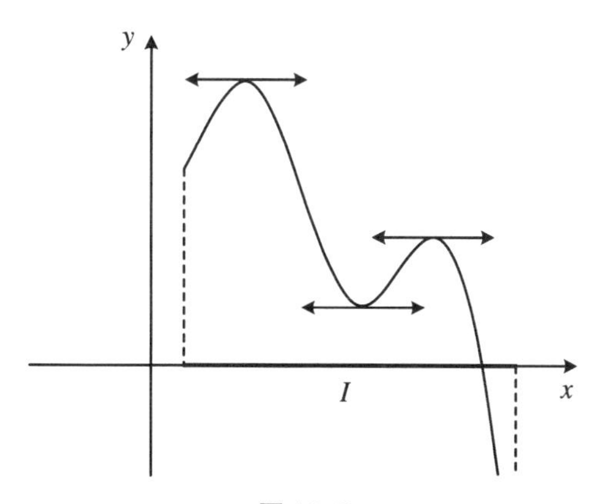

图 12.5

例 7　研究函数 f_λ 的极值，其中 $f_\lambda(x)=x^3+\lambda x$，参数 $\lambda\in\mathbb{R}$。

解析　一阶导数为 $f'_\lambda(x)=3x^2+\lambda$，若 x_0 是极值点，则 $f'_\lambda(x_0)=0$。

① 若 $\lambda>0$，则 $f'_\lambda(x)>0$，没有驻点，不存在极值，此时 f_λ 在$\mathbb{R}$上严格递增(图 12.6(a))。

② 若 $\lambda=0$，则 $f'_\lambda(x)=3x^2$，唯一的驻点是 $x_0=0$。然而它既不是极大值点也不是极小值点(图 12.6(b))。事实上，若 $x<0$，$f_0(x)<0=f_0(0)$；若 $x>0$，$f_0(x)>0=f_0(0)$。

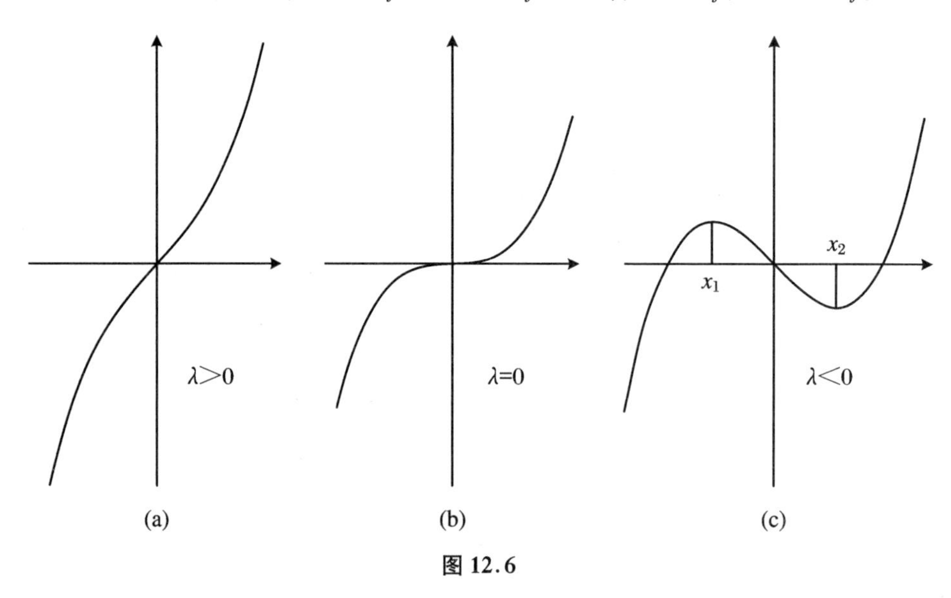

图 12.6

③ 若 $\lambda<0$，则

$$f'_\lambda(x)=3x^2-|\lambda|=3\left(x+\sqrt{\frac{|\lambda|}{3}}\right)\left(x-\sqrt{\frac{|\lambda|}{3}}\right)$$

有两个驻点 $x_1=-\sqrt{\frac{|\lambda|}{3}}$ 及 $x_2=+\sqrt{\frac{|\lambda|}{3}}$(图 12.6(c))。接下来有：在 $(-\infty,x_1)$ 和 $(x_2,+\infty)$ 上 $f'_\lambda(x)>0$；在 (x_1,x_2) 上 $f'_\lambda(x)<0$。可得在 $(-\infty,x_1)$ 上 f_λ 单调递增，在 (x_1,x_2) 上 f_λ 单调递减，因此 x_1 是极大值点；另外，在 (x_1,x_2) 上 f_λ 单调递减，在 $(x_2,+\infty)$ 上 f_λ 单调递增，因此 x_2 是极小值点。

注

(1) 定理 2 的逆命题是错误的，例如，函数 $f:\mathbb{R}\to\mathbb{R}$，$f(x)=x^3$ 满足 $f'(0)=0$，但是 $x_0=0$既不是极大值点也不是极小值点。

(2) 定理 2 的区间是开区间。对于闭区间的情形，要注意区间端点的取值情况。例如，若可导函数 $f:[a,b]\to\mathbb{R}$ 在 x_0 处有极值，那么我们需要考虑下面三种情况：

① $x_0=a$；

② $x_0=b$；

③ $x_0\in(a,b)$，由定理 2，这种情况下我们有 $f'(x_0)=0$。

对求极值而言 $f'(a)$和 $f'(b)$不能确定什么，图 12.7 为取不同最大值时的情况。

(3) 为了最终确定$[a,b]$上函数 f 的最大值和最小值($f:[a,b]\to\mathbb{R}$，为可导函数)，还要比较 f 在不同驻点(临界点)的值以及端点处的值。

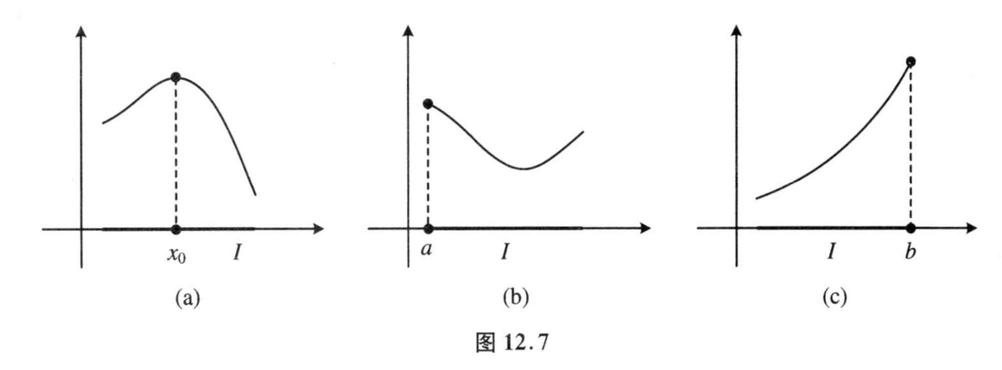

图 12.7

下面是定理 2 的证明。

证明　假设要么 x_0 是局部极大值，要么 J 是包含 x_0 的开区间，并且满足 $\forall x \in I \cap J$，有 $f(x) \leqslant f(x_0)$ 成立。

① 对于 $x \in I \cap J$ 满足 $x < x_0$ 时，有 $f(x) - f(x_0) \leqslant 0$，即 $\dfrac{f(x) - f(x_0)}{x - x_0} \geqslant 0$，于是极限值

$$\lim_{x \to x_0^-} \frac{f(x) - f(x_0)}{x - x_0} \geqslant 0$$

② 对于 $x \in I \cap J$ 满足 $x > x_0$ 时，有 $f(x) - f(x_0) \leqslant 0$，即 $\dfrac{f(x) - f(x_0)}{x - x_0} \leqslant 0$，于是极限值

$$\lim_{x \to x_0^+} \frac{f(x) - f(x_0)}{x - x_0} \leqslant 0$$

因为 f 在 x_0 处可导，于是

$$\lim_{x \to x_0^-} \frac{f(x) - f(x_0)}{x - x_0} = \lim_{x \to x_0^+} \frac{f(x) - f(x_0)}{x - x_0} = f'(x_0)$$

第一个极限值为正，第二个极限值为负数，所以只能是 $f'(x_0) = 0$。

12.3.2　罗尔定理

定理 3　（罗尔定理）设函数 $f:[a,b] \to \mathbb{R}$ 满足：

(1) f 在 $[a,b]$ 上连续；

(2) f 在 (a,b) 上可导；

(3) $f(a) = f(b)$。

那么存在 $c \in (a,b)$ 满足 $f'(c) = 0$。

几何解释：函数 f 的图象中至少有一个点的切线是水平的。如图 12.8 所示。

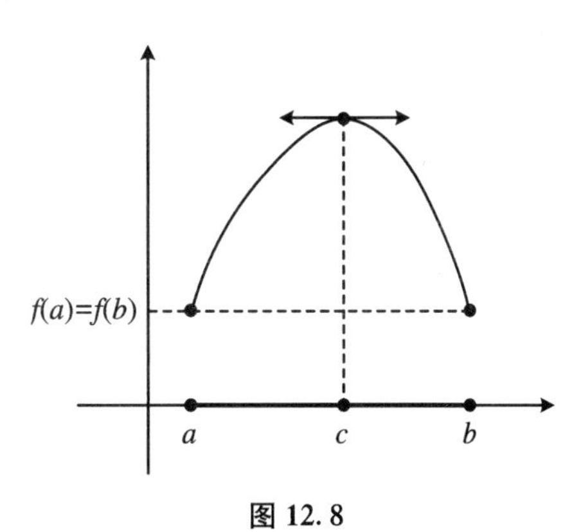

图 12.8

证明　首先，若 f 在 $[a,b]$ 上是常数函数，那么任意 $c \in (a,b)$ 都满足题意。

其次，若存在 $x_0 \in [a,b]$ 使得 $f(x_0) \neq f(a)$，如 $f(x_0) > f(a)$，于是 f 在有限闭区间 $[a,b]$ 上连续。f 在某点处，如 $c \in [a,b]$ 时取得最大值，但是

$f(c)\geqslant f(x_0)>f(a)$，于是 $c\neq a$。同理，因为 $f(a)=f(b)$，于是 $c\neq b$，所以 $c\in(a,b)$，在 c 处 f 可微且存在(局部)最大值，所以 $f'(c)=0$。

例 8　设 $P(X)=(X-\alpha_1)(X-\alpha_2)\cdots(X-\alpha_n)(\alpha_1<\alpha_2<\cdots<\alpha_n)$ 是有 n 个不同实数根的多项式。

(1) 证明：P' 有 $n-1$ 个不同的根；

(2) 证明：$P+P'$ 有 $n-1$ 个不同的根；

(3) 推导 $P+P'$ 的所有实根。

解析　(1) 设 P 为一个多项式函数 $x\mapsto P(x)$，P 是 $\mathbb{R}$ 上的连续可导函数，因为 $P(\alpha_1)=0=P(\alpha_2)$，根据罗尔定理，存在 $c_1\in(\alpha_1,\alpha_2)$ 满足 $P'(c_1)=0$。更一般地，对于 $1\leqslant k\leqslant n-1$，因为 $P(\alpha_k)=0=P(\alpha_{k+1})$，根据罗尔定理，存在 $c_k\in(\alpha_k,\alpha_{k+1})$ 满足 $P'(c_k)=0$，我们找到了 P' 的 $n-1$ 个根：$c_1<c_2<\cdots<c_{n-1}$。因为 P' 是 $n-1$ 次多项式，它的所有根为实数且不相等。

(2) 考虑辅助函数 $f(x)=P(x)\mathrm{e}^x$，f 是 $\mathbb{R}$ 上的连续可导函数，与 P 类似，在 $\alpha_1,\alpha_2,\cdots,\alpha_n$ 上 f 为零。f 的导数为

$$f'(x)=[P(x)+P'(x)]\mathrm{e}^x$$

根据罗尔定理，对于任意一个 $1\leqslant k\leqslant n-1$，由于 $f(\alpha_k)=0=f(\alpha_{k+1})$，因此存在 $\gamma_k\in(\alpha_k,\alpha_{k+1})$ 满足 $f'(\gamma_k)=0$。因为指数函数值不为零，所以 $(P+P')(\gamma_k)=0$，我们解到 $P+P'$ 的 $n-1$ 个不同实数根：$\gamma_1<\gamma_2<\cdots<\gamma_{n-1}$。

(3) $P+P'$ 是实系数多项式，有 $n-1$ 个实数根，于是

$$(P+P')(X)=(X-\gamma_1)\cdots(X-\gamma_{n-1})Q(X)$$

其中 $Q(X)=X-\gamma_n$ 是次数为 1 的多项式，因为 $P+P'$ 为实系数且 γ_i 也是实数，因此 $\gamma_n\in\mathbb{R}$，我们得到了第 n 个实数根 γ_n(与其他根 γ_i 不一定不同)。

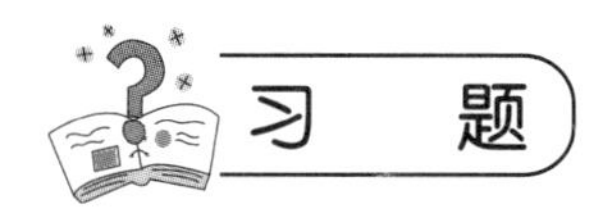

习　题

1. 证明：定义为 $P_n(t)=((1-t^2)^n)^{(n)}$ 的多项式 P_n 是 n 次多项式，它的根为实数，且属于 $[-1,1]$。

2. 设 x,y 为实数，且 $0<x<y$。

(1) 证明：$x<\dfrac{y-x}{\ln y-\ln x}<y$；

(2) 考虑定义在 $[0,1]$ 上的函数 f：

$$\alpha\mapsto f(\alpha)=\ln(\alpha x+(1-\alpha)y)-\alpha\ln x-(1-\alpha)\ln y$$

研究 f 并推导：对 $\forall\alpha\in(0,1)$，

$$\alpha\ln x+(1-\alpha)\ln y<\ln(\alpha x+(1-\alpha)y)$$

试给出其几何意义。

3. 设函数 f 在闭区间 $[a,b]$ 上连续，在开区间 (a,b) 上可导(其中 $a<b$)，若 $f(a)=a$ 以及 $f(b)=b$，证明：存在 $c_1,c_2,\cdots,c_{2022}\in(a,b)$，满足 $c_1<c_2<\cdots<c_{2022}$ 且

$$f'(c_1)+f'(c_2)+\cdots+f'(c_{2022})=0$$

4[†]. 设 $f(x)$ 在 $[0,1]$ 上连续，在 $(0,1)$ 内可导，且 $f(0)=0$，当 $x\in(0,1)$ 时，$f(x)>0$，求证：$\exists\,\xi\in(0,1)$，使 $\frac{2022f'(\xi)}{f(\xi)}=\frac{f'(1-\xi)}{f(1-\xi)}$。

答　案

1. **证明**　记 $Q_n(t)=(1-t^2)^n$ 是一个 $2n$ 次多项式，连续求导 n 次，得到 n 次多项式，-1 和 $+1$ 是 Q_n 的 n 重根，于是

$$Q_n(1)=Q'_n(1)=\cdots=Q_n^{(n-1)}(1)=0$$

对于 -1 同样成立。最后

$$Q(-1)=0=Q(+1)$$

根据罗尔定理，存在 $c\in(-1,1)$，满足 $Q'_n(c)=0$；于是 $Q'_n(-1)=0$，$Q'_n(c)=0$，$Q'_n(+1)=0$；两次应用罗尔定理（分别在区间 $[-1,c]$ 和区间 $[c,+1]$ 上），我们得到 $Q''_n=0$ 存在两个根 d_1,d_2，且在根 -1 和 $+1$ 之间。

继续通过递归，我们得到 $Q_n^{(n-1)}$ 有 $n+1$ 个根：$-1,e_1,e_2,\cdots,e_{n-1},+1$。应用 n 次罗尔定理，我们得到 $P_n=Q_n^{(n)}$ 有 n 个根，因为 n 次多项式至多有 n 个根，我们就得到了所有的根。通过构造，这些根是不同的实数，因此是简单根。

2. **证明**　(1) 设 $g(t)=\ln t$，在区间 $[x,y]$ 上使用有限增量定理（拉格朗日中值定理），存在 $c\in(x,y)$，

$$g(y)-g(x)=g'(c)(y-x)$$

设 $\ln y-\ln x=\frac{1}{c}(y-x)$，那么

$$\frac{\ln y-\ln x}{y-x}=\frac{1}{c}$$

其中 $x<c<y$，于是 $\frac{1}{y}<\frac{1}{c}<\frac{1}{x}$，因此要证不等式成立。

(2)

$$f'(\alpha)=\frac{x-y}{\alpha x+(1-\alpha)y}-\ln x+\ln y,\quad 且\quad f''(\alpha)=-\frac{(x-y)^2}{[\alpha x+(1-\alpha)y]^2}$$

因为 f'' 是负数，所以 f' 在 $[0,1]$ 上单调递减，因此

$$f'(0)=\frac{x-y-y(\ln x-\ln y)}{y}>0$$

根据(1)可得 $f'(1)<0$，根据介值定理（零点存在定理），存在 $c\in[0,1]$ 使得 $f'(c)=0$。现在 $[0,c]$ 上 f' 为正，在 $[c,1]$ 上 f' 为负，那么 f 在 $[0,c]$ 上单调递增，在 $[c,1]$ 上单调递减，而 $f(0)=0$，$f(1)=0$，所以对 $x\in(0,1)$，$f(x)>0$，得证。

几何解释：函数 ln 为凹函数，换句话说，端点为 $(x,f(x))$ 和 $(y,f(y))$ 任意一条线段均在曲线 $y=f(x)$ 下方。

3. 略。提示：令 $x_k=a+\dfrac{k}{n}(b-a)$，注意到

$$0=f(b)-f(a)=\sum_{k=1}^{n}f(x_k)-f(x_{k-1})=\frac{b-a}{n}\sum_{k=1}^{n}\frac{f(x_k)-f(x_{k-1})}{x_k-x_{k-1}}$$

根据罗尔定理的推论(中值定理)，在每一个区间$[x_{k-1},x_k]$上都成立。

4[†]. **证明**　令 $F(x)=f^{2022}(x)f(1-x)$，显然 $F(x)$在$[0,1]$上连续，在$(0,1)$上可导。$F(0)=F(1)=0$，由罗尔定理，$\exists\xi\in(0,1)$，使得 $F'(\xi)=0$，而

$$F'(x)=2022f^{2021}(x)f'(x)f(1-x)-f^{2022}(x)f'(1-x)$$

当 $x\in(0,1)$时，$f(x)>0$，所以

$$2022f'(\xi)f(1-\xi)-f(\xi)f'(1-\xi)=0$$

即

$$\frac{2022f'(\xi)}{f(\xi)}=\frac{f'(1-\xi)}{f(1-\xi)}$$

12.4　中 值 定 理

12.4.1　中值定理(拉格朗日中值定理，有限增量公式)

设 $f:[a,b]\to\mathbb{R}$ 是区间$[a,b]$上的连续函数，且在开区间(a,b)上可导，则存在$c\in(a,b)$满足

$$f(b)-f(a)=f'(c)(b-a)$$

几何解释：函数 f 的图象上至少存在一点，该点处的切线平行于直线 AB，其中$A(a,f(a))$，$B(b,f(b))$。如图 12.9 所示。

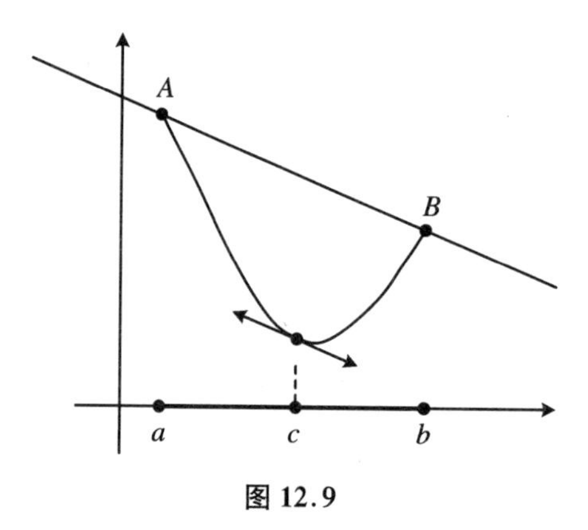

图 12.9

证明　设 $l=\dfrac{f(b)-f(a)}{b-a}$，$g(x)=f(x)-l\cdot(x-a)$，于是 $g(a)=f(a)$，

$$g(b)=f(b)-\frac{f(b)-f(a)}{b-a}\cdot(b-a)=f(a)$$

根据罗尔定理,存在 $c\in(a,b)$,使得 $g'(c)=0$,即 $g'(x)=f'(x)-l$,由此得到

$$f'(c)=\frac{f(b)-f(a)}{b-a}$$

12.4.2 函数的增减性

推论2 设 $f:[a,b]\to\mathbb{R}$ 是闭区间 $[a,b]$ 上的连续函数,且在开区间 (a,b) 上可导。

(1) $\forall x\in(a,b), f'(x)\geqslant 0\Leftrightarrow f$ 是增函数;

(2) $\forall x\in(a,b), f'(x)\leqslant 0\Leftrightarrow f$ 是减函数;

(3) $\forall x\in(a,b), f'(x)=0\Leftrightarrow f$ 是常数函数;

(4) $\forall x\in(a,b), f'(x)>0\Rightarrow f$ 严格单调递增;

(5) $\forall x\in(a,b), f'(x)<0\Rightarrow f$ 严格单调递减。

注 结论(4)和结论(5)的逆是错误的,例如,函数 $x\mapsto x^3$ 严格单调递增,但是它的导数在 $x=0$ 处为零。

证明 以(1)为例。

"$\Rightarrow$" 首先假设导数为正数,设 $x,y\in(a,b)$ 且 $x\leqslant y$,根据中值定理(有限增量公式),存在 $c\in(x,y)$ 使得

$$f(x)-f(y)=f'(c)(x-y)$$

而 $f'(c)\geqslant 0$, $x-y\leqslant 0$,于是 $f(x)-f(y)\leqslant 0$,因此函数变化率 $\dfrac{f(y)-f(x)}{y-x}\geqslant 0$。取极限,当 $y\to x$ 时,函数 f 变化率趋近于 f 的导数,所以 $f'(x)\geqslant 0$。

12.4.3 有限增量不等式(Lipschitz 条件)

推论3 (有限增量不等式)设 $f:I\to\mathbb{R}$ 是开区间 I 上的可导函数,若存在常数值 M 使得对于任意 $x\in I$,都有 $|f'(x)|\leqslant M$,那么 $\forall x,y\in I$,

$$|f(x)-f(y)|\leqslant M|x-y|$$

证明 固定 $x,y\in I$,那么存在 $c\in(x,y)$ 或 $c\in(y,x)$,使得

$$f(x)-f(y)=f'(c)(x-y)$$

并且 $|f'(c)|\leqslant M$,所以

$$|f(x)-f(y)|\leqslant M|x-y|$$

例9 设 $f(x)=\sin x$,因为 $f'(x)=\cos x$,于是 $\forall x\in\mathbb{R}, |f'(x)|\leqslant 1$。根据有限增量不等式,对所有 $x,y\in\mathbb{R}$,

$$|\sin x-\sin y|\leqslant|x-y|$$

特别地,如果固定 $y=0$,我们得到 $|\sin x|\leqslant|x|$,这个不等式对于 x 趋近 0 时更有意思(图 12.10)。

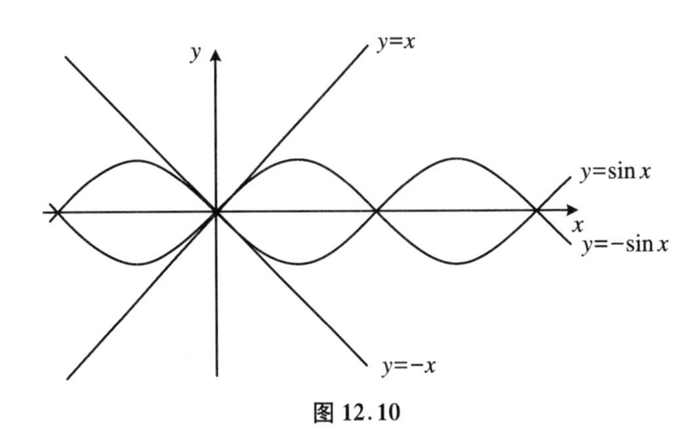

图 12.10

12.4.4 洛必达法则(l'Hospital 法则)

设 $f,g:I\to\mathbb{R}$ 是两个可导函数，$x_0\in I$，假设：

(1) $f(x_0)=g(x_0)=0$；

(2) $\forall x\in I\setminus\{x_0\}, g'(x)\neq 0$。

若 $\lim\limits_{x\to x_0}\dfrac{f'(x)}{g'(x)}=l(l\in\mathbb{R})$，则

$$\lim_{x\to x_0}\frac{f(x)}{g(x)}=l$$

证明 令 $a\in I\setminus\{x_0\}$，如 $a<x_0$，设函数 $h:I\to\mathbb{R}$，定义为 $h(x)=g(a)f(x)-f(a)g(x)$，那么

① h 在区间$[a,x_0]\subset I$ 上连续；

② h 在区间$[a,x_0]$上可导；

③ $h(x_0)=h(a)=0$。

根据罗尔定理，存在 $c_a\in(a,x_0)$满足 $h'(c_a)=0$，即

$$h'(x)=g(a)f'(x)-f(a)g'(x)$$

于是

$$g(a)f'(c_a)-f(a)g'(c_a)=0$$

因为 g'在区间$I\setminus\{x_0\}$上不为零，于是得到

$$\frac{f(a)}{g(a)}=\frac{f'(c_a)}{g'(c_a)}$$

因为 $a<c_a<x_0$，当 a 趋近于x_0 时我们得到 $c_a\to x_0$，即意味着

$$\lim_{a\to x_0}\frac{f(x)}{g(x)}=\lim_{a\to x_0}\frac{f'(c_a)}{g'(c_a)}=\lim_{c_a\to x_0}\frac{f'(c_a)}{g'(c_a)}=l$$

例 10 计算：当 $x\to 1$ 时，$\dfrac{\ln(x^2+x-1)}{\ln x}$的极限。

解析 可以验证：

① $f(x)=\ln(x^2+x-1), f(1)=0, f'(x)=\dfrac{2x+1}{x^2+x-1}$；

② $g(x)=\ln x, g(1)=0, g'(x)=\dfrac{1}{x}$；

③ 考虑 $I=(0,1), x_0=1$，那么在区间 $I\setminus\{x_0\}$ 上 g 不为零，

$$\frac{f'(x)}{g'(x)}=\frac{2x+1}{x^2+x-1}\times x=\frac{2x^2+x}{x^2+x-1}\underset{x\to 1}{\longrightarrow}3$$

于是$\dfrac{f(x)}{g(x)}\underset{x\to 1}{\longrightarrow}3$。

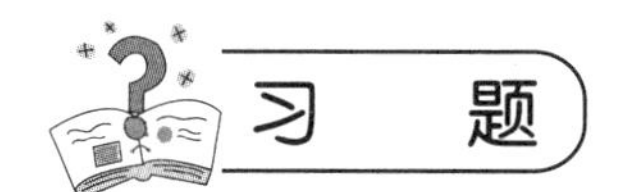

1. 确定函数 $f(x)=x^4-x^3+1$ 在$\mathbb{R}$上的极值。

2. 求极限值：$\lim\limits_{x\to\frac{\pi}{3}}\dfrac{\ln(2\sqrt{3}\sin x-2)}{4\cos^2 x-1}$。

3. 设 $f(x)$具有二阶导数，在 $x=0$ 的某个去心邻域内 $f(x)\neq 0$，且$\lim\limits_{x\to 0}\dfrac{f(x)}{x}=0, f''(0)=4$，求$\lim\limits_{x\to 0}\left(1+\dfrac{f(x)}{x}\right)^{\frac{1}{x}}$。

4†. 求所有 $f:\mathbb{R}\to\mathbb{R}$，使得 $\forall\, x<y<z\in\mathbb{R}$，都有

$$f(y)-\left[\frac{z-y}{z-x}f(x)+\frac{y-x}{z-x}f(z)\right]\leqslant f\left(\frac{x+z}{2}\right)-\frac{f(x)+f(z)}{2}$$

1. **解析**　因为

$$f'(x)=4x^3-3x^2=x^2(4x-3)$$

于是极值在$\left\{0,\dfrac{3}{4}\right\}$处取得。因为

$$f''(x)=12x^2-6x=6x(2x-1)$$

f''在$\dfrac{3}{4}$处不为零，所以$\dfrac{3}{4}$处有一个局部极值(最小值)。又因为 $f''(0)=0$ 且 $f'''(0)\neq 0$，所以 0 处是拐点不是极值点。

2. **解析**　利用换元，设 $t=4\cos^2 x-1$，

$$\text{原式}=\lim_{t\to 0}\frac{\ln(\sqrt{9-3t}-2)}{t}$$

设 $f(t)=\ln(\sqrt{9-3t}-2)$，则 $f(0)=0$，

$$\lim_{t\to 0}\frac{\ln(\sqrt{9-3t}-2)}{t}=\lim_{t\to 0}\frac{f(t)-f(0)}{t-0}=f'(0)=-\frac{1}{2}$$

3. **解析** 设 $I=\lim\limits_{x\to 0}\left(1+\dfrac{f(x)}{x}\right)^{\frac{1}{x}}$，由洛必达法则有

$$\lim_{x\to 0}\left(1+\frac{f(x)}{x}\right)^{\frac{1}{x}}=\exp\left[\lim_{x\to 0}\frac{1}{x}\ln\left(1+\frac{f(x)}{x}\right)\right]=\exp\left[\lim_{x\to 0}\frac{\dfrac{f'(x)}{x}-\dfrac{f(x)}{x^2}}{1+\dfrac{f(x)}{x}}\right]$$

由 $\lim\limits_{x\to 0}\dfrac{f(x)}{x}=0$ 以及 $f(x)$ 的连续性得到 $f(0)=0$，因此

$$f'(0)=\lim_{x\to 0}\frac{f(x)-f(0)}{x-0}=\lim_{x\to 0}\frac{f(x)}{x}=0$$

$$f''(0)=\lim_{x\to 0}\frac{f'(x)-f'(0)}{x-0}=\lim_{x\to 0}\frac{f'(x)}{x}$$

由洛必达法则

$$\lim_{x\to 0}\frac{f(x)}{x^2}=\lim_{x\to 0}\frac{f'(x)}{2x}=\frac{f''(0)}{2}$$

所以

$$I=\lim_{x\to 0}\left(1+\frac{f(x)}{x}\right)^{\frac{1}{x}}=\exp\left(\frac{f''(0)}{2}\right)=e^2$$

4[†]. **解析** 满足题意的函数是所有形如 $f(x)=ax^2+bx+c\,(a\leqslant 0)$ 的函数(其中 a,b,c 为常数)。

对于区间 $I=(x,y)$，定义 α 为函数 f 在区间 I 上 $y(y\in I)$ 处的上斜率(supergradient of f)。如果 $\forall\, t\in I$，下式成立：$f(t)\leqslant f(y)+(t-y)\alpha$（此处定义就是所谓“切线技巧”，图 12.11是这种情况的草图，仅供参考)。α 的值可能不存在。

命题 1 题设不等式等价于下述条件：$\forall\, x<z$，$\alpha=\dfrac{f(z)-f(x)}{z-x}$ 是 f 在区间 (x,z) 上 $\dfrac{x+z}{2}$ 处的上斜率(图 12.12)。

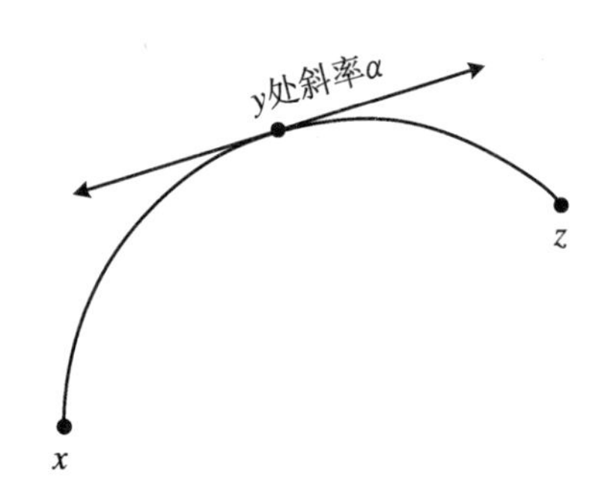

图 12.11

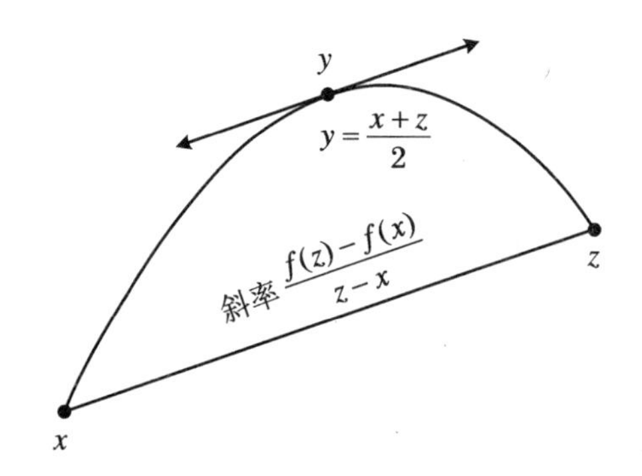

图 12.12

证明　$\forall y \in (x,z)$，有

$$f(y) \leqslant f\left(\frac{x+z}{2}\right) + \frac{f(z)-f(x)}{z-x}\left(y - \frac{x+z}{2}\right)$$

恒等变形即得

$$f(y) - \left[\frac{z-y}{z-x}f(x) + \frac{y-x}{z-x}f(z)\right] \leqslant f\left(\frac{x+z}{2}\right) - \frac{f(x)+f(z)}{2}$$

命题1得证。

现在说明，$f(x) = ax^2 + bx + c\ (a \leqslant 0)$满足要求。$f(x) = ax^2 + bx + c\ (a \leqslant 0)$为凹函数，所以函数图象始终位于切线下方，对于给定的$x < z$，函数在$\frac{x+z}{2}$处的切线斜率为

$$f'\left(\frac{x+z}{2}\right) = 2a\,\frac{x+z}{2} + b = \frac{f(z)-f(x)}{z-x}$$

结合命题1，知$f(x) = ax^2 + bx + c\ (a \leqslant 0)$满足题设要求。

接下来说明，任意满足题设要求的函数必定有上述形式。

命题2　f是凹函数。

证明　对于任意$x < y < z$，任取$\Delta > \max\{z-y, y-x\}$，由命题1知，$f$在区间$(y-\Delta, y+\Delta)$上$y$处存在上斜率$\alpha$，且$x, z \in (y-\Delta, y+\Delta)$，故

$$\begin{aligned}\frac{z-y}{z-x}f(x) + \frac{y-x}{z-x}f(z) &\leqslant \frac{z-y}{z-x}[f(y) + \alpha(x-y)] + \frac{y-x}{z-x}[f(y) + \alpha(z-y)] \\ &= f(y)\end{aligned}$$

整理得

$$\frac{z-y}{z-x}f(x) + \frac{y-x}{z-x}f(z) \leqslant f(y)$$

从而

$$f\left(\frac{x+z}{2}\right) \geqslant \frac{f(x)+f(z)}{2}$$

所以f为凹函数，命题2得证。连续性由下面引理证明。

引理1　任何实数域上的凹函数f一定是连续函数。

证明　假定我们要证明f在$p \in \mathbb{R}$处连续，任取实数a, b，其中$a < p < b$，对任意$0 < \varepsilon < \max\{b-p, p-a\}$，根据凹函数性质，有

$$f(p) + \frac{f(b)-f(p)}{b-p}\varepsilon \leqslant f(p+\varepsilon) \leqslant f(p) + \frac{f(p)-f(a)}{p-a}\varepsilon$$

当$\varepsilon \to 0$时，可得$\lim\limits_{\varepsilon \to 0} f(p+\varepsilon) = f(p)$，从而说明$f$在$p$处右连续。同理，可证明$f$在$p$处左连续，引理1得证。

命题3　f在任意给定实数域上不存在超过一个以上的上斜率（不存在两个不同的上斜率）。

证明　如图12.13所示，固定$y \in \mathbb{R}$，对于$t > 0$，定义

$$g(t) = \frac{f(y)-f(y-t)}{t} - \frac{f(y+t)-f(y)}{t}$$

对$\varepsilon > 0$，在题设不等式中，取$x = y - 3\varepsilon$，$z = y + \varepsilon$，可得

$$f(y)-\left[\frac{1}{4}f(y-3\varepsilon)+\frac{3}{4}f(y+\varepsilon)\right]\leqslant f(y-\varepsilon)-\frac{f(y+\varepsilon)+f(y-3\varepsilon)}{2}$$

$$\Leftrightarrow f(y)\leqslant f(y-\varepsilon)+\frac{f(y+\varepsilon)-f(y-3\varepsilon)}{4}$$

同理,取 $x=y-\varepsilon,z=y+3\varepsilon$ 时,可得

$$f(y)\leqslant f(y+\varepsilon)-\frac{f(y+3\varepsilon)-f(y-\varepsilon)}{4}$$

这两个式子相加,整理得 $g(\varepsilon)\leqslant\frac{3}{5}g(\varepsilon)$,即表明 $\lim\limits_{\varepsilon\to 0}g(\varepsilon)=0$。

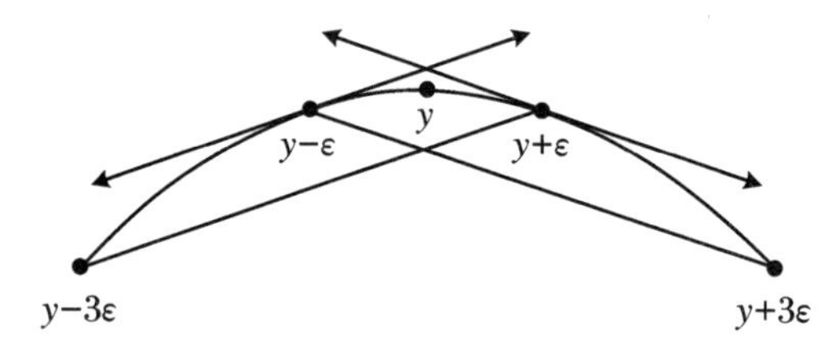

图 12.13

如果在 y 处有两个上斜率 $\alpha<\alpha'$,那么对于足够小的 ε,有

$$\begin{cases}f(y-\varepsilon)\leqslant f(y)-\alpha'\varepsilon\\ f(y+\varepsilon)\leqslant f(y)+\alpha\varepsilon\end{cases}$$

恒等变形可得

$$g(\varepsilon)=\frac{f(y)-f(y-\varepsilon)}{\varepsilon}-\frac{f(y+\varepsilon)-f(y)}{\varepsilon}\geqslant\alpha'-\alpha$$

这与 $g(\varepsilon)$ 可以任意小($\lim\limits_{\varepsilon\to 0}g(\varepsilon)=0$)矛盾。命题 3 得证。

命题 4 在有理数域上 f 是二次函数。

证明 考虑成等差数列的任意四项,即 $x,x+d,x+2d,x+3d$,由于

$$\frac{f(x+2d)-f(x+d)}{d}\quad 和\quad \frac{f(x+3d)-f(x)}{3d}$$

都表示 f 在 $x+\frac{3}{2}d$ 处的上斜率,由命题 3 知它们相等,所以

$$f(x+3d)-3f(x+2d)+3f(x+d)-f(x)=0$$

固定 $d=\frac{1}{n}$,说明 f 在集合 $\frac{1}{n}\mathbb{Z}$ 上的函数值和某个二次函数 $\widetilde{f_n}$ 相吻合。对于任意 $m\neq n$,我们有 $\widetilde{f_n}=\widetilde{f_{mn}}=\widetilde{f_m}$,所以在整个有理数集上 f 的函数值和某个二次函数 $\widetilde{f_n}$ 相等。由 f 的连续性,可以得出 $f=\tilde{f}$ 在实数集上成立,故 $f(x)=ax^2+bx+c$,又根据 f 是凹函数得到 $a\leqslant 0$。

综上所述:$f(x)=ax^2+bx+c\,(a\leqslant 0)$。

注 在“每一层上”值相同,推导在整个集合上相等。

第13章　积　　分

我们将通过一个例子介绍积分。考虑指数函数 $f(x)=e^x$，我们想要计算 f 图象下方与直线 $x=0$，$x=1$ 和 x 轴所围成曲边梯形的面积 $\mathcal{A}$，如图 13.1 所示。

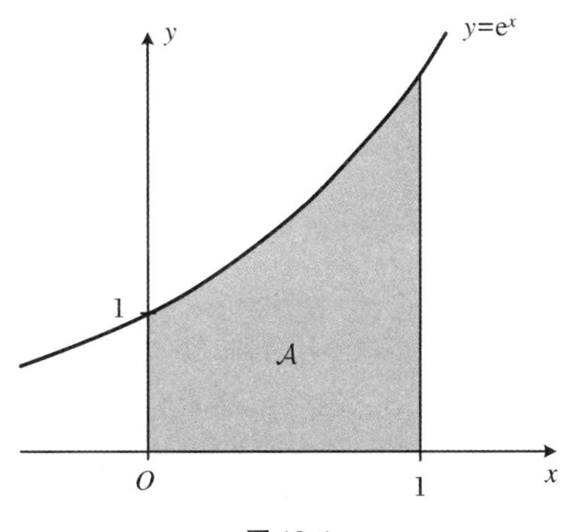

图 13.1

我们利用曲线下面矩形面积的和近似求解该面积。具体而言，设整数 $n\geqslant 1$，分割区间 $[0,1]$，通过 $\left(0,\frac{1}{n},\frac{2}{n},\cdots,\frac{i}{n},\cdots,\frac{n-1}{n},1\right)$ 细分。

(1) 考虑"下矩形"(不足近似值) $\mathcal{R}_i^-$ (图 13.2(a))，每个小矩形都以 $\left[\frac{i-1}{n},\frac{i}{n}\right]$ 为底，以 $f\left(\frac{i-1}{n}\right)=\exp\left(\frac{i-1}{n}\right)$ 为高，其中整数 i 满足 $1\leqslant i\leqslant n$，矩形 $\mathcal{R}_i^-$ 的面积为

$$\left(\frac{i}{n}-\frac{i-1}{n}\right)\times e^{(i-1)/n}=\frac{1}{n}e^{\frac{i-1}{n}}$$

这些 $\mathcal{R}_i^-$ 的面积和即为几何级数求和：

$$\sum_{i=1}^{n}\frac{1}{n}e^{\frac{i-1}{n}}=\frac{1}{n}\sum_{i=1}^{n}\left(e^{\frac{1}{n}}\right)^{i-1}=\frac{1}{n}\cdot\frac{1-\left(e^{\frac{1}{n}}\right)^n}{1-e^{\frac{1}{n}}}=\frac{\frac{1}{n}}{e^{\frac{1}{n}}-1}(e-1)\underset{n\to+\infty}{\longrightarrow}e-1$$

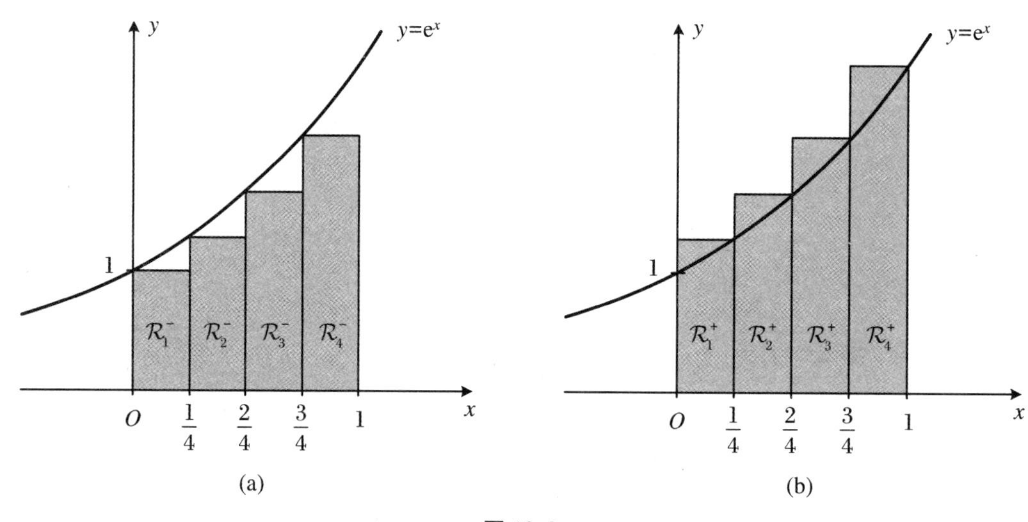

图 13.2

这里利用了极限类型$\frac{e^x-1}{x}\to 1\left(x=\frac{1}{n}\to 0\right)$。

(2) 现在考虑"顶部矩形"(过剩近似)$\mathcal{R}_i^+$(图 13.2(b)),与"下矩形"有相同的底,高为$f\left(\frac{i}{n}\right)=e^{i/n}$,类似计算得到$\sum_{i=1}^{n}\frac{1}{n}e^{\frac{i}{n}}\underset{n\to+\infty}{\to}e-1(n\to+\infty)$。

我们所要求的区域面积$\mathcal{A}$大于"下矩形"面积的和,小于"顶部矩形"面积的和,当分割越细(也就是说$n\to+\infty$时),在极限情形下,得到面积$\mathcal{A}$的值就是$e-1$。

以下是本章推荐的学习计划:首先,有必要了解积分的定义,积分的主要性质;其次,知道如何快速计算积分(使用原函数或两个有效的方法,即分部积分法和换元法)。

13.1 黎曼积分

我们将继续引言中的构造,用阶梯函数的概念代替上面的小矩形,如果不足近似值的极限与过剩近似值的极限相等,我们就称该极限值为函数的积分,记为$\int_a^b f(x)\mathrm{d}x$。但是极限值相等这件事并非总是成立的,所以这个积分定义仅仅针对了可积函数,幸运的是,我们会看到如果函数f是连续的(图 13.3),那么它是可积的。

13.1.1 阶梯函数的积分

定义 1 设$[a,b]$是$\mathbb{R}$的有界闭区间($-\infty<a<b<+\infty$)(图 13.3),若数列$\sigma=(x_0,x_1,\cdots,x_n)$为严格单调递增的有限数列,且满足$x_0=a$以及$x_n=b$,则称$\sigma$为$[a,b]$的一个分割(细分)。换句话说,分割$\sigma$满足$a=x_0<x_1<\cdots<x_n=b$(图 13.4,其中$b=x_7$)。

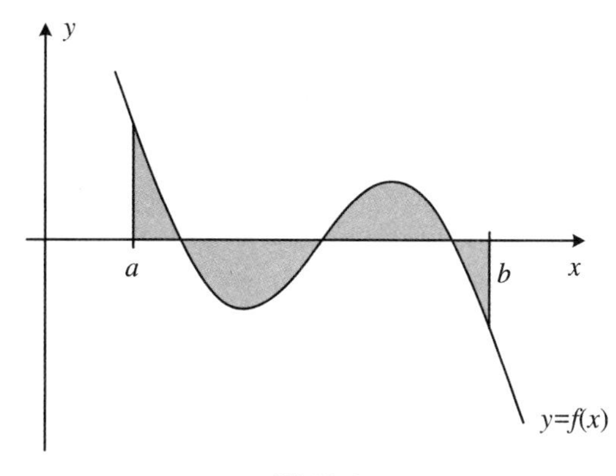

图 13.3

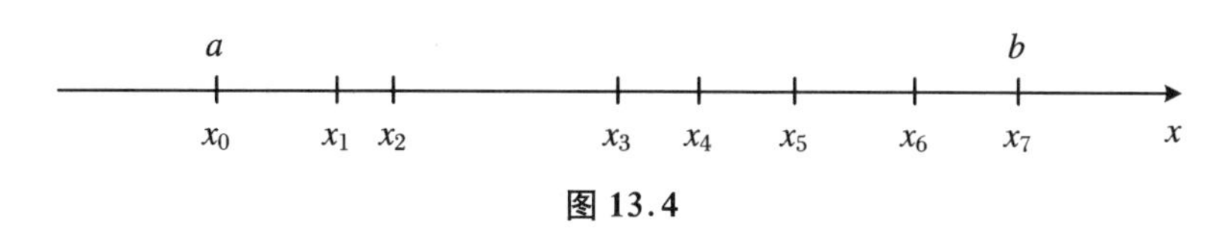

图 13.4

定义 2　若区间$[a,b]$存在分割$(x_0,x_1,\cdots,x_n)$，且存在实数$c_1,\cdots,c_n$满足对于任意$i\in\{1,\cdots,n\}$有$\forall x\in(x_{i-1},x_i)$，$f(x)=c_i$，则我们称函数$f:[a,b]\to\mathbb{R}$为阶梯函数。

换句话说，阶梯函数f是每个分割(细分)子区间上的常数函数。

注　函数f在细分点(分割点)x_i处的函数值没有强制性要求，它可以等于整个区间的值，可以等于区间前或后，或者其他任意的值。这并不重要，因为该区域没有改变。

定义 3　对于上述定义的阶梯函数，其积分是实数，$\int_a^b f(x)\mathrm{d}x$定义为

$$\int_a^b f(x)\mathrm{d}x = \sum_{i=1}^n c_i(x_i - x_{i-1})$$

注　每一项$c_i(x_i-x_{i-1})$都是横坐标x_{i-1}和x_i之间的矩形的面积，高为c_i。我们只要注意，如果$c_i>0$，我们用“+”符号计算面积；如果$c_i<0$，我们用“-”符号计算面积。

阶梯函数的积分是用x轴上方部分的面积减去下方部分的面积(图 13.5)。阶梯函数的积分确实为实数，表示函数f曲线和x轴之间的代数面积(即带有符号的面积)和。

13.1.2　可积函数

回顾函数有界：一个函数$f:[a,b]\to\mathbb{R}$是有界的，如果存在$M\geqslant 0$，满足$\forall x\in[a,b]$，$-M\leqslant f(x)\leqslant M$成立。

还要记住，如果我们有两个函数$f,g:[a,b]\to\mathbb{R}$，那么记

$$f\leqslant g \Leftrightarrow \forall x\in[a,b],f(x)\leqslant g(x)$$

现在假设$f:[a,b]\to\mathbb{R}$是一个任意有界函数，定义

$$I^-(f) = \sup\left\{\int_a^b \phi(x)\mathrm{d}x \mid \phi\text{ 是阶梯函数且 }\phi\leqslant f\right\}$$

$$I^+(f) = \inf\left\{\int_a^b \phi(x)\mathrm{d}x \mid \phi\text{ 是阶梯函数且 }\phi\geqslant f\right\}$$

对于 $I^-(f)$，取所有小于 f 的阶梯函数(包括所有可能的分割)，我们取所有这些阶梯函数面积的最大值，因为我们不能确定这个最大值是否存在，所以我们取其上界。对于 $I^+(f)$，原理相同，但是取阶梯函数大于 f，我们寻找尽可能小的面积(图 13.6)。

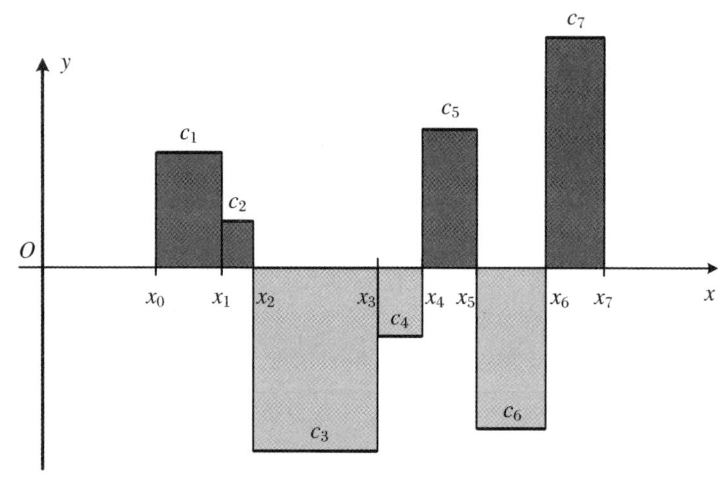

图 13.5

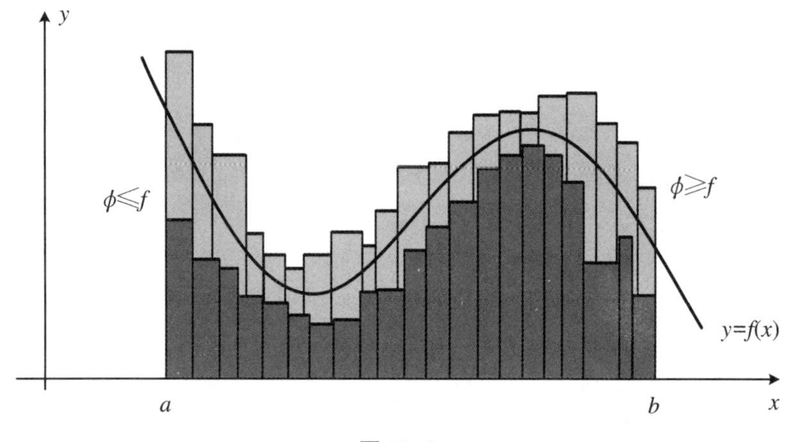

图 13.6

性质 1　$I^-(f) \leqslant I^+(f)$。

证明在本节末尾。

定义 4　若 $I^-(f) = I^+(f)$，则称有界函数 $f:[a,b] \to \mathbb{R}$ 为可积的(黎曼意义上的)。同时称这个值为 f 在 $[a,b]$ 上的黎曼积分，记作 $\int_a^b f(x)\mathrm{d}x$。

例 1

(1) 阶梯函数是可积的！事实上，如果 f 是一个阶梯函数，那么 $I^-(f)$ 的下界和 $I^+(f)$ 的上界可由函数 $\phi = f$ 得到。当然积分 $\int_a^b f(x)\mathrm{d}x$ 与 13.1.1 中定义的阶梯函数积分是一致的。

(2) 在下一小节我们将看到连续函数和单调函数是可积的。

(3) 然而,并不是所有函数都是可积的。函数 $f:[0,1]\to\mathbb{R}$ 定义为 $f(x)=1$ 若 x 为有理数,否则,$f(x)=0$,在$[0,1]$上是不可积的。如果 ϕ 是阶梯函数,当 $\phi\leqslant f$ 时 $\phi\leqslant 0$ 且 $\phi\geqslant f$ 时 $\phi\geqslant 1$,我们得到 $I^-(f)=0$ 且 $I^+(f)=1$,上界和下界不等,于是 f 不可积。

使用定义计算例题并不容易。我们在引言中看到 $\int_0^1 \mathrm{e}^x\mathrm{d}x = \mathrm{e}-1$。现在看函数 $f(x)=x^2$ 的例子。稍后我们将看到若使用原函数的话,我们将可以计算很多积分。

例 2 设 $f:[0,1]\to\mathbb{R}, f(x)=x^2$,证明它是可积的,并计算$\int_0^1 f(x)\mathrm{d}x$。

解析 假设 $n\geqslant 1$,考虑$[0,1]$区间的正则分割 $\sigma=\left(0,\frac{1}{n},\frac{2}{n},\cdots,\frac{i}{n},\cdots,\frac{n-1}{n},1\right)$,在区间$\left[\frac{i-1}{n},\frac{i}{n}\right]$上,$\forall x\in\left[\frac{i-1}{n},\frac{i}{n}\right]$,$\left(\frac{i-1}{n}\right)^2\leqslant x^2\leqslant\left(\frac{i}{n}\right)^2$(图 13.7)。

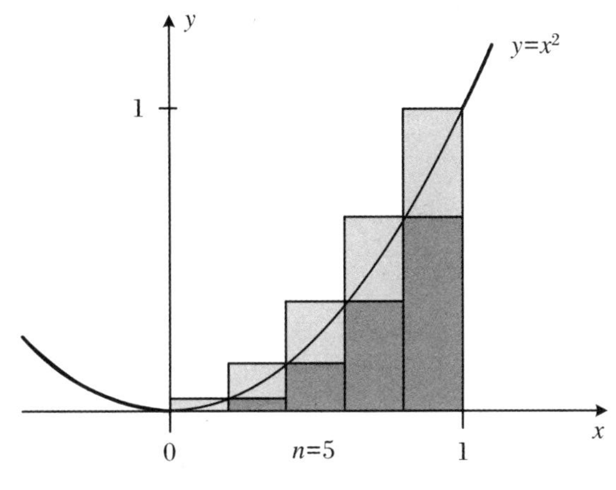

图 13.7

构造 f 下方的阶梯函数 ϕ^- 为

$$\phi^-(x)=\frac{(i-1)^2}{n^2},\quad x\in\left[\frac{i-1}{n},\frac{i}{n}\right)\quad(i=1,2,\cdots,n)$$

且 $\phi^-(1)=1$。同理,f 上方的阶梯函数 ϕ^+ 定义为

$$\phi^+(x)=\frac{i^2}{n^2},\quad x\in\left[\frac{i-1}{n},\frac{i}{n}\right)\quad(i=1,2,\cdots,n)$$

且 $\phi^+(1)=1$。ϕ^- 和 ϕ^+ 是阶梯函数且有 $\phi^-\leqslant f\leqslant\phi^+$。

根据定义,阶梯函数 ϕ^+ 的积分为

$$\int_0^1\phi^+(x)\mathrm{d}x=\sum_{i=1}^n\frac{i^2}{n^2}\left(\frac{i}{n}-\frac{i-1}{n}\right)=\sum_{i=1}^n\frac{i^2}{n^2}\cdot\frac{1}{n}=\frac{1}{n^3}\sum_{i=1}^n i^2$$

我们知道$\sum_{i=1}^n i^2=\frac{n(n+1)(2n+1)}{6}$,于是

$$\int_0^1\phi^+(x)\mathrm{d}x=\frac{n(n+1)(2n+1)}{6n^3}=\frac{(n+1)(2n+1)}{6n^2}$$

同理,

$$\int_0^1 \phi^-(x)\mathrm{d}x = \sum_{i=1}^{n} \frac{(i-1)^2}{n^2} \cdot \frac{1}{n} = \frac{1}{n^3}\sum_{j=1}^{n-1} j^2$$
$$= \frac{(n-1)n(2n-1)}{6n^3} = \frac{(n-1)(2n-1)}{6n^2}$$

现在 $I^-(f)$ 是 f 下方所有阶梯函数的上界，所以 $I^-(f) \geqslant \int_0^1 \phi^-(x)\mathrm{d}x$；同理，$I^+(f) \leqslant \int_0^1 \phi^+(x)\mathrm{d}x$。总结如下：

$$\frac{(n-1)(2n-1)}{6n^2} = \int_0^1 \phi^-(x)\mathrm{d}x \leqslant I^-(f) \leqslant I^+(f) \leqslant \int_0^1 \phi^+(x)\mathrm{d}x = \frac{(n+1)(2n+1)}{6n^2}$$

当 $n \to +\infty$ 时，两个极限值都趋近于 $\frac{1}{3}$，得到 $I^-(f) = I^+(f) = \frac{1}{3}$，因此 f 是可积的且 $\int_0^1 x^2\mathrm{d}x = \frac{1}{3}$。

13.1.3 基本性质

（1）如果函数 $f:[a,b]\to\mathbb{R}$ 是可积函数，若我们在 $[a,b]$ 上有限个位置处改变函数 f 的值，那么 f 还是可积的且积分值 $\int_a^b f(x)\mathrm{d}x$ 不变。

（2）如果函数 $f:[a,b]\to\mathbb{R}$ 是可积函数，那么在其任意子区间 $[a',b']\subset[a,b]$ 上 f 仍然可积。

13.1.4 连续函数是可积的

下面是本章最重要的理论。

定理 1 若 $f:[a,b]\to\mathbb{R}$ 是连续函数，则 f 是可积函数。

证明将在后面看到，证明的基本思想是用无限接近的阶梯函数代替连续函数，同时保持对区间上误差的控制。

一个函数 $f:[a,b]\to\mathbb{R}$ 可称为分段连续函数，如果存在整数 n 和分割（细分）$(x_0,\cdots,x_n)$，满足 f 在 (x_{i-1},x_i)（$i\in\{1,\cdots,n\}$）上连续且在 x_{i-1} 处的右极限和 x_i 处的左极限存在，且其为有限值（图 13.8）。

推论 1 分段函数中的连续函数是可积的。

这里有一个结果，证明我们也可以积分不连续函数，前提条件是函数递增（或递减）。

定理 2 若函数 $f:[a,b]\to\mathbb{R}$ 是单调的，则 f 是可积的。

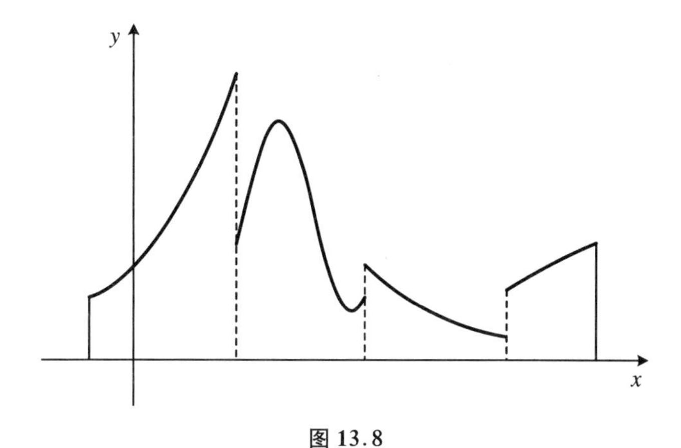

图 13.8

13.1.5 证明

证明在第一次阅读时可以跳过。证明要对上确界和下确界有精确控制，要微小量 ε。命题1的证明跳过 ε 语言；命题2的证明，我们首先证明阶梯函数的性质并由此推断，对于可积函数来说，这些性质仍然正确(这种技巧在下一节中详细介绍并将进一步拓展)。

定理1证明了连续函数是可积的，我们将演示此结果的弱化版本。回顾一下，若函数在区间 I 上连续可导，且 f' 连续，则称 f 是 C^1 类(第一类)的。

定理3 若 $f:[a,b]\to\mathbb{R}$ 是 C^1 类函数，则 f 可积。

证明 因为 f 是 C^1 类的，则 f' 是闭区间 $[a,b]$ 上的连续函数，f' 为有界函数，存在 $M\geqslant 0$ 满足对于任意 $x\in[a,b]$，有 $|f'(x)|\leqslant M$。由有限增量不等式，$\forall\, x,y\in[a,b]$，

$$|f(x)-f(y)|\leqslant M|x-y| \qquad ①$$

若 $\varepsilon>0$，$(x_0,x_1,\cdots,x_n)$ 是 $[a,b]$ 的一个分割(细分)满足对 $i=1,2,\cdots,n$ 有

$$0<x_i-x_{i-1}\leqslant\varepsilon \qquad ②$$

构造两个阶梯函数 $\phi^-,\phi^+:[a,b]\to\mathbb{R}$，定义如下：对任意 $i=1,2,\cdots,n$ 以及 $x\in[x_{i-1},x_i)$，取 $c_i=\phi^-(x)=\inf\limits_{t\in[x_{i-1},x_i)}f(t)$ 和 $d_i=\phi^+(x)=\sup\limits_{t\in[x_{i-1},x_i)}f(t)$，并且 $\phi^-(b)=\phi^+(b)=f(b)$，ϕ^- 和 ϕ^+ 是两个阶梯函数(它们在每个小区间 $[x_{i-1},x_i)$ 上的值恒定)。如图13.9所示。

进一步，根据构造得到 $\phi^-\leqslant f\leqslant\phi^+$，于是

$$\int_a^b\phi^-(x)\mathrm{d}x\leqslant I^-(f)\leqslant I^+(f)\leqslant\int_a^b\phi^+(x)\mathrm{d}x$$

根据区间 $[x_{i-1},x_i]$ 上的连续性可得，存在 $a_i,\ b_i\in[x_{i-1},x_i]$，满足 $f(a_i)=c_i$ 及 $f(b_i)=d_i$。

结合式①和式②，我们有

$$d_i-c_i=f(b_i)-f(a_i)\leqslant M|b_i-a_i|\leqslant M(x_i-x_{i-1})\leqslant M\varepsilon \quad (\text{其中 } i=1,\cdots,n)$$

于是

$$\int_a^b\phi^+(x)\mathrm{d}x-\int_a^b\phi^-(x)\mathrm{d}x\leqslant\sum_{i=1}^{n}M\varepsilon(x_i-x_{i-1})=M\varepsilon(b-a)$$

因此

$$0 \leqslant I^{+}(f) - I^{-}(f) \leqslant M\varepsilon(b-a)$$

当 $\varepsilon \to 0$ 时，$I^{+}(f) = I^{-}(f)$，即证得 f 是可积的。

定理 2 的证明同理，略。

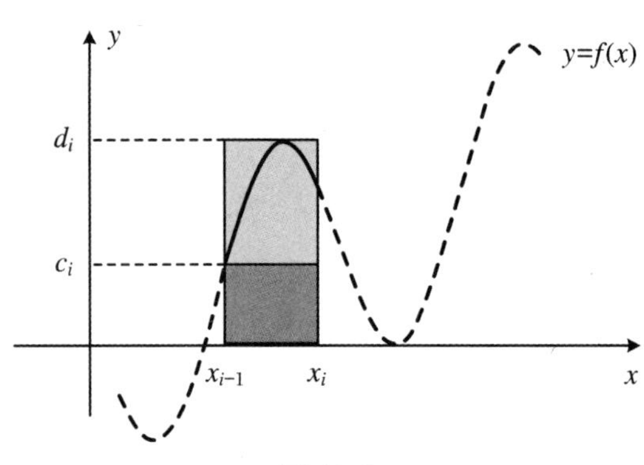

图 13.9

1. 若 f 是定义在 $[0,4]$ 上的函数且

$$f(x) = \begin{cases} -1, & x = 0 \\ 1, & 0 < x < 1 \\ 3, & x = 1 \\ -2, & 1 < x \leqslant 2 \\ 4, & 2 < x \leqslant 4 \end{cases}$$

(1) 计算 $\int_0^4 f(t)\mathrm{d}t$；

(2) 设 $x \in [0,4]$，计算 $F(x) = \int_0^x f(t)\mathrm{d}t$；

(3) 证明 F 是 $[0,4]$ 上的连续函数，函数 F 在 $[0,4]$ 上可导吗？

2. 设连续函数 $f:\mathbb{R} \to \mathbb{R}$，定义为 $F(x) = \int_0^x f(t)\mathrm{d}t$，判断下列命题的真假：

(1) F 是 $\mathbb{R}$ 上的连续函数；

(2) F 是 $\mathbb{R}$ 上的可导函数，导数为 f；

(3) 若 f 是 $\mathbb{R}$ 上的增函数，则 F 也是 $\mathbb{R}$ 上的增函数；

(4) 若 f 在 $\mathbb{R}$ 上为正，则 F 在 $\mathbb{R}$ 上也为正。

3. 设 I 为有界区间，函数 $f:I \to \mathbb{R}$ 和 $g:I \to \mathbb{R}$ 都是 I 上的阶梯函数（分段常值函数），证明：$f+g, f-g, \max\{f,g\}$ 以及 fg 都是 I 上的阶梯函数。这里，$\max\{f,g\}: I \to \mathbb{R}$ 定义为 $\max\{f,g\} = \max\{f(x),g(x)\}\ (x \in I)$。

4[†]. 考虑 Thomae 函数 $f:[0,1] \to \mathbb{R}$，定义为

$$f(x)=\begin{cases}\dfrac{1}{q}, & x\in\mathbb{Q}\text{ 且 }x=\dfrac{p}{q},p,q\in\mathbb{Z},\gcd(p,q)=1\\ 0, & x\in\complement_{\mathbb{R}}\mathbb{Q}\end{cases}$$

证明：f 在[0,1]上黎曼可积。

答　案

1. (1) $\int_0^4 f(t)\mathrm{d}t=7$。提示：首先，作出分段函数的示意图，积分不依赖于函数在某一点上的函数值，即在 $x=0,x=1$ 及 $x=2$ 处的函数值对于积分没有影响。我们回到定义求 $\int_0^4 f(t)\mathrm{d}t$ 的值，区间[0,4]的分割为 $\{x_0=0,x_1=1,x_2=2,x_3=3,x_4=4\}$（其中sup和inf都取到，并且此分割和任何更精细的细分都是相等的）；另外，f 是一个阶梯函数（分段函数，忽略 $x=0,x=1,x=2$ 处的函数值），接下来我们知道如何计算。

(2) 同(1)，但是上限不是到4，而是到 x，我们得到

$$F(x)=\begin{cases}x, & 0\leqslant x\leqslant 1\\ 3-2x, & 1<x\leqslant 2\\ 4x-9, & 2<x\leqslant 4\end{cases}$$

(3) 提示：$F(x)$在 $x=1$ 和 $x=2$ 的左、右极限值相等，等于其函数值，因此连续；$F(x)$在 $x=1$ 处不可导，在 $x=2$ 处也不可导。

2. (1) 正确；(2) 正确；(3) 错误；(4) 错误。

3. **证明**　由已知可得，存在分割 σ 和 σ' 使得 f 和 g 分别为关于 σ 和 σ' 的阶梯函数。现在考虑任一元素 $K,K\in\sigma\#\sigma'$（$\sigma\#\sigma'$表示 σ 和 σ' 的公共分割），无论分割 σ 和 σ' 哪一个是更细的细分（分割），$\forall x\in K$，存在 c,d，使得 $f(x)=c,g(x)=d$，即

$$(f+g)(x)=f(x)+g(x)=c+d,\quad \forall x\in K$$
$$(f-g)(x)=f(x)-g(x)=c-d,\quad \forall x\in K$$
$$\max\{f,g\}(x)=\max\{f(x),g(x)\}=\max\{c,d\},\quad \forall x\in K$$
$$(fg)(x)=f(x)g(x)=cd,\quad \forall x\in K$$

从而可得 $f+g,f-g,\max\{f,g\}$和fg 在K 上为常数值，因为 K 是分割σ 和σ'上任取的，所以上面的函数在 I 上为阶梯函数。

4[†]. **证明**　$\forall\varepsilon>0$，设 $N\in\mathbb{N}$，满足$\dfrac{1}{N+1}<\dfrac{\varepsilon}{2}$，令 $B_N=\left\{1,\dfrac{1}{2},\dfrac{1}{3},\dfrac{2}{3},\cdots,\dfrac{1}{N},\cdots,\dfrac{N-1}{N}\right\}$。

若 $x\notin B_N$，则 $f(x)\leqslant\dfrac{1}{N+1}<\dfrac{\varepsilon}{2}$，令 $m=\mathrm{Card}(B_N)$，取区间[0,1]的一个分割，$\sigma=(x_0,x_1,\cdots,x_n)$，其中 $n>m$，且$\|\sigma\|<\dfrac{\varepsilon}{4m}$；这里$\|\sigma\|=\min\limits_{1\leqslant i\leqslant n}\{x_i-x_{i-1}\}$。集合 B_N 含m 个点（元素），假设分割 σ 至少有m 个子区间；m 个点至多在 $2m$ 个子区间上，当每个点恰好为一对区间的交点（m 不同的对）时成立（即 m 个点在 $2m$ 个子区间上），所以至多有 $2m$ 个子区间使得$[x_{j-1},x_j]\cap B_n\neq\varnothing$。令 $M_j=\sup\limits_{x\in[x_{j-1},x_j]}f(x)$，则上和

$$
\begin{aligned}
U(\sigma,f) &= \sum_{j=1}^{n} M_j(x_j - x_{j-1}) \\
&= \sum_{[x_{j-1},x_j]\cap B_N\neq\varnothing} M_j(x_j - x_{j-1}) + \sum_{[x_{j-1},x_j]\cap B_N=\varnothing} M_j(x_j - x_{j-1}) \\
&\leqslant 2m\cdot 1\cdot \frac{\varepsilon}{4m} + \frac{1}{N+1}(1-0) \leqslant \varepsilon
\end{aligned}
$$

证毕。

13.2 积分性质

积分的三个主要性质是积分区间可加性(Chasles 关系)、正性和线性。

13.2.1 积分区间可加性(Chasles 关系)

性质 2 (积分区间可加性)设 $a<c<b$,若 f 在$[a,c]$和$[c,b]$上可积,则 f 在$[a,b]$上可积,且

$$\int_a^b f(x)\mathrm{d}x = \int_a^c f(x)\mathrm{d}x + \int_c^b f(x)\mathrm{d}x$$

为了在不考虑顺序的情况下求积分,我们规定:

(1) $\int_a^a f(x)\mathrm{d}x = 0$;

(2) 对于 $a<b$,$\int_b^a f(x)\mathrm{d}x = -\int_a^b f(x)\mathrm{d}x$;

(3) 对于任意 a,b,c,积分区间可加性为

$$\int_a^b f(x)\mathrm{d}x = \int_a^c f(x)\mathrm{d}x + \int_c^b f(x)\mathrm{d}x$$

13.2.2 积分正性

性质 3 (积分正性)设实数 $a\leqslant b$,两个在区间$[a,b]$上的可积函数f 和g,若 $f\leqslant g$,则

$$\int_a^b f(x)\mathrm{d}x \leqslant \int_a^b g(x)\mathrm{d}x$$

特别地,正值函数的积分是正的。即若 $f\geqslant 0$,则

$$\int_a^b f(x)\mathrm{d}x \geqslant 0$$

13.2.3 积分的线性

性质 4 设函数 f 和g 是区间$[a,b]$上的可积函数,

(1) $f+g$ 是可积函数,且

$$\int_a^b (f+g)(x)\mathrm{d}x = \int_a^b f(x)\mathrm{d}x + \int_a^b g(x)\mathrm{d}x$$

(2) 对任意实数 λ,λf 是可积的,且

$$\int_a^b \lambda f(x)\mathrm{d}x = \lambda\int_a^b f(x)\mathrm{d}x$$

根据前面两点,我们得到积分的线性性质,即对任意实数 λ,μ 有

$$\int_a^b [\lambda f(x) + \mu g(x)]\mathrm{d}x = \lambda\int_a^b f(x)\mathrm{d}x + \mu\int_a^b g(x)\mathrm{d}x$$

(3) $f\times g$ 是$[a,b]$上的可积函数,但是一般而言,

$$\int_a^b (fg)(x)\mathrm{d}x \neq \left(\int_a^b f(x)\mathrm{d}x\right)\left(\int_a^b g(x)\mathrm{d}x\right)$$

(4) $|f|$ 是$[a,b]$上的可积函数,且

$$\left|\int_a^b f(x)\mathrm{d}x\right| \leqslant \int_a^b |f(x)|\mathrm{d}x$$

例 3　求解$\int_0^1 (7x^2 - \mathrm{e}^x)\mathrm{d}x$。

解析

$$\int_0^1 (7x^2 - \mathrm{e}^x)\mathrm{d}x = 7\int_0^1 x^2\mathrm{d}x - \int_0^1 \mathrm{e}^x\mathrm{d}x = 7\times\frac{1}{3} - (\mathrm{e}-1) = \frac{10}{3} - \mathrm{e}$$

其中我们应用了$\int_0^1 \mathrm{e}^x\mathrm{d}x = \mathrm{e}-1$和$\int_0^1 x^2\mathrm{d}x = \frac{1}{3}$。

例 4　设 $I_n = \int_1^n \frac{\sin(nx)}{1+x^n}\mathrm{d}x$,证明:当 $n\to+\infty$ 时,$I_n\to 0$。

解析

$$|I_n| = \left|\int_1^n \frac{\sin(nx)}{1+x^n}\mathrm{d}x\right| \leqslant \int_1^n \frac{|\sin(nx)|}{1+x^n}\mathrm{d}x \leqslant \int_1^n \frac{1}{1+x^n}\mathrm{d}x \leqslant \int_1^n \frac{1}{x^n}\mathrm{d}x$$

现在只剩最后一个积分的计算:

$$\int_1^n \frac{1}{x^n}\mathrm{d}x = \int_1^n x^{-n}\mathrm{d}x = \left(\frac{x^{-n+1}}{-n+1}\right)\Bigg|_1^n = \frac{n^{-n+1}}{-n+1} \underset{n\to+\infty}{\longrightarrow} 0$$

注　注意到即使 $f\times g$ 是可积的,一般而言

$$\int_a^b (fg)(x)\mathrm{d}x \neq \left(\int_a^b f(x)\mathrm{d}x\right)\left(\int_a^b g(x)\mathrm{d}x\right)$$

例如,设函数 $f:[0,1]\to\mathbb{R}$ 定义为 $f(x) = \begin{cases} 1, & x\in\left[0,\frac{1}{2}\right) \\ 0, & x\in\left[\frac{1}{2},1\right] \end{cases}$,设函数 $g:[0,1]\to\mathbb{R}$ 定义为 $g(x) = \begin{cases} 0, & x\in\left[0,\frac{1}{2}\right) \\ 1, & x\in\left[\frac{1}{2},1\right] \end{cases}$,对 $\forall x\in[0,1]$,$\int_0^1 f(x)g(x)\mathrm{d}x = 0$,而$\int_0^1 f(x)\mathrm{d}x = \frac{1}{2}$,$\int_0^1 g(x)\mathrm{d}x = \frac{1}{2}$。

13.2.4 证明

我们证明积分的线性性质：$\int \lambda f = \lambda \int f$ 和 $\int f + g = \int f + \int g$。证明思路：容易看到阶梯函数是线性的，利用阶梯函数无限趋近可积函数，那么这个可积函数是线性的。

1. 证明 $\int \lambda f = \lambda \int f$

证明 设可积函数 $f:[a,b]\to\mathbb{R}$，$\lambda\in\mathbb{R}$。设 $\varepsilon>0$，存在阶梯函数 ϕ^- 和 ϕ^+，充分接近 f，且 $\phi^-\leqslant f\leqslant\phi^+$。

$$\int_a^b f(x)\mathrm{d}x-\varepsilon\leqslant\int_a^b\phi^-(x)\mathrm{d}x,\quad \int_a^b\phi^+(x)\mathrm{d}x\leqslant\int_a^b f(x)\mathrm{d}x+\varepsilon \qquad ①$$

即使要增加点，我们可以假设区间 $[a,b]$ 的分割（细分）$(x_0,x_1,\cdots,x_n)$ 对于上面两个阶梯函数 ϕ^- 和 ϕ^+ 在区间 (x_{i-1},x_i) 上取常数值来说是充分的。记 c_i^- 和 c_i^+ 分别为其常数值。

① 我们假设 $\lambda\geqslant0$，那么 $\lambda\phi^-$ 和 $\lambda\phi^+$ 仍为阶梯函数，且满足 $\lambda\phi^-\leqslant\lambda f\leqslant\lambda\phi^+$，所以

$$\int_a^b\lambda\phi^-(x)\mathrm{d}x=\sum_{i=1}^n\lambda c_i^-(x_i-x_{i-1})=\lambda\sum_{i=1}^n c_i^-(x_i-x_{i-1})=\lambda\int_a^b\phi^-(x)\mathrm{d}x$$

同理，对于 ϕ^+ 也成立。因此

$$\lambda\int_a^b\phi^-(x)\mathrm{d}x\leqslant I^-(\lambda f)\leqslant I^+(\lambda f)\leqslant\lambda\int_a^b\phi^+(x)\mathrm{d}x$$

结合不等式①，我们得到

$$\lambda\int_a^b f(x)\mathrm{d}x-\lambda\varepsilon\leqslant I^-(\lambda f)\leqslant I^+(\lambda f)\leqslant\lambda\int_a^b f(x)\mathrm{d}x+\lambda\varepsilon$$

当 $\varepsilon\to0$ 时，我们证得

$$I^-(\lambda f)=I^+(\lambda f)$$

于是 λf 是可积的且

$$\int_a^b\lambda f(x)\mathrm{d}x=\lambda\int_a^b f(x)\mathrm{d}x$$

② 若 $\lambda\leqslant0$，有 $\lambda\phi^+\leqslant\lambda f\leqslant\lambda\phi^-$，同理可证。

2. 证明 $\int f + g = \int f + \int g$

证明 设 $\varepsilon>0$，$f,g:[a,b]\to\mathbb{R}$ 是两个可积函数。对函数 f 定义两个阶梯函数 ϕ^+，ϕ^-，对函数 g 定义阶梯函数 ψ^+，ψ^- 满足上面的不等式①。对所有函数 ϕ^+，ϕ^-，ψ^+，ψ^- 设置足够精细的分割，区间 (x_{i-1},x_i) 上的函数值分别记为 $c_i^\pm$，$d_i^\pm$。函数 $\phi^-+\psi^-$ 和 $\phi^++\psi^+$ 为阶梯函数，满足

$$\phi^-+\psi^-\leqslant f+g\leqslant\phi^++\psi^+$$

我们有

$$\int_a^b(\phi^-+\psi^-)(x)\mathrm{d}x=\sum_{i=1}^n(c_i^-+d_i^-)(x_i-x_{i-1})=\int_a^b\phi^-(x)\mathrm{d}x+\int_a^b\psi^-(x)\mathrm{d}x$$

对于 $\phi^++\psi^+$，同理。因此

$$\int_a^b \phi^-(x)\mathrm{d}x + \int_a^b \psi^-(x)\mathrm{d}x \leqslant I^-(f+g) \leqslant I^+(f+g)$$
$$\leqslant \int_a^b \phi^+(x)\mathrm{d}x + \int_a^b \psi^+(x)\mathrm{d}x$$

结合条件不等式①,得到

$$\int_a^b f(x)\mathrm{d}x + \int_a^b g(x)\mathrm{d}x - 2\varepsilon \leqslant I^-(f+g) \leqslant I^+(f+g)$$
$$\leqslant \int_a^b f(x)\mathrm{d}x + \int_a^b g(x)\mathrm{d}x + 2\varepsilon$$

当 $\varepsilon \to 0$ 时,我们得到

$$I^-(f+g) = I^+(f+g)$$

于是 $f+g$ 是可积函数,且

$$\int_a^b [f(x) + g(x)]\mathrm{d}x = \int_a^b f(x)\mathrm{d}x + \int_a^b g(x)\mathrm{d}x$$

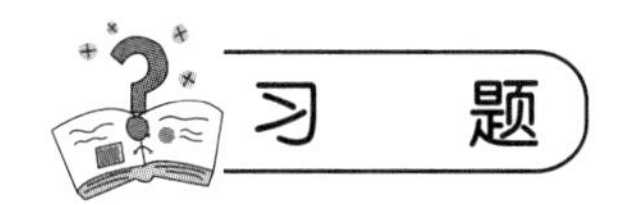

1. 用黎曼积分定义求 $\int_0^1 \sqrt{x}\mathrm{d}x$。

2. 若 $I_n = \int_{-\pi}^{\pi} \dfrac{\sin nx}{(1+\pi^x)\sin x}\mathrm{d}x$,则下列命题正确的是:

(1) $I_n = I_{n+2}$;　(2) $\sum_{m=1}^{10} I_{2m+1} = 10\pi$;　(3) $\sum_{m=1}^{10} I_{2m} = 0$;　(4) $I_n = I_{n+1}$。

3. 证明:

$$\int_0^{\frac{\pi}{2}} \frac{\sin^2 x}{\sin x + \cos x}\mathrm{d}x = \frac{1}{\sqrt{2}}\ln(\sqrt{2}+1)$$

4†. (史蒂文森不等式(Steffensen's inequality))证明:设 g 是 $[a,b]$ 上的黎曼可积函数,$\forall x \in [a,b]$ 有 $0 \leqslant g(x) \leqslant 1$,$f$ 是区间上的单调递减函数,则

$$\int_{b-c}^b f(x)\mathrm{d}x \leqslant \int_a^b f(x)g(x)\mathrm{d}x \leqslant \int_a^{a+c} f(x)\mathrm{d}x$$

这里 $c = \int_a^b g(x)\mathrm{d}x$。

1. **解析**　考虑 $[0,1]$ 区间的分割 $\left\{\left[\left(\frac{i-1}{n}\right)^2, \left(\frac{i}{n}\right)^2\right] \middle| 1 \leqslant i \leqslant n\right\}_{n\in\mathbb{N}}$,不是等分区间,每个小区间的长 $\dfrac{i^2}{n^2} - \dfrac{(i-1)^2}{n^2} = \dfrac{2i-1}{n^2}$($n=2$ 和 $n=10$ 时,区间 $[0,1]$ 的分割示意图如图13.10所示),取区间右端点的函数值为高,则

$$\sum_{i=1}^{n}\sqrt{\left(\frac{i}{n}\right)^2}\frac{2i-1}{n^2}=\sum_{i=1}^{n}\frac{2i^2-i}{n^3}=\frac{(n+1)(4n-1)}{6n^2}$$

当 $n\to+\infty$ 时，

$$\int_0^1\sqrt{x}\,\mathrm{d}x=\lim_{n\to+\infty}\frac{(n+1)(4n-1)}{6n^2}=\frac{2}{3}$$

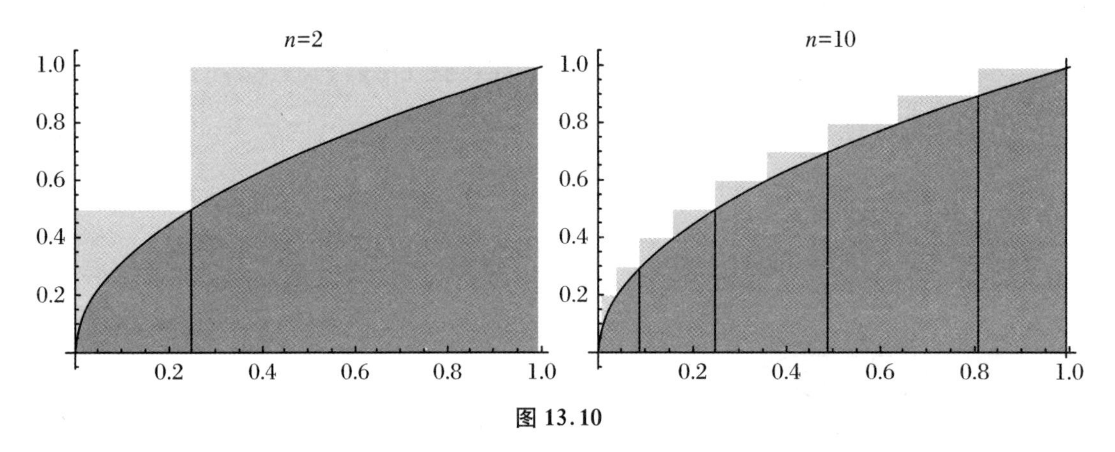

图 13.10

2. **解析** 正确的是(1)(2)(3)。

(1) $I_n=\int_{-\pi}^{\pi}\frac{\sin nx}{(1+\pi^x)\sin x}\mathrm{d}x=\int_{-\pi}^{\pi}\frac{\pi^x\sin nx}{(1+\pi^x)\sin x}\mathrm{d}x$（根据性质 $\int_a^b f(x)\mathrm{d}x=\int_a^b f(a+b-x)\mathrm{d}x$），所以

$$2I_n=\int_{-\pi}^{\pi}\frac{\sin nx}{\sin x}\mathrm{d}x\Rightarrow 2I_n=2\int_0^{\pi}\frac{\sin nx}{\sin x}\mathrm{d}x$$

所以

$$I_n=\int_0^{\pi}\frac{\sin nx}{\sin x}\mathrm{d}x$$

又

$$\begin{aligned}I_{n+2}-I_n&=\int_0^{\pi}\frac{\sin(n+2)x-\sin nx}{\sin x}\mathrm{d}x=\int_0^{\pi}\frac{2\cos(n+1)x\sin x}{\sin x}\mathrm{d}x\\&=2\left[\frac{\sin(n+1)x}{(n+1)}\right]_0^{\pi}=0\end{aligned}$$

得到 $I_{n+2}=I_n$，所以(1)正确。

(2) 因为 $I_3=I_5=\cdots=I_{21}$，所以

$$\begin{aligned}\sum_{m=1}^{10}I_{2m+1}&=10I_3=10\int_0^{\pi}\frac{\sin 3x}{\sin x}\mathrm{d}x=10\int_0^{\pi}(3-4\sin^2x)\mathrm{d}x\\&=100[10x]_0^{\pi}=10\pi\end{aligned}$$

(3) 同上，$I_2=I_4=\cdots=I_{20}$，

$$\sum_{m=1}^{10}I_{2m}=10\int_0^{\pi}\frac{\sin 2x}{\sin x}\mathrm{d}x=20\,[\sin x]_0^{\pi}=0$$

3. **证明**　根据性质

$$\int_0^a f(x)\mathrm{d}x = \int_0^a f(a-x)\mathrm{d}x$$

设

$$I = \int_0^{\frac{\pi}{2}} \frac{\sin^2 x}{\sin x + \cos x}\mathrm{d}x \qquad ①$$

则

$$I = \int_0^{\frac{\pi}{2}} \frac{\sin^2\left(\frac{\pi}{2}-x\right)}{\sin\left(\frac{\pi}{2}-x\right)+\cos\left(\frac{\pi}{2}-x\right)}\mathrm{d}x = \int_0^{\frac{\pi}{2}} \frac{\cos^2 x}{\cos x + \sin x}\mathrm{d}x \qquad ②$$

①+②得到

$$2I = \int_0^{\frac{\pi}{2}} \frac{1}{\sin x + \cos x}\mathrm{d}x = \frac{1}{\sqrt{2}}\int_0^{\frac{\pi}{2}} \frac{1}{\cos\left(x-\frac{\pi}{4}\right)}\mathrm{d}x$$

$$= \frac{1}{\sqrt{2}}\left[\ln\left|\sec\left(x-\frac{\pi}{4}\right)+\tan\left(x-\frac{\pi}{4}\right)\right|\right]_0^{\frac{\pi}{2}} = \frac{1}{\sqrt{2}}\ln\left|\frac{\sqrt{2}+1}{\sqrt{2}-1}\right|$$

所以 $I=\frac{1}{\sqrt{2}}\ln(\sqrt{2}+1)$。

4[†]. **证明**　因为 $0\leqslant c\leqslant b-a$，可得 $a+c, b-c\in[a,b]$，先证左边不等式。

$$\begin{aligned}\int_a^b f(x)g(x)\mathrm{d}x - \int_{b-c}^b f(x)\mathrm{d}x &= \int_a^{b-c} f(x)g(x)\mathrm{d}x + \int_{b-c}^b f(x)(g(x)-1)\mathrm{d}x \\ &\geqslant \int_a^{b-c} f(x)g(x)\mathrm{d}x + f(b-c)\left(\int_{b-c}^b g(x)\mathrm{d}x - c\right) \\ &= \int_a^{b-c} f(x)g(x)\mathrm{d}x - f(b-c)\int_a^{b-c} g(x)\mathrm{d}x \\ &= \int_a^{b-c} g(x)(f(x)-f(b-c))\mathrm{d}x \geqslant 0\end{aligned}$$

左边不等式得证。同理，可得右边不等式成立。

13.3　原　函　数

13.3.1　定义

定义 5　设 $f:I\to\mathbb{R}$ 是定义在任意区间 I 上的函数，我们称 $F:I\to\mathbb{R}$ 是 I 上函数 f 的原函数，如果 F 是 I 上的可导函数且 $\forall x\in I$ 满足 $F'(x)=f(x)$。

求原函数就是计算导数函数的逆运算。

例 5

(1) 设 $I=\mathbb{R}$,函数 $f:\mathbb{R}\to\mathbb{R}$ 定义为 $f(x)=x^2$;函数 $F:\mathbb{R}\to\mathbb{R}$ 定义为 $F(x)=\frac{x^3}{3}$,那么 F 是 f 的原函数。当然,函数 $F(x)=\frac{x^3}{3}+1$ 也为 f 的原函数。

(2) 设 $I=[0,+\infty)$,函数 $g:I\to\mathbb{R}$ 定义为 $g(x)=\sqrt{x}$,那么函数 $G:I\to\mathbb{R}$ 定义为 $G(x)=\frac{2}{3}x^{\frac{3}{2}}$ 是 I 上的 g 的一个原函数。对任意 $c\in\mathbb{R}$,函数 $G+c$ 也是 g 的原函数。

找到一个原函数,就可以找到所有原函数。

性质 5 设函数 $f:I\to\mathbb{R}$ 和 f 的原函数 $F:I\to\mathbb{R}$,f 的所有原函数为 $G=F+c$,其中 $c\in\mathbb{R}$。

证明 首先,注意到若定义 $G(x)=F(x)+c$,则 $G'(x)=F'(x)$;而 $F'(x)=f(x)$,于是 $G'(x)=f(x)$,G 为 f 的一个原函数。

其次,假设 G 是 f 的一个原函数,那么

$$(G-F)'(x)=G'(x)-F'(x)=f(x)-f(x)=0$$

即 $G-F$ 在区间上的导数为零,所以 $G-F$ 是一个常数函数,存在 $c\in\mathbb{R}$ 使得 $(G-F)(x)=c$,即 $G(x)=F(x)+c$(对所有 $x\in I$)。

注

(1) 我们将函数 f 的原函数记为 $\int f(x)\mathrm{d}x$ 或 $\int f(u)\mathrm{d}u$(用哪一个字母 $t,x,u\cdots$ 意义不大,只是表明它为自变量),甚至可简单地记为 $\int f$。

(2) 性质 5 表明,若 F 是函数 f 的原函数,那么存在实数 c,使得 $F=\int f(t)\mathrm{d}t+c$。注意:$\int f(t)\mathrm{d}t$ 表示一个从 I 到 $\mathbb{R}$ 的函数,而 $\int_a^b f(t)\mathrm{d}t$ 表示一个实数。更为确切地说,如果 F 是 f 的原函数,那么

$$\int_a^b f(t)\mathrm{d}t=F(b)-F(a)$$

跳过推导,可以很容易证明下面的结论。

性质 6 设 F 是函数 f 的原函数,G 是 g 的原函数,那么 $F+G$ 是 $f+g$ 的原函数,并且若 $\lambda\in\mathbb{R}$,则 λF 是 λf 的一个原函数。

对于任何实数 λ,μ,我们有

$$\int[\lambda f(t)+\mu g(t)]\mathrm{d}t=\lambda\int f(t)\mathrm{d}t+\mu\int g(t)\mathrm{d}t$$

13.3.2 常用函数的原函数

(1) $\int \mathrm{e}^x\mathrm{d}x=\mathrm{e}^x+c,x\in\mathbb{R}$;

(2) $\int \cos x\mathrm{d}x=\sin x+c,x\in\mathbb{R}$;

(3) $\int \sin x \mathrm{d}x = -\cos x + c, x \in \mathbb{R}$;

(4) $\int x^n \mathrm{d}x = \frac{x^{n+1}}{n+1} + c(n \in \mathbb{N}), x \in \mathbb{R}$;

(5) $\int x^\alpha \mathrm{d}x = \frac{x^{\alpha+1}}{\alpha+1} + c(\alpha \in \mathbb{R}\backslash\{-1\}), x \in (0, +\infty)$;

(6) $\int \frac{1}{x}\mathrm{d}x = \ln|x| + c, x \in (0, +\infty) \cup (-\infty, 0)$;

(7) $\int \mathrm{sh}\, x \mathrm{d}x = \mathrm{ch}\, x + c, \int \mathrm{ch}\, x \mathrm{d}x = \mathrm{sh}\, x + c$;

(8) $\int \frac{\mathrm{d}x}{1+x^2} = \arctan x + c, x \in \mathbb{R}$;

(9) $\int \frac{\mathrm{d}x}{\sqrt{1-x^2}} = \begin{cases} \arcsin x + c \\ \frac{\pi}{2} - \arccos x + c \end{cases}, x \in (-1, 1)$;

(10) $\int \frac{\mathrm{d}x}{\sqrt{x^2+1}} = \begin{cases} \mathrm{arsh}\, x + c \\ \ln(x + \sqrt{x^2+1}) + c \end{cases}, x \in \mathbb{R}$;

(11) $\int \frac{\mathrm{d}x}{\sqrt{x^2-1}} = \begin{cases} \mathrm{arch}\, x + c \\ \ln(x + \sqrt{x^2-1}) + c \end{cases}, x \in (1, +\infty)$。

注

(1) 定义在$\mathbb{R}$上的函数 $f(x)=x^n$，函数 $x \mapsto \frac{x^{n+1}}{n+1}$是在$\mathbb{R}$上 f 的一个原函数，函数 f 的所有原函数定义为 $x \mapsto \frac{x^{n+1}}{n+1} + c$（$c$ 是某个确定的实数），记作

$$\int x^n \mathrm{d}x = \frac{x^{n+1}}{n+1} + c, \quad c \in \mathbb{R}$$

(2) 记住积分符号下面的变量是无实质意义的变量，我们也可以写作

$$\int t^n \mathrm{d}t = \frac{x^{n+1}}{n+1} + c$$

(3) 这个常数是为区间定义的，如果我们有两个区间，就有两个常数，可能不等。例如，对于$\int \frac{1}{x}\mathrm{d}x$，我们取两个有定义的区间 $I_1 = (0, +\infty)$ 和 $I_2 = (-\infty, 0)$。那么若 $x > 0$，$\int \frac{1}{x}\mathrm{d}x = \ln x + c_1$；若 $x < 0$，$\int \frac{1}{x}\mathrm{d}x = \ln|x| + c_2 = \ln(-x) + c_2$。

(4) 我们可以得到看上去非常不同的原函数，如 $x \mapsto \arcsin x$ 和 $x \mapsto \frac{\pi}{2} - \arccos x$ 是同一个函数 $x \mapsto \frac{1}{\sqrt{1-x^2}}$的原函数。我们当然知道

$$\arcsin x + \arccos x = \frac{\pi}{2}$$

所以原函数与常数函数有很大不同！

13.3.3 原函数与积分的关系

定理 4 设 $f:[a,b]\to\mathbb{R}$ 是一个连续函数,函数 $F:I\to\mathbb{R}$ 定义为 $F(x)=\int_a^x f(t)\mathrm{d}t$,是函数 f 的一个原函数,换句话说,F 可导且 $F'(x)=f(x)$。

因此对于 f 的任意原函数有

$$\int_a^b f(t)\mathrm{d}t = F(b)-F(a)$$

记

$$[F(x)]_a^b = F(b)-F(a)$$

例 6 我们可以计算很多积分。首先,重新计算我们已经得到的积分。

(1) $f(x)=\mathrm{e}^x$ 的一个原函数是 $F(x)=\mathrm{e}^x$,那么

$$\int_0^1 \mathrm{e}^x\mathrm{d}x = [\mathrm{e}^x]_0^1 = \mathrm{e}^1-\mathrm{e}^0 = \mathrm{e}-1$$

(2) 对于 $g(x)=x^2$,一个原函数为 $G(x)=\dfrac{x^3}{3}$,于是

$$\int_0^1 x^2\mathrm{d}x = \left[\frac{x^2}{3}\right]_0^1 = \frac{1}{3}$$

(3) $\int_a^x \cos t\mathrm{d}t = [\sin t]_{t=a}^{t=x} = \sin x - \sin a$ 是 $\cos x$ 的一个原函数。

(4) 若 f 是奇函数,则其原函数为偶函数,由此可得 $\int_{-a}^a f(t)\mathrm{d}t = 0$。

下面是定理 4 的证明。

证明 我们首先来看为什么函数 F 是可导的以及 $F'(x)=f(x)$。

固定 $x_0\in[a,b]$,由积分区间的可加性(Chasles 关系):

$$F(x)-F(x_0)=\int_a^x f(t)\mathrm{d}t-\int_a^{x_0}f(t)\mathrm{d}t=\int_a^x f(t)\mathrm{d}t+\int_{x_0}^a f(t)\mathrm{d}t=\int_{x_0}^x f(t)\mathrm{d}t$$

因此增长率

$$\frac{F(x)-F(x_0)}{x-x_0}=\frac{1}{x-x_0}\int_{x_0}^x f(t)\mathrm{d}t=\frac{\mathcal{A}}{x-x_0}$$

其中 $\mathcal{A}$ 是阴影部分面积(图 13.11)。这个面积几乎是一个矩形的面积,若 x 足够接近 x_0,

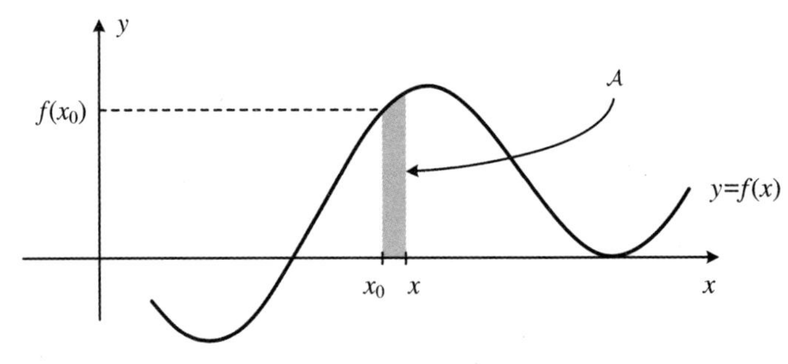

图 13.11

面积 $\mathcal{A}$ 近似于$(x-x_0)\times f(x_0)$;当 $x\to x_0$ 时变化率趋近于 $f(x_0)$,即 $F'(x_0)=f(x_0)$。

下面给出严格论证:因为 $f(x_0)$是一个常数,

$$\int_{x_0}^{x} f(x_0)\mathrm{d}t = (x-x_0)f(x_0)$$

于是

$$\begin{aligned}\frac{F(x)-F(x_0)}{x-x_0}-f(x_0) &= \frac{1}{x-x_0}\int_{x_0}^{x} f(t)\mathrm{d}t - \frac{1}{x-x_0}\int_{x_0}^{x} f(x_0)\mathrm{d}t \\ &= \frac{1}{x-x_0}\int_{x_0}^{x}[f(t)-f(x_0)]\mathrm{d}t\end{aligned}$$

固定 $\varepsilon>0$,因为 f 在 x_0 处连续,所以存在 $\delta>0$,满足

$$|t-x_0|<\delta\Rightarrow|f(t)-f(x_0)|<\varepsilon$$

于是

$$\begin{aligned}\left|\frac{F(x)-F(x_0)}{x-x_0}-f(x_0)\right| &= \left|\frac{1}{x-x_0}\int_{x_0}^{x}[f(t)-f(x_0)]\mathrm{d}t\right| \\ &\leqslant \frac{1}{|x-x_0|}\left|\int_{x_0}^{x}|f(t)-f(x_0)|\mathrm{d}t\right| \\ &\leqslant \frac{1}{|x-x_0|}\left|\int_{x_0}^{x}\varepsilon\mathrm{d}t\right| = \varepsilon\end{aligned}$$

这就证明了 F 在 x_0 处可导,且 $F'(x_0)=f(x_0)$。现在我们知道 F 是 f 的原函数,F 也是在 a 处为零的原函数,因为$\int_a^a f(t)\mathrm{d}t=0$。如果 G 是另一个原函数,我们知道 $F=G+c$,因此

$$\begin{aligned}G(b)-G(a) &= F(b)+c-(F(a)+c)=F(b)-F(a) \\ &= F(b)=\int_a^b f(t)\mathrm{d}t\end{aligned}$$

注

(1) $F(x)=\int_a^x f(t)\mathrm{d}t$ 是 f 的原函数,仅在 a 处取值为零。

(2) 特别地,若 F 是 C^1 类函数,则

$$\int_a^b F'(t)\mathrm{d}t = F(b)-F(a)$$

(3) 我们要避免使用符号$\int_a^x f(x)\mathrm{d}x$,因为积分上下限和被积函数都含 x,易混淆。最好使用$\int_a^x f(t)\mathrm{d}t$ 或$\int_a^x f(u)\mathrm{d}u$ 以避免混淆。

(4) 可积函数不一定存在原函数。例如,函数 $f:[0,1]\to\mathbb{R}$ 定义为:当 $x\in\left[0,\frac{1}{2}\right)$时,$f(x)=0$;当 $x\in\left[\frac{1}{2},1\right]$时,$f(x)=1$。$f$ 在$[0,1]$上可积,但是在$[0,1]$上 f 不能确定原函数。事实上,由反证法,若 F 是 f 的原函数,那么对于 $x\in\left[0,\frac{1}{2}\right)$,$F(0)=0$ 且对于 $x\in$

$\left[\frac{1}{2},1\right]$，$F(x)=x-\frac{1}{2}$，但是由于 F 在 $\frac{1}{2}$ 处是不可导的，根据定义原函数必须是可导的，矛盾。

13.3.4 黎曼和

积分是由和的极限定义的。现在我们知道如何在不使用极限的情况下计算积分，我们也可以通过求积分的方法求极限。

定理 5 设函数 $f:[a,b]\to\mathbb{R}$ 是可积的，那么

$$S_n=\frac{b-a}{n}\sum_{k=1}^{n}f\left(a+k\frac{b-a}{n}\right)\underset{n\to+\infty}{\longrightarrow}\int_a^b f(x)\mathrm{d}x$$

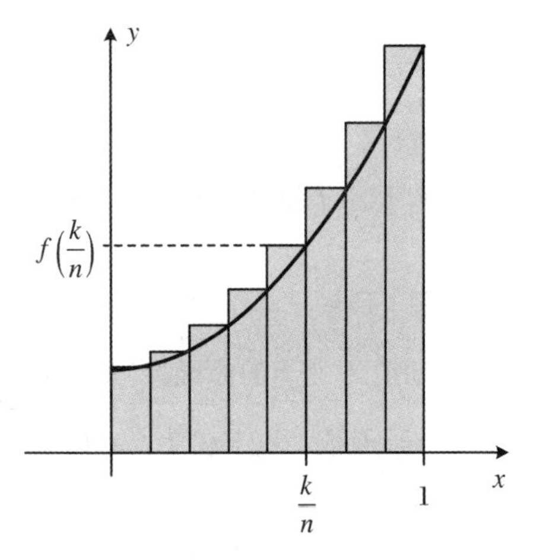

图 13.12

和式 S_n 称为黎曼和，是与积分相关的和。将区间 $[a,b]$ 分割为 n 个子区间，取每个区间右端处的函数值为矩形的高。

最常用的情况是 $a=0,b=1$（图 13.12），于是

$$\frac{b-a}{n}=\frac{1}{n}$$

且

$$f\left(a+k\frac{b-a}{n}\right)=f\left(\frac{k}{n}\right)$$

因此

$$S_n=\frac{1}{n}\sum_{k=1}^{n}f\left(\frac{k}{n}\right)\underset{n\to+\infty}{\longrightarrow}\int_0^1 f(x)\mathrm{d}x$$

例 7 计算和 $S_n=\sum_{k=1}^{n}\frac{1}{n+k}$ 的极限。

解析 我们有

$$S_1=\frac{1}{2},\quad S_2=\frac{1}{3}+\frac{1}{4},\quad S_3=\frac{1}{4}+\frac{1}{5}+\frac{1}{6},\quad S_4=\frac{1}{5}+\frac{1}{6}+\frac{1}{7}+\frac{1}{8},\quad\cdots$$

和 S_n 也可以表示为 $S_n=\frac{1}{n}\sum_{k=1}^{n}\frac{1}{1+\frac{k}{n}}$，对于函数 $f(x)=\frac{1}{1+x}$，$a=0,b=1$，我们知道 S_n 为黎曼和，于是

$$S_n=\frac{1}{n}\sum_{k=1}^{n}\frac{1}{1+\frac{k}{n}}=\frac{1}{n}\sum_{k=1}^{n}f\left(\frac{k}{n}\right)\xrightarrow[n\to+\infty]{}\int_a^b f(x)\mathrm{d}x$$

$$=\int_0^1\frac{1}{1+x}\mathrm{d}x=[\ln|x+1|]_0^1=\ln 2$$

因此当 $n\to+\infty$ 时，$S_n\to\ln 2$。

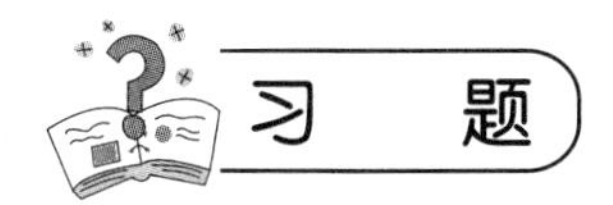

1. 已知 $f(x)=\begin{cases}2(x-1), & x<1\\ \ln x, & x\geqslant 1\end{cases}$，则 $f(x)$ 的一个原函数为(　　)。

A. $F(x)=\begin{cases}(x-1)^2, & x<1\\ x(\ln x-1), & x\geqslant 1\end{cases}$　　B. $F(x)=\begin{cases}(x-1)^2, & x<1\\ x(\ln x-1)+2, & x\geqslant 1\end{cases}$

C. $F(x)=\begin{cases}(x-1)^2, & x<1\\ x(\ln x+1)+1, & x\geqslant 1\end{cases}$　　D. $F(x)=\begin{cases}(x-1)^2, & x<1\\ x(\ln x-1)+1, & x\geqslant 1\end{cases}$

2. 利用黎曼和，求极限 $\lim\limits_{n\to\infty}\left(\frac{1}{n+1}+\frac{1}{n+2}+\cdots+\frac{1}{3n}\right)$。

3. 计算积分 $\int x^2\ln x\mathrm{d}x$。

4[†]. (2021年，清华大学数学领军计划题8) 求 $\lim\limits_{n\to+\infty}\sum\limits_{k=0}^{n-1}\frac{120}{\sqrt{n^2+kn}}$。

1. **解析** ① 当 $x<1$ 时，

$$F(x)=\int 2(x-1)d(x-1)=(x-1)^2+c_1$$

② 当 $x\geqslant 1$ 时，

$$F(x)=\int \ln x\mathrm{d}x=x\ln x-\int x\cdot\frac{1}{x}\mathrm{d}x=x(\ln x-1)+c_2$$

所以 $F(x)=\begin{cases}(x-1)^2+c_1, & x<1\\ x(\ln x-1)+c_2, & x\geqslant 1\end{cases}$，因为 $F(x)$ 可导，则 $F(x)$ 连续，所以

$$\lim_{x\to 1^-}F(x)=c_1=\lim_{x\to 1^+}F(x)=-1+c_2\Rightarrow c_1=-1+c_2, c_2=c_1+1$$

即选 D。

2. **解析**

$$\lim_{n\to\infty}\left(\frac{1}{n+1}+\frac{1}{n+2}+\cdots+\frac{1}{3n}\right)=\lim_{n\to\infty}\frac{1}{n}\sum_{k=1}^{2n}\frac{1}{1+\frac{k}{n}}$$

$$\frac{1}{n}\sum_{k=1}^{2n}\frac{1}{1+\frac{k}{n}}=\sum f(x_k)\Delta x$$

其中 $f(x)=\frac{1}{1+x}$，$\Delta x=\frac{1}{n}$，积分范围 $\frac{1}{n}\to 0$ 到 $\frac{2n}{n}\to 2$，因此极限为

$$\int_0^2 \frac{1}{1+x}\mathrm{d}x = \ln 3$$

3. **解析** 根据分部积分,令 $u=\ln x, v'=x^2$,于是 $u'=\frac{1}{x}, v=\frac{x^3}{3}$。

$$\int \ln x \cdot x^2 \mathrm{d}x = \int uv' = [uv] - \int u'v = \left[\ln x \times \frac{x^3}{3}\right] - \int \frac{1}{x} \times \frac{x^3}{3}\mathrm{d}x$$

$$= \left[\ln x \times \frac{x^3}{3}\right] - \int \frac{x^2}{3}\mathrm{d}x = \frac{x^3}{3}\ln x - \frac{x^3}{9} + c$$

4[†]. **解析**

$$\lim_{n\to+\infty}\sum_{k=0}^{n-1}\frac{120}{\sqrt{n^2+kn}} = \lim_{n\to+\infty}\sum_{k=0}^{n-1}\frac{1}{n}\cdot\frac{120}{\sqrt{1+k/n}} = \int_0^1 \frac{120}{\sqrt{1+x}}\mathrm{d}x$$

$$= \left[240\sqrt{1+x}\right]_0^1 = 240(\sqrt{2}-1)$$

13.4 分部积分和变量替换

为求得函数 f 的原函数,幸运的是,我们认识到 f 是可导且连续的函数;不幸的是,这种情况很少发生。我们将学习求原函数或求积分的两个技巧:分部积分和变量替换(换元方法)。

13.4.1 分部积分

定理 6 设 u, v 是区间 $[a,b]$ 上的两个 C^1 类函数,则

$$\int_a^b u(x)v'(x)\mathrm{d}x = [uv]_a^b - \int_a^b u'(x)v(x)\mathrm{d}x$$

注 方括号 $[F]_a^b$ 定义为 $[F]_a^b = F(b) - F(a)$,于是

$$[uv]_a^b = u(b)v(b) - u(a)v(a)$$

如果省略区间端点,那么 $[F]$ 表示函数 $F+c$,其中 c 为某一个常数。

原函数的分部积分公式是相同的,只是没有积分上下限,即

$$\int u(x)v'(x)\mathrm{d}x = [uv] - \int u'(x)v(x)\mathrm{d}x$$

定理 6 的证明很简单。

证明 我们有 $(uv)' = u'v + uv'$,于是

$$\int_a^b (u'v + uv') = \int_a^b (uv)' = [uv]_a^b$$

其中

$$\int_a^b uv' = [uv]_a^b - \int_a^b u'v$$

证毕。

分部积分的使用是基于以下思想：我们不能直接计算函数 f 的积分，函数 f 可以写成乘积 $f(x)=u(x)v'(x)$，而且如果我们知道如何计算积分 $g(x)=u'(x)v(x)$（比计算 f 更简单），那么，根据分部积分公式我们可以得到 f 的积分。

例 8 (1) 计算 $\int_0^1 xe^x dx$。

解析 设 $u(x)=x$，$v'(x)=e^x$，我们知道 $u'(x)=1$ 且 $v'(x)$的一个原函数为 $v(x)=e^x$，根据分部积分公式有

$$\begin{aligned}\int_0^1 xe^x dx &= \int_0^1 u(x)v'(x)dx = [u(x)v(x)]_0^1 - \int_0^1 u'(x)v(x)dx \\ &= [xe^x]_0^1 - \int_0^1 1\cdot e^x dx = (1\cdot e^1 - 0\cdot e^0) - [e^x]_0^1 \\ &= e - (e^1 - e^0) = 1\end{aligned}$$

(2) 计算 $\int_1^e x\ln x dx$。

解析 令 $u(x)=\ln x$，$v'(x)=x$，因此 $u'=\frac{1}{x}$，$v=\frac{x^2}{2}$，于是

$$\begin{aligned}\int_1^e x\ln x dx &= \int_1^e u(x)v'(x)dx = [uv]_1^e - \int_1^e u'v \\ &= \left[\ln x\cdot\frac{x^2}{2}\right]_1^e - \int_1^e \frac{1}{x}\frac{x^2}{2}dx = \left(\ln e\cdot\frac{e^2}{2} - \ln 1\cdot\left(\frac{1}{2}\right)^2\right) - \frac{1}{2}\int_1^e x dx \\ &= \frac{e^2}{2} - \frac{1}{2}\left[\frac{x^2}{2}\right]_1^e = \frac{e^2}{2} - \frac{e^2}{4} + \frac{1}{4} = \frac{e^2+1}{4}\end{aligned}$$

(3) 计算 $\int \arcsin x dx$。

解析 为了计算 $\arcsin x$ 的原函数，通过表示 $\arcsin x = 1\cdot\arcsin x$，我们人为地构造乘积，设 $u=\arcsin x$ 且 $v'=1$（于是 $u'=\frac{1}{\sqrt{1-x^2}}$ 且 $v=x$），则

$$\begin{aligned}\int 1\cdot\arcsin x dx &= [x\arcsin x] - \int\frac{x}{\sqrt{1-x^2}}dx = [x\arcsin x] - [-\sqrt{1-x^2}] \\ &= x\arcsin x + \sqrt{1-x^2} + c\end{aligned}$$

(4) 计算 $\int x^2 e^x dx$。

解析 设 $u=x^2$ 且 $v'=e^x$，得到

$$\int x^2 e^x dx = [x^2 e^x] - 2\int xe^x dx$$

再次利用分部积分，计算得

$$\int xe^x dx = [xe^x] - \int e^x dx = (x-1)e^x + c$$

所以

$$\int x^2 e^x dx = (x^2 - 2x + 2)e^x + c$$

例 9 我们将研究由 $I_n = \int_0^1 \frac{\sin(\pi x)}{x+n}\mathrm{d}x$ 定义的积分，其中 $n>0, n\in\mathbb{Z}$。

解析

(1) 证明 $0\leqslant I_{n+1}\leqslant I_n$。

对于 $0\leqslant x\leqslant 1$，我们有 $0<x+n\leqslant x+n+1$，且 $\sin(\pi x)\geqslant 0$，因此

$$0\leqslant \frac{\sin(\pi x)}{x+n+1}\leqslant \frac{\sin(\pi x)}{x+n}$$

得到 $0\leqslant I_{n+1}\leqslant I_n$。

(2) 证明 $I_n\leqslant \ln\frac{n+1}{n}$，并推导 $\lim\limits_{n\to+\infty} I_n$。

因为 $0\leqslant \sin(\pi x)\leqslant 1$，有

$$\frac{\sin(\pi x)}{x+n}\leqslant \frac{1}{x+n}$$

得到

$$0\leqslant I_n\leqslant \int_0^1 \frac{1}{x+n}\mathrm{d}x = [\ln(x+n)]_0^1 = \ln\frac{n+1}{n}\underset{n\to+\infty}{\longrightarrow} 0$$

(3) 计算 $\lim\limits_{n\to+\infty} nI_n$。

我们用分部积分法，$u=\frac{1}{x+n}$ 且 $v'=\sin(\pi x)$（$u'=-\frac{1}{(x+n)^2}$ 以及 $v=-\frac{1}{\pi}\cos(\pi x)$）：

$$\begin{aligned} nI_n &= n\int_0^1 \frac{1}{x+n}\sin(\pi x)\mathrm{d}x = -\frac{n}{\pi}\left[\frac{1}{x+n}\cos(\pi x)\right]_0^1 - \frac{n}{\pi}\int_0^1 \frac{1}{(x+n)^2}\cos(\pi x)\mathrm{d}x \\ &= \frac{n}{\pi(n+1)} + \frac{1}{\pi} - \frac{n}{\pi}J_n \end{aligned}$$

我们还要计算 $J_n = \int_0^1 \frac{\cos(\pi x)}{(x+n)^2}\mathrm{d}x$。

$$\begin{aligned} \left|\frac{n}{\pi}J_n\right| &\leqslant \frac{n}{\pi}\int_0^1 \frac{|\cos(\pi x)|}{(x+n)^2}\mathrm{d}x \leqslant \frac{n}{\pi}\int_0^1 \frac{1}{(x+n)^2}\mathrm{d}x \\ &= \frac{n}{\pi}\left[-\frac{1}{x+n}\right]_0^1 = \frac{n}{\pi}\left(-\frac{1}{1+n}+\frac{1}{n}\right) = \frac{1}{\pi}\frac{1}{n+1}\underset{n\to+\infty}{\longrightarrow} 0 \end{aligned}$$

于是

$$\lim_{n\to+\infty} nI_n = \lim_{n\to+\infty}\left[\frac{n}{\pi(n+1)} + \frac{1}{\pi} - \frac{n}{\pi}J_n\right] = \frac{2}{\pi}$$

13.4.2 变量替换

定理 7 设 f 是定义在区间 I 上的函数，函数 $\varphi: J\to I$ 是 C^1 类的双射函数，对任意 $a,b\in J$，

$$\int_{\varphi(a)}^{\varphi(b)} f(x)\mathrm{d}x = \int_a^b f(\varphi(t)) \cdot \varphi'(t)\mathrm{d}t$$

若 F 是 f 的原函数，那么 $F\circ\varphi$ 是 $(f\circ\varphi)\cdot\varphi'$ 的原函数。

有一个简单的方法来记忆，实际上，如果我们注意到 $x=\varphi(t)$，那么根据导数运算 $\frac{\mathrm{d}x}{\mathrm{d}t}=\varphi'(t)$，于是 $\mathrm{d}x=\varphi'(t)\mathrm{d}t$，因此可替换为

$$\int_{\varphi(a)}^{\varphi(b)} f(x)\mathrm{d}x = \int_a^b f(\varphi(t)) \cdot \varphi'(t)\mathrm{d}t$$

证明　因为 F 是 f 的原函数，所以 $F'(x)=f(x)$，根据复合函数求导法则

$$(F\circ\varphi)'(t) = F'(\varphi(t))\varphi'(t) = f(\varphi(t))\varphi'(t)$$

因此 $F\circ\varphi$ 是 $f(\varphi(t))\varphi'(t)$ 的一个原函数，所以

$$\begin{aligned}\int_a^b f(\varphi(t))\cdot\varphi'(t)\mathrm{d}t &= [F\circ\varphi]_a^b = F(\varphi(b)) - F(\varphi(a)) \\ &= [F]_{\varphi(a)}^{\varphi(b)} = \int_{\varphi(a)}^{\varphi(b)} f(x)\mathrm{d}x\end{aligned}$$

注　因为 φ 是 J 到 $\varphi(J)$ 的双射函数，其逆映射 φ^{-1} 存在且可导(除去 φ 为零的情形)，若 φ 不为零，我们可得到 $t=\varphi^{-1}(x)$ 且用反函数的形式改变了积分变量。

例10　求 $F=\int \tan t\mathrm{d}t$ 的原函数。

解析　**方法1**　$F=\int \tan t\mathrm{d}t = \int \frac{\sin t}{\cos t}\mathrm{d}t$，在此可以识别出一种形式 $\frac{u'}{u}$(其中 $u=\cos t$ 且 $u'=-\sin t$)，于是原函数为

$$F = \int -\frac{u'}{u} = -[\ln|u|] = -\ln|u| + c = -\ln|\cos t| + c$$

方法2　我们用变量替换方法重新表示。注意到 $\varphi(t)=\cos t$，于是 $\varphi'(t)=-\sin t$，那么

$$F = \int -\frac{\varphi'(t)}{\varphi(t)}\mathrm{d}t$$

若定义函数 f 为 $f(x)=\frac{1}{x}$，当 $x\neq 0$ 时，为双射函数，于是

$$F = -\int \varphi'(t) f(\varphi(t))\mathrm{d}t$$

设 $x=\varphi(t)$，则 $\mathrm{d}x=\varphi'(t)\mathrm{d}t$，根据变量替换公式有

$$F\circ\varphi^{-1} = -\int f(x)\mathrm{d}x = -\int \frac{1}{x}\mathrm{d}x = -\ln|x| + c$$

因为 $x=\varphi(t)=\cos t$，所以

$$F(t) = -\ln|\cos t| + c$$

注　为了使积分定义存在，则要求 $t\neq\frac{\pi}{2} \bmod \pi$，因此原函数对定义域区间限制为 $\left(-\frac{\pi}{2}+k\pi, \frac{\pi}{2}+k\pi\right)$。在定义域上有 $-\ln|\cos t|+c$ 形式，常数在不同的区间内可以取不同的值。

例 11 计算$\int_0^{1/2}\frac{x}{(1-x^2)^{3/2}}\mathrm{d}x$。

解析 用变量替换,令 $u=\varphi(x)=1-x^2$,那么 $\mathrm{d}u=\varphi'(x)\mathrm{d}x=-2x\mathrm{d}x$。对于 $x=0$ 有 $u=\varphi(0)=1$;对于 $x=\frac{1}{2}$有 $u=\varphi\left(\frac{1}{2}\right)=\frac{3}{4}$。因为 $\varphi'(x)=-2x$,φ 是$\left[0,\frac{1}{2}\right]$到$\left[1,\frac{3}{4}\right]$上的双射函数,于是

$$\int_0^{1/2}\frac{x}{(1-x^2)^{3/2}}\mathrm{d}x=\int_1^{3/4}\frac{\frac{-\mathrm{d}u}{2}}{u^{3/2}}=-\frac{1}{2}\int_1^{3/4}u^{-3/2}\mathrm{d}u=-\frac{1}{2}\left[-2u^{-1/2}\right]_1^{3/4}$$

$$=\left[\frac{1}{\sqrt{u}}\right]_1^{3/4}=\frac{2}{\sqrt{3}}-1$$

例 12 计算$\int_0^{1/2}\frac{1}{(1-x^2)^{3/2}}\mathrm{d}x$。

解析 用变量替换,设 $x=\varphi(t)=\sin t$,$\mathrm{d}x=\cos t\mathrm{d}t$;进一步地,$t=\arcsin x$。于是对于 $x=0$,我们有 $t=\arcsin 0=0$;对于 $x=\frac{1}{2}$,有 $t=\arcsin\frac{1}{2}=\frac{\pi}{6}$。$\varphi$ 是$\left[0,\frac{1}{2}\right]$到$\left[0,\frac{\pi}{6}\right]$上的双射函数。

$$\int_0^{1/2}\frac{\mathrm{d}x}{(1-x^2)^{3/2}}=\int_0^{\pi/6}\frac{\cos t\mathrm{d}t}{(1-\sin^2 t)^{3/2}}=\int_0^{\pi/6}\frac{\cos t\mathrm{d}t}{(\cos^2 t)^{3/2}}=\int_0^{\pi/6}\frac{\cos t}{\cos^3 t}\mathrm{d}t$$

$$=\int_0^{\pi/6}\frac{1}{\cos^2 t}\mathrm{d}t=[\tan t]_0^{\pi/6}=\frac{1}{\sqrt{3}}$$

例 13 计算$\int\frac{1}{(1+x^2)^{3/2}}\mathrm{d}x$。

解析 用变量代换,令 $x=\tan t$,$t=\arctan x$,且 $\mathrm{d}x=\frac{\mathrm{d}t}{\cos^2 t}$(正切函数是$\left(-\frac{\pi}{2},\frac{\pi}{2}\right)$到$\mathbb{R}$的双射函数),所以

$$F=\int\frac{1}{(1+x^2)^{3/2}}\mathrm{d}x=\int\frac{1}{(1+\tan^2 t)^{3/2}}\frac{\mathrm{d}t}{\cos^2 t}$$

$$=\int(\cos^2 t)^{3/2}\frac{\mathrm{d}t}{\cos^2 t}\quad\left(\text{因为 }1+\tan^2 t=\frac{1}{\cos^2 t}\right)$$

$$=\int\cos t\mathrm{d}t=[\sin t]=\sin t+c=\sin(\arctan x)+c$$

因此

$$\int\frac{1}{(1+x^2)^{3/2}}\mathrm{d}x=\sin(\arctan x)+c$$

通过函数运算,原函数可以表示为

$$F(x)=\frac{x}{\sqrt{1+x^2}}+c$$

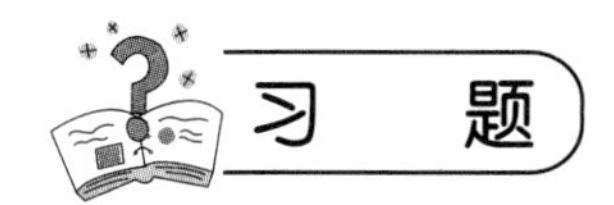

1. 用变量替换方法计算下列积分：

(1) $\int (\cos x)^{1234}\sin x\mathrm{d}x$；(2) $\int \frac{1}{x\ln x}\mathrm{d}x$。

2. 求下列积分：

(1) $\int_0^{\frac{\pi}{2}} x\sin x\mathrm{d}x$；(2) $\int_0^1 \frac{\mathrm{e}^x}{\sqrt{\mathrm{e}^x+1}}\mathrm{d}x$。

3. 设 $I_n = \int_0^1 \frac{x^n}{1+x}\mathrm{d}x$。

(1) 通过积分计算，证明：$\lim\limits_{n\to+\infty} I_n = 0$；

(2) 计算 $I_n + I_{n+1}$；

(3) 确定 $\lim\limits_{n\to+\infty}\left(\sum\limits_{k=1}^{n}\frac{(-1)^{k+1}}{k}\right)$的值。

4†.（2022年，清华大学新领军计划题6）设 $I = 120\int_0^1\sqrt{\frac{1-x}{1+x}}\mathrm{d}x$，求$[I]=$ ________。

1. **解析** (1) 令 $u=\cos x$，则 $x=\arccos u$，且 $\mathrm{d}u=-\sin x\mathrm{d}x$，得到

$$\int (\cos x)^{1234}\sin x\mathrm{d}x = \int u^{1234}(-\mathrm{d}u) = -\frac{1}{1235}u^{1235}+c = -\frac{1}{1235}(\cos x)^{1235}+c$$

(2) 设 $u=\ln x$，$x=\mathrm{e}^u$，$\mathrm{d}u=\frac{\mathrm{d}x}{x}$，原式为

$$\int\frac{1}{x\ln x}\mathrm{d}x = \int\frac{1}{\ln x}\frac{\mathrm{d}x}{x} = \int\frac{1}{u}\mathrm{d}u = \ln|u|+c = \ln|\ln x|+c$$

2. **解析** (1) 用分部积分，令 $u=x$，$v'=\sin x$，则

$$\int_0^{\frac{\pi}{2}} x\sin x\mathrm{d}x = [uv]_0^{\pi/2} - \int_0^{\frac{\pi}{2}} u'v = [-x\cos x]_0^{\pi/2} + \int_0^{\frac{\pi}{2}}\cos x\mathrm{d}x$$
$$= [-x\cos x]_0^{\pi/2} + [\sin x]_0^{\pi/2} = 0-0+1-0 = 1$$

(2) 用变量替换，令 $u=\mathrm{e}^x$，则 $x=\ln u$，$\mathrm{d}u=\mathrm{e}^x\mathrm{d}x$，变量 x 的取值$x=0$ 到 $x=1$，因此变量 $u=\mathrm{e}^x$ 的范围$u=1$ 到 $u=\mathrm{e}$。

$$\int_0^1\frac{\mathrm{e}^x}{\sqrt{\mathrm{e}^x+1}}\mathrm{d}x = \int_1^{\mathrm{e}}\frac{\mathrm{d}u}{\sqrt{u+1}} = [2\sqrt{u+1}]_1^{\mathrm{e}} = 2\sqrt{\mathrm{e}+1}-2\sqrt{2}$$

3. **解析** (1) 对 $x>0$，$\frac{x^n}{1+x}\leqslant x^n$，于是

$$I_n \leqslant \int_0^1 x^n \mathrm{d}x = \left[\frac{1}{n+1}x^{n+1}\right]_0^1 = \frac{1}{n+1}$$

因此当 $n \to +\infty$ 时 $I_n \to 0$。

(2) $I_n + I_{n+1} = \int_0^1 x^n \frac{1+x}{1+x}\mathrm{d}x = \int_0^1 x^n \mathrm{d}x = \frac{1}{n+1}$。

(3) 设

$$S_n = 1 - \frac{1}{2} + \frac{1}{3} - \frac{1}{4} + \cdots \pm \frac{1}{n} = \sum_{k=1}^{n} \frac{(-1)^{k+1}}{k}$$

由上一问我们有

$$S_n = (I_0 + I_1) - (I_1 + I_2) + (I_2 + I_3) - \cdots \pm (I_{n-1} + I_n)$$

另外,这个求和可以前后相消,得到 $S_n = I_0 \pm I_n$。所以当 $n \to +\infty$ 时,由于 $I_n \to 0$,S_n 的极限值等于I_0。

经简单计算

$$I_0 = \int_0^1 \frac{\mathrm{d}x}{1+x} = \ln 2$$

所以摆动数列和的极限

$$\lim_{n \to +\infty}\left(\sum_{k=1}^{n} \frac{(-1)^{k+1}}{k}\right) = \ln 2$$

4[†]. **解析** 设 $x = \sin\theta$,则

$$I = 120\int_0^{\frac{\pi}{2}} \sqrt{\frac{1-\sin\theta}{1+\sin\theta}}\mathrm{d}\sin\theta = 120\int_0^{\frac{\pi}{2}} \frac{1-\sin\theta}{\cos\theta} \cdot \cos\theta \mathrm{d}\theta = 120\int_0^{\frac{\pi}{2}} (1-\sin\theta)\mathrm{d}\theta$$

$$= 120[\theta + \cos\theta]_0^{\frac{\pi}{2}} = 120\left(\frac{\pi}{2} - 1\right) = 60\pi - 120$$

所以$[I] = 68$。

13.5 有理分式函数的积分

13.5.1 三种基本情况

首先考虑有理分式 $f(x) = \dfrac{\alpha x + \beta}{ax^2 + bx + c}$,其中 $\alpha, \beta, a, b, c \in \mathbb{R}$,$a \neq 0$,且$(\alpha, \beta) \neq (0,0)$。

(1) 第一种情形。分母 $ax^2 + bx + c$ 有两个不等的实数根 $x_1, x_2 \in \mathbb{R}$。那么

$$f(x) = \frac{\alpha x + \beta}{a(x - x_1)(x - x_2)}$$

存在实数 $A, B \in \mathbb{R}$ 满足

$$f(x) = \frac{A}{x - x_1} + \frac{B}{x - x_2}$$

于是

$$\int f(x)\mathrm{d}x = A\ln|x-x_1| + B\ln|x-x_2| + c$$

在每个区间$(-\infty, x_1)$,(x_1, x_2)以及$(x_2, +\infty)$上成立(其中 $x_1 < x_2$)。

(2) 第二种情形。分母 ax^2+bx+c 有两个重根$x_0 \in \mathbb{R}$。那么

$$f(x) = \frac{\alpha x + \beta}{a\ (x-x_0)^2}$$

存在实数 $A,B \in \mathbb{R}$ 满足

$$f(x) = \frac{A}{(x-x_0)^2} + \frac{B}{x-x_0}$$

于是

$$\int f(x)\mathrm{d}x = -\frac{A}{x-x_0} + B\ln|x-x_0| + c$$

在每个区间$(-\infty, x_0)$,$(x_0, +\infty)$上成立。

(3) 第三种情形。分母 ax^2+bx+c 没有实数根,我们通过一个具体实例说明如何处理。

例 14　设 $f(x)=\dfrac{x+1}{2x^2+x+1}$,在第一步运算整理过程中我们发现$\dfrac{u'}{u}$模式(可将其积分运算为 $\ln|u|$)。

$$f(x) = \frac{\frac{1}{4}(4x+1) - \frac{1}{4} + 1}{2x^2+x+1} = \frac{1}{4}\cdot\frac{4x+1}{2x^2+x+1} + \frac{3}{4}\cdot\frac{1}{2x^2+x+1}$$

① 我们可对$\dfrac{4x+1}{2x^2+x+1}$积分如下:

$$\int \frac{4x+1}{2x^2+x+1}\mathrm{d}x = \int \frac{u'(x)}{u(x)}\mathrm{d}x = \ln|2x^2+x+1| + c$$

② 接下来处理另一部分$\dfrac{1}{2x^2+x+1}$,可将其写为$\dfrac{1}{u^2+1}$(其原函数为 $\arctan u$),

$$\frac{1}{2x^2+x+1} = \frac{1}{2\left(x+\frac{1}{4}\right)^2 - \frac{1}{8} + 1} = \frac{1}{2\left(x+\frac{1}{4}\right)^2 + \frac{7}{8}}$$

$$= \frac{8}{7}\cdot\frac{1}{\frac{8}{7}\cdot 2\left(x+\frac{1}{4}\right)^2 + 1} = \frac{8}{7}\cdot\frac{1}{\left[\frac{4}{\sqrt{7}}\left(x+\frac{1}{4}\right)\right]^2 + 1}$$

用变量替换方法,设 $u=\dfrac{4}{\sqrt{7}}\left(x+\dfrac{1}{4}\right)$(于是 $\mathrm{d}u=\dfrac{4}{\sqrt{7}}\mathrm{d}x$),所以

$$\int \frac{\mathrm{d}x}{2x^2+x+1} = \int \frac{8}{7}\cdot\frac{\mathrm{d}x}{\left[\frac{4}{\sqrt{7}}\left(x+\frac{1}{4}\right)\right]^2 + 1} = \frac{8}{7}\int \frac{\mathrm{d}u}{u^2+1}\cdot\frac{\sqrt{7}}{4}$$

$$= \frac{2}{\sqrt{7}}\arctan u + c = \frac{2}{\sqrt{7}}\arctan\left[\frac{4}{\sqrt{7}}\left(x+\frac{1}{4}\right)\right] + c$$

所以

$$\int f(x)\mathrm{d}x = \frac{1}{4}\ln(2x^2+x+1) + \frac{3}{2\sqrt{7}}\arctan\left[\frac{4}{\sqrt{7}}\left(x+\frac{1}{4}\right)\right] + c$$

13.5.2 简单形式的积分

设$\frac{P(x)}{Q(x)}$是分式函数，$P(x)$，$Q(x)$是实系数多项式，$\frac{P(x)}{Q(x)}$写成多项式 $E(x)\in\mathbb{R}[x]$的和或下面简单分式的和：

$$\frac{\gamma}{(x-x_0)^k} \quad 或 \quad \frac{\alpha x+\beta}{(ax^2+bx+c)^k} \quad (b^2-4ac<0)$$

其中 $\alpha,\beta,\gamma,a,b,c\in\mathbb{R}$，$k\in\mathbb{N}\setminus\{0\}$。

(1) 我们知道如何对多项式 $E(x)$积分。

(2) 简单基本形式$\frac{\gamma}{(x-x_0)^k}$的积分。

① 若 $k=1$，则

$$\int\frac{\gamma\mathrm{d}x}{x-x_0} = \gamma\ln|x-x_0| + c_0 \quad (其中\ x\in(-\infty,x_0)或(x_0,+\infty))$$

② 若 $k\geqslant 2$，则

$$\int\frac{\gamma\mathrm{d}x}{(x-x_0)^k} = \gamma\int(x-x_0)^{-k}\mathrm{d}x = \frac{\gamma}{-k+1}(x-x_0)^{-k+1} + c_0$$

$$(其中\ x\in(-\infty,x_0)或(x_0,+\infty))$$

(3) 基本形式$\frac{\alpha x+\beta}{(ax^2+bx+c)^k}$的积分。我们将其写作如下形式：

$$\frac{\alpha x+\beta}{(ax^2+bx+c)^k} = \gamma\frac{2ax+b}{(ax^2+bx+c)^k} + \delta\frac{1}{(ax^2+bx+c)^k}$$

① 若 $k=1$，则

$$\int\frac{2ax+b}{ax^2+bx+c}\mathrm{d}x = \int\frac{u'(x)}{u(x)}\mathrm{d}x = \ln|u(x)| + c_0 = \ln|ax^2+bx+c| + c_0$$

② 若 $k\geqslant 2$，则

$$\int\frac{2ax+b}{(ax^2+bx+c)^k}\mathrm{d}x = \int\frac{u'(x)}{u(x)^k}\mathrm{d}x = \frac{1}{-k+1}u(x)^{-k+1} + c_0$$

$$= \frac{1}{-k+1}(ax^2+bx+c)^{-k+1} + c_0$$

③ 若 $k=1$，计算$\int\frac{1}{ax^2+bx+c}\mathrm{d}x$，利用变量代换，令 $u=px+q$，转化为计算

$$\int\frac{\mathrm{d}u}{u^2+1} = \arctan u + c_0$$

④ 若 $k \geqslant 2$，计算$\int \frac{1}{(ax^2+bx+c)^k}dx$，利用变量代换，令 $u = px + q$。计算 $I_k = \int \frac{du}{(u^2+1)^k}$，再结合分部积分，从计算 I_k 转化为计算 I_{k-1}。

例如，计算 I_2，从 $I_1 = \int \frac{du}{u^2+1}$ 开始，设 $f = \frac{1}{u^2+1}$ 且 $g' = 1$，由分部积分公式$\int fg' = [fg] - \int f'g$（其中 $f' = -\frac{2u}{(u^2+1)^2}$，$g = u$），则

$$I_1 = \int \frac{du}{u^2+1} = \left[\frac{u}{u^2+1}\right] + \int \frac{2u^2du}{(u^2+1)^2} = \left[\frac{u}{u^2+1}\right] + 2\int \frac{u^2+1-1}{(u^2+1)^2}du$$
$$= \left[\frac{u}{u^2+1}\right] + 2\int \frac{du}{u^2+1} - 2\int \frac{du}{(u^2+1)^2} = \left[\frac{u}{u^2+1}\right] + 2I_1 - 2I_2$$

可得

$$I_2 = \frac{1}{2}I_1 + \frac{1}{2}\frac{u}{u^2+1} + c_0$$

而 $I_1 = \arctan u$，则

$$I_2 = \int \frac{du}{(u^2+1)^2} = \frac{1}{2}\arctan u + \frac{1}{2}\frac{u}{u^2+1} + c_0$$

13.5.3 三角函数的积分

我们也可以计算形如$\int P(\cos x, \sin x)dx$ 或$\int \frac{P(\cos x, \sin x)}{Q(\cos x, \sin x)}dx$ 的积分，P，Q 为多项式，可将其转化为简单的分式函数形式的积分。有两种方法：

(1) Bioche 法则，比较有效，但并不总是有效；

(2) 变量代换（万能公式）$t = \tan\frac{x}{2}$，总是有效，但往往导致更多计算。

1. Bioche 法则

记 $\omega(x) = f(x)dx$，则

$$\omega(-x) = f(-x)d(-x) = -f(-x)dx$$
$$\omega(\pi - x) = f(\pi - x)d(\pi - x) = -f(\pi - x)dx$$

(1) 若 $\omega(-x) = \omega(x)$，作变量代换，令 $u = \cos x$；

(2) 若 $\omega(\pi - x) = \omega(x)$，作变量代换，令 $u = \sin x$；

(3) 若 $\omega(\pi + x) = \omega(x)$，作变量代换，令 $u = \tan x$。

例 15 求$\int \frac{\cos x dx}{2-\cos^2 x}$ 的原函数。

解析 记 $\omega(x) = \frac{\cos x dx}{2-\cos^2 x}$，因为

$$\omega(\pi-x)=\frac{\cos(\pi-x)\mathrm{d}(\pi-x)}{2-\cos^2(\pi-x)}=\frac{(-\cos x)(-\mathrm{d}x)}{2-\cos^2 x}=\omega(x)$$

作变量代换，令 $u=\sin x$，为此 $\mathrm{d}u=\cos x\mathrm{d}x$，因此

$$\int\frac{\cos x\mathrm{d}x}{2-\cos^2 x}=\int\frac{\cos x\mathrm{d}x}{2-(1-\sin^2 x)}=\int\frac{\mathrm{d}u}{1+u^2}=[\arctan u]=\arctan(\sin x)+c$$

2. 万能代换 $t=\tan\dfrac{x}{2}$

应用半角正切公式可以表示正弦函数、余弦函数以及正切函数，若 $t=\tan\dfrac{x}{2}$，则

$$\cos x=\frac{1-t^2}{1+t^2},\quad \sin x=\frac{2t}{1+t^2},\quad \tan x=\frac{2t}{1-t^2},\quad \mathrm{d}x=\frac{2\mathrm{d}t}{1+t^2}$$

例 16 求积分 $\displaystyle\int_{-\pi/2}^{0}\frac{\mathrm{d}x}{1-\sin x}$。

解析 用变量代换，令 $t=\tan\dfrac{x}{2}$，为 $\left[-\dfrac{\pi}{2},0\right]$ 到 $[-1,0]$ 上的双射函数，则有 $\sin x=\dfrac{2t}{1+t^2}$ 以及 $\mathrm{d}x=\dfrac{2\mathrm{d}t}{1+t^2}$。

$$\int_{-\pi/2}^{0}\frac{\mathrm{d}x}{1-\sin x}=\int_{-1}^{0}\frac{\frac{2\mathrm{d}t}{1+t^2}}{1-\frac{2t}{1+t^2}}=2\int_{-1}^{0}\frac{\mathrm{d}t}{1+t^2-2t}=2\int_{-1}^{0}\frac{\mathrm{d}t}{(1-t)^2}$$

$$=2\left[\frac{1}{1-t}\right]_{-1}^{0}=2\left(1-\frac{1}{2}\right)=1$$

1. 求下列函数的原函数，若有必要，请指出积分计算的有效区间：

(1) $\displaystyle\int\frac{x-1}{x^2+x+1}\mathrm{d}x$；(2) $\displaystyle\int\sin^8 x\cos^3 x\mathrm{d}x$。

2. 设 $I_n=\displaystyle\int_0^{\frac{\pi}{2}}(\sin x)^n\mathrm{d}x$，其中 $n\in\mathbb{N}$。

(1) 证明：$I_{n+2}=\dfrac{n+1}{n+2}I_n$，通过推导 $\displaystyle\int_{-1}^{1}(1-x^2)^n\mathrm{d}x$，解释 I_n；

(2) 证明：$(I_n)_n$ 是正项递增的，并且 $I_n\sim I_{n+1}$；

(3) 化简 I_nI_{n+1}，通过推导 $\dfrac{1\cdot 3\cdots(2n+1)}{2\cdot 4\cdots(2n)}\sim 2\sqrt{\dfrac{n}{\pi}}$，证明：$I_n\sim\sqrt{\dfrac{\pi}{2n}}$。

3. 计算椭圆面积，其中椭圆方程为 $\dfrac{x^2}{a^2}+\dfrac{y^2}{b^2}=1$。

4†.(2022年,清华领军计划题5)设$f(x)=\dfrac{1-2x}{(1-x+x^2)^2}$,则$\left[\dfrac{f^{(2022)}(0)}{2022!}\right]=$________。

答　案

1. **解析**　(1) 分母 $u=x^2+x+1$ 是不可约的,因此这个分式分解为基本(简单)类型,我们可凑出$\dfrac{u'}{u}$形式的分式,对数积分。

$$\frac{x-1}{x^2+x+1}=\frac{1}{2}\frac{2x+1}{x^2+x+1}-\frac{3}{2}\frac{1}{x^2+x+1}$$

上面每个分式都是可积的基本类型,第一个是$\dfrac{u'}{u}$型,因此原函数为 $\ln|u|$,第二个是$\dfrac{1}{1+v^2}$型,原函数为 $\arctan v$,具体而言,

$$\begin{aligned}\int\frac{x-1}{x^2+x+1}\mathrm{d}x&=\int\frac{1}{2}\frac{2x+1}{x^2+x+1}\mathrm{d}x-\frac{3}{2}\int\frac{1}{x^2+x+1}\mathrm{d}x\\&=\frac{1}{2}[\ln|x^2+x+1|]-\frac{3}{2}\int\frac{1}{3/4}\frac{1}{1+\left[\frac{2}{\sqrt{3}}\left(x+\frac{1}{2}\right)\right]^2}\mathrm{d}x\\&=\frac{1}{2}[\ln|x^2+x+1|]-2\int\frac{1}{1+v^2}\frac{\sqrt{3}}{2}\mathrm{d}v\\&=\frac{1}{2}[\ln|x^2+x+1|]-\sqrt{3}[\arctan v]\\&=\frac{1}{2}\ln|x^2+x+1|-\sqrt{3}\arctan\left[\frac{2}{\sqrt{3}}\left(x+\frac{1}{2}\right)\right]+c\end{aligned}$$

该原函数在$\mathbb{R}$上有定义。

(2) 当对多项式的复合函数(或有理式的复合函数)进行积分运算时,我们可以考虑换元,令 $u=\cos x$,$u=\sin x$ 或$u=\tan x$。如果你尝试这三种替换,或者尝试应用一下 Bioche 法则,在这里用 $\pi-x$ 替换x,那么$\sin^8x\cos^3x\mathrm{d}x$ 变为

$$\sin^8(\pi-x)\cos^3(\pi-x)\mathrm{d}(\pi-x)=\sin^8x(-\cos^3x)(-\mathrm{d}x)=\sin^8x\cos^3x\mathrm{d}x$$

那么用 $u=\sin x$ 作变量替换。设 $u=\sin x$,$\mathrm{d}u=\cos x\mathrm{d}x$,有

$$\begin{aligned}\int\sin^8x\cos^3x\mathrm{d}x&=\int\sin^8x\cos^2x(\cos x\mathrm{d}x)=\int\sin^8x(1-\sin^2x)(\cos x\mathrm{d}x)\\&=\int u^8(1-u^2)\mathrm{d}u=\int u^8\mathrm{d}u-\int u^{10}\mathrm{d}u\\&=\left[\frac{1}{9}u^9\right]-\left[\frac{1}{11}u^{11}\right]=\frac{1}{9}\sin^9x-\frac{1}{11}\sin^{11}x+c\end{aligned}$$

此原函数在ℝ上有定义。

2. **证明** (1) ① $I_{n+2}=\int_0^{\frac{\pi}{2}}\sin^{n+1}x\cdot\sin x\mathrm{d}x$，令 $u(x)=\sin^{n+1}x$，$v'(x)=\sin x$，根据分部积分有

$$I_{n+2}=\left[-\cos x\sin^{n+1}x\right]_0^{\frac{\pi}{2}}+(n+1)\int_0^{\frac{\pi}{2}}\cos^2 x\sin^n x\mathrm{d}x$$

$$=0+(n+1)\int_0^{\frac{\pi}{2}}(1-\sin^2 x)\sin^n x\mathrm{d}x=(n+1)I_n-(n+1)I_{n+2}$$

所以

$$(n+2)I_{n+2}=(n+1)I_n$$

结论

$$I_{n+2}=\frac{n+1}{n+2}I_n$$

② 因此我们得到一个关于 I_n 的递推关系，计算可得 $I_0=\frac{\pi}{2}$，$I_1=1$。

对于 n 为偶数，有

$$I_n=\frac{1\cdot 3\cdots(n-1)}{2\cdot 4\cdots n}\frac{\pi}{2}$$

对于 n 为奇数，则有

$$I_n=\frac{2\cdot 4\cdots(n-1)}{1\cdot 3\cdots n}$$

③ 为计算积分 $\int_{-1}^{1}(1-x^2)^n\mathrm{d}x$，让我们回到沃利斯积分，用变量替换 $x=\cos u$，容易证明

$$\int_{-1}^{1}(1-x^2)^n\mathrm{d}x=2\int_0^1(1-x^2)^n\mathrm{d}x=2\int_{\frac{\pi}{2}}^{0}(1-\cos^2 u)^n(-\sin u\mathrm{d}u)\ (\text{其中 } x=\cos u)$$

$$=2\int_0^{\frac{\pi}{2}}\sin^{2n+1}u\mathrm{d}u=2I_{2n+1}$$

(2) ① 在区间 $\left[0,\frac{\pi}{2}\right]$ 上，正弦函数是正数，因而 I_n 是正数。进一步地，在区间 $\left[0,\frac{\pi}{2}\right]$ 上 $\sin x\leqslant 1$，于是 $(\sin x)^{n+1}\leqslant(\sin x)^n$，得到

$$I_{n+1}=\int_0^{\frac{\pi}{2}}(\sin x)^{n+1}\mathrm{d}x\leqslant\int_0^{\frac{\pi}{2}}(\sin x)^n\mathrm{d}x=I_n$$

② 因为 (I_n) 是单调递减的，所以 $I_{n+2}\leqslant I_{n+1}\leqslant I_n$，同除以 $I_n>0$ 可得

$$\frac{I_{n+2}}{I_n}\leqslant\frac{I_{n+1}}{I_n}\leqslant 1$$

我们已经计算得到

$$\frac{I_{n+2}}{I_n}=\frac{n+1}{n+2}$$

趋近于 1(当 n 趋于无穷时),因此$\frac{I_{n+1}}{I_n}$趋近于 +1,所以 $I_n \sim I_{n+1}$。

(3) ① 我们已求得 I_n, I_{n+1},现不妨设 n 为偶数,那么

$$I_n \times I_{n+1}=\frac{1\cdot 3\cdots(n-1)}{2\cdot 4\cdots n}\frac{\pi}{2}\times\frac{2\cdot 4\cdots n}{1\cdot 3\cdots(n+1)}=\frac{\pi}{2}\times\frac{1}{n+1}$$

若 n 为奇数,可同理求得上面结果。所以对任意 n,都有 $I_n I_{n+1}=\frac{\pi}{2(n+1)}$。

② $I_n^2=I_n \cdot I_n \sim I_n \cdot I_{n+1}=\frac{\pi}{2(n+1)} \sim \frac{\pi}{2n}$,所以 $I_n \sim \sqrt{\frac{\pi}{2n}}$。

③

$$\frac{1\cdot 3\cdots(2n+1)}{2\cdot 4\cdots(2n)}=I_{2n}\cdot(2n+1) \sim \sqrt{\frac{\pi}{4n}}\cdot(2n+1)\cdot\frac{2}{\pi} \sim 2\sqrt{\frac{n}{\pi}}$$

3. **解析**　只计算一个象限的面积,不妨设 $x \geqslant 0, y \geqslant 0$。在此象限,$x$ 满足 $0 \leqslant x \leqslant a$,关系式$\frac{x^2}{a^2}+\frac{y^2}{b^2}=1$ 变为 $y=b\sqrt{1-\frac{x^2}{a^2}}$。我们需计算曲线 $y=b\sqrt{1-\frac{x^2}{a^2}}$下方的面积,在横坐标轴以及方程 $x=0$ 和 $x=a$ 之间的部分,所求面积表示为 $\int_0^a b\sqrt{1-\frac{x^2}{a^2}}\mathrm{d}x$。

利用变量替换方法,设 $x=a\cos u, \mathrm{d}x=-a\sin u\mathrm{d}u$,显然函数 $u \mapsto a\cos u$ 是双射函数,所以新的变量 u 的变化范围是从$\frac{\pi}{2}$到 0。

$$\begin{aligned}\int_0^a b\sqrt{1-\frac{x^2}{a^2}}\mathrm{d}x &= \int_{\frac{\pi}{2}}^0 b\sqrt{1-\cos^2 u}(-a\sin u\mathrm{d}u)=\int_{\frac{\pi}{2}}^0 b\sin u(-a\sin u\mathrm{d}u)\\ &= ab\int_0^{\frac{\pi}{2}}\sin^2 u\mathrm{d}u = ab\int_0^{\frac{\pi}{2}}\frac{1-\cos(2u)}{2}\mathrm{d}u = ab\left[\frac{u}{2}-\frac{\sin(2u)}{4}\right]_0^{\frac{\pi}{2}}\\ &= \frac{\pi ab}{4}\end{aligned}$$

即椭圆在一个象限的面积为$\frac{\pi ab}{4}$。

结论:椭圆面积为 πab,a, b 分别表示椭圆的半长轴和半短轴。当 $a=b=r$ 时,得到圆的面积 πr^2。

4[†]. **解析**　设 $F(x)=\frac{1}{x^2-x+1}$,则

$$F'(x)=f(x),\quad x^2-x+1=(x+\omega)(x+\omega^2)\quad\left(\text{其中 } \omega=\frac{-1+\sqrt{3}\mathrm{i}}{2}\right)$$

$F(x)$有基本形式$\frac{A}{x+\omega}+\frac{B}{x+\omega^2}$,即

$$F(x)=\frac{A}{x+\omega}+\frac{B}{x+\omega^2}$$

令 $x=1$,得到

$$1=\frac{A}{1+\omega}+\frac{B}{1+\omega^2}=\frac{A}{-\omega^2}+\frac{B}{-\omega}=-(A\omega+B\omega^2)$$

$$f^{(2022)}(x)=F^{(2023)}(x)=-2023!\left(\frac{A}{(x+\omega)^{2024}}+\frac{B}{(x+\omega^2)^{2024}}\right)$$

这里 $\omega^3=1$,所以

$$f^{(2022)}(0)=-2023!\left(\frac{A}{\omega^{2024}}+\frac{B}{\omega^{4048}}\right)=-2023!(A\omega+B\omega^2)=2023!$$

得到$\left[\frac{f^{(2022)}(0)}{2022!}\right]=2023$。

第14章　凸　函　数

凸性在应用数学领域有关极值问题中的作用越来越重要，是凸优化理论的基础知识。本章是有关凸集和凸函数理论的入门课程，因为是入门知识，我们力求从几何直观建立抽象概念，从物理现实概括数学工具。

本章内容包含2节，每节根据内容、程度进行课时设置。在组织教学或自学过程中，可以按照课时顺序进行。本章的重点内容是凸集、凸函数以及凸函数不等式。在内容选取方面，注意到中学与大学的衔接，抓住大学先修课的特色。

在本章学习前，我们假定学习者已经熟悉以下内容：空间向量及其运算，集合概念，基本初等函数，基本不等式，函数的一阶导数、二阶导数，数列极限，数学归纳法。

14.1　向量空间的凸集

14.1.1　重心

在天平的两个托盘上各放质量为1 kg和2 kg的金属块，天平的平衡位置在三等分点处。如果我们将线段 AB 三等分，设靠近端点 B 的线段占一份，靠近端点 A 的线段占两份，那么平衡点 G 如图14.1所示。

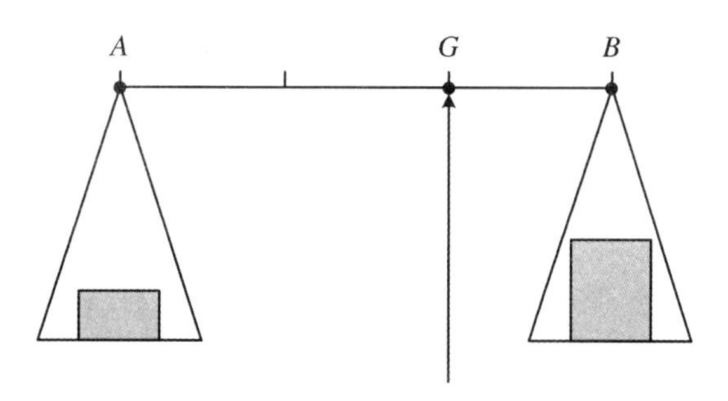

图14.1

点 G 满足$\boldsymbol{AG}=\dfrac{2}{3}\boldsymbol{AB}$，或 $\boldsymbol{GA}+2\boldsymbol{GB}=\boldsymbol{0}$。若记 $\boldsymbol{u}=\boldsymbol{AB}$，又可将其写为 $\boldsymbol{u}=B-A$（为方便表达，$\boldsymbol{u}=B-A$ 即为一般意义上的$\boldsymbol{u}=\boldsymbol{OB}-\boldsymbol{OA}$）或 $B=A+\boldsymbol{u}$，于是

$$\boldsymbol{GA}+2\boldsymbol{GB}=\boldsymbol{0}\Leftrightarrow(A-G)+2(B-G)=\boldsymbol{0}\Leftrightarrow G=\frac{A+2B}{1+2}$$

最后的等式也可以写为 $G=\dfrac{1}{3}A+\dfrac{2}{3}B$。

定义 1 假设 E 是$\mathbb{K}$向量空间，若 $n\in\mathbb{N}^*$，$(a_i)_{1\leqslant i\leqslant n}\in E$（$a_1,a_2,\cdots,a_n$ 是 E 的 n 个元素），$(\lambda_i)_{1\leqslant i\leqslant n}\in\mathbb{R}^n$（$(\lambda_1,\lambda_2,\cdots,\lambda_n)\in\mathbb{R}^n$），满足 $\sum\limits_{i=1}^{n}\lambda_i\neq 0$，则质点系 $((a_i,\lambda_i))_{1\leqslant i\leqslant n}$ 的重心为

$$g=\frac{\lambda_1a_1+\lambda_2a_2+\cdots+\lambda_na_n}{\lambda_1+\lambda_2+\cdots+\lambda_n}$$

注

(1) 质点系，即权重点的集合。一个权重点就是(a,λ)，其中 a 是平面或空间中的点，λ 是一个实数。

(2) 质点系$((a_i,\lambda_i))_{1\leqslant i\leqslant n}$的重心也记作 $bar\,((a_i,\lambda_i))_{1\leqslant i\leqslant n}$ 或 $\overline{((a_i,\lambda_i))_{1\leqslant i\leqslant n}}$。

定理 1 g 是向量空间 E 中唯一的点，满足

$$\lambda_1\boldsymbol{ga}_1+\lambda_2\boldsymbol{ga}_2+\cdots+\lambda_n\boldsymbol{ga}_n=\boldsymbol{0}$$

例 1 设$\triangle ABC$ 是平面上的三角形，构造 $G=\overline{((A,2),(B,1),(C,1))}$，$I$ 为 BC 中点，则 G 为 AI 中点。如图 14.2 所示。

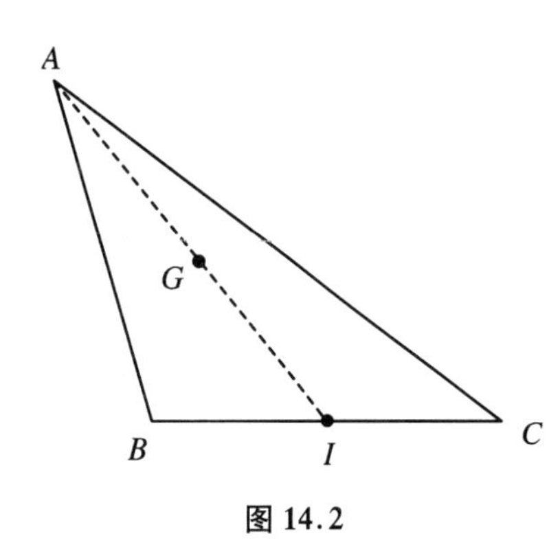

图 14.2

解析 根据题意，$2\boldsymbol{GA}+\boldsymbol{GB}+\boldsymbol{GC}=\boldsymbol{0}$，得到

$$2\boldsymbol{GA}+\boldsymbol{GI}+\boldsymbol{IB}+\boldsymbol{GI}+\boldsymbol{IC}=\boldsymbol{0}$$

即 $2\boldsymbol{GA}+2\boldsymbol{GI}=\boldsymbol{0}$，$\boldsymbol{GA}+\boldsymbol{GI}=\boldsymbol{0}$，于是 G 为线段 AI 的中点。

定理 2 设 E 是$\mathbb{K}$向量空间，若 $n\in\mathbb{N}^*$，$(a_i)_{1\leqslant i\leqslant n}\in E$，$(\lambda_i)_{1\leqslant i\leqslant n}\in\mathbb{R}^n$，满足 $\sum\limits_{i=1}^{n}\lambda_i\neq 0$，$k\in\mathbb{R}\backslash\{0\}$，则

$$bar\,((a_i,k\lambda_i))_{1\leqslant i\leqslant n}=bar\,((a_i,\lambda_i))_{1\leqslant i\leqslant n}$$

证明 由于 $k\lambda_1+k\lambda_2+\cdots+k\lambda_n\neq 0$，进一步地，

$$\begin{aligned}bar\,((a_i,k\lambda_i))_{1\leqslant i\leqslant n}&=\frac{k\lambda_1a_1+k\lambda_2a_2+\cdots+k\lambda_na_n}{k\lambda_1+k\lambda_2+\cdots+k\lambda_n}=\frac{\lambda_1a_1+\lambda_2a_2+\cdots+\lambda_na_n}{\lambda_1+\lambda_2+\cdots+\lambda_n}\\&=bar\,((a_i,\lambda_i))_{1\leqslant i\leqslant n}\end{aligned}$$

注

在求$((a_i,\lambda_i))_{1\leqslant i\leqslant n}$ 的重心时，我们往往令 $\sum\limits_{i=1}^{n}\lambda_i=\lambda_1+\lambda_2+\cdots+\lambda_n=1$。

例如，线段 AB 的中点是 $bar\,((A,1),(B,1))$，也即 $bar\left(\left(A,\dfrac{1}{2}\right),\left(B,\dfrac{1}{2}\right)\right)$。更为一般地，若 $\lambda_1+\lambda_2+\cdots+\lambda_n\neq 0$，

$$bar((a_1,\lambda_1),(a_2,\lambda_2),\cdots,(a_n,\lambda_n)) = bar((a_1,\lambda'_1),(a_2,\lambda'_2),\cdots,(a_n,\lambda'_n))$$

其中$1\leqslant i\leqslant n,\lambda'_i=\dfrac{\lambda_i}{\lambda_1+\lambda_2+\cdots+\lambda_n}$，系数$\lambda'_i$满足$\sum_{i=1}^{n}\lambda'_i=1$。因此我们总可以将系数和转化为1。

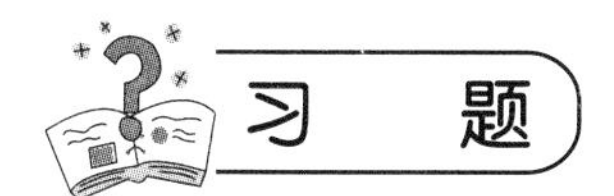

1. 通过计算平面上三点 a,b,c 的重心证明三角形三条中线交于一点。
2. 利用重心概念证明 Céva 定理。

1. **证明** 如图14.3所示，不妨设平面上不共线的三点 a,b,c 处各有质量为1个单位的砝码，点 b 和 c 的重心 m 在线段 bc 的中点，具有质量2个单位；m 和 a 的重心在线段 am 上，根据重心定义得到三角形 abc 的重心

$$g=\frac{1\times a+2\times m}{1+2}=\frac{a+2m}{3}=\frac{a+b+c}{3}$$

同理，点 c 和 a 的重心 n 在线段 ca 的中点，同样得到三角形 abc 的重心

$$g=\frac{1\times b+2\times n}{1+2}=\frac{b+2n}{3}=\frac{a+b+c}{3}$$

重复上述过程，可得：a,b,c 三点的重心唯一，即三角形 abc 的三条中线交于一点，为三角形的重心。

2. 略。提示：如图14.4所示，平面上不共线的三点 a,b,c，分别对应质量为 $\alpha,\beta,\gamma(\alpha+\beta+\gamma\neq0)$。

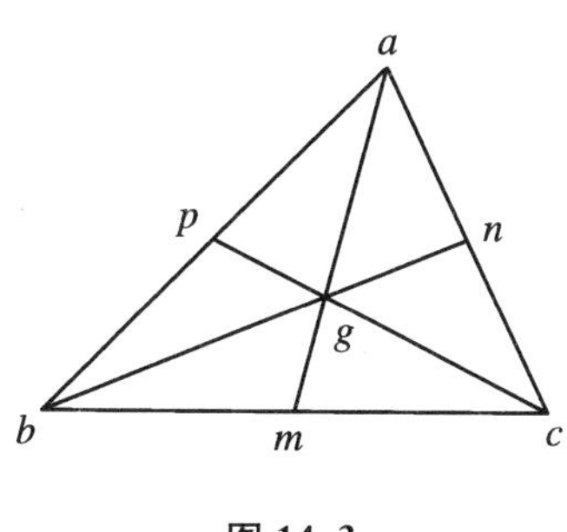

图 14.3

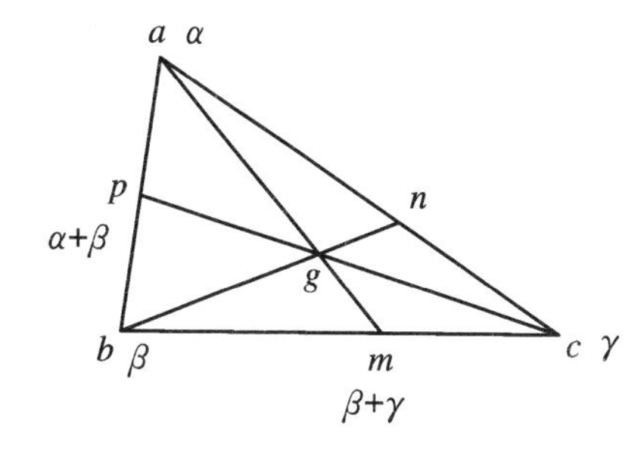

图 14.4

ab 的重心 p（取质量为 $\alpha+\beta$）位于线段 ab 上，且分比为$\dfrac{\beta}{\alpha}$；三点系的重心 g 在 cp 上；同理，可得三点系的重心 g 也在 bn,am 上。即三条直线 am,bn 和 cp 共点（于点 g），且 m,n,p 分相应线段的比值分别为$\dfrac{\gamma}{\beta},\dfrac{\alpha}{\gamma},\dfrac{\beta}{\alpha}$，容易得到$\dfrac{\gamma}{\beta}\cdot\dfrac{\alpha}{\gamma}\cdot\dfrac{\beta}{\alpha}=1$。

14.1.2 凸性

1. 线段

设 A 和 B 是$\mathbb{K}$向量空间 E 中的两点,线段 AB 是空间E 中所有点M 的集合(图 14.5),满足 $\lambda\in[0,1]$,$\boldsymbol{AM}=\lambda\boldsymbol{AB}$。

上面的等式即 $M-A=\lambda(B-A)$,所以 $M=(1-\lambda)A+\lambda B$。

定义 2 设 E 是向量空间,a 和 b 是 E 的两个元素,那么线段 ab 为 $\{(1-\lambda)a+\lambda b\mid\lambda\in[0,1]\}$,或者$\{bar((1-\lambda)a,\lambda b)\mid\lambda\in[0,1]\}$。如图 14.6 所示。

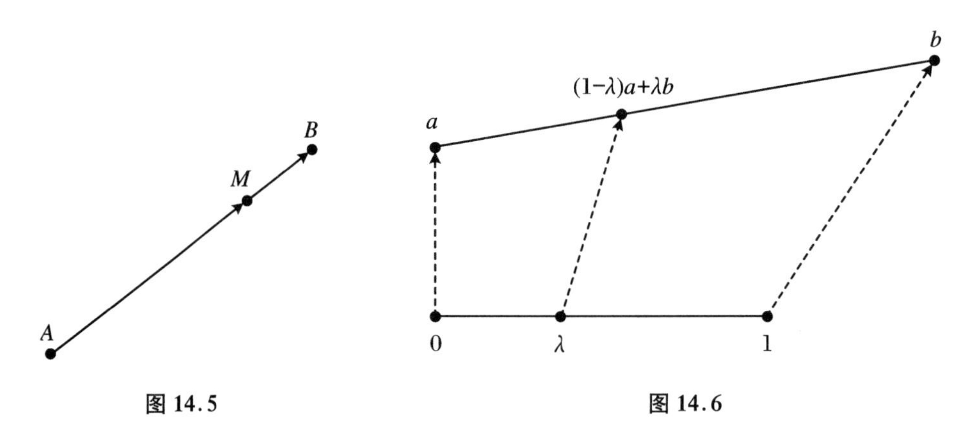

图 14.5　　图 14.6

注 线段定义为$\{(1-\lambda)a+\lambda b\mid\lambda\in[0,1]\}$,比形式 $\lambda a+(1-\lambda)b$ 更好。当 λ 由 0 到 1 变化时,$(1-\lambda)a+\lambda b$ 取遍线段ab 上的所有由a 到b 的点;而 $\lambda a+(1-\lambda)b$ 为线段ab 上的所有由 b 到a 的点。注意到 $a\neq b$,映射 $\lambda\mapsto(1-\lambda)a+\lambda b$ 是$\mathbb{R}$上的线段$[0,1]$到 E 上的线段$[a,b]$的双射。

2. 向量空间的凸集

定义 3 设$\mathbb{C}$是$\mathbb{K}$向量空间 E 上的非空集合,当且仅当对任意$(x,y)\in\mathbb{C}^2$,$[x,y]\subset\mathbb{C}$,称$\mathbb{C}$为凸的(凸集)。

也就是说,

$$\mathbb{C}\text{ 为凸集}\Leftrightarrow\forall(x,y)\in\mathbb{C}^2,\forall\lambda\in[0,1],(1-\lambda)x+\lambda y\in\mathbb{C}$$

规定$\varnothing$是凸集。

例 2 单元素集是凸集。

定理 3 设$\mathbb{C}$是$\mathbb{K}$向量空间 E 上的非空集合,$\mathbb{C}$是凸的当且仅当 $\forall n\in\mathbb{N}^*$,$\forall(x_1,x_2,\cdots,x_n)\in\mathbb{C}^n$,$\forall(\lambda_1,\lambda_2,\cdots,\lambda_n)\in[0,1]^n$,若$\sum_{i=1}^{n}\lambda_i=1$,则$\sum_{i=1}^{n}\lambda_i x_i\in\mathbb{C}$。

证明 ① $\forall(x_1,x_2,\cdots,x_n)\in\mathbb{C}^n$,$\forall(\lambda_1,\lambda_2,\cdots,\lambda_n)\in[0,1]^n$,若$\sum_{i=1}^{n}\lambda_i=1$,则$\sum_{i=1}^{n}\lambda_i x_i\in\mathbb{C}$。

下面证明$\mathbb{C}$是凸集。设$n\geqslant 2$,特别地,对$n=2$,有$\forall (x_1,x_2)\in\mathbb{C}^2$,$\forall \lambda_1,\lambda_2\in[0,1]^2$,

$$\lambda_1+\lambda_2=1\Rightarrow \lambda_1 x_1+\lambda_2 x_2\in\mathbb{C}$$

这里又可记作$\forall (x_1,x_2)\in\mathbb{C}^2$,$\forall \lambda\in[0,1]$,$\lambda_1 x_1+\lambda_2 x_2\in\mathbb{C}$,即凸集合的定义。

② 如果$\mathbb{C}$是凸的,我们用数学归纳法证明:$\forall n\geqslant 2$,$\forall (x_1,x_2,\cdots,x_n)\in\mathbb{C}^n$,$\forall (\lambda_1,\lambda_2,\cdots,\lambda_n)\in[0,1]^n$,若$\sum\limits_{i=1}^{n}\lambda_i=1$,则$\sum\limits_{i=1}^{n}\lambda_i x_i\in\mathbb{C}$。

a. 当$n=1$时显然成立;当$n=2$时,由凸集定义得到命题成立。

b. 假设$n\geqslant 2$时,设对$\forall (x_1,x_2,\cdots,x_n)\in\mathbb{C}^n$,$\forall (\lambda_1,\lambda_2,\cdots,\lambda_n)\in[0,1]^n$,若$\sum\limits_{i=1}^{n}\lambda_i=1$,则$\sum\limits_{i=1}^{n}\lambda_i x_i\in\mathbb{C}$成立,那么对$(x_1,x_2,\cdots,x_n,x_{n+1})\in\mathbb{C}^{n+1}$,$(\lambda_1,\lambda_2,\cdots,\lambda_n,\lambda_{n+1})\in[0,1]^{n+1}$满足

$$\lambda_1+\lambda_2+\cdots+\lambda_n+\lambda_{n+1}=1$$

如果$\lambda_{n+1}=1$,那么$\forall i\in[1,n]$,$\lambda_i=0$,于是有$\sum\limits_{i=1}^{n+1}\lambda_i x_i=x_{n+1}\in\mathbb{C}$。如果$\lambda_{n+1}\in[0,1]$,

$$\sum_{i=1}^{n+1}\lambda_i x_i=(1-\lambda_{n+1})\left(\sum_{i=1}^{n}\frac{\lambda_i}{1-\lambda_{n+1}}x_i\right)+\lambda_{n+1}x_{n+1}$$

对所有$i\in[1,n]$,$\dfrac{\lambda_i}{1-\lambda_{n+1}}\geqslant 0$,又

$$\sum_{i=1}^{n}\frac{\lambda_i}{1-\lambda_{n+1}}=\frac{1}{1-\lambda_{n+1}}\sum_{i=1}^{n}\lambda_i=\frac{1-\lambda_{n+1}}{1-\lambda_{n+1}}=1$$

实数$\dfrac{\lambda_i}{1-\lambda_{n+1}}$,$1\leqslant i\leqslant n$,是$n$个和为1的实数,由归纳假设$\sum\limits_{i=1}^{n}\dfrac{\lambda_i}{1-\lambda_{n+1}}x_i\in\mathbb{C}$,结合$n=2$,

$$(1-\lambda_{n+1})\left(\sum_{i=1}^{n}\frac{\lambda_i}{1-\lambda_{n+1}}x_i\right)+\lambda_{n+1}x_{n+1}\in\mathbb{C}$$

由数学归纳法,结论得证。

定理4 设E是域$\mathbb{K}$上的向量空间,I是非空集合,集合$(\mathbb{C}_i)_{i\in I}$是I确定的凸集合族,则$\bigcap\limits_{i\in I}\mathbb{C}_i$是$E$中的凸集。

证明留作习题。

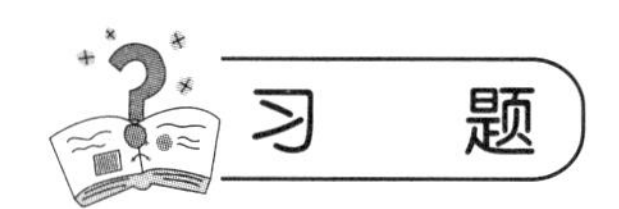

习 题

1. 判断两个凸集的并集是否为凸集。

2. 若C_1,C_2是两个凸集,证明:$M=\left\{\dfrac{c_1+c_2}{2}\mid(c_1,c_2)\in C_1\times C_2\right\}$是凸集。

3. C是向量空间E中的集合,证明:C为凸集当且仅当C中所有具有正系数点的重心在C中。

4. 证明定理 4。

5. 若集合 C 中的任意两点 a，b 的中点在 C 中，则称 C 为中点凸集合。证明：C 是凸集当且仅当 C 是闭集合，且 C 为中点凸集合。

答　案

1. **解析**　两个凸集合的并集不一定是凸集。如 $[0,1]$ 和 $[3,4]$ 是 $\mathbb{R}$ 上的两个凸集，但是其并集 U 不是凸集，因为 2 是 1 和 3 的重心，应为 U 中的元素，而 $2\notin U$。更简单的例子，两个不同的单元素集 $\{a\}$ 和 $\{b\}$ 的并集不是凸集，因为 $\dfrac{a+b}{2}\notin\{a\}\cup\{b\}$。

2. **证明**　按题意两个凸集 C_1，C_2 构成的集合 M 是凸集，事实上，假设 $(x,y)\in M^2$，且 $\lambda\in[0,1]$，存在 $(c_1,c_1',c_2,c_2')\in C_1^2\times C_2^2$，其中令 $x=\dfrac{c_1+c_2}{2}$，$y=\dfrac{c_1'+c_2'}{2}$，由于 C_1 是凸集，

$$c''_1=\lambda c_1+(1-\lambda)c'_1\in C_1$$

同理，有

$$c''_2=\lambda c_2+(1-\lambda)c'_2\in C_2$$

于是得到

$$\lambda x+(1-\lambda)y=\frac{c''_1+c''_2}{2}\in M$$

所以 M 是凸集。

3. **证明**　① 设 C 中所有正系数点的重心在 C 中，例如，$A,B\in C$，根据假设，对所有 $\lambda\in[0,1]$，$((A,\lambda),(B,1-\lambda))$ 的重心在 C 中，得 $[AB]\subset C$。

② 反之，假设 C 是凸集，我们将通过数学归纳法证明：C 中所有系数为正的权重点 $((A_i,\lambda_i))_{1\leqslant i\leqslant n}$ 的重心在 C 中。

a. 当 $n=1$ 时显然成立，因为一个点的重心就是它本身。

b. 假设对 $n\geqslant1$，$((A_i,\lambda_i))_{1\leqslant i\leqslant n+1}$ 是 C 中所有系数为正的权重点的集合，G 为点系的重心，记

$$k=\sum_{i=1}^{n+1}\lambda_i\quad 且\quad k'=k-\lambda_{n+1}$$

若 $k'=0$，于是对所有 $i\in[1,n]$，$\lambda_i=0$，因为正数的和为零当且仅当每一项为零。这样得到 $G=A_{n+1}\in C$。

若 $k'=k-\lambda_{n+1}\neq0$，注意到 G' 是 $((A_i,\lambda_i))_{1\leqslant i\leqslant n}$ 的重心，由归纳假设 $G'\in C$，又 G 是 $((G',k'),(A_{n+1},\lambda_{n+1}))$ 的重心，其中 $k'\geqslant0$ 且 $\lambda_{n+1}\geqslant0$，这样 $G\in[G'A_{n+1}]$，于是 C 是凸集 $G\in C$。

综上，对 $n\geqslant1$，命题成立。

4. **证明**　令 $\mathbb{C}=\bigcap\limits_{i\in I}\mathbb{C}_i$，若 $\mathbb{C}$ 为空集，则根据规定 $\mathbb{C}$ 为 E 中的凸集。假设 $\mathbb{C}\neq\varnothing$，若 $(x,y)\in E^2$，由 $(x,y)\in\mathbb{C}^2$ 得到 $\forall i\in I$，$(x,y)\in\mathbb{C}_i^2$。所以 $\forall i\in I$，$[x,y]\subset\mathbb{C}_i$，因此 $[x,y]\subset\mathbb{C}$，于是 $\mathbb{C}$ 为凸集。

5. **证明** 令 $t\in[0,1]$,我们构造区间数列,使得 t 为其唯一交点。

① 规定 $C_0=[0,1]$,$t\in X_0$。

② 令 $X_i=[a,b]$,若 $t\in\left[a,\frac{a+b}{2}\right]$,则 $X_{i+1}=\left[a,\frac{a+b}{2}\right]$;若 $t\in(\frac{a+b}{2},b]$,则 $X_{i+1}=\left[\frac{a+b}{2},b\right]$。

显然,上面构造了嵌套区间,其中 t 是其唯一交点。此外,区间边界(端点)的极限是已经构造的中点。取遍上述区间的上界值,我们得到数列$\{x_i\}$收敛于 t,数列中点任何一个值要么是1要么是某个前述数列中的元素(也可能为0)。

设 C 是一个中点凸集合,且是闭集。取 $a,b\in C$,$t\in[0,1]$,要证明$a(1-t)+bt\in C$。取已经构造的数列$\{x_i\}$,因为$\{x_i\}$是取中点数列,对$\forall i$,$a(1-x_i)+bx_i\in C$,因为 $x_i\to t$,$a(1-x_i)+bx_i\to a(1-t)+bt$。由于 C 是闭集,包含极限值$a(1-t)+bt$,即 $a(1-t)+bt\in C$。

14.2 凸 函 数

本节所讲凸函数实际上是指一元实变量函数,在整个章节中,I 均是指$\mathbb{R}$ 上的非空区间。

14.2.1 定义

定义4 设 $f(x)$是区间 I 上的实值函数,$f(x)$的上镜图为点集(图14.7)

$$\{(x,y)\in I\times R\mid y\geqslant f(x)\}$$

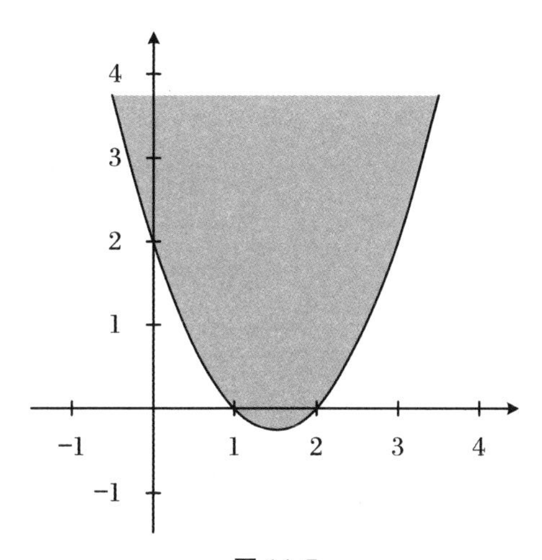

图14.7

注 函数 $f(x)$的上镜图记为 $epi(f)$,或记为

$$\varepsilon_f = \{(x,y) \in I \times R \mid y \geqslant f(x)\}$$

定义 5 设 $f(x)$是区间 I 上的实值函数,称 $f(x)$为 I 上的凸函数当且仅当$f(x)$的上镜图是$\mathbb{R}^2$ 上的凸集。设 $f(x)$是区间 I 上的实值函数,称 $f(x)$为 I 上的凹函数当且仅当 $-f(x)$的上镜图是$\mathbb{R}^2$ 上的凸集。

定理 5 $f(x)$为 I 上的凸函数当且仅当$\forall(x,y)\in I^2$, $\forall\lambda\in[0,1]$,有

$$f((1-\lambda)x+\lambda y)\leqslant(1-\lambda)f(x)+\lambda f(y)$$

称 $f(x)$为 I 上的凹函数当且仅当$\forall(x,y)\in I^2$, $\forall\lambda\in[0,1]$,有

$$f((1-\lambda)x+\lambda y)\geqslant(1-\lambda)f(x)+\lambda f(y)$$

证明 (1) ① 设 $f(x)$是 I 上的凸函数,则 $f(x)$的上镜图是$\mathbb{R}^2$ 上的凸集。若 $(x_1,x_2)\in I^2$ 且 $\lambda\in[0,1]$,点 $A_1(x_1,f(x_1))$, $A_2(x_2,f(x_2))$是$\mathbb{C}$ 上的点,线段 $[A_1,A_2]$在$\mathbb{C}$ 上连续。特别地,点$(1-\lambda)A_1+\lambda A_2$ 是$\mathbb{C}$ 上的点,这一点满足$(1-\lambda)f(x_1)+\lambda f(x_2)$,大于或等于其横坐标,也就是 $f((1-\lambda)x_1+\lambda x_2)$,于是

$$f((1-\lambda)x_1+\lambda x_2)\leqslant(1-\lambda)f(x_1)+\lambda f(x_2)$$

得证。

② 设当$\forall(x,y)\in I^2$, $\forall\lambda\in[0,1]$, $f((1-\lambda)x_1+\lambda x_2)\leqslant(1-\lambda)f(x_1)+\lambda f(x_2)$成立,下面证明$\mathbb{C}$是$\mathbb{R}^2$ 上的凸集。

若 $A_1=(x_1,y_1)$, $A_2=(x_2,y_2)$是$\mathbb{C}$ 上的两个点,且 $\lambda\in[0,1]$,设 $M=(1-\lambda)A_1+\lambda A_2$,令 $M=(x,y)$,于是

$$y=(1-\lambda)y_1+\lambda y_2\geqslant(1-\lambda)f(x_1)+\lambda f(x_2)\geqslant f((1-\lambda)x_1+\lambda x_2)=f(x)$$

又由于 M 是$\mathbb{C}$ 上的一点,因此对于一切 $A_1,A_2\in\mathbb{C}^2$ 和线段$[A_1,A_2]$上的点 M, M 是$\mathbb{C}$ 上的点,于是我们证得$\mathbb{C}$是$\mathbb{R}^2$ 上的凸集。

(2)

$f(x)$ 是凹的

$\Leftrightarrow -f(x)$ 是凸的

$\Leftrightarrow\forall(x,y)\in I^2,\forall\lambda\in[0,1],-f((1-\lambda)x+\lambda y)\leqslant(1-\lambda)(-f(x))+\lambda(-f(y))$

$\Leftrightarrow\forall(x,y)\in I^2,\forall\lambda\in[0,1],f((1-\lambda)x+\lambda y)\geqslant(1-\lambda)f(x)+\lambda f(y)$

注

(1) $f(x)$为凹函数也即$-f(x)$为凸函数。

(2) 存在同时是凸又是凹的函数:仿射函数。可以证明仿射函数是唯一的既是凸函数又是凹函数的函数。仿射函数即最高次数为 1 的多项式函数。

(3) 若 $f:\mathbb{R}\to\mathbb{R}$,对于任意实数 x, f 分别是$(-\infty,x)$和$[x,+\infty)$上的凸函数$\nRightarrow f$ 是$\mathbb{R}$上的凸函数。如图 14.8 所示。

定义 6 设 $f(x)$是区间 I 上的实值函数,称 $f(x)$为 I 上的严格凸函数当且仅当$\forall(x,y)\in I^2$, $x\neq y$, $\forall\lambda\in(0,1)$(图 14.9),有

$$f((1-\lambda)x+\lambda y)<(1-\lambda)f(x)+\lambda f(y)$$

称 $f(x)$为 I 上的凹函数当且仅当$\forall(x,y)\in I^2$, $\forall\lambda\in(0,1)$,有

$$f((1-\lambda)x+\lambda y)>(1-\lambda)f(x)+\lambda f(y)$$

例如,在$(-\infty,+\infty)$上为凸函数有 e^x, x^{2p}(p 是正整数);在$[0,+\infty)$上为凸函数有 x^p $(p\geqslant1)$, $-x^p(0\leqslant p\leqslant1)$;在$(0,+\infty)$上为凸函数有 $1/x^p(p>0)$, $-\ln x$。

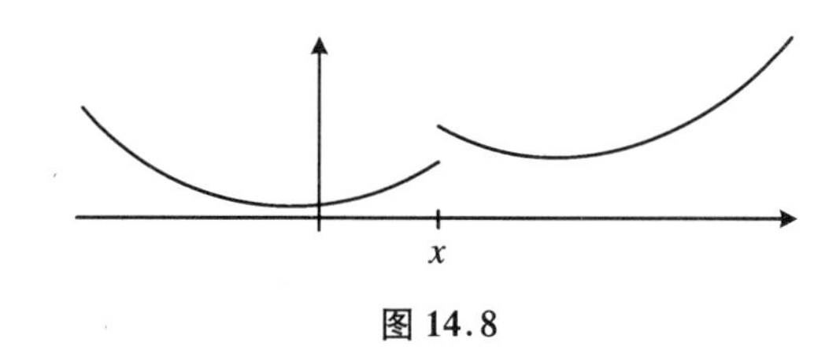

图 14.8

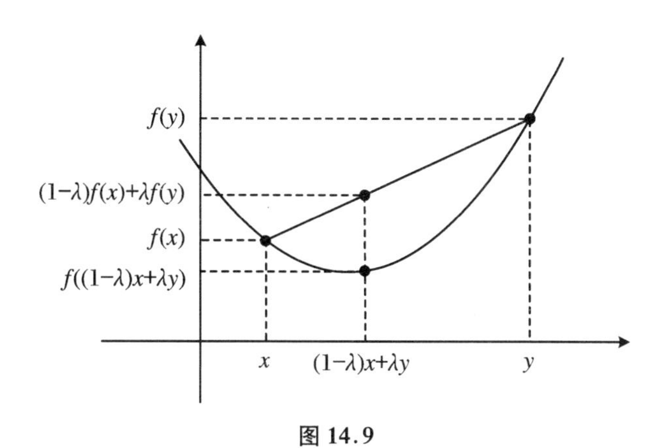

图 14.9

例 3　范数是凸函数。

范数是定义在$\mathbb{R}^n$上的一个实值函数，具有“长度”的概念，可记为 $\pi(x)$。最重要(对我们而言)的范数是 l_p-范数。

$$\|x\|^p = \left(\sum_{i=1}^{n} |x_i|^p\right)^{1/p} \quad (1 \leqslant p \leqslant \infty)$$

范数具有齐次性，$\pi(tx) = |t|\pi(x)$，以及满足三角不等式

$$\pi(x + y) \leqslant \pi(x) + \pi(y)$$

下面我们证明范数是凸函数：

令 $\pi(x)$是$\mathbb{R}^n$上的实值函数，其值为正，满足齐次性，次数为 1。$\forall x \in \mathbb{R}^n, t \geqslant 0$，$\pi(tx) = t\pi(x)$，$\pi(x)$是凸函数当且仅当满足可加性

$$\pi(x + y) \leqslant \pi(x) + \pi(y)$$

证明　$\forall x, y \in \mathbb{R}^n, 0 \leqslant \lambda \leqslant 1$，

$$\pi(\lambda x + (1-\lambda)y) \leqslant \pi(\lambda x) + \pi((1-\lambda)y) = \lambda\pi(x) + (1-\lambda)\pi(y)$$

所以 $\pi(x)$为凸函数。

注　关于 l_p-范数有

① l_1-范数在二维平面中，表示一个正方形，

$$\|\vec{x}\|_1 = \left\|\begin{bmatrix} x_1 \\ x_2 \end{bmatrix}\right\|_1 = |x_1| + |x_2| = a$$

② l_1-范数在三维空间中，表示一个正八面体，

$$\|\vec{x}\|_1 = \left\|\begin{bmatrix} x_1 \\ x_2 \\ x_3 \end{bmatrix}\right\|_1 = |x_1| + |x_2| + |x_3| = a$$

③ l_2-范数在二维平面中,表示一个圆,

$$\|\vec{x}\|_2 = \left\|\begin{bmatrix}x_1\\x_2\end{bmatrix}\right\|_2 = \sqrt{|x_1|^2 + |x_2|^2} = a$$

④ l_2-范数在三维空间中,表示一个球,

$$\|\vec{x}\|_2 = \left\|\begin{bmatrix}x_1\\x_2\\x_3\end{bmatrix}\right\|_2 = \sqrt{|x_1|^2 + |x_2|^2 + |x_3|^2} = a$$

其中 a 为某一个正实数。

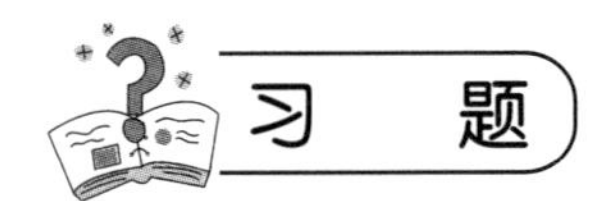

习　题

1. 若 $f(x)$是区间$[a,b]$上的凸函数,且有 $f(a)=f(b)$,证明:$\forall x\in[a,b]$,$f(x)\leqslant f(a)$。

2. 证明:定义在$\mathbb{R}$上的函数 $f:x\mapsto x^2$ 是凸函数。

3. 证明:定义在$\mathbb{R}$上的函数 $f:x\mapsto x^3$ 不是凸函数。

4. 若 f 和 g 是 I 上的两个凸函数,证明:$f+g$ 是凸函数,但是 fg 不一定是凸函数。

答　案

1. **解析**　设 $x\in[a,b]$,存在 $\lambda\in[0,1]$满足 $x=\lambda a+(1-\lambda)b$,因为 f 是凸函数,所以有

$$f(x)\leqslant \lambda f(a)+(1-\lambda)f(b) = f(a)$$

由凸函数图象数形结合可得,连接两点$(a,f(a))$和$(b,f(b))$的弦小于 $y=f(a)$。

2. **解析**　设$(x,y)\in\mathbb{R}^2$,$\lambda\in[0,1]$,我们有

$$\begin{aligned}f(\lambda x+(1-\lambda)y)-\lambda f(x)-(1-\lambda)f(y) &= \lambda(1-\lambda)(2xy-x^2-y^2)\\&=-\lambda(1-\lambda)(x-y)^2\leqslant 0\end{aligned}$$

所以 f 是$\mathbb{R}$上的凸函数。

3. 略。提示:举反例,取特殊值。

4. **解析**　① 设$(x,y)\in I^2$,$\lambda\in[0,1]$,我们有

$$f(\lambda x+(1-\lambda)y)\leqslant \lambda f(x)+(1-\lambda)f(y)$$

且

$$g(\lambda x+(1-\lambda)y)\leqslant \lambda g(x)+(1-\lambda)g(y)$$

于是

$$(f+g)(\lambda x+(1-\lambda)y)\leqslant \lambda(f+g)(x)+(1-\lambda)(f+g)(y)$$

因此 $f+g$ 是 I 上的凸函数。

② 对于 fg 的凸性,可以举反例。例如,函数 $f:x\mapsto x^2$ 和 $g:x\mapsto x$ 是$\mathbb{R}$上的凸函数,而其乘积不是凸函数。

14.2.2 “函数斜率”特征

定理6　设 f 是定义在 $\mathbb{R}$ 上的区间 I 上的函数，f 是 I 上的凸函数当且仅当 $\forall x_0 \in I$。函数在 x_0 处的斜率 $\varphi_{x_0}: I\backslash\{x_0\}\to\mathbb{R}$ 是 $I\backslash\{x_0\}$ 上的增函数。即 $\varphi_{x_0}: x\mapsto\dfrac{f(x)-f(x_0)}{x-x_0}$ 是增函数。

f 是 I 上的严格凸函数当且仅当在 x_0 处的函数斜率是 I 上的严格递增函数。

证明　(1) 首先，假设对于 I 上的所有 x_0，函数 φ_{x_0} 是 $I\backslash\{x_0\}$ 上的增函数。若 $(x_1,x_2)\in I^2$ 满足 $x_1<x_2$，且 $\lambda\in(0,1)$。于是有

$$x_1<(1-\lambda)x_1+\lambda x_2<x_2$$

函数 φ_{x_1} 是 $I\backslash\{x_1\}$ 上的增函数，则

$$\varphi_{x_1}((1-\lambda)x_1+\lambda x_2)\leqslant\varphi_{x_1}(x_2)$$

该不等式表示为

$$\begin{aligned}&\frac{f((1-\lambda)x_1+\lambda x_2)-f(x_1)}{[(1-\lambda)x_1+\lambda x_2]-x_1}\leqslant\frac{f(x_2)-f(x_1)}{x_2-x_1}\\&\Rightarrow\frac{f((1-\lambda)x_1+\lambda x_2)-f(x_1)}{\lambda(x_2-x_1)}\leqslant\frac{f(x_2)-f(x_1)}{x_2-x_1}\\&\Rightarrow f((1-\lambda)x_1+\lambda x_2)-f(x_1)\leqslant\lambda(f(x_2)-f(x_1))\\&\Rightarrow f((1-\lambda)x_1+\lambda x_2)\leqslant(1-\lambda)f(x_1)+\lambda f(x_2)\end{aligned}$$

当 $\lambda=0$ 或 $\lambda=1$ 或 $x_1=x_2$ 时等式成立，则证得 f 是凸函数。

若对 I 上的所有 x_0，函数 φ_{x_0} 是 $I\backslash\{x_0\}$ 上的严格单调递增函数，我们通过代换上述不等式，可知 f 是 I 上的严格凸函数。

(2) 其次，假设 f 是 I 上的凸函数，若 $x_0\in I$，假设 x_0 不是区间 I 的端点，用反证法容易证明。设 $(x_1,x_2)\in I^2$ 且 $x_1<x_2$，分三种情形讨论：

① 情形一，假设 $x_0<x_1<x_2$，若 $\lambda=\dfrac{x_1-x_0}{x_2-x_0}$，$\lambda\in(0,1)$，且满足 $x_1=(1-\lambda)x_0+\lambda x_2$，因为 f 是 I 上的凸函数，

$$\begin{aligned}f(x_1)&=f((1-\lambda)x_0+\lambda x_2)\leqslant(1-\lambda)f(x_0)+\lambda f(x_2)\\&=\frac{x_2-x_1}{x_2-x_0}f(x_0)+\frac{x_1-x_0}{x_2-x_0}f(x_2)\end{aligned}$$

即

$$f(x_1)-f(x_0)\leqslant\frac{-(x_1-x_0)}{x_2-x_0}f(x_0)+\frac{x_1-x_0}{x_2-x_0}f(x_2)=\frac{x_1-x_0}{x_2-x_0}(f(x_2)-f(x_0))$$

两边同除以 (x_1-x_0)，其中 $x_1-x_0>0$，得到

$$\frac{f(x_1)-f(x_0)}{x_1-x_0}\leqslant\frac{f(x_2)-f(x_0)}{x_2-x_0}$$

得到函数斜率 φ_{x_0} 是增函数。

② 情形二,假设 $x_1<x_2<x_0$,记 $\lambda=\dfrac{x_2-x_1}{x_0-x_1}$,则 $\lambda\in(0,1)$且满足 $x_2=(1-\lambda)x_1+\lambda x_0$,根据 f 是 I 上的凸函数,

$$f(x_2)\leqslant(1-\lambda)f(x_1)+\lambda f(x_0)=\frac{x_0-x_2}{x_0-x_1}f(x_1)+\frac{x_2-x_1}{x_0-x_1}f(x_0)$$

即

$$f(x_2)-f(x_0)\leqslant\frac{x_0-x_2}{x_0-x_1}f(x_1)+\frac{x_2-x_0}{x_0-x_1}f(x_0)=\frac{x_2-x_0}{x_1-x_0}(f(x_1)-f(x_0))$$

由于 $x_2-x_0<0$,两边同除以(x_2-x_0)得到

$$\frac{f(x_1)-f(x_0)}{x_1-x_0}\leqslant\frac{f(x_2)-f(x_0)}{x_2-x_0}$$

③ 情形三,假设 $x_1<x_0<x_2$,根据前两种情形,

$$\begin{aligned}\frac{f(x_1)-f(x_0)}{x_1-x_0}&=\varphi_{x_0}(x_1)=\varphi_{x_1}(x_0)\leqslant\varphi_{x_1}(x_2)=\varphi_{x_2}(x_1)\leqslant\varphi_{x_2}(x_0)\\&=\frac{f(x_2)-f(x_0)}{x_2-x_0}\end{aligned}$$

即证明在 x_0 的函数斜率是 $I\backslash\{x_0\}$上的递增函数。剩下部分,若 f 是 I 上的严格凸函数,上面证明过程中所有不等式用严格不等式取代,不难得到在 x_0 处的函数斜率是严格递增的。

注

(1)"函数斜率"就是 $\forall a\in I,\varphi_a:I\backslash\{a\}\to\mathbb{R};x\mapsto\dfrac{f(x)-f(a)}{x-a}$。

(2) 请注意下面常用的与凸函数相关的公式(图 14.10):若 $x<z<y$,

$$\frac{f(z)-f(x)}{z-x}\leqslant\frac{f(y)-f(x)}{y-x}\leqslant\frac{f(y)-f(z)}{y-z}$$

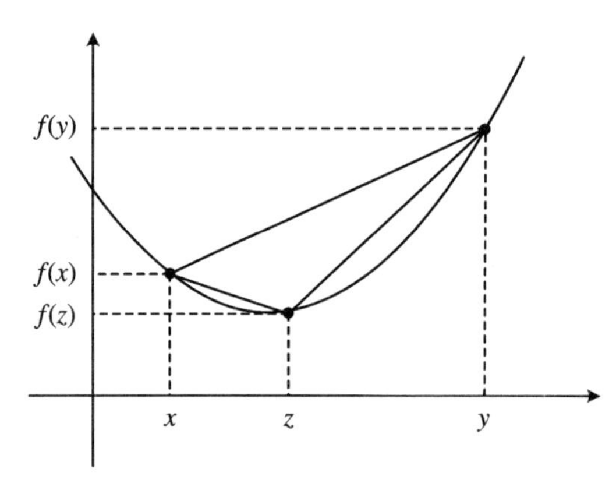

图 14.10

例如,p 和 q 为两个实数,函数 $g:x\mapsto f(x)-px-q$ 是凸函数当且仅当 f 是凸函数。事实上,函数 φ_a 对应于函数 f 和函数 g 的差,为常数 p。

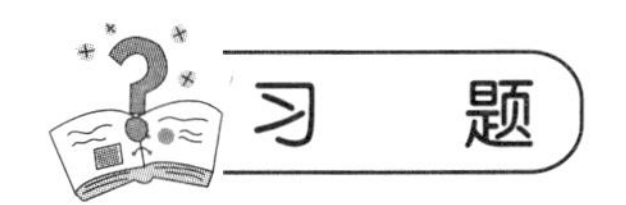

1. 证明：函数 f 是凸函数同时也是凹函数，当且仅当 f 为仿射函数(一次函数)。

2. 证明：设 f 是 I 上的凸函数，$\forall (x,y,z)\in I^3$，有 $x<y<z\Rightarrow \frac{f(y)-f(x)}{y-x}\leqslant \frac{f(z)-f(x)}{z-x}\leqslant \frac{f(z)-f(y)}{z-y}$成立。

1. **解析**　① 若 f 为仿射函数，即对所有 $a\in I$，函数 $I\setminus\{a\}\to\mathbb{R}, x\mapsto\frac{f(x)-f(a)}{x-a}$为常数，可以看作单调递增，同时又单调递减。可证既为凸函数又为凹函数。

② 反之，假设 f 既是凸函数又是凹函数，取 $a\in I$，于是函数 $I\setminus\{a\}\to\mathbb{R}, x\mapsto \frac{f(x)-f(a)}{x-a}$是单调递增，又单调递减。存在 $c\in\mathbb{R}$，使得 $\forall x\in I\setminus\{a\}$，

$$f(x)=f(a)+c(x-a)$$

该等式在 a 处也成立，f 是仿射函数。

2. **解析**　设 $x,y,z\in I$，其中 $x<y<z$，令 $\lambda=\frac{z-y}{z-x}$，有 $y=\lambda x+(1-\lambda)z,\lambda\in[0,1]$，即

$$f(y)\leqslant\lambda f(x)+(1-\lambda)f(z)$$

同理，我们有

$$\lambda(f(y)-f(x))\leqslant(1-\lambda)(f(z)-f(y))$$

也就是

$$\frac{z-y}{z-x}(f(y)-f(x))\leqslant\frac{y-x}{z-x}(f(z)-f(y))$$

根据 $x<y<z$ 得到第一个不等式成立。同理，有

$$f(y)-f(z)\leqslant\lambda(f(x)-f(z))=\frac{z-y}{z-x}(f(x)-f(z))$$

由 $y<z$ 得到第二个不等式成立。

注　这组不等式以斜率表示，结合图形(图14.11)更容易得证。

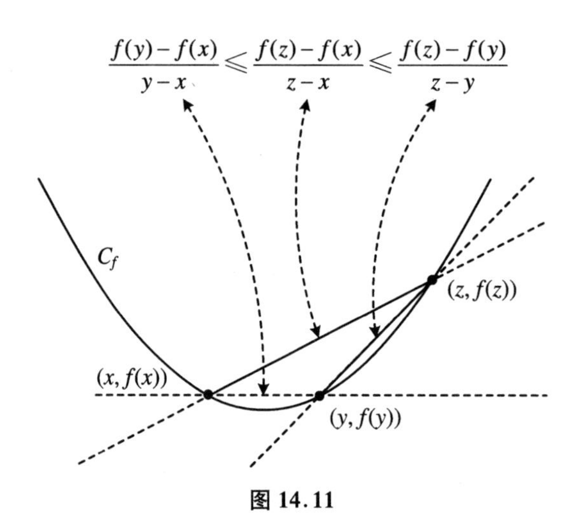

图 14.11

14.2.3 凸函数的导数

定理 7 假设 f 是定义在$\mathbb{R}$的区间 I 上的函数，且是在 I 上的可导函数。那么，f 是 I 上的凸函数当且仅当 f' 是区间 I 上的增函数。f 是 I 上的凹函数当且仅当 f' 是区间 I 上的减函数。

证明 (1) 如果 f' 是区间 I 上的增函数，设 $(x,y)\in I^2$ 满足 $x<y$，对 $\lambda\in[0,1]$，记

$$g(\lambda)=(1-\lambda)f(x)+\lambda f(y)-f((1-\lambda)x+\lambda y)$$

函数 $\lambda\mapsto(1-\lambda)x+\lambda y$ 在 $[0,1]$ 上为可导函数，取值 $[x,y]\subset I$；且函数 f 在 I 上可导，于是函数 $\lambda\mapsto f((1-\lambda)x+\lambda y)$ 在 I 上可导，函数 g 也同样。更进一步地，对 $\lambda\in[0,1]$，

$$g'(\lambda)=f(y)-f(x)-(y-x)f'((1-\lambda)x+\lambda y)$$

最后根据增量定理，存在实数 $c\in(x,y)$ 使得

$$f(y)-f(x)=(y-x)f'(c)$$

成立，或者存在实数 $\lambda_0\in(0,1)$，有 $\lambda_0=\dfrac{c-x}{y-x}$，满足

$$f(y)-f(x)=(y-x)f'((1-\lambda_0)x+\lambda_0 y)$$

于是 $\forall\lambda\in[0,1]$ 有

$$g'(\lambda)=(y-x)[f'((1-\lambda_0)x+\lambda_0 y)-f'((1-\lambda)x+\lambda y)]$$

仿射函数 $\lambda\mapsto(1-\lambda)x+\lambda y=\lambda(y-x)+x$ 在 $[0,1]$ 上递增(因为 $x<y$)，因此函数 $\lambda\mapsto f'((1-\lambda)x+\lambda y)$ 在 $[0,1]$ 上递增，得到 g' 在 $[0,1]$ 上递减。因为 $g'(\lambda_0)=0$，得到 g' 在 $[0,\lambda_0]$ 上为正，在 $[\lambda_0,1]$ 上为负。

这样，函数 g 在 $[0,\lambda_0]$ 上为单调递增，在 $[\lambda_0,1]$ 上单调递减，因为 $g(0)=g(1)=0$，函数 g 在 $[0,1]$ 上为正，即 $\forall\lambda\in[0,1]$，

$$f((1-\lambda)x+\lambda y)\leqslant(1-\lambda)f(x)+\lambda f(y)$$

得到函数 f 在 I 上是凸函数。

(2) 如果 f 在 I 上是凸函数,设 $(x,y)\in I^2$,其中 $x<y$。因为函数 $\varphi_x: t\mapsto\dfrac{f(t)-f(x)}{t-x}$ 在区间 $I\setminus\{x\}$ 上单调递增(根据定理6),对所有 $t\in I\cap(x,+\infty)$,$\lim\limits_{\substack{u\to x\\u>x}}\varphi_x(u)=f'(x)$。特别地,

$$\frac{f(y)-f(x)}{y-x}\geqslant f'(x)$$

同理,函数 $\varphi_y: t\mapsto\dfrac{f(t)-f(y)}{t-y}$ 是 $I\setminus\{y\}$ 上的递增函数,可得

$$\varphi_y(t)\leqslant\lim_{\substack{u\to y\\u<y}}\varphi_y(u)=f'(u)$$

特别地,有

$$\frac{f(y)-f(x)}{y-x}\leqslant f'(y)$$

成立,于是得到

$$f'(x)\leqslant\frac{f(y)-f(x)}{y-x}\leqslant f'(y)$$

有 $f'(x)\leqslant f'(y)$,证得 f' 是区间 I 上的增函数。

注 (1) 在上面证明过程中,事实上,已经得到:若 f 是凸函数,则

$$x<y\Rightarrow f'(x)\leqslant\frac{f(y)-f(x)}{y-x}\leqslant f'(y)$$

该结论很容易在如图14.12所示图形中得到。

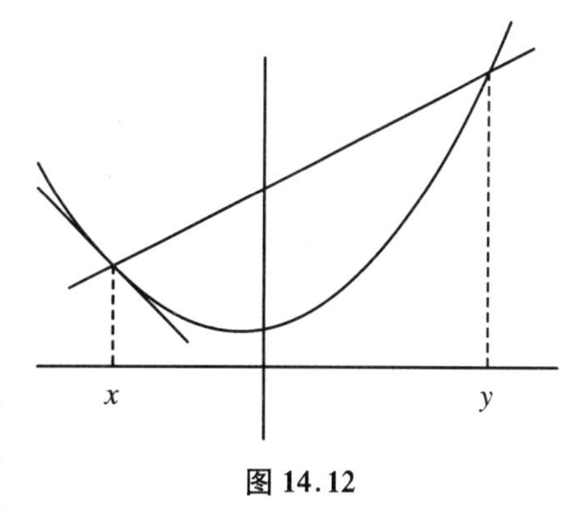

图 14.12

(2) 正如我们可以凭借的增量定理,函数 f 在区间 I 上是连续函数,是可导函数为我们证明过程中的先决条件。例如,函数 $f(x)=\arcsin x$,其在 $[-1,1]$ 上连续,在 $[-1,0]$ 上是凹函数,在 $[0,1]$ 上是凸函数。变量 x 在 $(-1,1)$ 上时,导数函数 $x\mapsto\dfrac{1}{\sqrt{1-x^2}}$ 的变化就证明了这一点。

定理8 若 f 是定义在 $I\subset\mathbb{R}$ 上的实值函数,且 f 在 I 上为可导函数。f 是 I 上的严格凸函数当且仅当 f' 是 I 上的严格单调递增函数,f 是 I 上的严格凹函数当且仅当 f' 是 I 上的严格单调递减函数。

推论1 若 f 是定义在 $I\subset\mathbb{R}$ 上的实值函数,且 f 在 I 上为可导函数。f 是 I 上的凸函数当且仅当 $f''\geqslant0$,f 是 I 上的凹函数当且仅当 $f''\leqslant0$。

如果在 I 上 $f''>0$,除去可能的一个点之外恒成立,那么 f 是 I 上的严格凸函数;如果在 I 上 $f''<0$,除去可能的一个点之外恒成立,那么 f 是 I 上的严格凹函数。如图14.13所示。

定义7 设 f 是定义在 $I\subset\mathbb{R}$ 上的实值函数,且在 I 上二次可导,若 I 上实数 x_0 使得 f'' 在此处改变符号(由正变负或由负变正),则称点 $(x_0,f(x_0))$ 为函数 f 的曲线的拐点。

注 拐点是函数的曲线上的点,在此处凹凸改变方向。

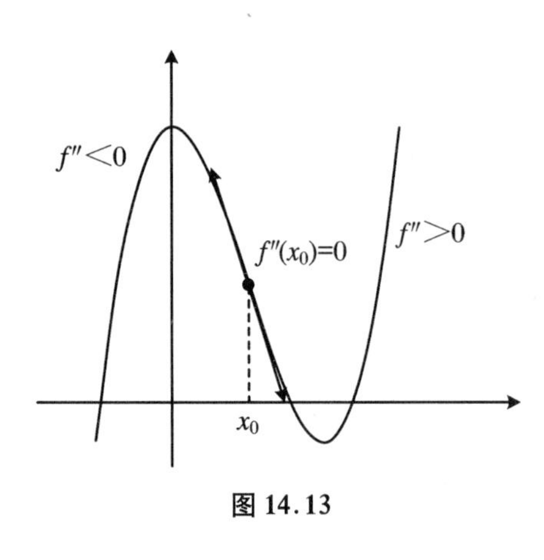

图 14.13

下面介绍凸函数曲线的切线。

设 f 是定义在$\mathbb{R}$ 区间 I 上的实值函数，$a\in\mathbb{R}$。我们已经证明凸函数曲线 C_f 恒在其 a 处的切线上方。在点 $(a,f(a))$ 处的切线方程为

$$y = f'(a)(x-a)+f(a)$$

对于 $x\in I$，设

$$g(x) = f(x)-[f'(a)(x-a)+f(a)]$$

g 为 I 上的可导函数，$g'(x)=f'(x)-f'(a)$。因为 f 是 I 上的凸函数，f' 在 I 上单调递增，因为 $g'(a)=0$，可以得到在区间 $I\cap(-\infty,a]$ 上 g' 为负值；在区间 $I\cap[a,+\infty)$ 上 g' 为正值。函数 $g(x)$ 在 a 处取最小值 $g(a)=0$，所以在区间 I 上 g 为正值，$\forall x\in I$，

$$f(x)\geqslant f'(a)(x-a)+f(a)$$

于是区间 I 上曲线 C_f 在切线上方。

注 进一步地，f 是区间 I 上的函数，可以证明对 $x\in I$，

$$\begin{aligned}f(x)-[f'(a)(x-a)+f(a)] &= (f(x)-f(a))-f'(a)(x-a)\\ &= \int_a^x (f'(t)-f'(a))\mathrm{d}t\end{aligned}$$

通过讨论 $x\geqslant a$ 或 $x\leqslant a$ 上述不等式大于 0。

定理 9 设 I 是$\mathbb{R}$ 上的开区间，$f: I\to\mathbb{R}$ 为凸函数，$a\in I$，那么对任意 $\alpha\in[f'(a^-),f'(a^+)]$，点 $(a,f(a))$ 处的函数斜率直线 α 在函数曲线 C_f 的下方(图 14.14)。

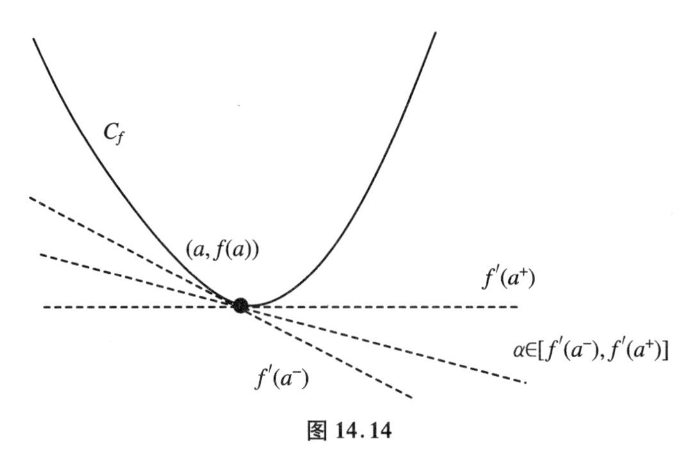

图 14.14

特别地，若 f 是可导的凸函数，C_f 位于其任何切线的上方。反之，若 f 是可导函数，C_f 高于其任何切线，则 f 是凸函数。

证明 命题前半部分可由函数斜率不等式证得。我们要证明的是后半部分，假设 f 是可导函数，函数曲线 C_f 在其切线上方。令 $x,y\in I$，且 $x<y$，由曲线 C_f 在点 $(x,f(x))$ 处的切线方程以及点 $(y,f(y))$ 处的切线方程，有

$$f(y)\geqslant f(x)+(y-x)f'(x),\quad f(x)\geqslant f(y)+(x-y)f'(y)$$

又可记作(注意到 $y-x>0$ 以及 $x-y<0$)

$$\frac{f(y)-f(x)}{y-x} \geqslant f'(x), \quad \frac{f(y)-f(x)}{y-x} \leqslant f'(y)$$

得到 $f'(x) \leqslant f'(y)$，即 f' 是递增函数。

因此得证。

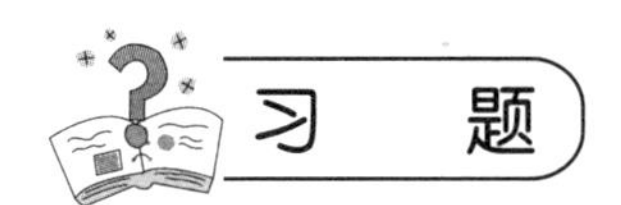

习　题

1. 设 f 是区间 $[a,b]$ 上的二阶可导函数满足 $f(a)=f(b)=0$，且其二阶导数在 $[a,b]$ 上有界 M，证明：$\forall x \in [a,b], |f(x)| \leqslant \frac{M}{2}(x-a)(b-x)$。

2. 设 I 是 $\mathbb{R}$ 上的开区间，我们记 $Aff(I)$ 为定义在 I 上的仿射函数集。求证：$\varphi: I \to \mathbb{R}$ 是凸函数当且仅当对任意 $x \in I$ 有 $\varphi(x) = \sup\limits_{\substack{h \in Aff(I)。\\ h \leqslant \varphi}} h(x)$。

答　案

1. **证明**　构造函数

$$g(x) = f(x) - M\frac{(x-a)(b-x)}{2}$$

其二阶导数 $g''(x) = f'' + M$ 在 $[a,b]$ 上为正，所以函数 g 为凸函数，在区间端点 a,b 处 $g(x)$ 为零，所以在 $[a,b]$ 上 $g(x)$ 为负。同理，构造函数

$$h(x) = f(x) + M\frac{(x-a)(b-x)}{2}$$

h 为凹函数，在 $[a,b]$ 上 $h(x)$ 为正。

最后，我们证得 $\forall x \in [a,b]$，

$$|f(x)| \leqslant \frac{M}{2}(x-a)(b-x)$$

2. **证明**　对任意函数 $\varphi: I \to \mathbb{R}$，我们定义 $\tilde{\varphi}(x) = \sup\limits_{\substack{h \in Aff(I)\\ h \leqslant \varphi}} h(x), \forall x \in I$。

(1) 若 φ 为凸函数，我们已经知道曲线 C_f 之下存在直线，即仿射函数 h 的集合是 φ 集合的子集，其中 φ 集合非空。特别地，$\tilde{\varphi} \leqslant \varphi$。对所有 $x \in I$，可证存在仿射函数 h 满足 $h(x) = \varphi(x)$ 且 $h \leqslant \varphi$（在区间 $[\varphi'(x^-), \varphi'(x^+)]$），即最终证得 $\tilde{\varphi} = \varphi$。

(2) 现假设 $\tilde{\varphi} = \varphi$，这意味着所有这些仿射函数的集合 H 非空，其中 $h \leqslant \varphi$。固定一个这样的仿射函数 $h \in H, x, y \in I, \lambda \in [0,1]$，因为 h 是仿射的，有等式

$$h(\lambda x + (1-\lambda)y) = \lambda h(x) + (1-\lambda)h(y)$$

因为 $h \leqslant \varphi$，从中可以推出

$$h(\lambda x + (1-\lambda)y) \leqslant \lambda\varphi(x) + (1-\lambda)\varphi(y)$$

对 $h \in H$ 该不等式恒成立，相对于 h 而言，可以得到更强的不等式

$$\tilde{\varphi}(\lambda x+(1-\lambda)y)\leqslant\lambda\varphi(x)+(1-\lambda)\varphi(y)$$

所以 $\tilde{\varphi}=\varphi$,得到凸函数不等式形式的定义,φ 为凸函数。

14.2.4 凸函数不等式

正如前文,我们习惯上借助图形推导数学问题。根据凸函数曲线在其切线上方同时也在其弦的下方(这可理解为在 I 上函数的图象在切线上方,在连接$(a,f(a))$和$(b,f(b))$的弦的下方),如图 14.15 所示,可以得出一系列的不等式。

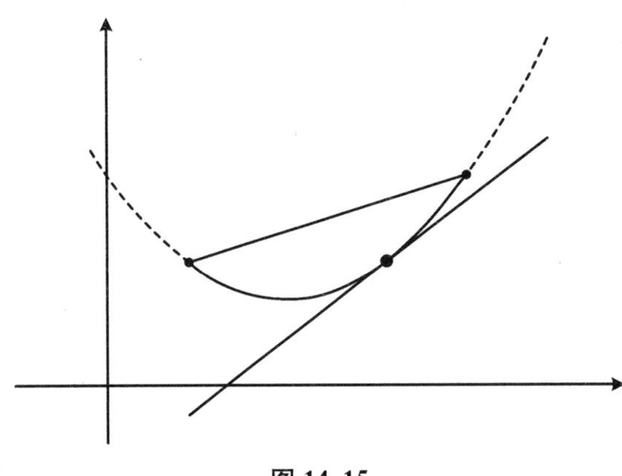

图 14.15

这个结论明确提供凸函数不等式直观上的证明。下面给出一些经典凸函数不等式的证明。

例 4 (Jensen 不等式) 设凸函数 $\varphi:I\rightarrow\mathbb{R}$,$(\lambda_1,x_1),(\lambda_2,x_2),\cdots,(\lambda_n,x_n)\in\mathbb{R}\times I$,且 $\sum\limits_{i=1}^{n}\lambda_i=1$,则

$$\varphi\left(\sum_{i=1}^{n}\lambda_i x_i\right)\leqslant\sum_{i=1}^{n}\lambda_i\varphi(x_i)$$

下面介绍 Jensen 不等式的积分形式:

设凸函数 $\varphi:\mathbb{R}\rightarrow\mathbb{R}$,连续函数 $f:[0,1]\mapsto\mathbb{R}$,则

$$\varphi\left(\int_0^1 f(t)\mathrm{d}t\right)\leqslant\int_0^1\varphi(f(t))\mathrm{d}t$$

特别地,

$$\varphi\left(\frac{x_1+x_2+\cdots+x_n}{n}\right)\leqslant\frac{\varphi(x_1)+\varphi(x_2)+\cdots+\varphi(x_n)}{n}$$

证明 用数学归纳法对正整数 $n\geqslant2$ 进行证明。

① 对 $n=2$,由凸函数的定义知

$$\varphi(\lambda x_1+(1-\lambda)x_2)\leqslant\lambda\varphi(x_1)+(1-\lambda)\varphi(x_2)$$

命题成立。

② 假设对小于 $n-1$ 的正整数命题成立,考虑 n 的情况,$(\lambda_1,x_1),(\lambda_2,x_2),\cdots,(\lambda_n,x_n)\in\mathbb{R}\times I$,其中 $\sum\limits_{i=1}^{n}\lambda_i=1$,则

$$\varphi\left(\sum_{i=1}^{n}\lambda_i x_i\right)=\varphi\left[\left(1-\sum_{i=3}^{n}\lambda_i\right)\underbrace{\frac{\lambda_1 x_1+\lambda_2 x_2}{1-\sum_{i=3}^{n}\lambda_i}}_{y}+\sum_{i=3}^{n}\lambda_i x_i\right]$$

$$\leqslant\left(1-\sum_{i=3}^{n}\lambda_i\right)\varphi(y)+\sum_{i=3}^{n}\lambda_i\varphi(x_i)$$

因为$\frac{\lambda_1+\lambda_2}{1-\sum_{i=3}^{n}\lambda_i}=1$,我们得到

$$\varphi(y)\leqslant\frac{\lambda_1}{1-\sum_{i=3}^{n}\lambda_i}\varphi(x_1)+\frac{\lambda_2}{1-\sum_{i=3}^{n}\lambda_i}\varphi(x_2)$$

所以

$$\varphi\left(\sum_{i=1}^{n}\lambda_i x_i\right)\leqslant\lambda_1\varphi(x_1)+\lambda_2\varphi(x_2)+\sum_{i=3}^{n}\lambda_i\varphi(x_i)$$

即取 n 时命题成立。

例5 正多边形是顶点在同一圆周上周长最大的凸多边形。

证明 设 $M_1M_2\cdots M_n$ 是顶点在圆上的凸多边形,O 为圆心。不妨设圆半径为 1,记等腰三角形 M_iOM_{i+1}的顶角为 θ_i,如图 14.16 所示,为 $n=5$ 的凸多边形。

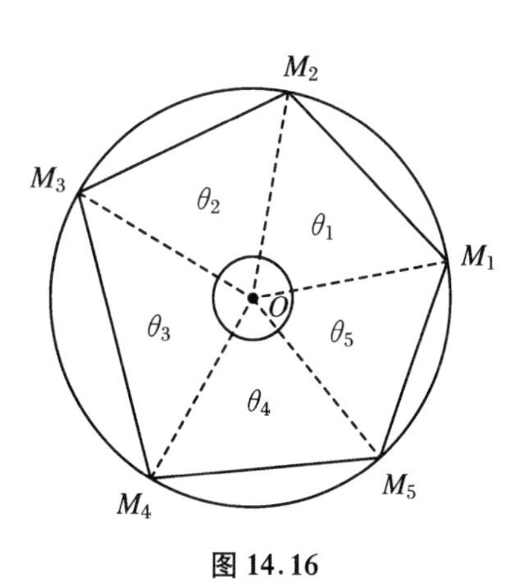

图 14.16

$$\sin\left(\frac{\theta_i}{2}\right)=\frac{M_iM_{i+1}}{2}\Rightarrow M_iM_{i+1}=2\sin\left(\frac{\theta_i}{2}\right)$$

记 P_n 为多边形周长,可知

$$P_n=\sum_{i=1}^{n}2\sin\left(\frac{\theta_i}{2}\right)$$

其中 $\theta_i\in(0,2\pi)$,则$\frac{\theta_i}{2}\in(0,\pi)$。由正弦函数在$(0,\pi)$

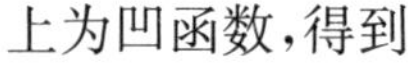

上为凹函数,得到

$$\sum_{i=1}^{n}\frac{1}{n}\sin\left(\frac{\theta_i}{2}\right)\leqslant\sin\left(\sum_{i=1}^{n}\frac{\theta_i}{2n}\right)=\sin\left(\frac{1}{2n}\sum_{i=1}^{n}\theta_i\right)=\sin\left(\frac{\pi}{n}\right)$$

于是得到 $P_n\leqslant 2n\sin\frac{\pi}{n}$,当且仅当凸多边形为正多边形时取等号,命题得证。

例6 (算术平均数-几何平均数不等式)对 $x_1,x_2,\cdots,x_n\in\mathbb{R}_+^*$,

$$\sqrt[n]{x_1x_2\cdots x_n}\leqslant\frac{x_1+x_2+\cdots+x_n}{n}\leqslant\sqrt{\frac{x_1^2+x_2^2+\cdots+x_n^2}{n}}$$

证明 函数 $x\mapsto\ln x$ 在$\mathbb{R}_+^*$上为凹函数,于是有

$$\sum_{i=1}^{n}\frac{1}{n}\ln x_i\leqslant\ln\left(\sum_{i=1}^{n}\frac{1}{n}x_i\right)\Rightarrow\ln\left(\sqrt[n]{x_1x_2\cdots x_n}\right)\leqslant\ln\left(\frac{x_1+x_2+\cdots+x_n}{n}\right)$$

所以

$$\sqrt[n]{x_1 x_2 \cdots x_n} \leqslant \frac{x_1 + x_2 + \cdots + x_n}{n}$$

函数 $x \mapsto x^2$ 在$\mathbb{R}$上为凸函数，

$$\left(\sum_{i=1}^{n} \frac{1}{n} x_i\right)^2 \leqslant \sum_{i=1}^{n} \frac{1}{n} x_i^2 = \frac{x_1^2 + x_2^2 + \cdots + x_n^2}{n}$$

$$\Leftrightarrow \frac{x_1 + x_2 + \cdots + x_n}{n} \leqslant \sqrt{\frac{x_1^2 + x_2^2 + \cdots + x_n^2}{n}}$$

例 7 (Hölder 不等式)设 p,q 为正实数满足$\frac{1}{p}+\frac{1}{q}=1$,对任意正实数 $a_1,a_2,\cdots,a_n$ 和$b_1,b_2,\cdots,b_n$,有

$$\sum_{i=1}^{n} a_i b_i \leqslant \left(\sum_{i=1}^{n} a_i^p\right)^{\frac{1}{p}} \left(\sum_{i=1}^{n} b_i^q\right)^{\frac{1}{q}}$$

证明 我们知道对数函数在$\mathbb{R}_+^*$上为凹函数，$\forall\, x,y>0$,

$$\frac{\ln x}{p} + \frac{\ln y}{q} \leqslant \ln\left(\frac{x}{p} + \frac{y}{q}\right)$$

所以

$$x^{\frac{1}{p}} y^{\frac{1}{q}} \leqslant \frac{x}{p} + \frac{y}{q}$$

令 $x = \dfrac{a_i^p}{\sum_{j=1}^{n} a_j^p}$, $y = \dfrac{b_i^q}{\sum_{j=1}^{n} b_j^q}$,有

$$\frac{a_i}{\left(\sum_{j=1}^{n} a_j^p\right)^{\frac{1}{p}}} \times \frac{b_i}{\left(\sum_{j=1}^{n} b_j^q\right)^{\frac{1}{q}}} \leqslant \frac{a_i^p}{p\sum_{j=1}^{n} a_j^p} + \frac{b_i^q}{q\sum_{j=1}^{n} b_j^q}$$

对 i 求和有

$$\frac{\sum_{i=1}^{n} a_i b_i}{\left(\sum_{j=1}^{n} a_j^p\right)\left(\sum_{j=1}^{n} b_j^q\right)} \leqslant \frac{1}{p} + \frac{1}{q} = 1$$

所以

$$\sum_{i=1}^{n} a_i b_i \leqslant \left(\sum_{j=1}^{n} a_j^p\right)\left(\sum_{j=1}^{n} b_j^q\right)$$

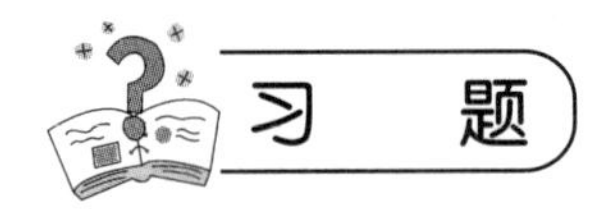

1. 证明：$\forall\, x \in \left[0, \frac{\pi}{2}\right]$, $\frac{2}{\pi} x \leqslant \sin x \leqslant x$。

2. 设 $p \geqslant 1$, p 为实数，对任意正实数 $a_1,a_2,\cdots,a_n$ 和 $b_1,b_2,\cdots,b_n$,有

$$\left[\sum_{i=1}^{n}(a_i+b_i)^p\right]^{\frac{1}{p}} \leqslant \left(\sum_{i=1}^{n}a_i^p\right)^{\frac{1}{p}} + \left(\sum_{i=1}^{n}b_i^p\right)^{\frac{1}{p}}$$

答 案

1. **证明** 函数 $x \mapsto \sin x$ 是 $\left[0,\frac{\pi}{2}\right]$ 上严格凹函数，因为其二阶导数在 $\left(0,\frac{\pi}{2}\right]$ 上小于0。在区间 $\left[0,\frac{\pi}{2}\right]$ 上，函数 $f(x)=\sin x$ 的图象在过点 $(0,\sin 0)=(0,0)$ 的切线下（图14.17），在连接两点 $(0,0)$ 和 $\left(\frac{\pi}{2},1\right)$ 的弦之上（严格证明可作差利用单调性证得），可知 $\frac{2}{\pi}x \leqslant \sin x \leqslant x$。

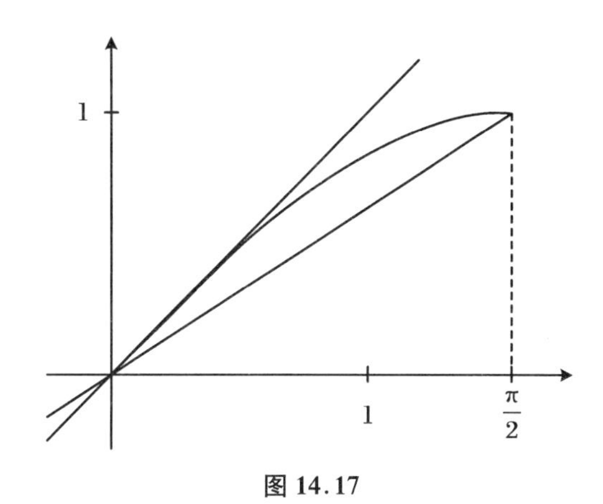

图 14.17

2. **证明** ① 若 $p=1$，显然成立。

② 当 $p \neq 1$ 时，令 $q=\frac{p}{p-1}$，即 $\frac{1}{p}+\frac{1}{q}=1$，由 Hölder 不等式可得

$$\sum_{i=1}^{n}a_i(a_i+b_i)^{p-1} \leqslant \left(\sum_{i=1}^{n}a_i^p\right)^{\frac{1}{p}}\left[\sum_{i=1}^{n}(a_i+b_i)^{q(p-1)}\right]^{\frac{1}{q}}$$

$$\sum_{i=1}^{n}b_i(a_i+b_i)^{p-1} \leqslant \left(\sum_{i=1}^{n}b_i^p\right)^{\frac{1}{p}}\left[\sum_{i=1}^{n}(a_i+b_i)^{q(p-1)}\right]^{\frac{1}{q}}$$

上面不等式相加得

$$\sum_{i=1}^{n}(a_i+b_i)^p \leqslant \left[\left(\sum_{i=1}^{n}a_i^p\right)^{\frac{1}{p}}+\left(\sum_{i=1}^{n}b_i^p\right)^{\frac{1}{p}}\right]\left[\sum_{i=1}^{n}(a_i+b_i)^p\right]^{\frac{1}{q}}$$

由于 $\frac{1}{p}=1-\frac{1}{q}$，所证不等式成立。